河南省本科高校新工科新形态教材

普通生物学

张玉茹　主编

化学工业出版社

·北京·

内容简介

本教材围绕“生命的物质基础—植物学—动物学—生物进化”这一核心知识体系构建内容，分为四篇，共二十二章。

本教材以简洁明了的语言为载体，深入浅出地阐述生物学的基本原理，同时巧妙融入生活常识与最新科学研究进展，引领学习者在探索生命奥秘的同时，触及生活和学科的前沿领域。此外，教材辅以高清彩色图像和重点知识讲解视频，直观生动地呈现生物学知识点，为理论学习注入形象易懂的元素，提升学习体验。

本教材既适用于全国高等院校与生物学、水产养殖学相关专业的本科生教学，也可作为相关学科从业者的参考用书，还可作为生物学科爱好者及中学生的生物科普读物。

图书在版编目（CIP）数据

普通生物学 / 张玉茹主编. -- 北京 : 化学工业出版社，2025. 9. --（河南省本科高校新工科新形态教材）. -- ISBN 978-7-122-48960-9

Ⅰ. Q1

中国国家版本馆CIP数据核字第20255XZ877号

责任编辑：李　琰　　文字编辑：刘洋洋
责任校对：田睿涵　　装帧设计：关　飞

出版发行：化学工业出版社
（北京市东城区青年湖南街13号　邮政编码100011）
印　　装：河北京平诚乾印刷有限公司
787mm×1092mm　1/16　印张17½　字数435千字
2026年2月北京第1版第1次印刷

购书咨询：010-64518888　　售后服务：010-64518899
网　　址：http://www.cip.com.cn
凡购买本书，如有缺损质量问题，本社销售中心负责调换。

定　　价：59.80元　

《普通生物学》编写人员名单

主　编

张玉茹

编写人员（按姓名拼音排列）

曹香林　窦　伟　卢荣华　徐歆歆

张建新　张玉茹　邹晓菊

前言

《普通生物学》是水产养殖学、生物技术、生物工程、农学、环境科学及生态学等多个专业的重要基础课程。该课程涵盖了动物学、植物学、细胞生物学以及生物进化等生物学核心领域，旨在为学习者构建生命科学的整体知识框架。鉴于其内容广博、体系复杂，如何高效整合知识、化繁为简并提纲挈领地呈现核心内容，显得尤为重要。

基于长期的教学实践经验与反思，编者以生物体的基本结构和生命活动的基本规律为基石，以生物进化为主线贯穿始终，系统梳理教案与讲义，精心编写本教材。其目标在于：帮助学生深入理解生物界的发生、发展及演化规律；引导学生认识生命科学对人类社会的重大贡献及其未来发展的深远影响；提升学生独立思考、分析问题及解决问题的能力，从而全面提升科研素养，夯实生物学基础。

本教材强调整体性与系统性，围绕“生命的物质基础—植物学—动物学—生物进化”这一核心脉络构建内容，共分为四篇，二十二章。在植物学篇，基于植物生命活动的基本规律，系统阐述营养器官（根、茎、叶）与繁殖器官（花、果实、种子）的外部形态与内部解剖结构。动物学篇则紧扣动物演化主线，展示各主要动物门类的关键外部形态特征与内部解剖结构，揭示动物界的多样性与复杂性。

全书以简洁明了的语言阐述生物学基本原理，巧妙结合生活常识与前沿科研进展，引导学习者在探索生命奥秘的同时，感知其生活应用价值与学科前沿动态。为优化学习体验，编者精心绘制了大量高清彩色图像，并设计了篇前知识导图，直观呈现核心知识点。此外，针对书中的重难点知识，本书还附有讲解视频，方便学生理解和掌握。尤为重要的是，教材有机融入中国传统文化精髓与本土科研成果，将思政元素贯穿其中，在知识传递中厚植家国情怀，实现专业教育与价值引领的协同育人目标。

本书所有图片（除特别说明外）均由主编张玉茹博士手绘或拍摄。本教材得到了“河南省本科高校新工科新形态教材项目”的资助。在此表示衷心的感谢。

尽管编者反复审校，但由于水平与能力有限，书中难免存在疏漏与不足之处，恳请广大师生和读者不吝指正。

教材建设与教学改革永无止境，“路漫漫其修远兮，吾将上下而求索”。

张玉茹

2025年7月

目录

第四篇　生命的起源和演化 / 255

主要参考文献 / 271

绪论

普通生物学

篇前导图

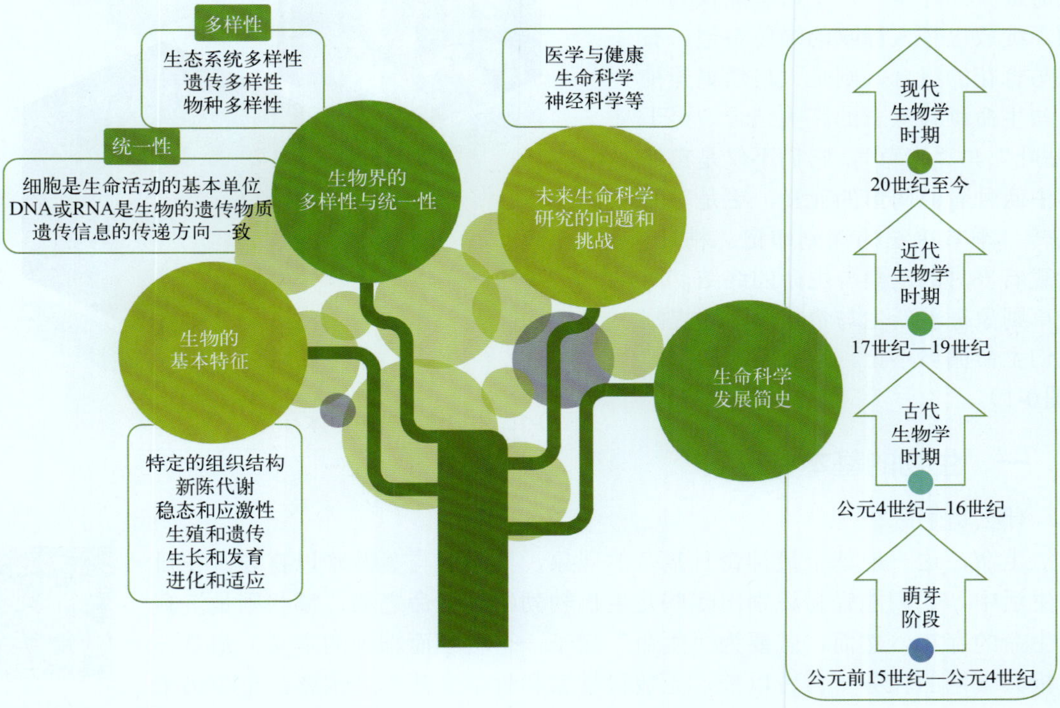

学习目标

1. 掌握生物的基本特征。
2. 掌握生物界多样性与统一性的生物学原理。
3. 了解我国在生命科学进步道路上所取得的科研成就。
4. 探究生命科学研究领域的问题与难点。

在探讨什么是生命时，生命之花以其勃勃生机与绚烂绽放，鲜明地勾勒出生命的活力与奇迹，而静默之石，以其亘古不变的姿态，展示了非生命体的沉稳与永恒。这两者之间，本质上横亘着一条难以逾越的鸿沟，彰显着自然界中最根本的对比与和谐。石间的翠意是石头冷硬外表下隐藏的温柔，更是青苔以顽强生命力依附其上，共同编织的一曲共生赞歌。它诉说着即便是在最坚硬、最无生命迹象的环境中，生命也能找到缝隙，绽放出令人惊叹的绿色希望。石壁与野花的组合，则是大自然鬼斧神工与生命顽强意志的完美结合。至于“枯叶”与“青草”，它们不仅是自然界中两种看似简单的元素，更是时间流转、季节更迭的深刻印记。枯叶，承载着岁月的沧桑与生命的终结，而青草则象征着新生与希望，不断提醒我们生命循环不止、生生不息的真理（图0-1）。

图0-1　生命体与非生命体

一、生物的基本特征

什么是生命？

生命，这一地球上最神奇且复杂的现象，其深邃与美妙难以言表。在日常生活中，我们能轻易识别出哪些是生机勃勃的有生命之物，哪些则是沉寂无生命的存在。然而，若要为“生命”赋予一个科学而精确的定义，却是一项极其艰巨的任务。自古以来，无数科学家和哲学家都为之困惑，至今仍未能给出一个被广大科学界所普遍认可的关于生命的定义。

生物的基本特征

究其原因，我们不难发现，自然界中生物体的种类繁多且数量庞大，生命现象纷繁复杂，导致给生命下一个确切的定义变得极为困难。然而，尽管生命现象错综复杂，我们仍然有可能从其中提炼出生物的一些共性，即生命的基本特征。接下来，将列举出生命的一些核心属性，以帮助我们更深入地理解复杂而又神奇的生物界。

（一）特定的组织结构

所有的生物体都具有特定的组织结构。除病毒外，细胞是构成生命的基本结构单位（图0-2）。细胞主要由糖、脂、蛋白质和核酸等生物大分子构成。值得注意的是，无论生物大分子如何复杂，都不是生命，只有它们严整有序地形成细胞，才表现出生命的特征。如果失去有序性，比如将细胞打成匀浆，生命也便结束了。此外，病毒没有细胞结构，主要由核酸和外壳蛋白组成。

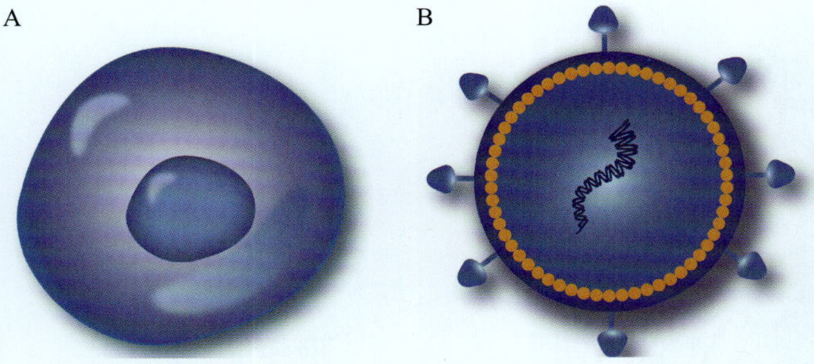

图0-2　细胞（A）和病毒（B）结构示意图

除病毒外，细胞是构成生物体的基本结构单位

（二）新陈代谢（metabolism）

有了细胞这一结构基础后，所有的生命个体都可以进行新陈代谢。例如，奶牛将自然界中的“草”转化成“牛奶”的过程，就是牛体内发生新陈代谢的过程（图0-3）。新陈代谢的英语单词metabolism源自希腊语μεταβολή/metabolē，本意为change，指生物体细胞内的一系列的化学转化。图0-3描述的新陈代谢过程相对简单，牛进食后，经过胃肠消化，将食物中的营养物质分解为生物小分子，并生成ATP（三磷酸腺苷，adenosine triphosphate）。同时，体内的生物小分子在酶的催化下，可以进一步合成糖、脂、蛋白质等生物大分子。实际上，生物体内的新陈代谢过程极为复杂，众多基因和蛋白质共同构成了一个调控网络（图0-4），协同作用以保持物质代谢的平衡。

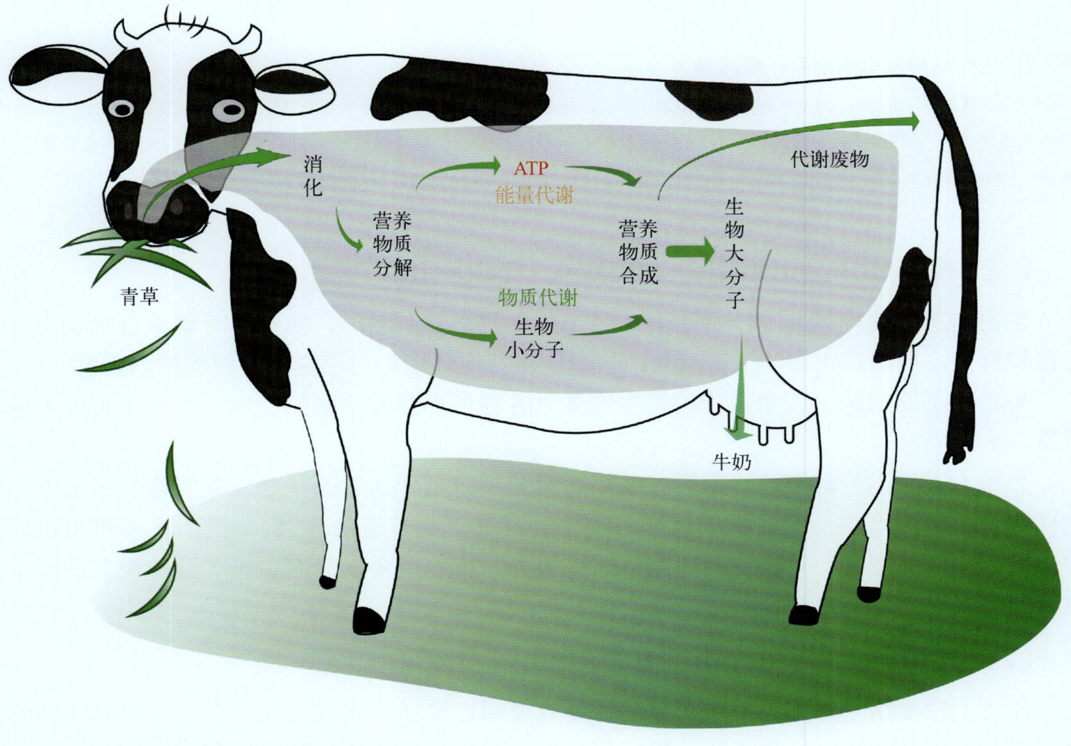

图0-3　奶牛吃草过程中体内的新陈代谢

牛体内的新陈代谢过程是一系列复杂的生物化学的相互作用，包括消化吸收、物质代谢、能量代谢和废物排出等过程

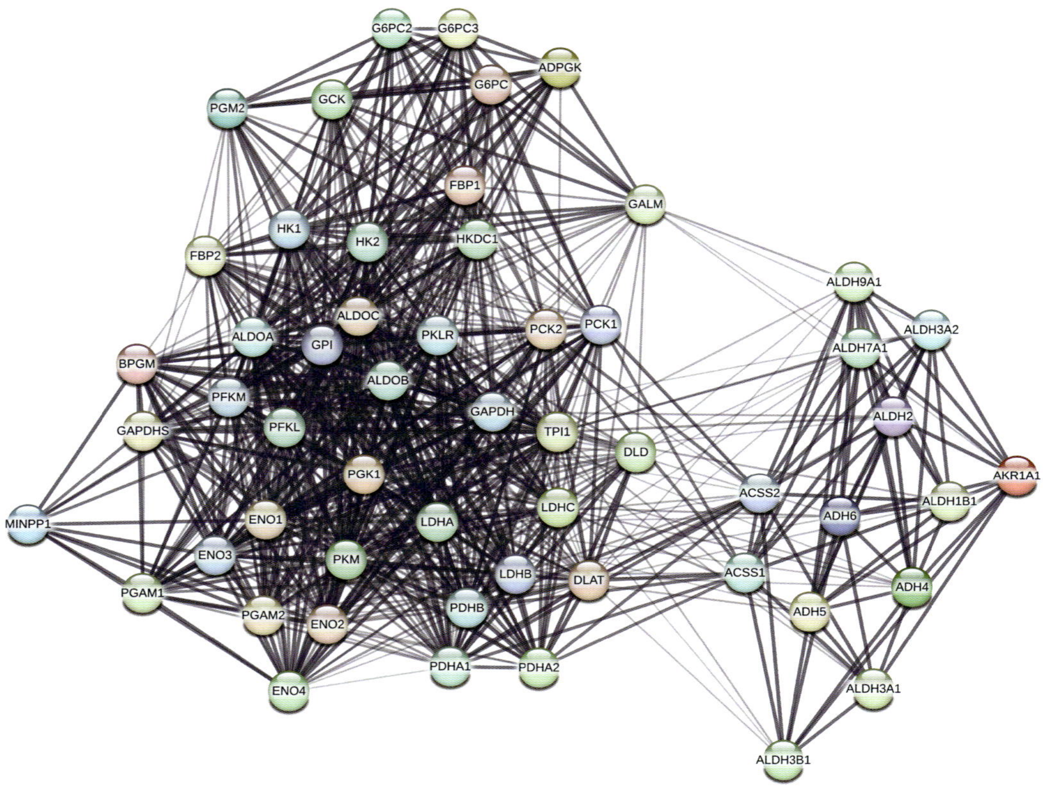

图0-4 奶牛糖酵解基因相互作用网络

根据KEGG数据库（https：//www.kegg.jp/kegg/pathway.html）中信息，奶牛糖酵解过程中（KEGG代谢通路ID：bta00010）有55个基因（图片中圆球状节点）参与，这些基因相互作用，形成一个复杂的网络。图片通过在线的STIRNG数据库网站（https：//cn.string-db.org/cgi/input?sessionId=bzCkBdFYcPlL&input_page_show_search=off）绘制

（三）稳态（homeostasis）和应激性（irritability）

生物体所处的环境并非一成不变，当个体受到外部刺激时，能够及时调整自身状态，进行自我修复，以维持正常的生命活动。生命体保持内环境相对稳定的过程就称为稳态。

与稳态不同的是，应激性指的是生物体对各种外界刺激产生的反应。生活中有很多应激现象。

想象一下，当一群蜜蜂飞来时，我们的第一反应是什么？无疑是立刻躲避。事实上，生物能对外界刺激产生的有目的的反应，使生物能够“趋吉避凶”。例如，当在草履虫培养液中加入一小滴醋酸时，草履虫会纷纷回避；另外，植物茎尖向光源生长，这些现象均展示了生物的应激性（图0-5）。

（四）生殖（reproduction）和遗传（heredity）

任何一种生物个体都不能长久存活，都需要通过繁殖来产生后代，以延续所属物种的生命周期。生殖是动植物产生子代、繁衍后代以实现物种延续的生物学过程。自然界有很多生殖的方式。比如，仙人掌的茎块能够通过无性繁殖方式生发出新的个体（图0-6）。而人类等哺乳动物则是通过特有的生殖细胞和繁殖器官繁衍后代。

图0-5　植物的向光性生长

植物向光生长是一种自然的应激反应，被称为向光性（phototropism）。其根本原因在于植物体内激素的分布受到光照条件的调控。具体而言，当植物的一侧暴露在光照条件下时，生长素会从受光一侧迁移向遮光一侧，这种迁移导致了遮光侧的细胞生长速度增快，进而使得植物体朝向光源方向弯曲，展现出向光生长的特性（A）。自然界中向日葵的花朵随着阳光转动（B），与之类似，阳台生长的一帆风顺的花朵和叶片也朝向有光的一侧生长（C）

图0-6　仙人掌的无性繁殖

仙人掌通过茎的蔓延和节部生长，形成新的植株。这个过程无需精子与卵细胞结合，因此称为无性繁殖

无论采取何种生殖方式，子代和亲代之间都会存在很多相似的性状，即遗传。俗话说："龙生龙，凤生凤，老鼠生出来会打洞。"这就是经典的遗传现象。生殖和遗传的核心机制是DNA的自我复制。DNA遗传时会发生重组和变异，优良的性状和不好的性状都有可能遗传给下一代。

（五）生长（growth）和发育（development）

新生命诞生后，需要通过生长和发育成长为成熟个体。生长和发育是两个不同的生物学名词。生长主要指细胞体积或数量的增长，是量的改变（图0-7）。比如，植物细胞体积的增加或数目的增加。实际上，科学家认为生长还包含了生物体内生物化学物质的变化。

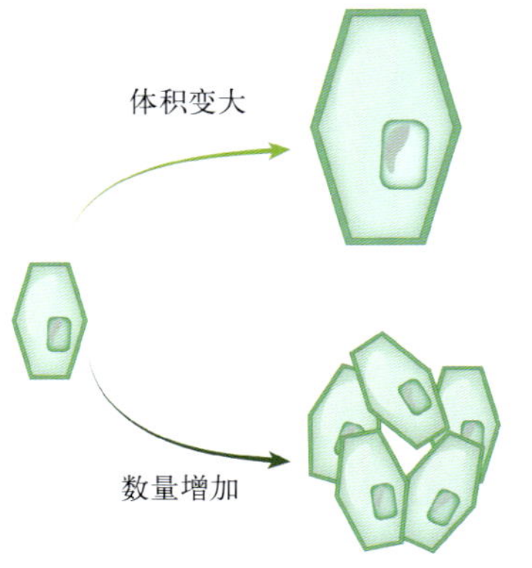

图0-7　植物细胞的生长示意图

生长主要是指细胞体积或数量的增长，是量的改变

而发育，则是指细胞、组织和器官的分化与功能的成熟，是质的改变。最典型的例子就是小蝌蚪找妈妈，青蛙的幼体是蝌蚪的形态，有着长长的尾巴，而成体分化出四肢，尾巴消失。

生长和发育都是被精确调控的程序性的变化。

（六）进化（evolution）和适应（adaptation）

所有的生命，在漫长的生命长河中都在不断地进化和适应。简单而言，今日之我亦非昨日之我。从进化和适应的角度解释就是今天的我体内的蛋白质、基因和昨天的相比已经发生了改变。

进化，亦称"演变"，指种群里的遗传性状在世代之间的变化。基因突变、遗传漂变、基因流动、非随机交配以及选择等因素推动生物种群不断发展进化。比如，在距今大约500万年前，我们人类的祖先还体表被毛，以猿人的形态存在。随着时间的推移，逐渐演变成了如今的外貌。值得深思的是，按照拉马克的"用进废退"理论，随着人类体力劳动的减少、脑力劳动的增加以及电脑的普及，未来人们的体型是否会表现出头部较大、四肢瘦弱和颈部前倾等特征呢？

适应则是指生物种群在演化过程中，获得在特定环境中生存的结构、生理或行为等适应性特征。自然界中有很多生物和环境相互适应的例子，比如，作为哺乳动物，鲸鱼却生活在水中，为了适应水中生活，鲸的体形像鱼，四肢变为鳍状。

二、生物界的多样性与统一性

生物界是一个极其丰富和多样的领域，包含了植物、动物、微生物等众多种类。自然界的物种数量庞大，这些物种在形态、行为、生活方式等方面都展现出了各自的特征，构成了五彩斑斓的生命世界。

生命多样性无疑是生物界最为引人入胜的奇观之一，使生物界构成了一幅绚丽多姿的生命画卷。因此，探寻地球上生存着多少物种，无疑是科学领域最吸引人且至关重要的课题之一。尽管科学家们不懈地努力，但仍然面临着诸多挑战，使得我们无法直接、准确地量化全球物种的多样性。有研究揭示，全球范围内大约存在870万种真核生物，其中大约220万种在广袤的海洋中繁衍生息。然而，据预测，地球上大约有86%的现存物种，以及海洋中高达91%的物种，仍然未被人类详尽描述和了解。为了揭开这些未知生命的神秘面纱，填补我们对地球生命认知的巨大空白，迫切需要重新点燃我们对深入探索和分类研究的热情。这不仅是对未知世界的挑战，更是对科学探索精神的传承与发扬。

生物多样性主要体现在三个层面上（图0-8）：首先是遗传多样性，指的是同一物种内不同个体间在遗传信息上的差异，这种差异使得生物能够适应不同的环境和挑战；其次是物种多样性，即生物种类的丰富性，从微小的细菌到巨大的蓝鲸，每一个物种都是生命之树上不可或缺的一部分；最后是生态系统多样性，即不同生态系统在结构、功能和稳定性上的多样性，如森林、草原、海洋等，它们共同构成了地球上复杂而精妙的生命网络。

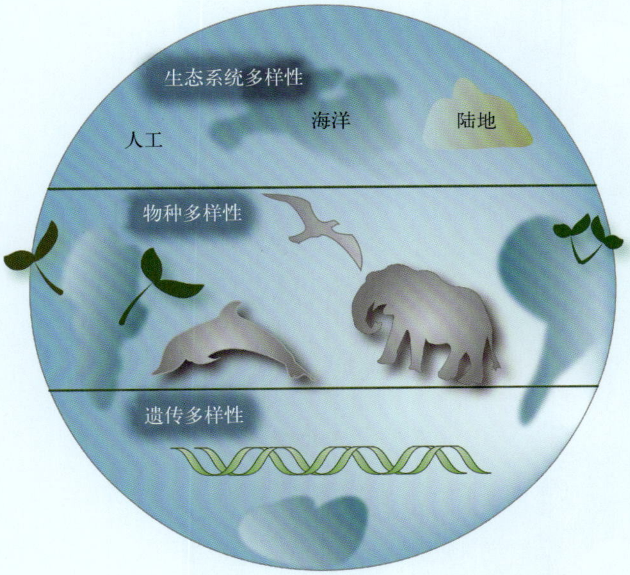

图0-8 生物的多样性
生物多样性主要包括遗传多样性、物种多样性和生态系统多样性三个方面

尽管生物界在类型上存在着如此巨大的多样性，但在深层次的结构和功能上，生物却展现出了高度的统一性。这种统一性体现在生物体、细胞或生物大分子等多个层次上。首先，从最基本的组成单位细胞来看，无论是植物还是动物，它们都是由细胞构成的，细胞是生命活动的基本单位。其次，细胞内部的结构和功能也具有高度的相似性，细胞都由相同的组分如核酸、蛋白质、多糖等分子构成，这些分子在细胞中发挥着各自独特的作用，共同维持着细胞的生命活动。

此外，生物在代谢过程、遗传信息的传递等方面也表现出了高度的统一性。例如，细胞代谢过程中的化学反应都是由酶所催化的。酶作为一种高效的生物催化剂，能够加速化学反应的速率，使得生物能够高效地获取能量并合成所需的物质。同时，生物的遗传物质是DNA或RNA，这些核酸分子携带着生物体的遗传信息，通过复制、转录和翻译等过程，将遗传信息传递给下一代，并调控着生物体的代谢、生长和发育等生命活动。生物在遗传信息的传递方向上也表现出了高度的统一性。生物遗传信息流的方向一般是从DNA到RNA再到蛋白质。这一过程通过基因的表达和调控，实现了生物体从遗传信息到生命活动的转化。

综上所述，生物多样性和生物统一性共同构成了生物界的丰富多彩和精妙绝伦。生物多样性使得生物能够适应不同的环境和挑战，而生物统一性则揭示了生物之间深层次的联系和规律。这种多样性和统一性的并存，正是生物界能够不断发展和演化的重要基础。

三、生命科学发展简史

生命科学是一门探索生命现象的学科，涵盖了生物学、医学和生态学等领域。该学科的发展源远流长，始于远古时期人类对自然界的观察与思考。简单地说，生命科学发展可以划分为以下四个不同的时期（图0-9）。

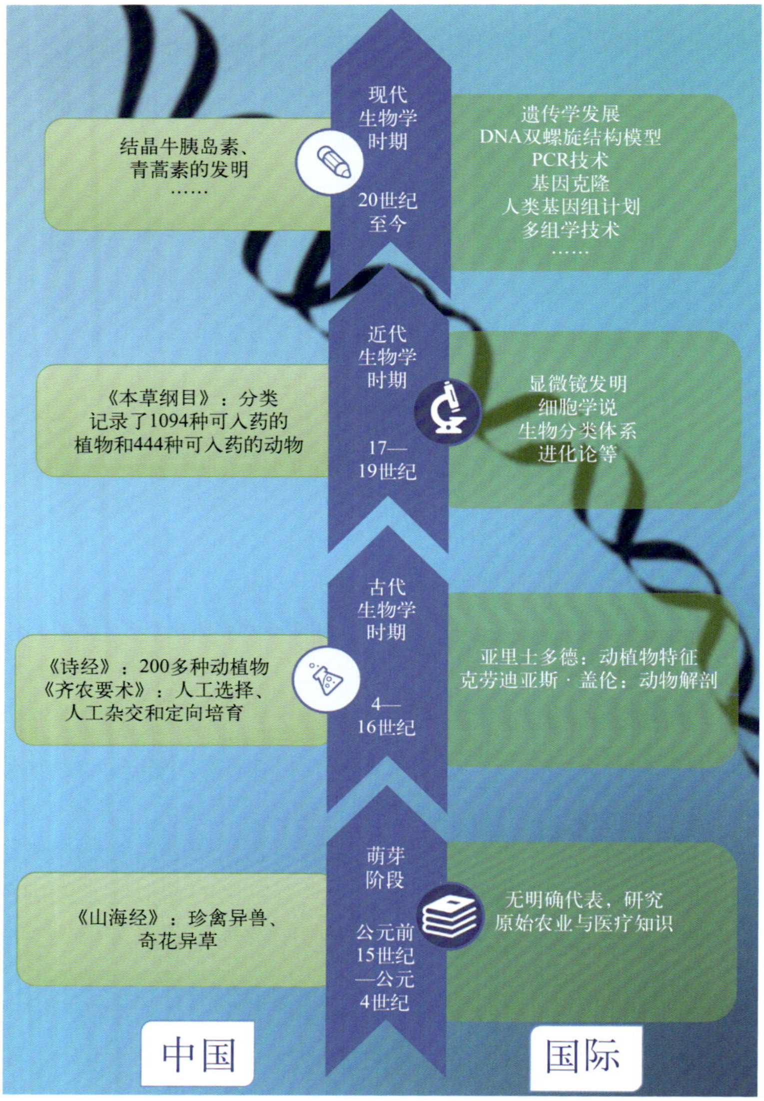

图0-9　生命科学发展简史

生命科学可分为萌芽阶段、古代生物学时期、近代生物学时期和现代生物学时期几个不同的阶段。在整个生命科学发展的过程中，我国科学家做出了卓越的贡献

（一）萌芽阶段（约公元前15世纪—公元4世纪）

在文字尚未诞生的史前时期，人类的先祖便开始意识到生命体与非生命体的区别，这一认知揭开了人类对生物学奥秘探索的序幕。在狩猎和采集食物的过程中，他们观察到了各种

生物，逐渐认识到它们之间的相似性和差异性。在烹饪过程中，动物内部结构被揭示，但这并未激起猎人们的好奇心。随着原始人开始尝试种植作物、饲养动物，并逐步形成了早期的医疗知识，这些实践活动为生物学知识的孕育和成长提供了温床。

《山海经》乃是我国先秦时期的一部珍贵综合性文献，不仅蕴含着众多神话传说，更广泛涉及了宗教信仰、历史变迁、地理探索、天文观测、民族分布、动植物形态等多个学术领域，因而被誉为“上古时代的百科全书”。在《山海经》的各个篇章中，《山经》尤为突出，它详细描绘了山川地貌、矿产资源，以及形态各异的珍禽异兽、奇花异草，为后世留下了一幅幅生动的自然与文明画卷。

这一时期的生物学知识主要是基于经验和直观观察，缺乏科学的实验和理论体系。

（二）古代生物学时期（4世纪—16世纪）

中国作为世界上最早研究动植物的国家之一，其文明的早期成就体现在对农业的深刻理解上。考古学的发现揭示了长江流域是水稻栽培的摇篮之一，特别是在浙江省的上山文化和河姆渡文化遗址中，发现了约一万年前的水稻种子和农耕遗迹，这些发现证明了古代中国人在新石器时代早期就已经开始了水稻的种植。此外，通过对河南省贾湖遗址（约9000至7500年前）出土的鱼骨进行分析，研究团队推断出了中国古代鲤鱼的大致体型、分布范围和种类构成。这一发现揭示，早在8000年前的新石器时代，中国就已经开始了人工养殖鲤鱼的活动。这些早期的农业活动不仅为人们提供了稳定的食物来源，也催生了最初的农学知识。

值得一提的是，《诗经》这部古老的文献，记录了超过200种不同的动植物，为我们提供了无价的自然历史资料，反映了中国古代对自然界的深刻认识和尊重。

到了北魏时期，农学家贾思勰所著的《齐民要术》更是在总结前人经验的基础上，系统地阐述了人工选择、人工杂交和定向培育等农业技术的科学原理与方法。这部著作不仅是中国古代农学的集大成者，也是世界农学史上的重要里程碑，它反映了古代中国农业技术的先进性和科学性，对后世农业生产产生了深远的影响。

西方的生命科学研究始于古希腊和古罗马时期。古希腊的亚里士多德（Aristotle，公元前384—前322年）对动植物进行了广泛的观察，系统性地考察动植物和它们的特征，他提出了物种分类和生物进化的概念，被认为是生物学之父。古罗马的克劳迪亚斯·盖伦（Claudius Galenus，129年—199年）进行了动物解剖，发现人体内部结构与动物相似。他毕生专注于医学实践、解剖学研究、写作以及多种学术探讨，著述超过500部医学著作。他还基于古希腊的体液理论，提出了人格类型学说，其代表作包括《气质》《本能》以及《自然科学三论》。

（三）近代生物学时期（17世纪—19世纪）

欧洲文艺复兴推动了科学的发展，特别是工业革命后，生物学迎来了全面繁荣。列文虎克（Leeuwenhoek）的显微镜发明使科学家能够观察到微小生物结构。

随着显微镜的发明，1838年，德国植物学家施莱登（Schleiden）提出了“植物由细胞构成”的理论。紧接着，在1839年，动物学家施旺（Schwann）扩展了这一观点，提出动物体同样是由细胞组成的，并认识到动植物细胞之间存在着相似性，从而共同奠定了细胞学说（cell theory）。

细胞生物学迅速发展的同时，分类学也取得了显著进步。18世纪，瑞典自然学家卡尔·林奈（Carl von Linné）创立了生物分类体系，并提出了生物命名的方法——双名法，对生物分类学的发展产生了深远影响。

事实上，中国在分类学领域亦有着显著的成就。早在16世纪，明代著名医学家李时珍所著的《本草纲目》不仅是一部医药学经典，更是一部生物学巨著，为后世生物学研究和分类学的发展奠定了坚实的基础。

在这一时期，生物学研究经历了一个从单纯的描述性向深层次的解释性转变的过程。科学家们开始探索包括人类起源在内的生命现象，法国学者让-巴蒂斯特•拉马克（Jean-Baptiste Lamarck）提出了物种的可变性和适应性进化的概念。1859年，英国自然学家查尔斯·达尔文（Charles Robert Darwin）发表了划时代的著作《物种起源》，阐述了自然选择和物种起源的理论，从而确立了“进化论”。这一理论为生命科学的发展奠定了辩证唯物主义的基础，并对后世的科学思想产生了深远的影响。

（四）现代生物学时期（20世纪至今）

在生命科学的早期探索中，研究者主要依靠描述法和比较法来观察和记录生物体的形态结构特征。随着科学的进步，实验法逐渐成为生命科学研究的核心手段。奥地利修道士兼遗传学家格雷戈尔·孟德尔（Gregor Johann Mendel）通过豌豆杂交实验，揭示了生物遗传的基本规律，为20世纪现代遗传学的形成奠定了基础，他也因此被尊称为遗传学之父。美国遗传学家托马斯·亨特·摩尔根（Thomas Hunt Morgan）在孟德尔遗传定律的基础上，通过实验遗传学研究，进一步阐明了遗传机制。遗传学的蓬勃发展标志着生命科学进入了一个全新的纪元。

随着时间的发展，分子生物学和生物化学等生命科学的分支领域也迅速发展。1953年，美国生物学家詹姆斯·杜威·沃森（James Dewey Watson）和英国生物物理学家弗朗西斯·克里克（Francis Harry Compton Crick）共同提出了DNA的双螺旋结构模型，这一发现不仅标志着生命科学研究进入了分子水平的新时代，而且为现代生物技术的崛起和进步奠定了坚实基础。DNA双螺旋结构的揭示开启了生命科学的一个全新篇章。1980年，弗雷德里克·桑格（Frederick Sanger）因发明了一种测定DNA核苷酸序列的方法，与沃特·吉尔伯特和保罗·伯格共同获得了诺贝尔化学奖。此外，桑格还因测定牛胰岛素的一级结构而荣获1958年诺贝尔化学奖。1983年，美国生物化学家凯利·穆利斯（Kary Banks Mullis）发明了聚合酶链反应（PCR）技术，这一技术在生命科学研究中具有革命性意义，现已被广泛应用于分子生物学、基因工程以及与DNA鉴定相关的多个领域，如疾病监测、临床诊断、商品检疫、法医学鉴定、新药开发等。穆利斯因此获得了1993年的诺贝尔化学奖。

图0-10　陈列在英国苏格兰国家博物馆（National Museum of Scotland）的克隆羊多莉标本

生物技术的进步使得人类有能力对基因进行编辑和改造，这一能力在医学、农业和环境保护等领域引发了深刻的变革。生命科学研究取得了一系列重大突破。1997年，英国科学家成功克隆出羊“多莉”（图0-10），这是利用高度分化的体细胞克隆动物的历史性成就。1999年，美国《科学》（*Science*）杂志将人体胚胎干细胞的成功分离评为世界十大科学成就之首，尽管相关的伦理问题引发了广泛讨论。人类基因组计划被誉为生命科学领域的“阿波罗计划”，自1990年启动以来，经过全球科学家的共同努力，于2000年6月26日宣布人类基因组草图绘制完成，并于2003年4月14日宣布所有目标圆满达成。人类基因组计划的完成，为个性化医疗和基因治疗提供了科学基础。

与此同时，合成生物学、生物信息学和系统生物学等新兴学科也迅速发展，推动了生命科学进入一个多学科交叉融合的新阶段，为科学的进步和人类福祉的提升开辟了新的道路。

在世界生物科学迅速发展的背景下，中国科学家也取得了举世瞩目的成就。特别值得一提的是，1965年9月17日，由王应睐领导的中国科研团队成功实现了结晶牛胰岛素的全合成，这是世界上首次人工合成蛋白质的壮举。团队成员包括钮经义、龚岳亭、邹承鲁、杜雨苍、季爱雪、邢其毅、汪猷、徐杰诚、陆德培等九位主要完成者。经过严苛的鉴定，这一合成牛胰岛素在结构、生物活性、物理化学性质以及结晶形态上与天然牛胰岛素完全一致。尽管这一重大成就未能获得诺贝尔奖，但它无疑标志着中国在基础理论研究领域的重大突破，向世界展示了我国科学家的智慧和实力，尤其在那个充满挑战的年代，他们的精神和贡献值得我们永远继承和发扬。

此外，2015年，中国科学家屠呦呦因其在青蒿素抗疟研究中的卓越贡献而荣获诺贝尔生理学或医学奖。屠呦呦教授的研究成果有效地控制了疟疾的传播，这一荣誉的获得不仅体现了中国科技的强盛和进步，也展示了中医药对人类健康事业的巨大影响，彰显了中国日益增长的综合国力和国际影响力。

总之，生命科学的发展历程是人类对自然界和生命现象不断探索和认知的过程。随着科学技术的进步，生命科学将继续为人类带来更多重要的发现和突破。

四、未来生命科学研究的问题和挑战

展望未来，生命科学的研究重点将转向后基因组学，旨在全面揭示人类及其他生物的基因组构成、功能以及环境因素对基因组的影响，并促进基因技术的创新应用。转基因技术的进步将为全球粮食安全做出贡献，并提高作物的产量与品质。基因治疗有望成为治疗遗传性和复杂性疾病的重要手段，引领医学领域的革新。同时，生物多样性的保护也将成为维护地球生态平衡和人类福祉的关键研究领域。这些研究方向展现了生命科学在医学、农业和环境保护等领域的广泛影响和深远意义。

在2005年庆祝创刊125周年之际，《科学》杂志公布了125个最具挑战性的科学问题。16年后的2021年，科学不断取得新突破，许多问题得到了一定程度的解答，一些问题也变得更加深入。上海交通大学与《科学》杂志合作，发布了“新版125个科学问题”——《125个科学问题：探索与发现》（125 questions：Exploration and discovery）。这些问题涵盖了数学、化学、医学与健康、生命科学、天文学、物理学、信息科学、工程与材料科学、神经科学、生态学、能源科学与人工智能等多个领域。除了科学家一直在探讨的问题，如“物质的起源是什么？”“地球上有多少物种？”等，还有一些有趣的问题将引领人类未来的科学探索，例如：“为什么我们会坠入爱河？”“人类有一天会不得不离开地球吗？”“人类为什么会对猫狗如此着迷？”

这125个科学问题是《科学》杂志专刊的一部分，作为上海交通大学建校125周年纪念活动之一，问题的征集结合了国际前沿、全球需求和科学发展的趋势，关注前瞻性的重大科学问题，并向科学家、学生和社会公开征集。世界顶尖科学家协会也利用其资源优势，邀请获得过诺贝尔奖、沃尔夫奖、拉斯克奖、图灵奖、麦克阿瑟天才奖等的世界顶尖科学家共同参与，探讨人类当前和未来面临的科学问题。其中，涉及生命科学领域的主要问题涵盖医学与健康、生物学以及神经科学等三个方面，共计45个问题。

（一）医学与健康（Medicine & Health）

1. 我们是否可以预测下一次全球性流行病的暴发？

1. Can we predict the next pandemic?

2. 我们会找到治疗感冒的方法吗？

2. Will we ever find a cure for the common cold?

3. 我们可以设计和制造出为个人定制的药物吗？

3. Can we design and manufacture medicines customized for individual people?

4. 人体组织或器官可以完全再生吗？

4. Can a human tissue or organ be fully regenerated?

5. 如何维持和调节免疫稳态？

5. How is immune homeostasis maintained and regulated?

6. 中医的经络系统有科学依据吗？

6. Is there a scientific basis to the Meridian System in traditional Chinese medicine?

7. 下一代疫苗将如何生产？

7. How will the next generation of vaccines be made?

8. 我们能否克服抗生素耐药性？

8. Can we ever overcome antibiotic resistance?

9. 孤独症的病因是什么？

9. What is the etiology of autism?

10. 我们的微生物组在健康和疾病中扮演什么角色？

10. What role does our microbiome play in health and disease?

11. 异种移植能否解决供体器官的短缺问题？

11. Can xenotransplantation solve the shortage of donor organs?

（二）生命科学（Biology）

1. 什么可以帮助保护海洋？

1. What could help conservation of the oceans?

2. 我们可以阻止自己衰老吗？

2. Can we stop ourselves from aging?

3. 为什么只有一些细胞会变成其他细胞？

3. Why can only some cells become other cells?

4. 为什么有些基因组非常大而另一些却很小？

4. Why are some genomes so big and others very small?

5. 有可能治愈所有癌症吗？

5. Will it be possible to cure all cancers?

6. 哪些基因使我们人类与众不同？

6. What genes make us uniquely human?

7. 迁徙动物如何知道它们要去哪里？

7. How do migratory animals know where they're going?

8. 地球上有多少物种？

8. How many species are there on Earth?

9. 有机体是如何进化的？

9. How do organisms evolve?

10. 为什么恐龙长得如此之大？

10. Why did dinosaurs grow to be so big?

11. 远古人类是否曾与其他类人祖先杂交？

11. Did ancient humans interbreed with other human-like ancestors?

12. 人类为什么会对猫狗如此着迷？

12. Why do humans get so attached to dogs and cats?

13. 世界人口会无限增长吗？

13. Will the world's population keep growing indefinitely?

14. 我们为什么会停止生长？

14. Why do we stop growing?

15. 能否复活灭绝生物？

15. Is de-extinction possible?

16. 人类可以冬眠吗？

16. Can humans hibernate?

17. 人类的情感源于何处？

17. Where do human emotions originate?

18. 未来人类的外貌会有所不同吗？

18. Will humans look physically different in the future?

19. 为什么会发生物种大爆发和大灭绝？

19. Why were there species explosions and mass extinction?

20. 基因组编辑将如何用于治疗疾病？

20. How might genome editing be used to cure disease?

21. 可以人工合成细胞吗？

21. Can a cell be artificially synthesized?

22. 细胞内的生物分子是如何组织从而有序有效发挥作用的？

22. How are biomolecules organized in cells to function orderly and effectively?

（三）神经科学（Neuroscience）

1. 神经元放电序列的编码准则是什么？

1. What are the coding principles embedded in neuronal spike trains?

2. 意识存在于何处？

2. Where does consciousness lie?

3. 能否数字化地存储、操控和移植人类记忆？

3. Can human memory be stored，manipulated，and transplanted digitally?

4. 为什么我们需要睡眠？

4. Why do we need sleep?

5. 什么是成瘾？它的作用机制是什么？

5. What is addiction and how does it work?

6. 为什么我们会坠入爱河？

6. Why do we fall in love?

7. 言语如何演变形成，大脑的哪些部分对其进行控制？

7. How did speech evolve and what parts of the brain control it?

8. 除人类以外的其他动物有多聪明？

8. How smart are nonhuman animals?

9. 为什么大多数人都是右撇子？

9. Why are most people right-handed?

10. 我们可以治愈神经退行性疾病吗？

10. Can we cure neurodegenerative diseases?

11. 有可能预知未来吗？

11. Is it possible to predict the future?

12. 精神障碍能否有效诊断和治疗？

12. Can we more effectively diagnose and treat complex mental disorders?

思考题

（1）简述生命的基本特征。

（2）如何理解生命的多样性和统一性？

（3）选取一个与生物学紧密相关的现代生活问题，撰写一篇不少于500字的分析报告。报告中需详细讨论生物学在解决该问题中的实际作用、潜在价值以及未来展望。

（4）结合我国科技发展的实际情况，深入分析生物学研究在国家发展中的重要地位、现实意义以及未来前景，探讨如何进一步推动生物学研究，以助力国家科技强国战略的实施。

生物学名词

新陈代谢（metabolism）；稳态（homeostasis）；应激性（irritability）；生殖（reproduction）；遗传（heredity）；生长（growth）；发育（development）；进化（evolution）；适应（adaptation）；遗传多样性（genetic diversity）；物种多样性（species diversity）；生态系统多样性（ecosystem diversity）

第一篇

生命的物质和结构基础

篇前导图

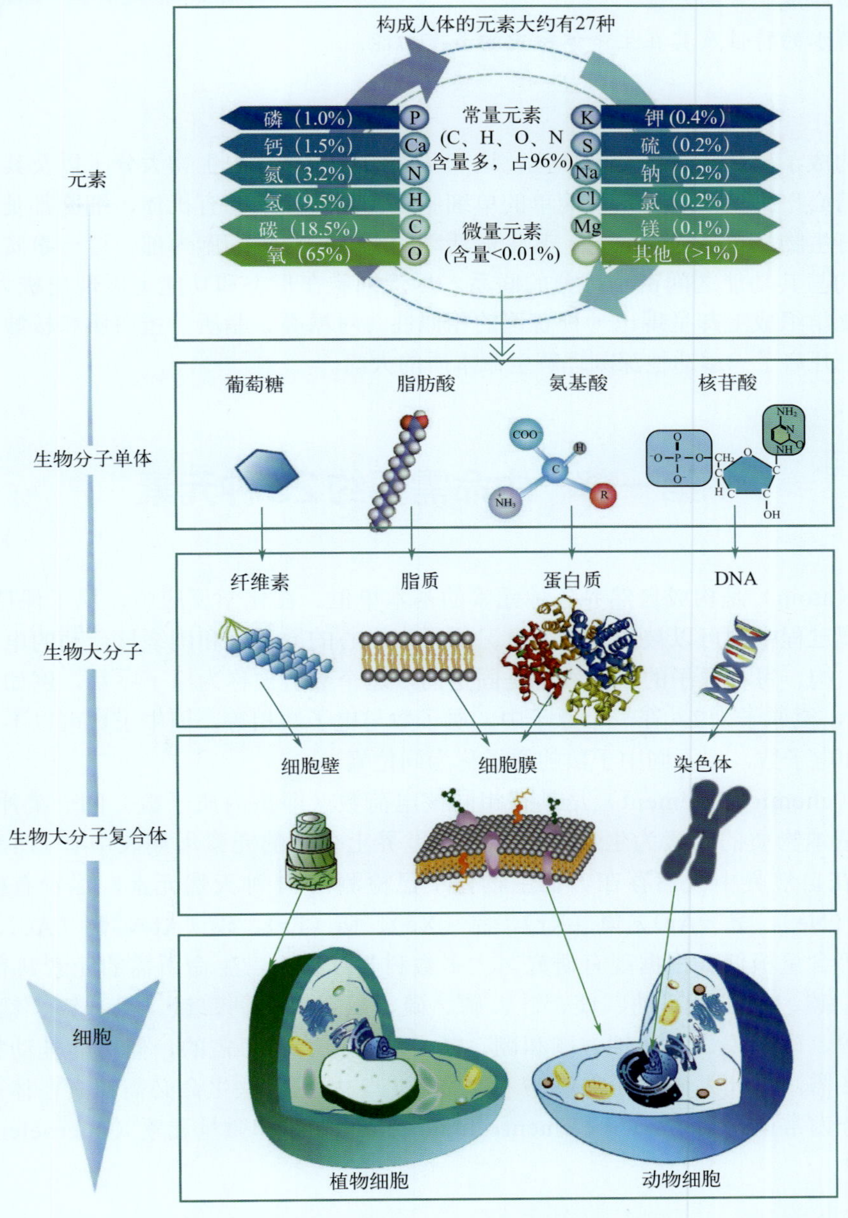

第一章　生命的化学基础

学习目标

1. 了解组成生命的元素。
2. 了解水的特性及其在生命体系中的多重功能。

生命的化学基础——元表

细胞构成了生命体系的基础单位，这一基本的生命单位由生物大分子以及其他关键分子和元素“精心”构建而成。从最简单的单细胞生物到最复杂的有机体，细胞都是构成一切的基础。所有生物，包括人类在内，其生命活动的起点均位于细胞内部，这一事实揭示了生命体系中结构与其功能之间密不可分的联系。尽管细胞在形态和功能上展现出极大的多样性，但它们在化学组成上却呈现出一种普遍的相似性。对糖类、脂质、蛋白质和核酸等生物大分子的研究，开启了一扇通往深刻理解生命本质的大门。

第一节　生命需要约25种元素

原子（atom）是构成自然界各种元素的基本单位。在化学反应中，原子保持其完整性，但在核物理过程中则可以被进一步分解。原子由中心的原子核和围绕核运动的电子组成，呈现出核式结构。每种原子的质子数量是固定的，这个数值被称为原子序数，例如氢原子的原子序数为1，氦原子为2。在一个原子中，质子数与电子数相等，但中子数可以不同。具有相同质子数和电子数，但不同中子数的原子称为同位素。

元素（chemical element）是具有相同核电荷数（即核内质子数）的一类原子的总称。构成生命基本物质的元素为生命元素。目前世界上公认的元素周期表中有118种元素。其中，92种在自然界中天然存在。在生物体中已检测出81种天然元素，尽管有些元素如氦（He）、氖（Ne）、氩（Ar）、氪（Kr）、氙（Xe）、钫（Fr）、砹（At）、锕（Ac）、镤（Pa）、锝（Tc）等含量极低。根据现有研究，大多数科学家认为，生命所需的元素共有28种，包括氢、硼、碳、氮、氧、钠、镁、硅、磷、硫、氯、钾、钙、钛、钒、铬、锰、铁、钴、镍、铜、锌、硒、溴、锶、钼、碘和硼。其中硼对植物是必需的，但对哺乳动物（包括人类）并非必需，因此人体实际需要27种（图1-1）。根据这些生命必需元素在体内的含量多少，可以分为常量元素（macroelement，major element）和微量元素（microelement，trace element）。

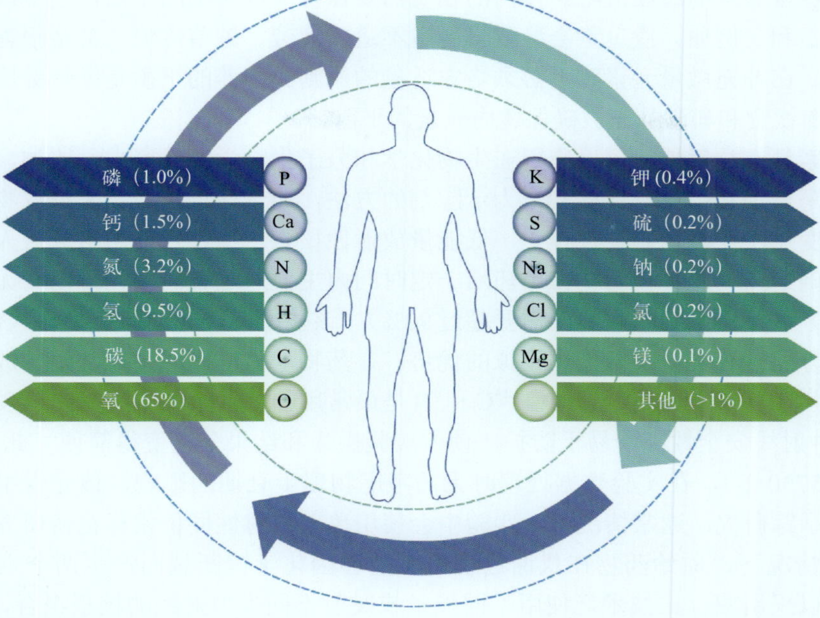

图1-1　构成生命的元素

以人类为例，构成人体的元素大约有27种

常量元素又称大量元素或宏量元素，指在生物体内含量丰富的元素。如钙、磷、钾、钠、镁等。人体内的常量元素碳、氢、氧、氮、磷、硫、氯、钾、钠、钙和镁含量均在0.1%～65%，约占人体体重的99.97%。细胞主要由碳（C）、氢（H）、氮（N）、氧（O）、磷（P）、硫（S）、钙（Ca）等元素组成，这些元素占细胞总质量的99.35%，其中C、H、N、O四种元素就占了96%，是构成有机化合物的主要成分。氧元素以65%的比例位居首位，它不仅是水分子结构的核心，而且在细胞呼吸过程中发挥着至关重要的作用，为我们的身体提供能量。紧随其后的是碳元素，占据了18.5%的比例。碳是生命体的基石，它存在于我们体内的蛋白质、碳水化合物、脂质和核酸中，是构成有机分子的骨架。其他常量元素虽然含量没有C、H、O、N多，但在生命过程中发挥了不可或缺的功能。比如，钙元素是人体中不可缺少的生命元素，对骨骼生长和心脏正常功能具有决定性影响。医学研究指出，钙的不足不仅会导致骨质疏松症等疾病，还可能引起免疫功能衰退和内分泌系统失调，并与糖尿病、高脂血症、肥胖、高血压、心血管疾病以及老年性痴呆等疾病的发生紧密相关。同时，钾、钙、镁这三种元素对于维持心脏健康节律至关重要。它们的缺乏可能导致心脏收缩力减弱、心律不齐，甚至降低心脏的泵血功能，对健康产生负面影响。

与常量元素相比，微量元素指的是在生物体总质量中所占比例低于0.01%的元素。迄今为止，已有18种必需微量元素被证实与机体健康和生命活动密切相关，包括碘、铁、铜、锌、硒、钴、锰、铬、钼、硅、硼、钒和镍等。尽管这些元素的含量极微，甚至仅以痕量形式存在，但每一种元素都扮演着独特的生理角色。铁元素是血红蛋白中血红素的核心组成部分，缺铁会直接引起缺铁性贫血；碘元素对甲状腺激素的合成至关重要，碘缺乏会干扰甲状腺素的正常生成，进而可能导致甲状腺肿大。在认识到生命元素对健康的重要性时，我们也必须意识到过量摄入的潜在危险。体内的物质需要保持一种精细的平衡，过多或过少都可能对健康造成不利。例如，铁过量会导致胃肠道不适、疲劳、关节疼痛，甚至损害心脏、肝脏和胰腺功能。在补充微量元素时，必须恪守适量的原则。营养的平衡是维持健康的基石，我们应通过均衡饮食和科学补充，确保体内元素的平衡。

有些元素具有放射性，可以应用在生物化学和分子生物学的研究中。比如，放射性同位素示踪技术是一种利用放射性核素作为示踪剂的方法，通过标记化合物来追踪物质在生物体内的运动和变化。在新药研发过程中，低能量放射性核素示踪技术可用来开展人体内物质平衡研究，以确定药物及其代谢物在用药后一定时间内主要通过哪些途径排出（无论是通过尿液还是粪便）以及排泄的回收率（需要超过90%）。该技术在研究创新药物在人体内的吸收、代谢和排泄方面具有其他技术无法比拟的优势。在药物动力学研究中，常用的放射性核素包括^{14}C、^{3}H、^{125}I、^{32}P和^{35}S等。其中，^{14}C和^{3}H是最常用的核素，主要因为它们发射的是低能β射线，这种射线安全性高，易于防护，使得实验操作和结果分析变得简便。此外，^{14}C的半衰期较长（5730年），在实验数据处理时无需考虑物理半衰期的影响，该元素主要应用于小分子药物的示踪研究。通常情况下，实验中会使用单一放射性同位素标记待研究的药物。然而，在某些情况下，原始药物在代谢过程中可能会因化学键断裂而产生两个重要的代谢产物，这时可以采用双标记技术，使用不同能量或发射不同类型射线的核素组合，例如$^{14}C/^{3}H$和$^{14}C/^{125}I$等，以区分不同的代谢物。

在传统的环境监测中，污染物在采集、提取和分析过程中可能会因化学变化而降解，从而影响分析结果的准确性。利用同位素技术开展溯源分析可以有效解决这一问题。近年来，铅（Pb）同位素示踪技术被国内外专家及学者广泛认同，并利用这种技术对水环境中重金属污染源进行示踪研究。研究者对中国南部珠江口水生生物样本进行了铅同位素分析，结果显示，水生生物的$^{206}Pb/^{207}Pb$的比值范围在1.161～1.193之间。底栖生物的铅同位素比值与沉积物和地质背景值相近，说明其体内铅主要来源于沉积物和自然地质环境。而鱼类的铅同位素比值变化较为显著，包含了水生生物中的最高和最低测量值，说明它们位于食物链的高层，因此更容易受到来自人类活动污染源的影响，例如大气沉降和污水排放。

第二节　水是细胞生存和功能发挥的关键物质

生命的起源可追溯至地球上的原始海洋中，在生命形成之初，水便作为基本要素，扮演着至关重要的角色。水不仅是生命的承载介质，更是驱动生命活动的根本物质。缺乏水分，生命的延续将无从谈起。干燥的种子只有在水润的环境中才能重焕生机，进而生长发芽。对于适应陆地生活的生物而言，即便是在干旱的沙漠地区，其体内的组织仍需在水的浸润下才能正常运作。细胞内部约70%为水分，而人体细胞中水分的含量会随着生命周期的阶段不同而发生变化。已有研究表明，三个月大的胎儿体内水分含量高达90%，随着年岁的增长，这一比例逐渐下降，至老年时期，水分含量降至大约65%。这一生理变化也解释了为何儿童的皮肤通常显得柔嫩且富有弹性，而老年人的皮肤则较为干燥且易于产生皱纹。

水分子特有的性质完美符合生物的生存要求。水分子是一种极性分子，其中氧原子对电子的强大引力导致与氢原子形成的共价键呈现出极性，进而使得水分子的一端（氧端）带有负电荷，而另一端（氢端）则带有正电荷（图1-2 A）。这种极性使得水分子能够通过氢键相互吸引（图1-2 B），虽然这些氢键的稳定性不高，存在时间仅在10^{-10}～10^{-11}s范围内，但它们能够迅速形成和断裂，从而维持水分子的持续氢键连接，形成一片不断变动的水分子网络。这一特性赋予了水分子强大的内聚力和表面张力。内聚力使水在植物的根、茎、叶的导管中能够形成连续的水柱，从而实现水分从根部到树梢的传输。而高表面张力则允许水黾等昆虫在水面上行走。水的极性还使其能够与多种极性分子和极性表面相结合，展示了水的吸附能力。

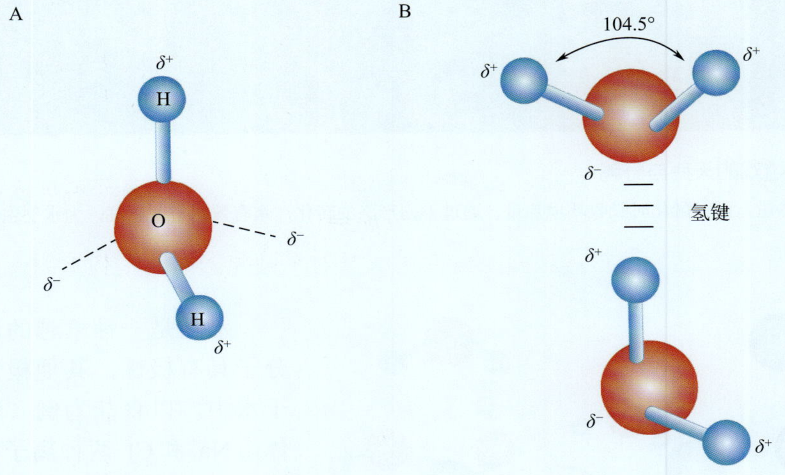

图1-2　水分子结构模式图

图A据Nelson D L et al，2008改绘，水分子氧原子外围电子对几乎呈四面体排列；两个氢原子具有局部的正电荷（δ^+），而氧原子具有部分负电荷（δ^-）。虚线代表了非键轨道。图B显示两个水分子通过氢键连接，即上面水分子中的氧原子与下面水分子中的一个氢原子之间形成氢键。中间三条线代表氢键

其次，水分子间氢键的持续形成与断裂过程有效调节了温度的波动。在加热过程中，水的温度升高较为缓慢。这是因为必须先消耗热量来打破氢键，随后水分子才能加速运动，进而提升温度。相对地，在水冷却过程中，新形成的氢键会释放热量，从而减缓冷却速度。这一特性使沿海地区的气候相比内陆地区更为温和，温度变化幅度更小。类似地，这种特性也使海洋的温度变化较为平缓，为海洋生物创造了一个稳定的生存环境。此外，水分的蒸发过程具有散热效果。以人体为例，出汗是体温调节的一种自然机制。在炎热季节，人体通过排出汗液，并依靠汗液在皮肤表面的蒸发来有效带走热量，从而实现体温的降低，并带来凉爽的舒适感。

水还展示了一种非凡的特性，即其在固态——冰的形式下，密度反而小于液态水。这一特殊现象对水生生物的存活至关重要。随着水温的下降，分子活动减慢，分子间的距离缩小，导致水的密度增加。如果冰的密度较大，导致其沉入水底，上层的水也会因结冰而下沉，这将使水生生物失去生存空间。然而，冰浮于水面形成一层隔绝层，使得下层水温保持在冰点以上，为水生生物提供了一个适宜的栖息环境。冰的结成和融化过程中，分别伴随着散热和吸热，这一机制有助于缓和温度变化，对水生生物的生存大有裨益（图1-3）。

图 1-3　薄冰上嬉戏的天鹅与野鸭

水在结冰时释放热量，而在融化时吸收环境热量，通过不同形态的转化，水有效调节着温度，为水生生物营造了适宜的生存环境

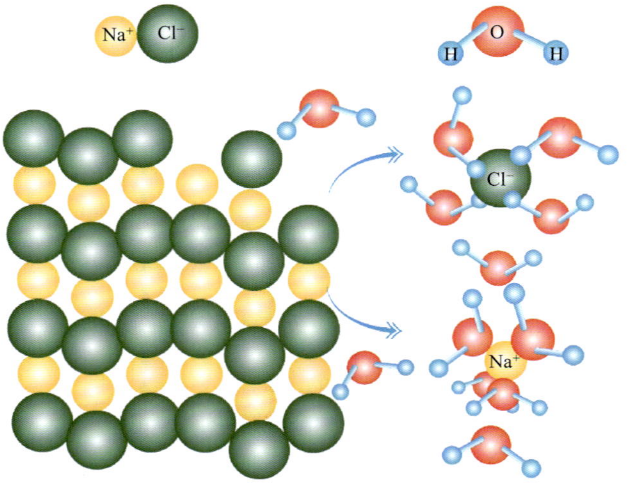

图 1-4　食盐溶于水示意图

当食盐晶体进入水中时，Na^+会吸引水分子中带负电的一端，而Cl^-则吸引带正电的一端，从而使食盐被水分子包围并溶解

水也是一种卓越的溶剂：由于水分子具有极性，其他极性分子极易溶于水中。以食盐为例（图 1-4），其晶体由Na^+和Cl^-两种离子构成。水分子是由两个氢原子和一个氧原子组成的，由于氧原子的电负性比氢原子大，因此水分子呈现出极性，即氧原子带部分负电，氢原子带部分正电。Na^+（钠离子）由于带正电，会被水分子中带负电的氧原子部分吸引。Cl^-（氯离子）由于带负电，会被水分子中带正电的氢原子部分吸引。Na^+和Cl^-在水分子的作用下，被水分子包围，形成水合离子。这个过程称为水合作用。随着越来越多的水分子与Na^+和Cl^-相互作用，食盐晶体中的离子被逐渐分离出来，分散到水中，最终导致食盐完全溶解。

值得一提的是，在生物体内的水溶液中，尽管大部分水分子不电离，但有一部分水分子能够电离成氢离子（H^+）和氢氧根离子（OH^-）（图 1-5）。在生物体内，这两种离子的平衡至关重要。能够释放H^+的化合物被称为酸，而能够释放OH^-的化合物被称为碱。我们通常使用pH值来衡量溶液的酸碱度。实际上，大多数活细胞的pH值都接近7，即中性。细胞内pH值的微小变化都可能对细胞产生不利影响，因此维持这种微妙的酸碱平衡对维持细胞正常功能和生物体健康至关重要。

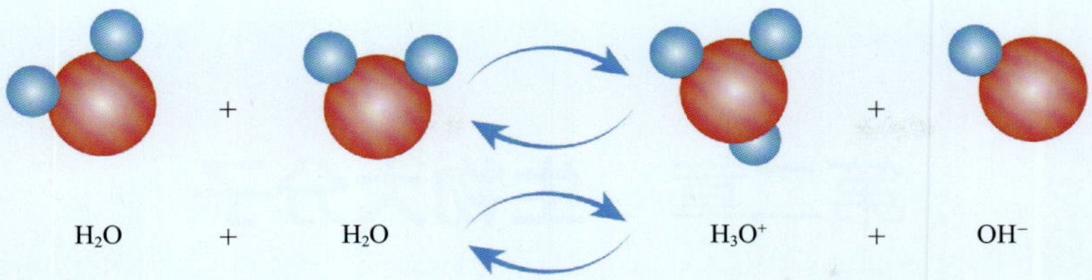

图1-5 水的电离

在纯净水中，水分子之间会发生自发的电离，即一个水分子将质子（H^+）转移给另一个水分子。当一个水分子失去一个质子（H^+）时，它会变成氢氧根离子（OH^-）。而接受质子的水分子则变成了水合氢离子，通常表示为H_3O^+，但在许多情况下简写为H^+。水的电离是理解酸碱平衡和溶液pH值的基础。在自然条件下，水的电离是非常有限的，但它是所有水溶液化学性质的基础

思考题

（1）名词解释：常量元素、微量元素。

（2）简述水的特性及相关的生物学功能。

生物学名词

原子（atom）；元素（chemical element）；常量元素（macroelement，major element）；微量元素（microelement，trace element）

第二章　生物大分子

学习目标

1. 掌握糖类、脂类、蛋白质和核酸的基本结构与功能，深刻理解生物大分子在生命活动中的重要性。

2. 了解蛋白质的结构分类及三维结构生物信息研究的网络数据库。

生物大分子——糖脂

第一节　糖类

糖类物质是生命活动中不可或缺的能源，被誉为生命的燃料，并在中间代谢过程中扮演着重要角色。它们主要由碳（C）、氢（H）、氧（O）三种元素构成，其结构的一般表达式为$C_n(H_2O)_n$，因此糖类物质亦被称作碳水化合物（carbohydrate）。部分糖类是构成核酸和糖蛋白等生物大分子的基本组成部分。糖类根据碳原子的数目可分为丙糖、丁糖、戊糖、庚糖等，根据结构单元的数量又可以分为单糖、寡糖、多糖。

单糖是一种无法通过水解分解为更小糖分子的化合物。在自然界中，葡萄糖和果糖是最常见的单糖。尽管它们都由6个碳原子组成，分子式均为$C_6H_{12}O_6$，属于六碳糖，但它们的结构差异显著，主要体现在羰基的位置上：葡萄糖含有醛基，属于醛糖；而果糖则含有酮基，属于酮糖（图2-1）。这种结构上的细微差异赋予了它们不同的生化特性，包括与生物大分子的反应能力以及甜度不同等。在这些单糖中，D-果糖以其卓越的甜度而著称，被认为是自然界中最甜的糖分子。

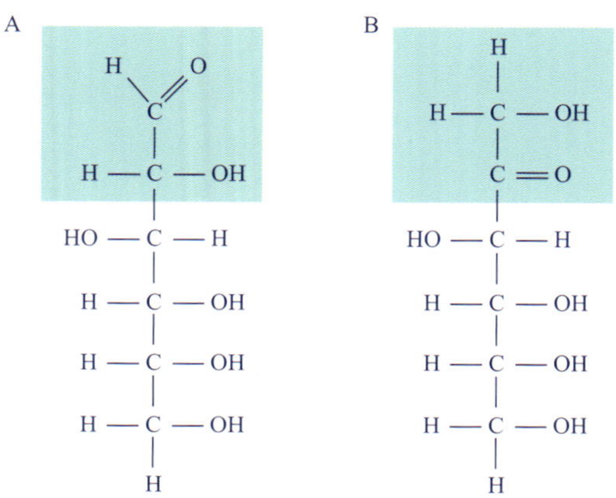

图2-1　葡萄糖和果糖的结构式

葡萄糖（A）为醛糖，而果糖（B）是酮糖

细胞中的单糖如果不能立即被利用则通常合成寡糖和多糖。寡糖是由2～10个单糖分子通过脱水缩合反应形成的复合糖类。在自然界中，常见的寡糖有麦芽糖（maltose）、蔗糖（sucrose）和乳糖（lactose）等（图2-2）。以麦芽糖为例，它是由两个葡萄糖分子连接并脱去一分子水，通过糖苷键结合而成的。麦芽糖是淀粉分解的基本单元，淀粉的水解会释放出麦芽糖，因此，麦芽糖通常存在于淀粉分解活跃的组织中，如麦芽中。

在食品中，蔗糖是主要的糖分来源，它由一分子葡萄糖和一分子果糖结合而成。蔗糖广泛存在于甘蔗、甜菜、胡萝卜以及香蕉、菠萝等果蔬中。乳糖则是由一分子葡萄糖和一分子半乳糖缩合而成，主要存在于哺乳动物的乳汁中。以人乳和牛乳为例，人乳中的乳糖含量为5%～7%，而牛奶中的乳糖含量大约为4%。

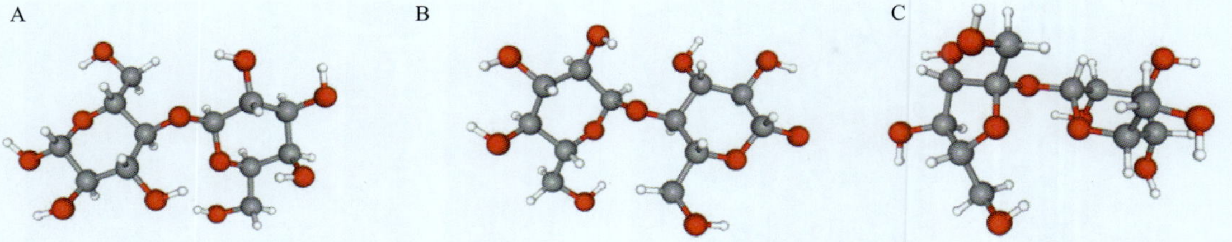

图2-2　麦芽糖（β型）、蔗糖和乳糖3D结构图

寡糖结构从PubChem数据库（https：//pubchem.ncbi.nlm.nih.gov/）下载。其中，β-麦芽糖（A）的PubChem CID为6134，而蔗糖（B）和乳糖（C）的PubChem CID分别为6255和5988。红色为O，深灰色为C，浅灰色为H

自然界数量最多的糖类是多糖（polysaccharide）。多糖是由多个（10个以上到上万个）单糖分子或单糖衍生物缩合、失水，通过糖苷键连接而成的高分子聚合物。按组成可分为同聚多糖（均一多糖）和杂聚多糖（杂多糖）两大类。均一多糖由单一类型的糖单元构成，而杂多糖则由多种不同类型的糖单元组成。

常见的均一多糖包括淀粉（starch）、糖原（glycogen）和纤维素（cellulose）等（图2-3）。淀粉分为直链淀粉和支链淀粉两种类型，是植物储存养分的主要形式，尤其是在小麦、大米等谷物中。糖原则是动物体内主要的糖分储存形式，为生物体提供了迅速可用的能量资源，有“动物淀粉”之称。在动物体内，糖原主要储存在肌肉和肝脏中，肌肉中的糖原被称为肌糖原，主要用于肌肉的收缩活动；而肝脏中的糖原则被称为肝糖原，主要作用是调节血糖水平（图2-4）。纤维素是由数百到数千个葡萄糖单元构成的同聚多糖，它是植物细胞壁的主要组成部分，常常与半纤维素、果胶和木质素共同存在。纤维素是自然界中分布最广泛且含量丰富的多糖，占植物界碳总量的50%以上。天然的纤维素是一种无色无味的细丝状物质。棉花是纤维素含量极高的天然材料，几乎完全由纤维素构成，是自然界中纯度最高的纤维素来源之一。纤维素在日常生活中扮

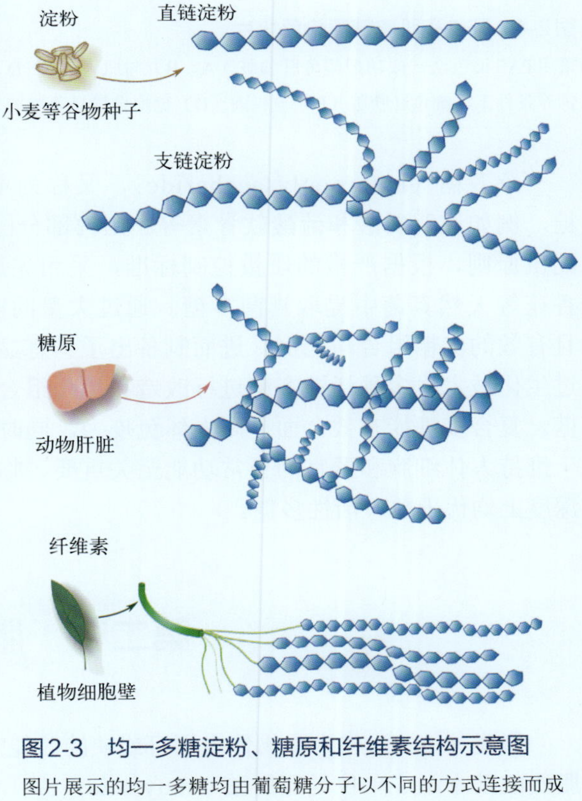

图2-3　均一多糖淀粉、糖原和纤维素结构示意图

图片展示的均一多糖均由葡萄糖分子以不同的方式连接而成

演着重要角色，例如，书籍和纸张的主要成分就是纤维素，而我们日常穿着的棉质衣物也主要是由纤维素制成。据统计，全球每年用于纺织和造纸的纤维素消费量高达800万吨。此外，尽管人体内缺乏分解纤维素的酶，无法消化吸收纤维素，但纤维素能促进肠道蠕动，有助于排便。因此，增加摄入燕麦、荞麦、萝卜和胡萝卜等富含纤维素的食物对健康有益。

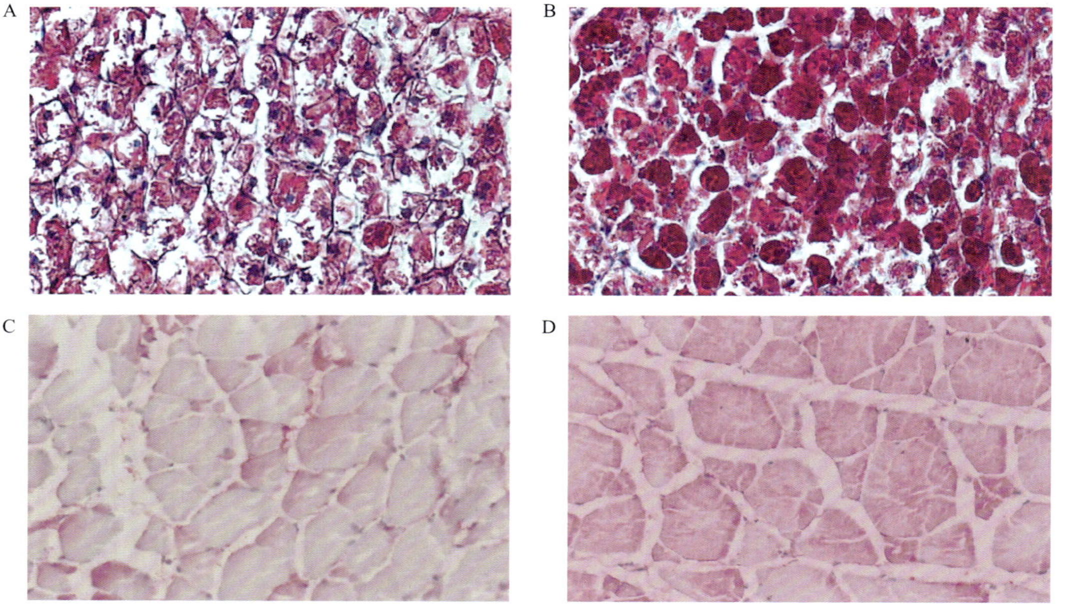

图2-4　肝脏和肌肉糖原染色切片

采用PAS染色法，成功把鲤鱼肝胰脏（A、B）与肌肉（C、D）中的糖原染成紫红色。和对照组（A、C）相比，高淀粉饲养条件下，鲤鱼肝胰脏（B）与肌肉（D）糖原含量显著增加

杂多糖（heteropolysaccharide），又称为不均一多糖，是多种单糖单元缩合而成的多糖，例如透明质酸和硫酸软骨素等。国内部分医学研究机构依照中医理论中的“君臣佐使”配伍原则，根据严格的质量控制标准，采用先进技术，从灵芝、松茸、冬虫夏草、云芝和香菇等天然真菌中提取真菌多糖。通过大量的实验和筛选，研究人员成功找到了科学合理且有效的多糖组合与比例，进而制备出了具有显著生物活性的复合多糖。这种复合多糖是通过生化技术对多种活性多糖进行改造和优化组合得到的，其多糖间的互补性远超单一活性多糖。复合多糖能有效全面提高人体免疫力，同时也是细胞和细胞器结构的关键组成部分，对于维持人体细胞和器官的正常功能至关重要。临床研究显示，复合多糖在免疫激活的广度和深度上均优于单一活性多糖。

第二节　脂类物质

脂类（lipid）作为生物体内不可或缺的贮能分子，在生命活动中占据着举足轻重的地位。脂质的基本组成单位是脂肪酸（fatty acid，FA），这是一种具有一个羧基的长脂肪族碳氢链。

在质量相等的情况下，脂肪酸所蕴含的能量远超葡萄糖，高达其六倍以上，这恰恰是生物体在漫长的进化过程中选择脂肪作为能量储存方式的核心原因。以北极熊为例，它们依赖厚实的脂肪层和皮毛来抵御严酷的北极寒冬；而在植物界中，脂肪为种子的萌发提供了至关重要的能量支持。此外，脂质在生命活动中还扮演着无法替代的角色。例如，植物叶片上的蜡质层，有效防止了叶肉内部水分的蒸发，保障了植物的正常生长；而昆虫在信号传递过程中，则依赖于固醇类激素的作用。值得一提的是，磷脂是细胞膜构建的基石。然而，生物体内的物质平衡是微妙的，过多或过少的脂质都会带来不良影响。研究表明，当体内脂肪过度蓄积时，尤其是内脏脂肪组织异常堆积，会引发一系列代谢性疾病。更具体地说，当脂肪在肌肉中过多积累时，可能导致胰岛素抵抗，严重时甚至诱发2型糖尿病；而在肝脏中的过度积累则可能引发脂肪肝；若脂肪在血液中堆积，便会形成我们通常所说的高血脂。这些因脂肪过量导致的代谢性疾病，常被人们形象地称为“富贵病”，可见其普遍性和危害性。

脂肪酸不仅是构成最简单脂类的基本结构，更是众多复杂脂质不可或缺的成分，同时也是生物体内主要的能量来源之一。根据脂肪酸分子中化学键的饱和程度，可以将其分为两大类：饱和脂肪酸与不饱和脂肪酸。饱和脂肪酸分子内不含双键，其分子间连接紧密，结构稳定（图2-5）；而不饱和脂肪酸则含有一个或多个双键，其中，单不饱和脂肪酸仅含一个双键（图2-6），而多不饱和脂肪酸则含有两个或两个以上双键，且其碳链长度通常介于18～22个碳原子之间。

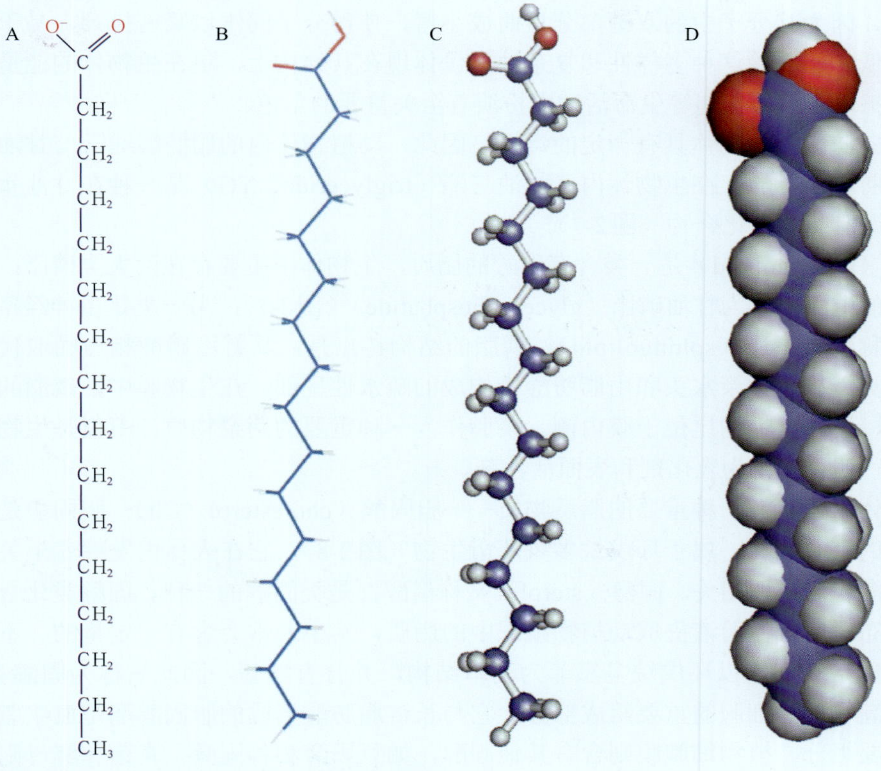

图2-5　饱和脂肪酸——棕榈酸（palmitic acid，C16：0）

图片展示了棕榈酸的分子式（A）及三种不同的结构展示形式：B为简单结构（simple）；C为球棒结构（ball and stick）；D为球状结构（spheres）。C原子为蓝色，O为红色，H为灰色

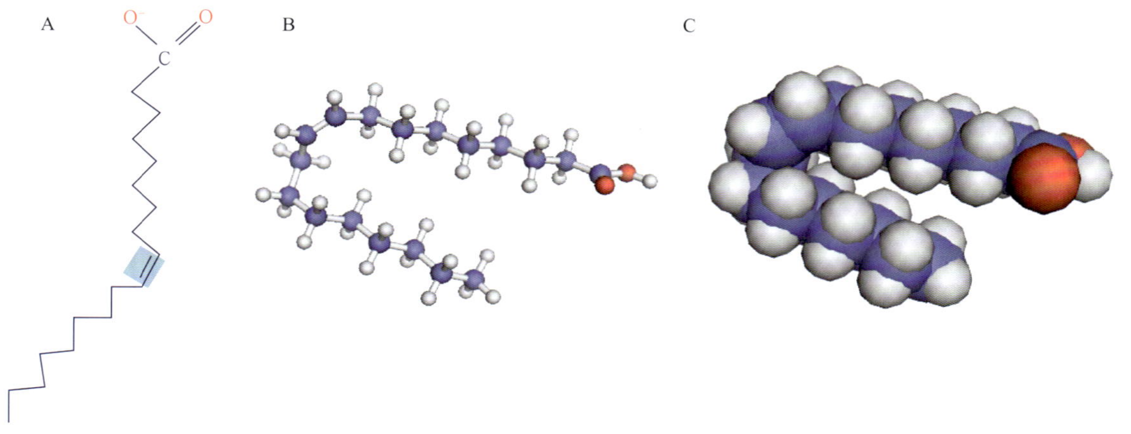

图2-6　单不饱和脂肪酸——油酸（oleic acid，C18：1n9）

A为结构简式，浅蓝色阴影标注了不饱和键的位置；B，C为油酸两种不同的展示形式，原子颜色同图2-5

在自然界中，动物脂肪大多富含饱和脂肪酸，如硬脂酸，这些脂肪在室温下通常呈现固态，这主要是因为其分子间的氢键和长链烷基产生的强范德华色散力，使分子能够紧密堆积形成晶体结构。相对而言，植物油则富含油酸和亚油酸等不饱和脂肪酸，这些脂肪在室温下呈现液态，因为其分子中的双键部分扭曲成小弯，使得分子间难以紧密排列，易于散开，因此熔点较低。脂质的这种多样性和复杂性不仅体现在其结构上，更在生物体的能量储存、细胞结构维护以及信号传递等生命活动中扮演着至关重要的角色。

游离脂肪酸对生物体具有一定的毒性，因此，动植物体内的脂肪酸通常与甘油结合，形成中性脂肪和油，储存在生物体内。甘油三酯（triglyceride，TG）是一种在甘油骨架上连接三分子长链脂肪酸的化合物（图2-7）。

磷脂（phospholipid）是一类含有磷酸的脂质，生物体中主要存在两大类磷脂：一类是由甘油构成的磷脂，称为甘油磷脂（glycerophosphatide）（图2-7）；另一类是由神经鞘氨醇构成的磷脂，称为鞘磷脂（sphingolipid）。磷脂的结构特点是：具有由磷酸相连的取代基团（含氨碱或醇类）构成的亲水头和由脂肪酸链构成的疏水性尾部。在生物膜中，磷脂的亲水头位于膜表面，而疏水性的尾位于膜内侧。磷脂作为一种重要的两亲物质，不仅是生物膜的主要组成部分，还可以作为乳化剂和表面活性剂。

动物体内还存在一种重要的脂质物质——胆固醇（cholesterol，Ch）。胆固醇是合成多种重要激素的重要原料，属于环戊烷多氢菲衍生物（图2-8），它在人体内发挥着至关重要的作用，与生命现象密切相关。固醇（sterol）又称甾醇，是类固醇的一种。固醇类化合物在生物界广泛分布。用碱性溶液提取动植物组织中的脂质，其中通常会含有一定量的、不能被碱所皂化的物质，它们均以环戊烷多氢菲为基本结构，并含有醇基，因此被称为固醇类化合物。胆固醇是高等动物细胞的重要组成部分。它与长链脂肪酸形成的胆固醇酯是血浆脂蛋白和细胞膜的重要组分。植物细胞膜则含有其他固醇，如豆固醇和谷固醇。真菌和酵母则含有菌固醇。胆固醇是动物组织中其他固醇类化合物，如胆汁醇、性激素、肾上腺皮质激素和维生素D_3等的前体。

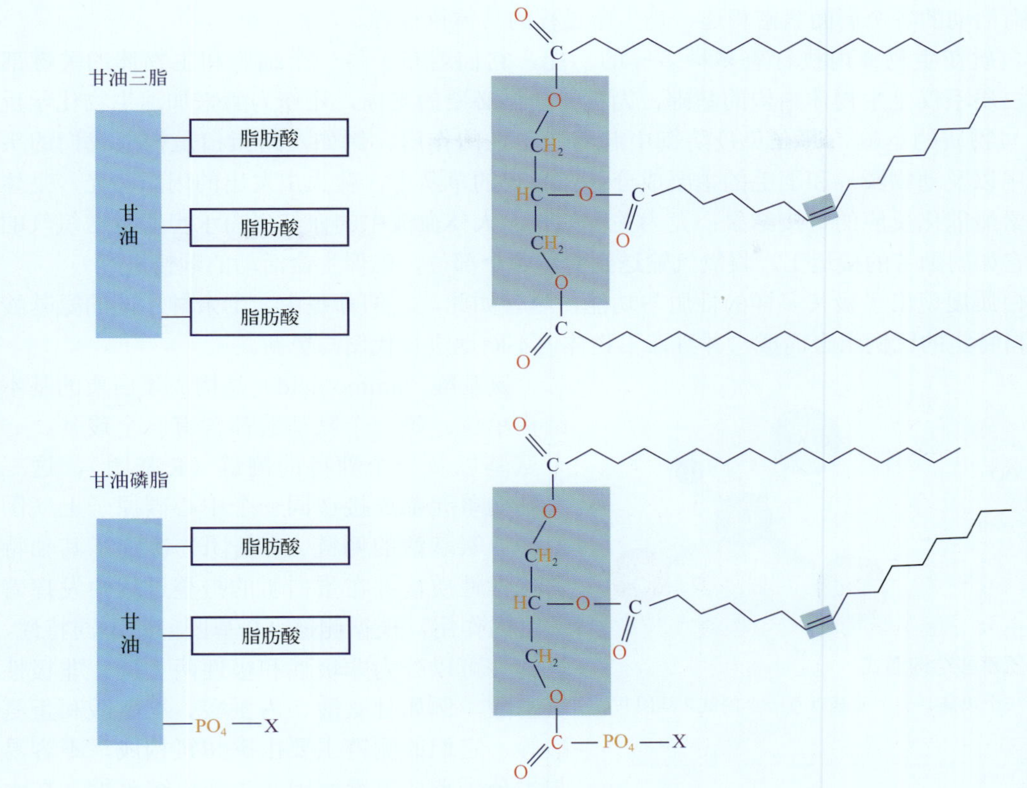

图2-7　甘油三酯（上）和甘油磷脂（下）结构示意图及结构简式

X是与磷酸相连的取代基团

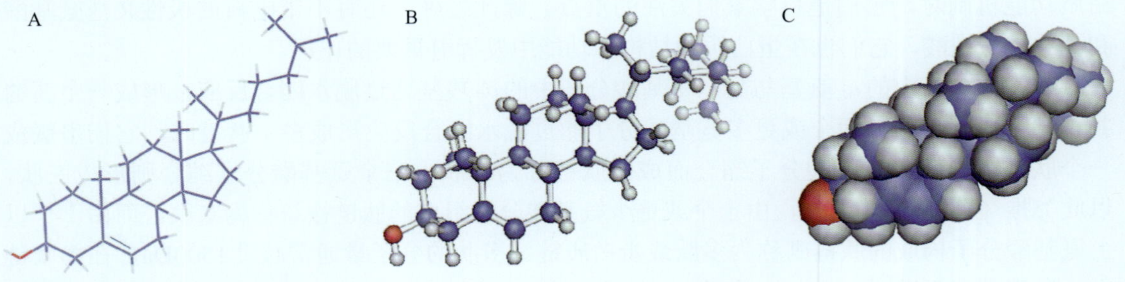

图2-8　胆固醇结构示意图

A为二维（2D）化学结构；B为球棒结构；C为球状结构。C原子为蓝色，O原子为红色，H原子为灰色

第三节　蛋白质

生物大分子——蛋白质

蛋白质（protein）是生命的物质基础，是生命活动的体现者，它在生物体内担任着至关重要的角色，构成细胞的主要框架，并在细胞的干重中占有显著比重。这种关键的生物大分

子与生命活动的各个层面紧密相连，是生命过程的具体执行者。

蛋白质在生物体内执行着多种多样的功能，它们遍布于每一个细胞和生物体的关键部位。蛋白质不仅是生物体结构的基础，为机体提供必要的支撑，还作为酶来加速生物化学反应，参与物质的运输，并在免疫防御中起着决定性的作用。例如，角蛋白是构成我们的头发、指甲以及动物鳞片和羽毛的主要成分；在夏夜的草丛中，萤火虫发出的闪烁荧光，是体内荧光素酶催化反应的直接结果；尤为关键的是，人体血液中的血红蛋白承担着运送氧气的重任，它如同勤劳的搬运工，将氧气输送到身体各个部位，确保生命活动的顺畅进行。

蛋白质展现出了极其多样的性质与功能，尽管如此，它们都是由二十余种不同的氨基酸按照各自特定的比例组合而成，并且在生物体内不断地进行代谢与更新。

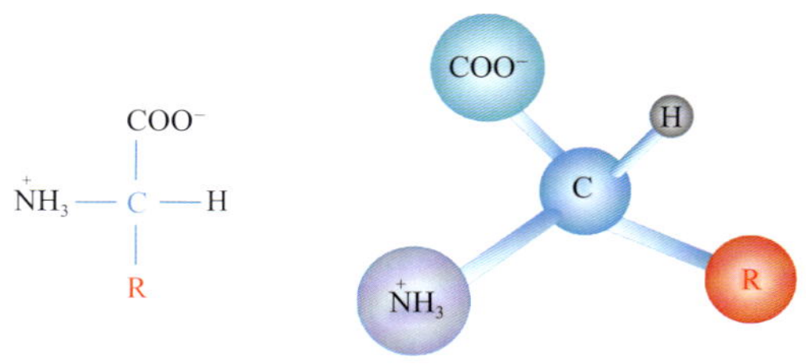

图2-9　氨基酸结构通式

氨基酸由一个羧基、一个氨基以及一个侧链R基团共同组成

氨基酸（amino acid）是构成蛋白质的基本结构单位。每一个氨基酸都含有一个羧基、一个氨基以及一个独特的侧链（R基团），这三个结构单元都连接在同一个中心碳原子上（图2-9）。氨基酸的侧链（R基团）决定了其独特的化学性质，并在蛋白质的折叠过程中发挥着关键的作用。根据侧链（R基团）的不同特性，氨基酸可以分为非极性和极性两大类。非极性氨基酸，例如甘氨酸、丙氨酸、亮氨酸和蛋氨酸等，它们的侧链主要由碳和氢构成，不容易与水分子形成氢键，因此表现出疏水性，在水中的溶解度相对较低。而极性氨基酸的R基团具有极性，包括带正电荷的赖氨酸、精氨酸和组氨酸，以及带负电荷的天冬氨酸和谷氨酸，总共有五种。这些氨基酸的侧链能够与水分子形成氢键，因此具有亲水性。极性氨基酸通常位于蛋白质的功能性活性位点，因而在研究蛋白质功能机制时，它们是科学家们关注的重点。除此之外，还有不带电荷的极性R基氨基酸和芳香族氨基酸，它们也在蛋白质的结构和功能中发挥着重要的作用。

氨基酸分子中的α-氨基与另一氨基酸分子中的α-羧基通过脱水缩合反应，形成一个新的共价键，即肽键。当两个或更多氨基酸分子通过脱水缩合反应形成多个肽键时，它们串联成一个肽链。由两个氨基酸分子缩合而成的肽链称为二肽，三个氨基酸分子缩合则形成三肽，以此类推（图2-10）。通常，由十个或更少氨基酸分子组成的肽链被统称为寡肽，而由十个以上氨基酸分子构成的肽链则称为多肽或蛋白质链。多肽的分子量通常超过1500Da。在多肽链中，一端带有氨基（—NH_2），称为N-末端；另一端带有羧基（—COOH），称为C-末端。多肽链中的C—C键和C—N键并不是固定不动的，它们能够相互旋转，这种旋转性导致了蛋白质结构的多样性，并使得蛋白质能够执行各种不同的功能。一个蛋白质分子通常由一条或多条多肽链组成。

每种天然蛋白质均展现出其特有的三维结构，亦称为蛋白质的构象。蛋白质的功能发挥与其特定的三维结构密切相关。结构生物学家对蛋白质的结构进行了系统的研究，并将其细分为四个层次：一级结构、二级结构、三级结构和四级结构（图2-11）。蛋白质的一级结构（primary structure），是指蛋白质多肽链中氨基酸残基的排列顺序，这是蛋白质最基础的结构，由基因中的遗传密码序列所决定。二级结构（secondary structure）涉及多肽链骨架原子的局部空间排布，比如α-螺旋、β-片层、β-转角和无规卷曲（图2-12）。在二级结构的基础上，

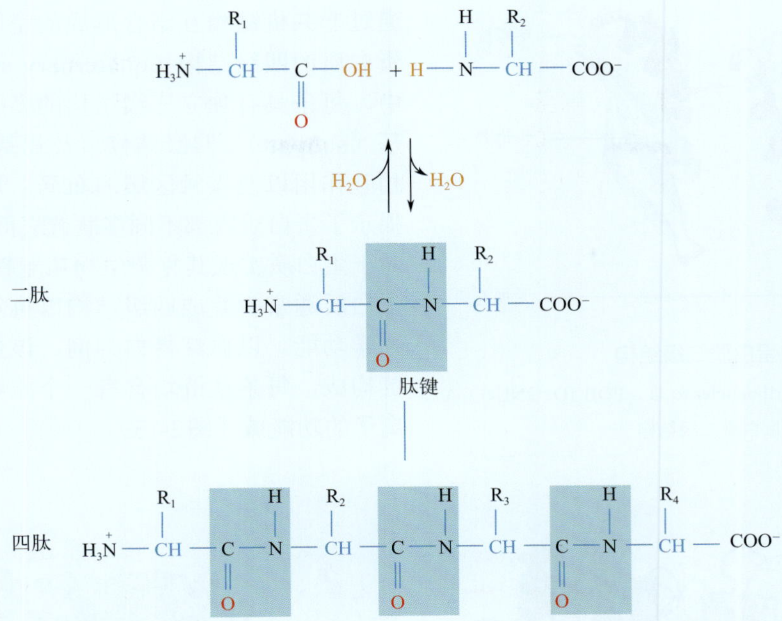

图2-10　肽键及肽链的形成

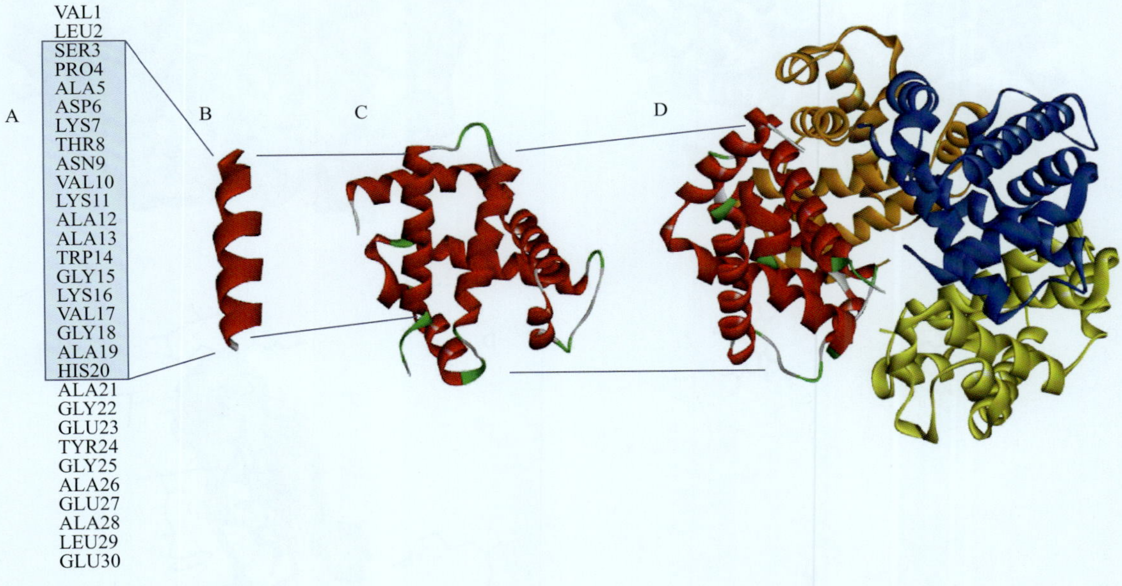

图2-11　蛋白质结构示意图

以脱氧血红蛋白（PDB ID 2HHB）为例，该蛋白质由四个多肽链构成。其一级结构（A）表现为氨基酸序列。在A链中，第3～20号氨基酸形成了α-螺旋的二级结构（B）。当A链的141个氨基酸完全折叠时，便构成了其三级结构（C）。进一步地，构成蛋白的四条多肽链相互作用与折叠，最终形成了脱氧血红蛋白的四级结构（D），四条多肽链分别用不同的颜色展示

多肽链进一步折叠形成具有特定规律的三维空间结构，即蛋白质的三级结构（tertiary structure）。对于那些由两条或多条具有独立三级结构的多肽链组成的蛋白质，这些多肽链

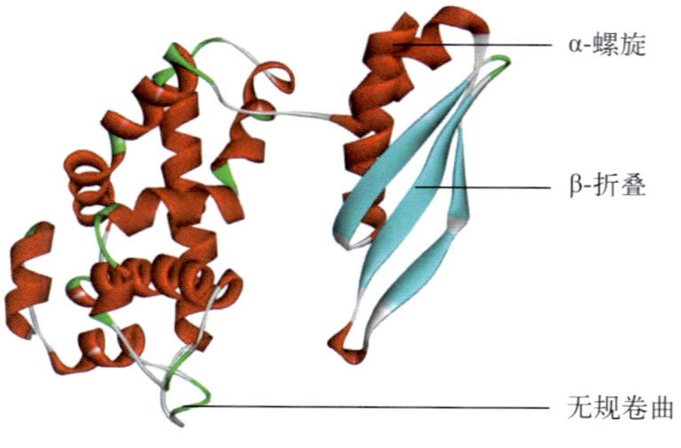

图2-12 常见的蛋白质二级结构

以核糖核酸酶Ⅲ（ribonuclease Ⅲ，PDB ID：2NUG）A链为例示意常见的蛋白质二级结构

通过非共价键相互结合形成的空间结构被称为蛋白质的四级结构（quaternary structure）。其中，每条具有独立三级结构的多肽链被称为亚基（subunit）。四级结构涉及亚基的立体排布、相互作用以及接触区域的布局。这一结构层次揭示了蛋白质内部不同多肽链之间的协同作用，对于蛋白质实现其复杂生物功能具有重要意义。蛋白质通常折叠成四级结构以执行其特定的生物学功能。以血红蛋白为例，该蛋白质由四条链构成，每条肽链均含有一个能够结合一个铁离子的功能域（图2-13）。

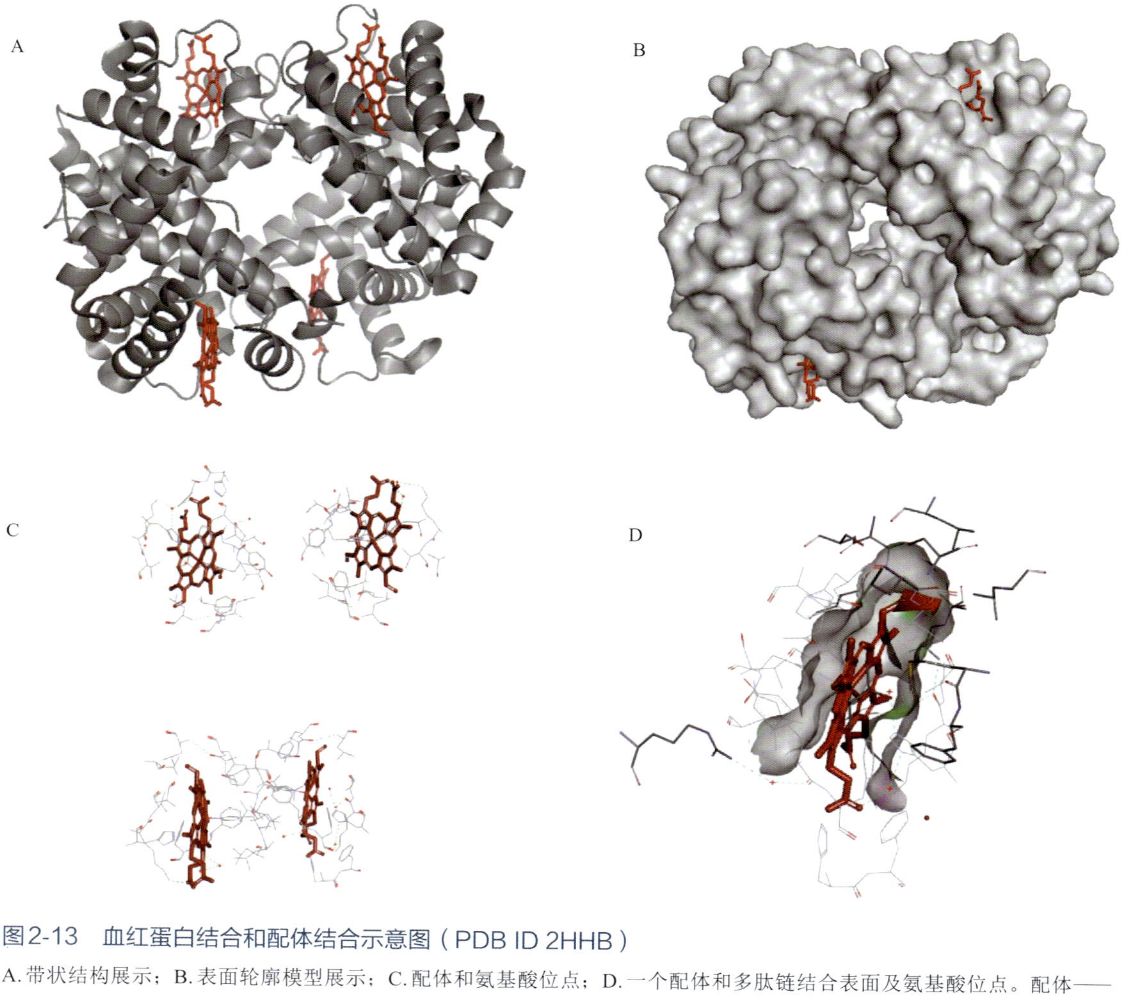

图2-13 血红蛋白结合和配体结合示意图（PDB ID 2HHB）

A.带状结构展示；B.表面轮廓模型展示；C.配体和氨基酸位点；D.一个配体和多肽链结合表面及氨基酸位点。配体——含Fe的原卟啉Ⅸ（protoporphyrin Ⅸ containing FE，HEM）用红色表示。配体结合表面用灰色表示。图片使用Pymol软件加工展示

蛋白质的结构与人类生活紧密相关。例如，烫发技术的原理与头发中的蛋白质结构密切相关。头发主要由α-角蛋白构成（图2-14 A），这种角蛋白具有优异的伸缩性。在高温条件下，α-角蛋白的螺旋结构会转变为β-折叠，这使得头发在湿热环境中变得柔软且易于塑形。当头发冷却干燥后，二硫键的破坏使头发保持新的形状，此时理发师会将头发卷成特定形状并使用定型剂固定，从而制作出所需的发型。

同样，丝绸服装因其光滑柔软的质感而广受欢迎，这得益于丝绸中蛋白质的二级结构。如图所示，丝绸蛋白主要由β-折叠片层构成（图2-14 B），这些片层以交替方式堆积成平行的多层结构。层与层之间通过侧链的范德华力相互作用，赋予了蚕丝纤维卓越的柔韧性和丝滑的手感。

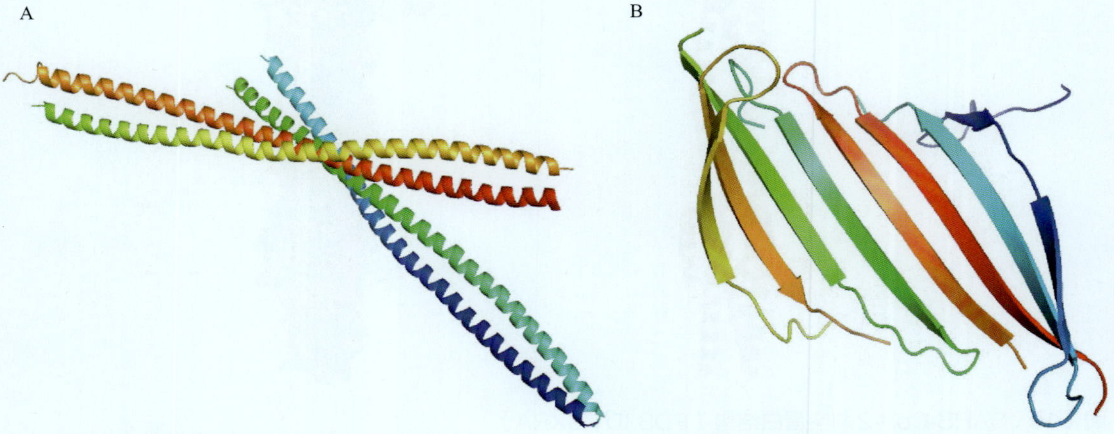

图2-14　组成人类头发的角蛋白（A，PDB ID：3UA0）和蚕丝蛋白结构（B，PDB ID：6JFV）

为了揭示生命的本质，结构生物学家对蛋白质结构进行了深入研究，并建立了专业的蛋白质结构数据库和网站。如，RCSB蛋白质数据库（Protein Data Bank，简称PDB）是由美国国家科学基金会、美国能源部和美国国家卫生研究院资助的国际性的科学数据库，旨在为研究人员提供高分辨率的生物大分子三维结构信息。这个数据库包含了大量的蛋白质、核酸以及复合物的X射线晶体学、核磁共振和电子显微镜结构数据。研究人员可以通过网站进行搜索、浏览和下载结构数据，还可以使用各种生物信息学工具进行结构比较、分析蛋白质相互作用等。

当然，科学研究不仅需要追求理论探索，更应服务于人类生活。2019年以来，面对全球新冠疫情的挑战，中国展现了大国的责任和能力。我国著名科学家李兰娟院士在新冠防疫工作中做出了突出贡献。她领导的研究团队率先成功解析了COVID-19全病毒的三维精细结构，并深入揭示了核糖核蛋白复合物在病毒体内的结构及分子组装机制。COVID-19病毒由外壳蛋白和病毒RNA组成，外壳蛋白分为刺突蛋白（图2-15）、膜蛋白和核蛋白。病毒为了侵入宿主细胞，需要在RNA聚合酶的催化下合成新的RNA。预防新冠病毒的关键在于理解病毒的蛋白结构。

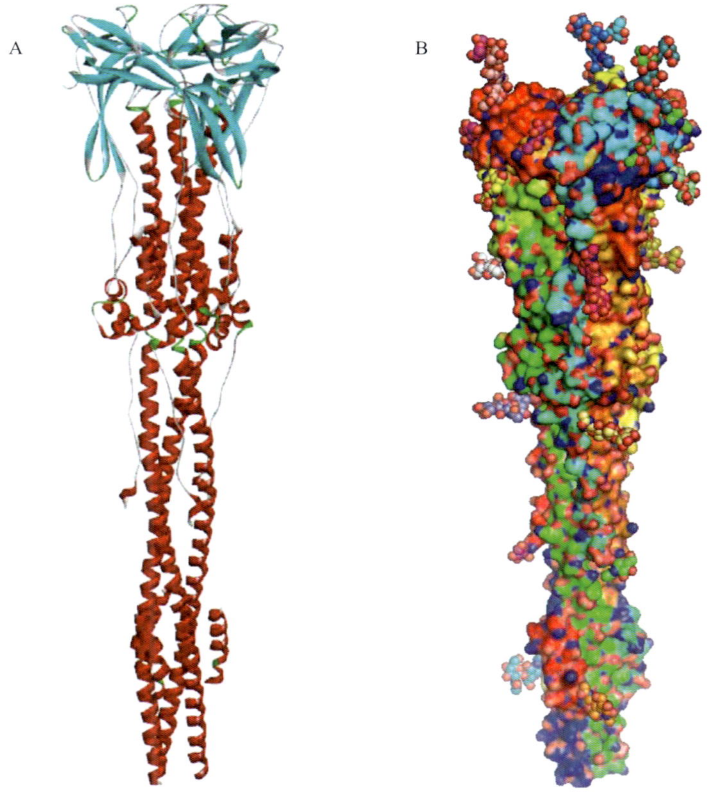

图2-15　SARS-CoV-2刺突蛋白结构（PDB ID：6XRA）

A.条带结构；B.表面轮廓结构

第四节　核酸

核酸（nucleic acid）是一种由核苷酸聚合而成的生物大分子，主要位于细胞核内，发挥生物体遗传信息的携带和传递功能，储存和传递遗传信息。1870年，瑞士科学家米歇尔（F. Miescher）从脓细胞核中提取得到酸性物质，称为“核素”（nuclein），后发展为“核酸”。在所有动植物和微生物细胞中，核酸普遍存在，并且常与蛋白质结合形成核蛋白复合体。

根据化学组成的差异，核酸可分为脱氧核糖核酸（DNA）和核糖核酸（RNA）两大类（图2-16）。DNA是遗传信息储存、复制和传递的关键物质基础，其上具有遗传信息的特定核苷酸序列即基因（gene）。RNA在蛋白质合成过程中扮演着至关重要的角色。在蛋白质的生物合成过程中，mRNA承担着编码信息的角色，是蛋白质合成的模板；tRNA则负责识别并转运活化的氨基酸至核糖体；而rRNA作为核糖体的结构组分，为蛋白质的合成提供了催化和结构基础。

DNA和RNA的基本组成单位是核苷酸（nucleotide）。每个核苷酸分子包含一个戊糖（核糖或脱氧核糖）、一个磷酸基团和一个含氮的有机碱基。核苷酸通过磷酸基团连接成链，形成了核酸的基本骨架（图2-17）。

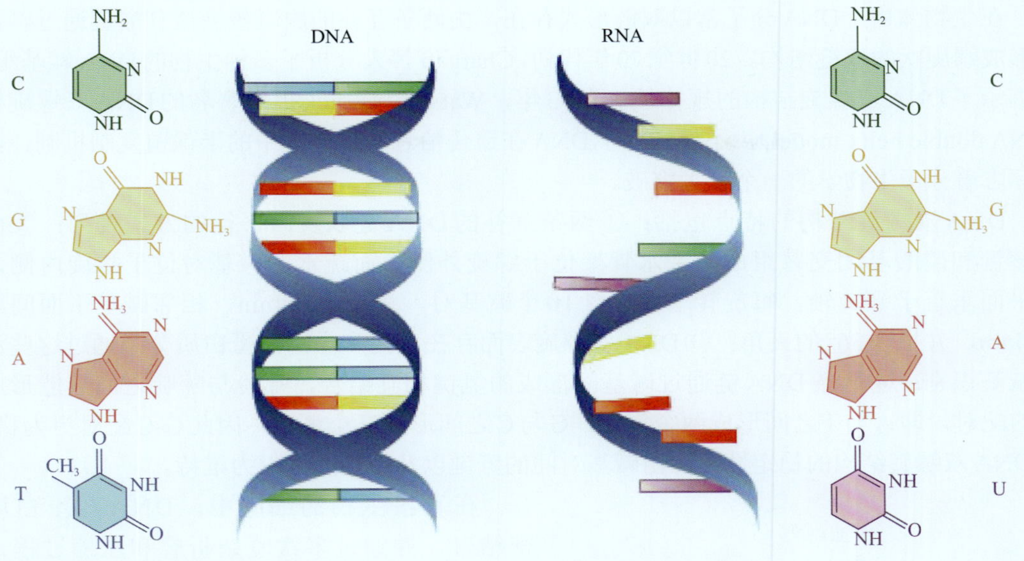

图2-16　DNA和RNA结构示意图

碱基用不同的颜色显示

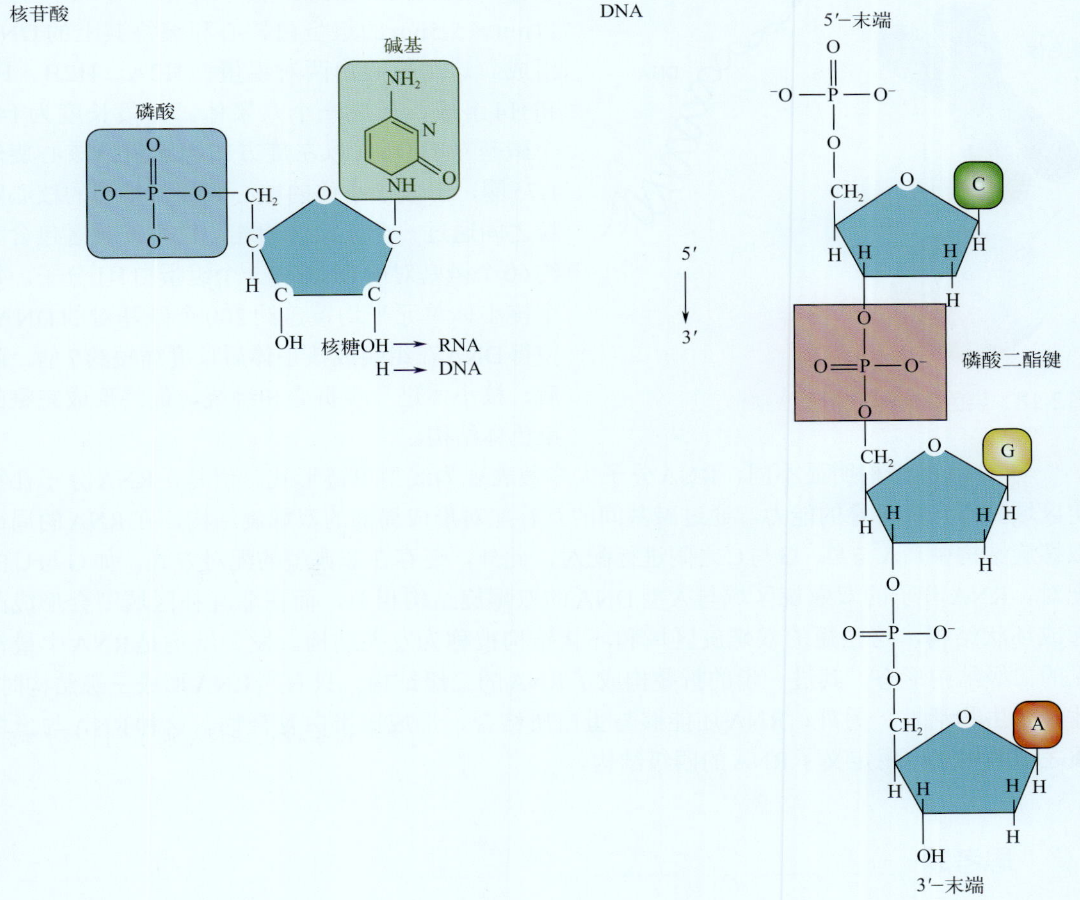

图2-17　核酸结构及DNA链（示磷酸二酯键）

在生物体内，DNA分子常以双链形式存在，由两条互补的脱氧核糖核苷酸链通过碱基配对形成螺旋状的双链结构。20世纪50年代初，Chargaff等人分析了多种生物的DNA碱基组成，并揭示了DNA双螺旋结构的规律性。1953年，Watson和Crick提出著名的DNA双螺旋模型（DNA double helix model），不仅阐释了DNA在遗传信息稳定传递中的半保留复制机制，同时也标志着分子生物学的一个重大突破。

DNA双螺旋结构的特点包括：①两条互补的DNA链以反向平行的方式排列；②由脱氧核糖和磷酸基团交替组成的亲水骨架位于螺旋外侧，而疏水的碱基对位于螺旋内侧，碱基平面垂直于螺旋轴，每旋转一周包含10个碱基对，螺距为3.4nm，相邻碱基平面间距为0.34nm，并呈现36°的夹角；③DNA双螺旋表面存在大沟和小沟，蛋白质分子通过这些沟槽与碱基识别；④两条DNA链通过碱基间形成的氢键相互结合，嘌呤与嘧啶之间只能形成特定的配对，即A与T之间形成两个氢键，G与C之间形成三个氢键，因此G-C配对更为稳定；⑤DNA双螺旋结构的稳定性主要由碱基对间的氢键以及碱基的堆积力维持。

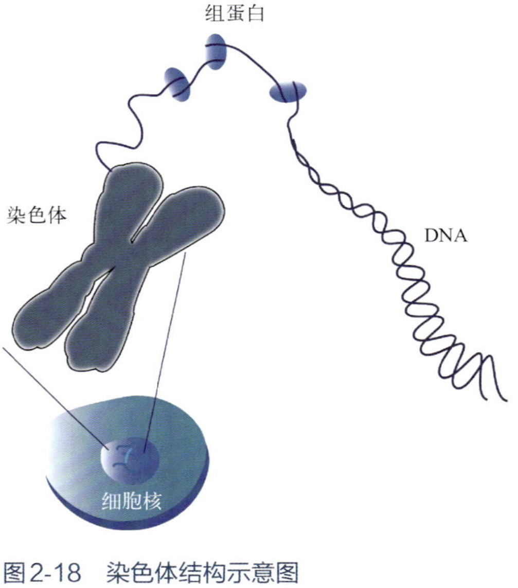

图2-18　染色体结构示意图

在真核生物的细胞中，DNA与蛋白质紧密结合，并通过多次复杂折叠和压缩过程，最终以染色体（chromosome）的形式存在于细胞核内（图2-18）。DNA首次折叠形成的是核小体（nucleosome）。核小体由一个直径约为11nm×5.5nm的组蛋白核心和缠绕其上的DNA组成。这个核心由两对组蛋白H2A、H2B、H3和H4组成，形成一个八聚体。一段长度为146个碱基对的DNA以左旋方式绕组蛋白核心旋转1.75圈，形成核小体的核心颗粒。相邻的核心颗粒之间通过一个连接区相连，这个连接区包含大约60个碱基对的DNA和一个组蛋白H1分子。每个核小体单元平均覆盖约200个碱基对的DNA，使得DNA在组装成核小体后长度缩短约7倍。随后，核小体进一步折叠和缠绕，最终形成完整的染色体结构。

与DNA的结构明显不同，RNA分子大多数表现为线型单链形式。但是，RNA分子在特定区域具有自我折叠的能力，通过碱基间的互补配对形成局部的双螺旋结构。在RNA的局部双螺旋结构中，A与U、G与C之间进行配对，此外，还存在非典型的配对方式，如G与U的配对。RNA分子的双螺旋区域与A型DNA的双螺旋结构相似，而在非互补区域则会形成凸起或环状结构，这些短的双螺旋区域和环状结构被称为发夹结构。发夹结构是RNA中最常见的二级结构形态，其进一步的折叠构成了RNA的三级结构。只有当RNA形成三级结构时，才具备生物活性。另外，RNA还能够与蛋白质结合，形成核蛋白复合物。这种RNA与蛋白质之间的相互作用定义了RNA的四级结构。

思考题

（1）简述糖类、脂类、蛋白质以及核酸这四类生物大分子的基本组成单位。

（2）选择一种生物大分子（如糖类、脂类、蛋白质、核酸等），详细描述其分子组成、结构特点及在生物体内的主要功能。结合实际例子（如糖原合成、脂质分解、酶催化反应、遗传信息传递等），说明该生物大分子在生命活动中的重要性。

（3）基于糖类、脂类和蛋白质的特性，系统探讨健康饮食应遵循的注意事项，并在此基础上提出科学、合理的饮食建议。

（4）结合疫情期间科学家解析病毒蛋白质结构的实例，重点分析我国科学家在COVID-19病毒外壳蛋白及RNA核酸酶结构研究中的经典案例。

生物学名词

碳水化合物（carbohydrates）；多糖（polysaccharide）；淀粉（starch）；糖原（glycogen）；纤维素（cellulose）；杂多糖（heteropolysaccharide）；脂类（lipid）；脂肪酸（fatty acid）；甘油三酯（triglyceride，TG）；磷脂（phospholipid）；甘油磷脂（glycerophosphatide）；胆固醇（cholesterol，Ch）；脂类（lipid）；脂肪酸（fatty acid）；蛋白质（protein）；氨基酸（amino acid）；一级结构（primary structure）；二级结构（secondary structure）；三级结构（tertiary structure）；四级结构（quaternary structure）；核酸（nucleic acid）；基因（gene）；核苷酸（nucleotide）；DNA双螺旋模型（DNA double helix model）

第三章　生命的结构基础——细胞

学习目标

细胞的结构

1. 理解细胞作为生命基本单位的至关重要性，以及其展现出的丰富多样性。
2. 全面掌握原核细胞和真核细胞的基本结构，以及各细胞器的独特功能。
3. 了解细胞膜的组成、功能特点，以及它们的结构特性。

细胞（cell）是构成生命体的结构单位，在自然界中展现出惊人的多样性和形态变化（图3-1）。例如，精子呈蝌蚪状，卵细胞则是椭圆形，平滑肌细胞类似于梭子，而红细胞则是扁平的圆盘状。不同类型的细胞在大小上也存在显著差异。支原体的大小仅为0.1～0.3μm，需要借助显微镜才能观察到。相比之下，鸵鸟的卵细胞是肉眼可见的，被认为是最大的真核细胞。至于神经细胞，虽然细胞体的直径仅有10～30μm，但其发出的神经纤维却能延伸到惊人的1m长。

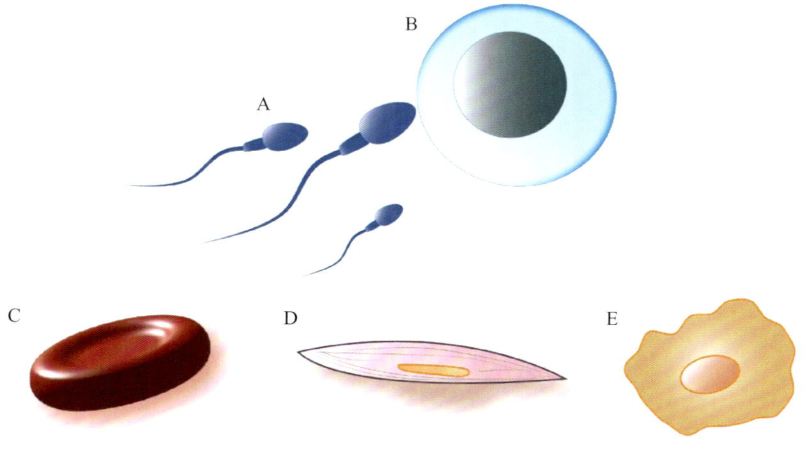

图3-1　细胞形态多变

A.精子；B.卵细胞；C.红细胞；D.肌肉细胞；E.巨噬细胞

细胞分为原核细胞（prokaryotic cell）和真核细胞（eukaryotic cell）。像所有生命物质一样，细胞结构复杂而精细，各种结构组分在细胞内协同工作，使生命活动能够在不断变化的环境中自我调节和有序进行。无论是原核细胞还是真核细胞，它们都由质膜、细胞质和细胞核或拟核组成。由原核细胞组成的生物被称为原核生物，包括所有细菌和蓝藻。而由真核细胞组成的生物被称为真核生物，包括所有动物、植物和真菌。

第一节　原核细胞

原核细胞缺乏明显的细胞核结构，核膜和核仁缺失，导致它们不具备以核膜为界的典型细胞核，而是拥有一个称为拟核的结构。这些细胞的进化地位较为原始。它们的DNA以未包裹的环状形式存在，通常不与蛋白质结合，这些环状DNA分子的直径大约为2.5nm，周长达到几十纳米。原核细胞缺乏稳定的内膜系统，光合作用和氧化磷酸化等生物化学过程直接在细胞膜上进行，不存在叶绿体（chloroplast）、线粒体（mitochondrion）等具膜细胞器（organelle）的分化，仅含有核糖体。根据细胞外被膜（cell envelope）的不同组成，细菌可分为革兰氏阳性菌和革兰氏阴性菌。细菌表面还可能具有鞭毛和菌毛两种结构。鞭毛（flagella）是细菌用于移动的器官，而菌毛（pili）则较细短，不参与细菌的运动，但具有较强的黏附能力，有助于细菌附着于物体表面。

第二节　真核细胞

真核细胞分为动物细胞和植物细胞两大类（图3-2）。动物细胞由细胞膜、细胞质和细胞核三者构成，细胞质中散布着内质网、线粒体、高尔基体、核糖体、溶酶体和中心体等细胞器。而植物细胞除了拥有动物细胞中的这些细胞器外，还有其特有的结构，如细胞壁、叶绿体和质体等。

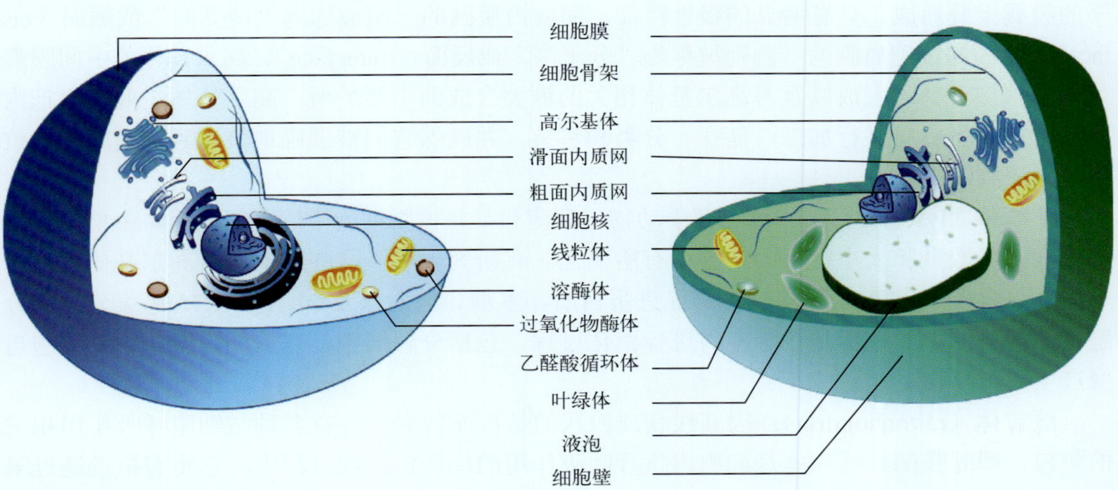

图3-2　真核细胞结构图

左为动物细胞，右为植物细胞

细胞核（nucleus）：大多数真核细胞的核心细胞器。但也存在一些例外，比如绝大多数哺乳动物的成熟红细胞和维管植物的筛管细胞，并无细胞核。细胞核在细胞的代谢、生长和分化等方面发挥了至关重要的作用。它由核膜（nuclear envelope）、核基质、染色质和核仁等结构组成。核膜环绕着核的表面，形成了一个相对独立的空间，从而为细胞核提供了一个相对稳定的环境。同时，作为一种选择性透过屏障，核膜还控制着核与细胞质之间的物质交换。核膜表面散布着核孔（nuclear pore）复合物，这些孔道的覆盖面积至少占据了核膜表面积的8%。核基质指的是细胞核内除了染色质和核仁以外的区域，包括核液和核骨架。核液中含有水、离子和酶等成分；而核骨架则是由多种蛋白质构成的纤维网格，它与核膜的内层相连，为细胞核提供了结构支持，并为染色质提供了附着点。染色质（chromatin）存在于真核细胞分裂间期的细胞核内，是由脱氧核糖核酸（DNA）、组蛋白、非组蛋白及少量核糖核酸（RNA）组成的线性复合结构。染色质分为常染色质和异染色质，其中常染色质是DNA链伸展的部分，而异染色质则是DNA链紧密缠绕的区域，通常附着在核膜的内侧。核仁（nucleolus）是细胞核内的一种无膜结构，通常呈圆形或椭圆形，它在rRNA的转录和核糖体亚单位的组装过程中起着主要作用。

内质网（endoplasmic reticulum，ER）：构成了细胞质中的一个由膜囊和细管交织而成的复杂网络，这些结构相互连接，是一个与细胞溶质隔离的膜系统。该系统主要由膜形成的管状结构和囊泡构成。粗面内质网（rough endoplasmic reticulum，RER）表面附着着大量的核糖体，是蛋白质合成和转运的关键场所。与此相对，滑面内质网（smooth endoplasmic reticulum，SER）表面没有核糖体附着，主要负责脂质合成、代谢以及某些药物的解毒。

核糖体（ribosome）：是一种小的颗粒状结构，主要分布于内质网的膜表面。它由两个主要亚单位——大亚基和小亚基——联合构成，这一复合体是细胞内蛋白质合成的主要场所。

高尔基体（Golgi apparatus）：最初于1898年由Golgi在猫头鹰的神经细胞中通过银染法发现。然而，直到20世纪50年代，其存在和结构才得到了正确的理解。高尔基体由多个扁平的膜囊堆叠而成，具有明显的极性特征。面向内质网的一侧被称为“接受侧”或顺面（cis face），而面向细胞质膜的一侧则被称为“分泌侧”或反面（trans face）。高尔基体的中间膜囊是糖基修饰、糖脂生成以及与高尔基体相关的糖类合成的主要场所。高尔基体主要负责把内质网合成的蛋白质进行加工、储存、分类和包装，并确保它们被准确地转运到细胞的特定位置或分泌到细胞外。

溶酶体（lysosome）：一种存在于动物、真菌和某些植物细胞中的小型囊泡，由单层膜结构构成，其数量和大小在不同细胞中有所变化。有研究表明，这些囊泡源自高尔基体。溶酶体内部包含了40多种水解酶，能够促进蛋白质、多糖、脂质以及DNA和RNA等大分子的分解。溶酶体的主要作用是在细胞内进行消化过程，包括分解细胞吞噬的外来颗粒物和细胞自身产生的废弃物。

线粒体（mitochondria）：因其线状或粒状的结构而得名。含有多种与细胞呼吸作用相关的颗粒，即呼吸酶。线粒体是细胞内执行呼吸作用的场所，在此过程中，它将有机物通过氧化分解，产生能量并合成ATP，为细胞的生命活动提供所需的能量。因此，线粒体常被喻为细胞的“发电站”或“动力工厂”。线粒体在电子传递、ATP合成和糖脂代谢等代谢过程中发挥着重要作用。

微体（microbody）：一种与溶酶体结构相似、由单层膜包裹的细胞器，但其内部酶的组成和pH值（中性）与溶酶体不同。微体包括过氧化物酶体和乙醛酸循环体。过氧化物酶体存在于动植物细胞中，其中的氧化酶能够分解脂肪酸，生成的H_2O_2随后被过氧化氢酶分解，起到解毒和分解酒精的作用。乙醛酸循环体仅存在于植物细胞中，呈球形，直径约1μm，是细胞进行乙醛酸循环的场所。主要出现在油料种子萌发成幼苗的细胞中。参与光呼吸反应，并能将种子中的脂肪酸转化为糖，以支持植物种子萌发。在植物细胞内，脂肪酸氧化分解为乙酰CoA后，在乙醛酸循环体中能够生成琥珀酸、乙醛酸和苹果酸，其中琥珀酸可用于糖的合成，这一过程称为乙醛酸循环。动物和人类的细胞内没有乙醛酸循环体，因此无法将脂肪酸转变为糖。而植物和某些微生物具有这种能力，例如花生、油菜和棉花等植物的种子在萌发过程中就存在能够将脂肪转化为糖的乙醛酸循环。

液泡（vacuole）：细胞质内由单层膜围成的、充满液体的结构，广泛存在于植物细胞中。在植物细胞中，它是植物细胞存储有机代谢产物的细胞器，参与细胞中物质的生化循环。液泡的形成和发展是一个逐步的过程。在年轻的细胞中，液泡数量较少且分布分散，随着细胞的成长，这些小液泡会逐渐融合成一个大的中央液泡，这个大液泡占据了细胞中心的大部分空间，将细胞质和细胞核推向细胞边缘。植物液泡内含的液体称为细胞液，其中溶解了无机盐、氨基酸、糖类以及多种色素，尤其是花青素。细胞液的高渗性质使得植物细胞能够保持膨胀和饱满的状态。细胞液中的花青素决定了植物的花、果实和叶片的紫色或深红色。此外，液泡还承担着储存植物代谢废物的作用，这些废物以晶体的形式沉积在液泡中。

实际上，液泡并不是植物特有的细胞器，低等动物特别是单细胞动物的食物泡、收缩泡等也属于液泡。只不过植物细胞的液泡较大、液泡之间差别也较大；而动物细胞的液泡较小、液泡之间差别也不显著，或有的动物细胞的液泡不明显。因而课本里的动物细胞亚显微结构模式图上没显示液泡的结构。因此，不能说动物细胞没有液泡，更不能说液泡是植物细胞的特有结构。

细胞骨架（cytoskeleton）：是由蛋白质纤维构成的网状结构，存在于真核细胞中，起到维持细胞形态和促进细胞内物质流动的作用。它包括微管、微丝和中间丝三种类型的纤维。这些纤维网络参与细胞运动、物质运输、能量转换、细胞分裂、基因表达以及细胞分化等多种生物学过程。

细胞壁（cell wall）：植物细胞膜外的非活性层，主要由细胞合成的纤维素、木质素和木栓质等物质构成。它为细胞提供结构支撑，并起到保护作用，同时防止细胞因过度吸水而涨破。

第三节　生物膜

生物膜是细胞及其内部细胞器与环境之间的所有膜结构的总称，其厚度通常在7～8nm之间。在真核细胞中，生物膜占细胞干重的比例高达70%～80%，其中内质网膜的比重最大。

生物膜的结构特点是由液态的脂质双分子层组成，其中嵌入了可以移动的蛋白质。这种结构赋予了膜流动性、镶嵌性和不对称性。膜蛋白和膜脂可以在膜平面内自由移动，而膜蛋白的分布呈现不对称性，有的蛋白质附着在膜的内外表面，有的部分或全部嵌入脂质双分子层中，有的蛋白质甚至横跨整个脂质双分子层（图3-3）。

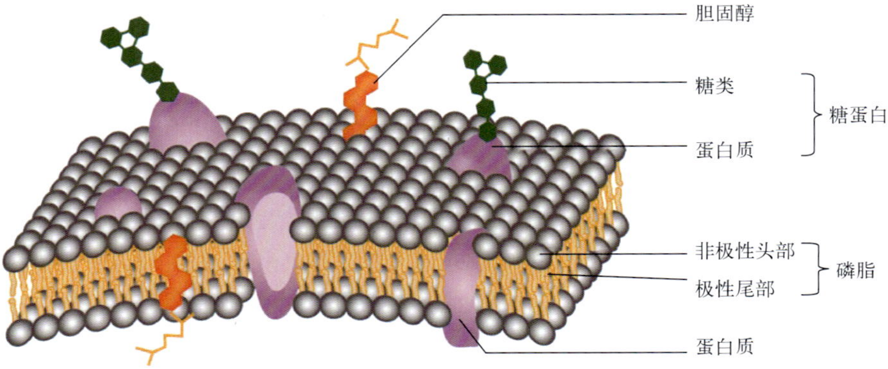

图3-3　生物膜结构模型

目前，科学界普遍认同的生物膜模型是流动镶嵌模型。该模型认为：首先，磷脂双分子层构成了生物膜的基本支架，且这个支架是动态的。磷脂分子的亲水头部朝向两侧，而疏水的尾部则朝向内侧。其次，球形膜蛋白以不同的方式与磷脂双分子层结合，包括镶嵌在表面、部分或全部嵌入以及横跨脂质双层，显示出膜结构的内外不对称性。此外，大多数膜蛋白是功能性的。第三，膜蛋白和磷脂分子能够在膜平面内进行横向扩散，表明膜具有一定的流动性。最后，细胞膜的外表面覆盖着一层由蛋白质和糖类结合形成的糖蛋白，即糖被。它在细胞的生命活动中扮演着重要角色，如消化道和呼吸道上皮细胞表面的糖蛋白具有保护和润滑作用，同时糖被还与细胞识别和细胞间通信密切相关。除了糖蛋白，细胞膜表面还存在着糖脂，这是糖类和脂质分子结合的复合物。

思考题

细胞器是细胞内执行特定功能的亚细胞结构。请系统整理并总结生物学中常见的重要细胞器的英文词汇，包括它们的名称、缩写及主要功能，为深入研究细胞生物学奠定坚实的知识基础。

生物学名词

原核细胞（prokaryotic cell）；真核细胞（eukaryotic cell）；叶绿体（chloroplast）；线粒体（mitochondrion）；细胞外被膜（cell envelope）；鞭毛（flagella）；菌毛（pili）；细胞核（nucleus）；染色质（chromatin）；核仁（nucleolus）；内质网（endoplasmic reticulum；ER）；核糖体（ribosome）；高尔基体（Golgi apparatus）；溶酶体（lysosome）；微体（microbody）；液泡（vacuole）；细胞骨架（cytoskeleton）；细胞壁（cell wall）

第二篇

植物的形态与功能

篇前导图

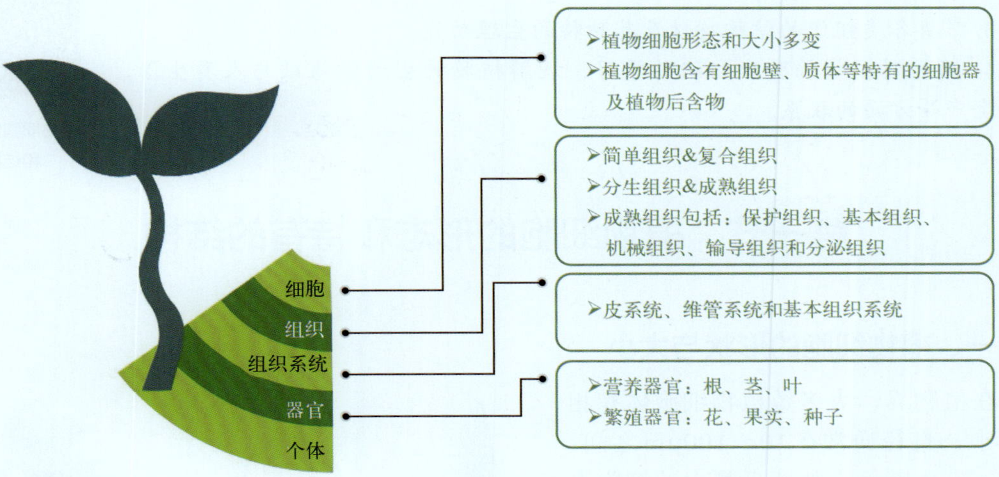

第四章 植物细胞和组织

学习目标

1. 了解植物细胞形态和大小的多样性。
2. 掌握植物细胞特有的细胞器。
3. 掌握各类组织的结构特性及其独特的生理功能。
4. 通过对植物细胞和组织的学习，理解植物的生物学基础与人类生活、农业生产等方面的联系。

植物细胞的形态和结构

第一节 植物细胞的形态和特有的结构

一、植物细胞的形状与大小

在植物界，大多数植物细胞体积相对较小，直径通常在10～100μm之间。然而，有些特例，如西瓜瓤中的细胞直径可达1mm。人们品尝沙瓤西瓜时，口中感受到的一粒粒沙瓤实际上是由一个个细胞组成。苎麻纤维细胞的长度甚至可达到半米或更长。

植物细胞的形态也极为多样，包括球状、多面体、纺锤形和柱状等不同形状。在多细胞植物体中，细胞紧密排列，相互挤压，常形成不规则的多面体（图4-1）。

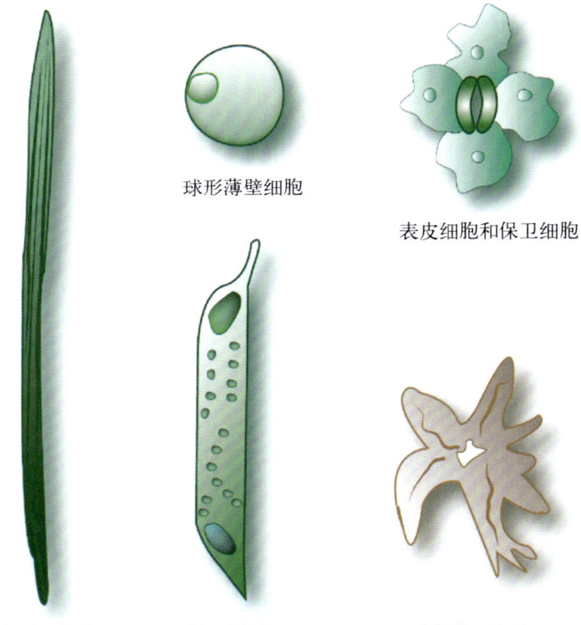

图4-1 多变的植物细胞形态

植物特定细胞的形态是和其功能相适应的结果

细胞形状的多样性是细胞形态与其功能相适应的结果。例如，输送水分和营养物质的导管和筛管分子呈长柱形，相互连接成管状结构，用于物质运输；起支持作用的细胞（纤维）一般呈长梭形，并聚集成束，增强支持功能；植物为从外界吸收氧气，叶片上的气孔器由两个半月形的保卫细胞围成，形成一个细胞间隙，便于气体交换。吸收水分和养分的根毛细胞，向外产生一条长管状的突起，增大与土壤的接触面积。

二、植物细胞的细胞壁

植物细胞的细胞壁（cell wall）是一种位于细胞膜之外的无生命结构，主要由纤维素、木质素和木栓质等细胞代谢产物构成。这一特有结构不仅维持了细胞的形状，保护了原生质体，还提供了对器官的支持，并在植物的吸收、蒸腾、运输和分泌等生理过程中扮演着重要角色。在成熟的植物细胞中，细胞壁的纤维丝排列方向不同，从而增强了细胞壁的强度。细胞壁由外至内分为胞间层（intercellular layer）、初生壁（primary wall）和次生壁（secondary wall）三个部分（图4-2）。

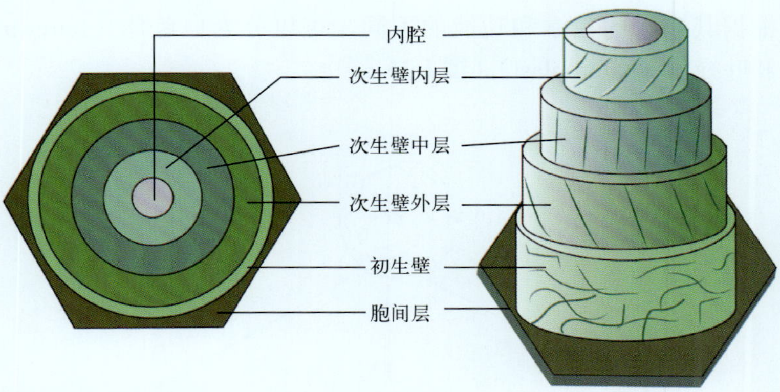

图4-2　细胞壁结构示意图
据Rytioja J，et al，2014改绘

胞间层位于相邻细胞之间，处于细胞壁的最外层，主要由果胶质组成，它在细胞间的黏附和挤压缓冲方面发挥作用。初生壁位于胞间层的内侧，是植物细胞生长过程中由原生质体分泌产生的额外壁层。初生壁相对较薄，具有较大的可塑性，能够保持细胞的形状并随着细胞的生长而延展，其主要成分包括纤维素和果胶质，还包含交联聚糖和糖蛋白。次生壁则是在细胞停止生长以后，由原生质体分泌形成，紧贴初生壁内侧的细胞壁层。它主要由纤维素构成，含有少量的半纤维素和木质素。次生壁通常较厚且坚硬，为细胞壁提供了巨大的机械强度。在大多数具有次生壁的细胞成熟时，原生质体会死亡，留下的细胞壁继续发挥支持和保护植物体的作用。

细胞壁的性质会因生理功能的不同而发生变化，以行使其特定的功能。这些变化包括角质化、栓质化、木质化和矿化。

角质化（cutinization）涉及细胞壁外部形成一层由脂质物质构成的角质层，这层物质不透水和气体，从而提高了对外界环境的抵抗力。这一过程有助于减少水分通过蒸腾作用流失，并保护细胞壁免受雨水浸泡的影响。

栓质化（suberization）则是在细胞壁中添加了脂肪性的木栓质，这种物质使得细胞壁变得不透水和耐热，增强了其保护作用。由于栓质化的细胞壁不易透水和排水，内部的原生质体最终会消失。

木质化（lignification）是指木质素在细胞壁上的沉积，木质素是由三种醇类化合物脱氢形成的高分子聚合物，它与多糖结合，增强了细胞壁的结构。木质化的细胞壁坚硬，起到支持作用，例如在纤维和管胞中。这种细胞壁在番红染色时会呈现鲜红色，增加了木质部细胞壁的硬度和机械支撑力。

矿化（mineralization）是细胞壁中积累矿物质（如钾、镁、钙、硅等）的过程。例如，SiO_2的沉积（即硅化作用）增强了细胞壁的硬度。当细胞壁渗入了二氧化硅等物质时，它会变得更加坚硬和粗糙，从而提高了抗性。矿化过程还包括碳酸钙等物质的积累，这进一步增强了组织结构的硬度和保护功能。

三、质体

质体（plastid）是植物细胞特有细胞器，由双层膜结构包围，具有光合作用或储存物质的功能。根据其包含的色素和功能的不同，可以分为白色体（leucoplast）、有色体（chromoplast）和叶绿体（chloroplast）（图4-3）。

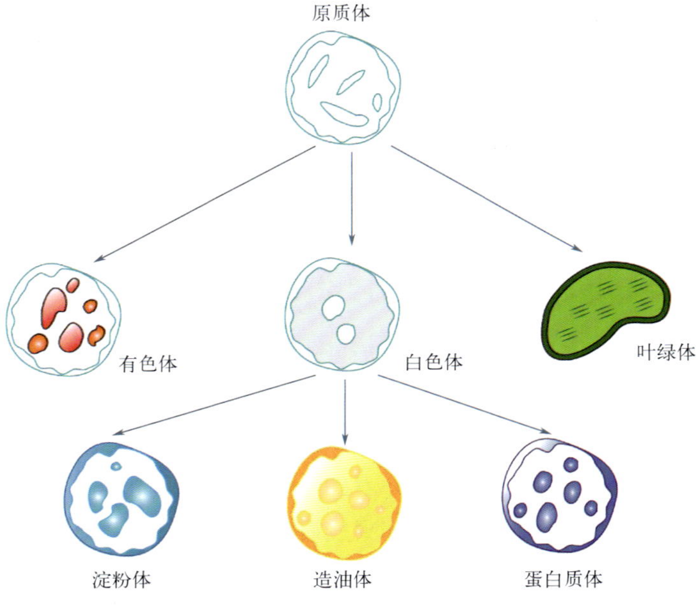

图4-3　质体的类型

淀粉体：合成与贮藏淀粉；造油体：合成与贮藏脂肪；蛋白质体：合成与贮藏蛋白质

白色体因不含色素，在光学显微镜下呈现白色而得名，主要包括淀粉体（amyloplast）、造油体（elaioplast）和蛋白质体（proteinoplast）三种。它们主要分布在生长活跃的组织和不见光的细胞中，能够储存淀粉、油脂或蛋白质。比如，马铃薯块茎的白色体中储存了大量的淀粉；菜豆的白色体同时储存了淀粉和蛋白质。有色体则富含多种色素，这些色素是花、成熟果实以及秋季落叶颜色的主要来源。西红柿的红色就是由含有特定类胡萝卜素和番茄红素的有色体所赋予的。叶绿体是植物进行光合作用的重要细胞器，含有叶绿素a、叶绿素b、胡萝卜素和叶黄素等色素，能够利用光能产生ATP和营养物质。叶绿体的类囊体薄膜上含有进行光合作用所必需的色素和酶。

这三种质体均由原质体发育而来。原质体（proplastid），又称前质体，是存在于根端和茎端等幼嫩细胞内，尚未充分发育的质体。它是一个由双层膜包围的球状体，直径约1～1.5μm，内部含有少量的小膜泡和膜片层。前质体一般是无色或淡绿色的，其内膜会内褶，伸入细胞质中，或形成一些游离的小泡或类囊体。膜内的基质中含有少量的DNA、RNA、核糖体和可溶性蛋白等。在光照条件下，前质体可发育成叶绿体，而在黑暗条件下，则一般发育成白色体。一般来说，有色体并不是直接由前质体发育而来，而是由白色体或叶绿体在光照条件下转化而来。

四、植物细胞的后含物

后含物（ergastic substance）通常指植物细胞内原生质体的代谢活动产生的非活性物质，包括代谢中间产物、废物和储存物质等。这些物质通常以细胞后含物的形态存在于细胞内部，它们种类繁多，且因植物的种类和细胞、组织的不同而有所差异。许多后含物具有重要的经济价值，包括淀粉、蛋白质、脂类和结晶等几大类。其中，淀粉、蛋白质与脂类贮藏物是人类食物的主要来源。

淀粉以颗粒状存在，称为淀粉粒（图4-4 A）。不同植物的淀粉粒形态各异，可以单粒、复粒和半复粒等形式存在。这些特征在商品检验和生药鉴定中具有重要意义。

贮藏蛋白质通常以糊粉粒（图4-4 B）的形式存在于细胞质中。这些蛋白质是无生命的，生理活性稳定，与原生质体内活性蛋白质的性质不同，它们是由成熟过程中脱水的无定形蛋白质小液泡形成的。

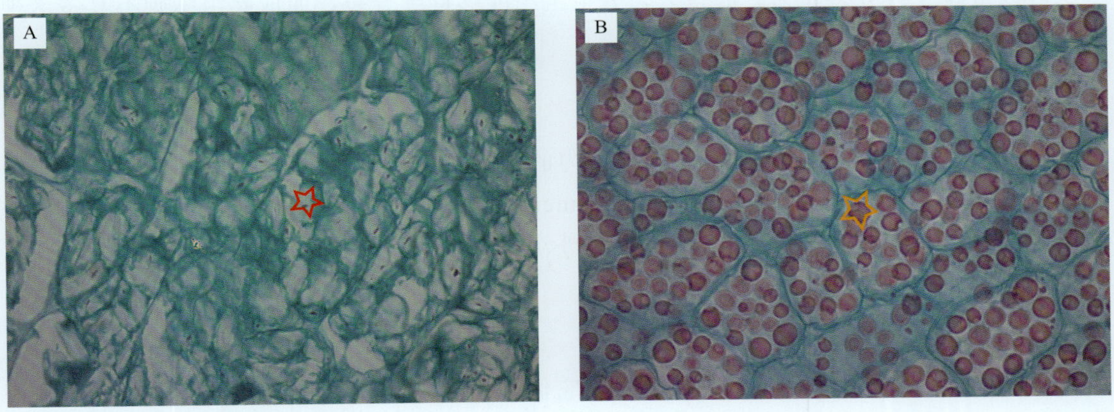

图4-4　小麦和蓖麻种子中的后含物

A. 小麦胚乳中的淀粉粒（星号标示）；B. 蓖麻种子子叶中的糊粉粒（星号标示）

油脂则常存在于种子和果实细胞中，可以是小油滴或固体状态。在常温下液态的称为油，固态的称为脂肪。例如，花生、大豆和油菜的子叶均含有油脂。

植物细胞中无机盐等代谢废物常形成各种结晶，其中大部分是草酸钙结晶，少数为碳酸钙结晶。这些结晶一般认为是细胞内代谢废物的沉积物，形成晶体后避免了其对细胞的毒性影响。草酸钙结晶形成后，成为不溶于水的物质，对原生质体无害。例如，在禾本科和莎草科植物中常见这类结晶。

第二节 植物的组织

一、植物组织的概念和类型

植物的组织——分生组织

细胞是构成植物体的基本单位。在高等植物中，众多细胞协同工作，通过形态和功能的差异化，形成了多样化的细胞群体。这些细胞群体，即组织，通过有序的联合，构建成了植物的各个器官，最终组成了完整的植物个体。

组织（tissue）是由形态相似、功能类似的细胞群构成的结构与功能单元。其本质上是结构功能类似的细胞构成的细胞群。基于组成细胞的种类，组织可以分为两类：简单组织（simple tissue）和复合组织（complex tissue）。简单组织由单一类型的细胞构成，例如同化组织；而复合组织则由多种类型的细胞组成，比如木质部、韧皮部和维管束。

根据细胞的发育程度，组织又可以分为分生组织（meristem）和成熟组织（mature tissue）。分生组织是位于植物体的特定区域，具有持续的分裂能力的组织。这些组织中的一部分细胞保持着高度的分裂活性，而其余细胞则逐渐发育成熟，形成植物体的其他各种组织，促进器官的生长和更新。分生组织的这种特性使得植物体能够终生生长，与动物体形成鲜明对比。

相对地，成熟组织是由分生组织分裂产生的细胞发育而来，随着细胞的生长和分化，它们逐渐失去了分裂能力，转而形成了具有特定形态和生理功能的组织，也被称为永久组织。然而，成熟组织的“成熟”或“永久”状态是相对的，因为在一定条件下，某些成熟组织可以重新获得分裂能力。简言之，分生组织能够持续分裂，而成熟组织则不具备这种能力。

二、分生组织

根据分生组织（meristem）在植物体内的分布可以进一步将其细分为顶端分生组织（apical meristem）、侧生分生组织（lateral meristem）和居间分生组织（intercalary meristem）（图4-5）。

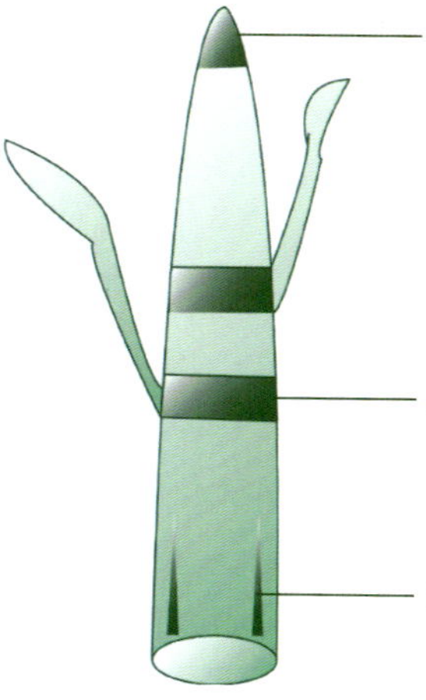

图4-5 顶端分生组织、侧生分生组织和居间分生组织位置示意图

（一）顶端分生组织

顶端分生组织位于根和茎的顶端区域，它们具有持续且强烈的分裂能力，是植物根、茎、腋芽和幼叶生长发育的关键。包括长期保持分生能力的原始细胞及其衍生细胞。在有花植物的发育过程中，茎的顶端分生组织可以转变为产生花或花序的组织。由顶端分生组织分裂产生的细胞，一部分维持其分裂能力，而另一部分则逐渐发育成熟，形成相关的成熟组织。

顶端分生组织的细胞排列紧密，没有细胞间隙，细胞体积较小，拥有相对较大的细胞核，细胞质浓稠，细胞壁较薄，液泡小而分散。这些细胞通常缺乏细胞内含物。主要原因是顶端分生组织的细胞需要持续分裂，它们的细胞核内遗传物质必须不断复制，导致细胞质浓稠和细胞核较大。细胞分裂过程需要能量，因此细胞壁不能过厚，以免阻碍营养物质的传输。此外，在生长与分裂的历程中，这些细胞依赖于其内在的营养储备。随着细胞持续消耗作为储备营养的后含物，其内部的后含物含量逐步下降。

（二）侧生分生组织

侧生分生组织位于植物器官的侧面靠近表面区域，与器官的长轴方向一致。这类组织包括维管形成层和木栓形成层。维管形成层的活动促使根和茎不断加粗，而木栓形成层的活动则在外部形成新的保护层，以覆盖生长加粗的根和茎。

并非所有种子植物都具备侧生分生组织，它们主要见于裸子植物和木本双子叶植物。草本植物通常缺乏这种组织，因此它们的根和茎不会显著增粗。例如，自然界中常见的单子叶植物玉米、小麦和水稻都是一年生植物，它们的生长过程中不需要无限增粗，因此没有侧生分生组织。相反，多年生的木本植物依赖侧生分生组织的活动，使其根和茎逐年变得更加粗壮。

侧生分生组织的细胞与顶端分生组织的细胞在形态上有显著差异。例如，形成层的细胞通常呈长梭形，液泡较为明显，细胞质不如顶端分生组织细胞那样浓稠。此外，它们的分裂活动往往随季节变化而呈现出明显的周期性。

（三）居间分生组织

居间分生组织是一种保留在成熟组织之间的分生组织，源自顶端分生组织。这些组织能够使已经分化的组织区域继续进行伸长生长，这种生长形式称为居间生长。这类分生组织常见于许多单子叶植物，尤其是禾本科农作物的茎和叶的基部。例如，当小麦的茎秆倒伏时，由于叶鞘基部和茎节间基部的居间分生组织的活动，茎秆可以逐渐恢复向上生长，重新直立。同样，葱、蒜、韭菜以及草坪草的叶片被割断后仍能继续伸长，这是因为叶基部的居间分生组织仍在活动。

与顶端分生组织和侧生分生组织相比，居间分生组织的细胞活动周期较短，分裂活动在一段时间后就会停止，所有的细胞最终都会转变为成熟组织。

分生组织根据其来源、发育水平和特性，可以进一步划分为原分生组织（promeristem）、初生分生组织（primary meristem）和次生分生组织（secondary meristem）（图4-6）。

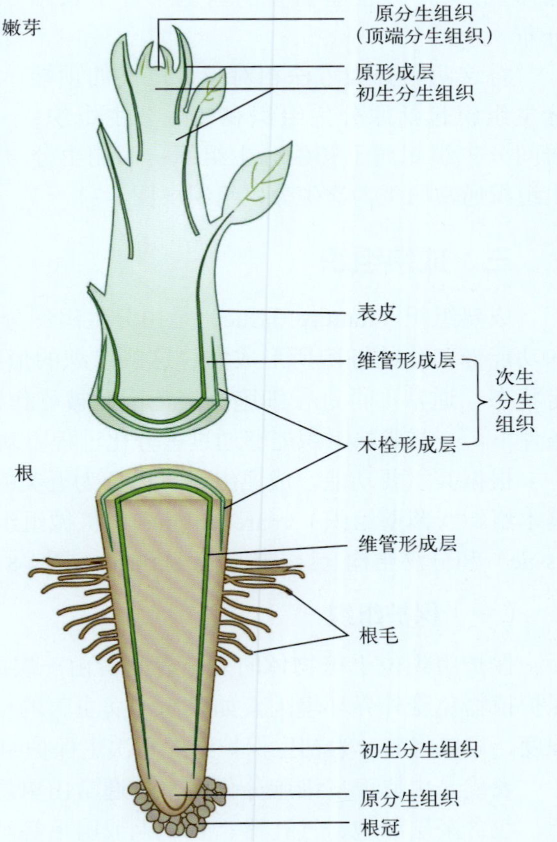

图4-6　植物嫩芽和根纵切图——示意分生组织的位置

据Bidlack J E，et al，2011改绘

（四）原分生组织

原分生组织源自胚细胞，通常具有

较强的持续分裂能力，位于根和茎的先端部分，也称作顶端分生组织。这些组织的细胞体积小、细胞形状近于立方体、细胞核相对较大、细胞质密集、细胞器丰富，具有显著的持续分裂或潜在分裂能力，是形成其他组织的起点。

（五）初生分生组织

初生分生组织由原生分生组织最近分裂产生的细胞构成，这些细胞在形态上显示出初步的分化，但仍保留着较强的分裂能力。因此，初生分生组织是一种在分裂的同时逐渐分化的组织，也可以看作是从分生组织向成熟组织过渡的类型。

（六）次生分生组织

次生分生组织则是由某些成熟组织通过脱分化过程重新获得分裂能力的组织。这包括束中形成层、木栓形成层和维管形成层，主要分布在根和茎的内侧，与这些器官逐年增粗的现象直接相关。次生分生组织的细胞形状多样，有的扁长，有的短轴形，有的扁多角形，细胞不同程度液泡化。次生分生组织涉及木栓形成层和维管形成层（尤其是束间形成层），在根茎器官的内侧平行于长轴分布。

将这两种分类方法相对应，广义的顶端分生组织包括原分生组织和初生分生组织；居间分生组织属于初生分生组织；而侧生分生组织通常归类为次生分生组织（图4-7）。

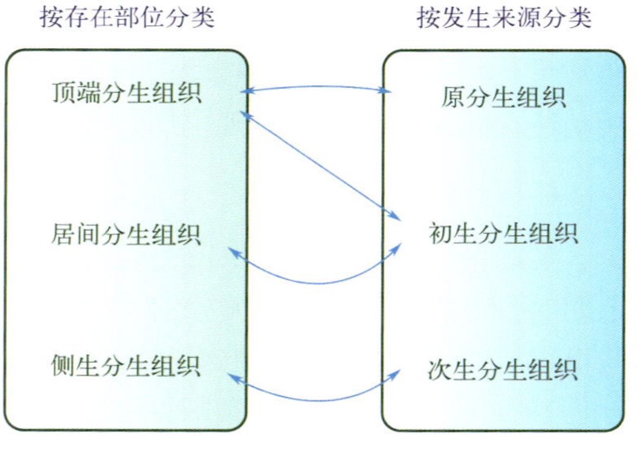

图4-7 不同分类分生组织之间的对应关系

三、成熟组织

成熟组织（mature tissue）是由分生组织分裂产生，随后经历生长、分化和功能专门化的细胞所形成的。这些组织的形态、结构和生理功能已达到稳定状态，通常不再进行细胞分裂，因此被称作永久组织。然而，在某些特定条件下，一些成熟组织能够通过去分化过程重新转变为次生分生组织。

植物的组织——成熟组织

根据其主要功能，成熟组织可以分为五类：保护组织（protective tissue）、基本组织（薄壁组织）（parenchyma）、机械组织（mechanical tissue）、输导组织（conducting tissue）和分泌结构（secretory structure）（图4-8）。

（一）保护组织

保护组织位于植物体的外部表面，由一层或多层细胞构成，主要功能是减少水分蒸发，保护植物免受外界环境因素如风雨和病虫害的侵害。根据保护组织的来源、结构形态和功能强度，可以将其分为初生保护组织和次生保护组织，如表皮和木栓层。

表皮是由原表皮细胞分化而来，通常由单层细胞组成。在某些植物中，表皮可能更为复杂，包含多层细胞、气孔器、表皮毛或腺毛等结构。植物表皮上的气孔器类似于植物的“鼻子”，负责调节气体交换和水分蒸腾，是水分散失的主要通道。气孔器由气孔和两个半月形的保卫细胞组成。有些植物的表皮表面还覆盖有蜡质层和角质膜等保护结构。

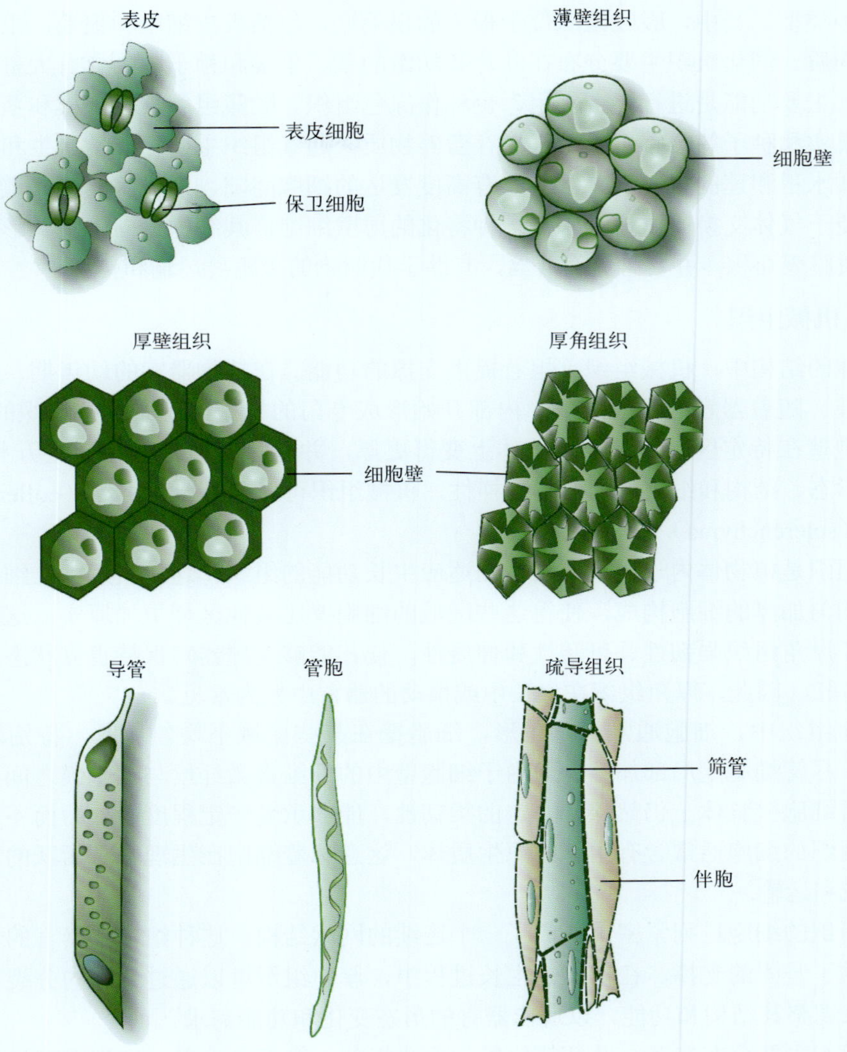

图4-8 常见的成熟组织

周皮是由木栓层、木栓形成层和栓内层构成的次生保护组织，它取代了表皮的功能。木栓层细胞壁高度栓化，既不透水也不透气。周皮并不等同于树皮的全部；对于多年生植物而言，树皮是一个更广泛的概念，指的是茎维管形成层之外的所有组织，包括韧皮部、皮层和多次形成的周皮，以及木栓层以外的所有死组织。因此，树皮不仅包括多次形成的周皮，还包含其他类型的组织。

（二）薄壁组织

薄壁组织在植物体内承担着多种代谢活动，是数量最多、分布最广泛的组织类型，又称为基本组织。这些组织在特定条件下可以恢复分裂能力，转变为分生组织，如在伤口愈合、器官再生或嫁接过程中。薄壁组织的细胞壁较薄，液泡较大，细胞质较少，排列较为疏松，细胞间隙显著，分化程度较低（图4-8）。

根据其生理功能，薄壁组织可以分为吸收组织、同化组织、贮藏组织、通气组织和传递细胞五种类型。其中，吸收组织位于根尖的根毛区，包括表皮细胞和根毛，主要负责吸收水分和矿物质。同化组织主要分布在叶片和幼嫩的茎、果实和种子中，含有大量叶绿体，液泡化明显，主要功能是进行光合作用，也称作绿色组织。贮藏组织常见于根和茎的皮层和髓部，以及果实和种子等器官中，用于储存营养物质。通气组织主要存在于水生和湿生植物的器官中，如水稻和莲的根、茎、叶，具有高度发达的细胞间隙，形成气腔或气道，储存大量空气，以便于气体交换。传递细胞是一种特化的薄壁细胞，其细胞壁向内生长形成不规则突起，增加质膜表面积，并富含胞间连丝，有助于代谢物的短距离运输和传递。

（三）机械组织

植物体的结构中，机械组织承担着提供支撑的功能。在植物器官的幼年期，机械组织尚未充分发展。随着器官的逐渐成熟，内部开始形成专门的机械组织。这些组织的共性在于，它们的细胞壁在特定区域，甚至是整体上变得更厚，并且有的细胞壁还会经历木质化过程。基于细胞形态、结构和细胞壁加厚的多样性，机械组织可以分为厚角组织（collenchyma）和厚壁组织（sclerenchyma）（图4-8）。

厚角组织是植物体内一种具有支持和适应生长功能的组织。这种组织由在细胞角隅区域初生壁不均匀加厚的细胞构成，使得这些区域的细胞壁比其他区域更加厚实。这种不均匀的加厚赋予了厚角组织强韧性、可塑性和伸展性，使其能够支撑器官保持直立状态，并适应器官的迅速生长。因此，厚角组织在生长中或摆动的器官中尤为常见。

在厚角组织中，细胞通常呈多角形，细胞壁在某些区域不均匀加厚，特别是在细胞的角隅部分。尽管细胞壁局部加厚，但由于细胞壁中的纤维素微纤丝与细胞膜之间存在一定的空隙，使得细胞壁整体上仍然保持一定的柔韧性，能够承受一定程度的外力而不易断裂。此外，厚角组织的细胞通常含有生活的原生质体，这意味着细胞在生理上是活跃的，能够进行物质的合成和运输。

厚角组织的细胞排列紧密，形成了一个连续的网状结构，这种结构在器官的表面或近表面区域提供了坚固的支撑。在植物的生长过程中，厚角组织可以通过细胞的分裂和细胞壁的重新组织来调整其结构和功能，以适应器官的形态变化和功能需求。

厚角组织主要分布在茎、叶柄等位置，而在根部一般不会出现。它们通常位于器官的边缘或紧邻表皮层。通常以连续的环状或分散的束状形式存在，特别是在器官的棱角部分，例如芹菜茎上的“筋”。这种分布和排列方式使得厚角组织能够在器官的生长和伸展过程中发挥重要的支持和适应作用。

厚壁组织与厚角组织在结构和功能上有着显著的区别。在厚壁组织中，细胞的次生壁经历了均匀的加厚过程，这种加厚通常伴随着木化，即细胞壁中的木质素含量增加，使得细胞壁更加坚硬和耐用。这种木化过程是植物细胞壁的一种特殊化学变化，它显著提高了细胞壁的机械强度。

随着细胞的成熟，厚壁组织的细胞内腔体积显著减小，细胞内的原生质体和细胞核通常会退化，最终导致细胞死亡。因此，成熟的厚壁组织细胞实际上是一个没有活性的空腔，仅由坚固的细胞壁构成。这种特殊的细胞结构使得厚壁组织能够在植物体内提供极强的支持和保护作用。

纤维细胞是厚壁组织的一个典型例子，它们在植物体内起着提供结构强度和支撑的作用。纤维细胞通常长而细，具有高度木质化的细胞壁，这种细胞壁坚硬且具有良好的抗拉强度，类似于自然界中的纤维材料。在棉花中，纤维细胞是构成棉纤维的基本单位，它们的长度和柔软性使得棉花成为重要的纺织原料。

另一个例子是石细胞，它们在植物体内起着保护和支撑的作用。石细胞形状不规则，细胞壁异常厚且木质化程度高。石细胞广泛分布于植物的不同组织中，涉及根、茎、叶、果实和种子。这些细胞可能紧密聚集，构成一层坚韧的保护层，或者它们可能以团块状或独立细胞的形式散布在植物体内的各种组织内。以梨为例，其果肉中的坚硬颗粒即由石细胞群构成。过量石细胞的存在可能会影响水果的总体品质。在核桃等核果的果壳中，石细胞的存在使果壳坚硬且不易被破坏，从而保护内部的种子免受损害。

总的来说，厚壁组织通过其高度木质化和均匀加厚的细胞壁，为植物体提供了强大的支持和保护作用，这些功能对于植物的生长和生存至关重要。

（四）输导组织

输导组织在植物体内负责长距离的物质运输，形成了一个贯穿各器官的连续系统。这一系统由木质部（xylem）和韧皮部（phloem）两个主要部分构成，分别承担水和无机盐的运输以及有机养料的输送。

木质部是由多种细胞类型组成的复杂组织，包括导管、管胞、木纤维和木薄壁细胞等。导管和管胞是木质部中的主要输导单元（图4-8）。导管由一系列长管状的细胞构成，这些细胞首尾相连，形成了一个连续的管道。每个导管细胞，或称为导管分子，其侧壁随发育程度不同而增厚并木质化，而端壁则通过溶解形成穿孔，使得原生质体消解，形成了一个死亡的细胞骨架。导管整体呈现出不同口径的长管状结构。管胞则是狭长的管状细胞，其细胞壁也经历次生增厚和木质化，最终原生质体消失，成为死细胞。在许多蕨类植物和裸子植物中，管胞是唯一的输水结构。

韧皮部由筛管、伴胞、韧皮纤维、韧皮部薄壁细胞和石细胞等组成，其中筛管和伴胞负责其运输功能（图4-8）。筛管由一系列管状的活细胞连接而成，每个细胞称为筛管分子。成熟的筛管分子缺少细胞核，其端壁特化为筛板，筛板上带有筛孔。伴胞位于筛管分子旁边，是小型、细长、两头尖的薄壁细胞。伴胞与筛管分子由同一母细胞分裂而来，通常长度相等或略短于筛管分子。在裸子植物和蕨类植物中，筛管由筛胞代替。

综上所述，木质部和韧皮部是植物体内负责输导的两种复合组织，主要由具有输导功能的管状细胞构成。因此，从形态学角度来看，这两者被统称为维管组织或维管束（表4-1）。

表4-1 维管束结构组成及功能

组成	输导作用	支持作用	营养等作用
木质部	导管、管胞	木纤维	木薄壁细胞
韧皮部	筛管、伴胞	韧皮纤维	韧皮薄壁细胞
束中形成层（部分维管束有）	分裂产生新细胞，增加木质部和韧皮部，使维管束增大		

在植物生长发育过程中，维管束的生长与扩张是通过束中形成层细胞（fascicular cambium）的分裂和分化来实现的。束中形成层是在维管束内由原形成层留下的一层分生组织，位于初生韧皮部和初生木质部之间，在茎和根加粗生长过程中构成维管形成层的一部

分。形成层的细胞分裂活动对于增加木质部和韧皮部的细胞数量至关重要，从而使得维管束在结构和功能上得以增强。

然而，在维管束的组成中，形成层的存在并不是普遍现象。依据形成层的有无，维管束可分为有限维管束和无限维管束两大类。有限维管束缺乏形成层，因此其细胞数量和维管束尺寸在植物生长过程中保持不变，无法进行进一步的发育。这类维管束通常见于一些单子叶植物和非木本双子叶植物的茎和叶中。相反，无限维管束含有活跃的形成层，能够不断地产生新的细胞，从而使木质部和韧皮部细胞数量增加，维管束得以持续增长和扩展。这种类型的维管束主要存在于木本植物和某些草本植物的茎中，是植物体能够进行次生生长的关键。

（五）分泌结构

在植物的代谢活动中，有些植物能够产生蜜汁、挥发油、黏液、树脂、乳汁、单宁、生物碱和盐类等多种物质。这些物质可以在细胞内部、细胞间隙和腔道中积累，或者通过分泌作用由特定的细胞结构排出植物体外。植物分泌物在很多情况下具有显著的经济用途，例如橡胶、生漆、芳香油和蜜汁等。

参与分泌作用的细胞或由特定细胞组成的结构，统称为分泌结构。根据分泌结构的位置和分泌物的排出方式，可以分为外分泌结构和内分泌结构两大类。外分泌结构指的是那些能够将分泌物排放到植物体外的结构，例如腺毛、腺鳞、蜜腺、盐腺和排水器等。而内分泌结构则是指那些在植物体内积聚分泌物的结构，例如分泌细胞、分泌道和乳汁管等。

第三节　组织系统

在植物学中，植物体的组织和器官在结构和功能上协同作用，形成了一个个功能单位，我们称之为组织系统。根据不同的功能和结构特点，这些组织系统可以分为三大类：皮系统、维管系统和基本系统。

首先，皮系统由表皮、周皮以及外分泌结构组成。表皮是植物体的第一道防线，它保护内部组织不受外界环境的侵害，同时减少水分的蒸发。周皮（图4-9）则是在一些植物器官的表面，如茎和根的表面，形成的次生保护层。外分泌结构如蜜腺、盐腺等，负责分泌和排出植物体内的废物和分泌物。

其次，基本组织系统包括基本组织、厚角组织和内分泌组织。基本组织，也称为营养组织，主要负责储存和代谢物质，如淀粉、蛋白质等。厚角组织则提供机械支持，并具有一定的弹性，使植物器官能够保持稳定的形态。内分泌组织则负责分泌激素等物质，调节植物的生长发育。

最后，维管系统是植物体内负责物质运输的主要系统，由厚壁组织、输导组织、维管束衍生物组成。厚壁组织如纤维和石细胞，提供强大的支持和保护作用。输导组织，即维管束，包括木质部和韧皮部，分别负责水分、无机盐和有机物的运输。维管束的衍生物则包括形成层等结构，它们负责维管束的生长和发育。

这三个系统相互协作，共同维持植物体的正常生长和发育，使植物能够适应不断变化的外界环境。

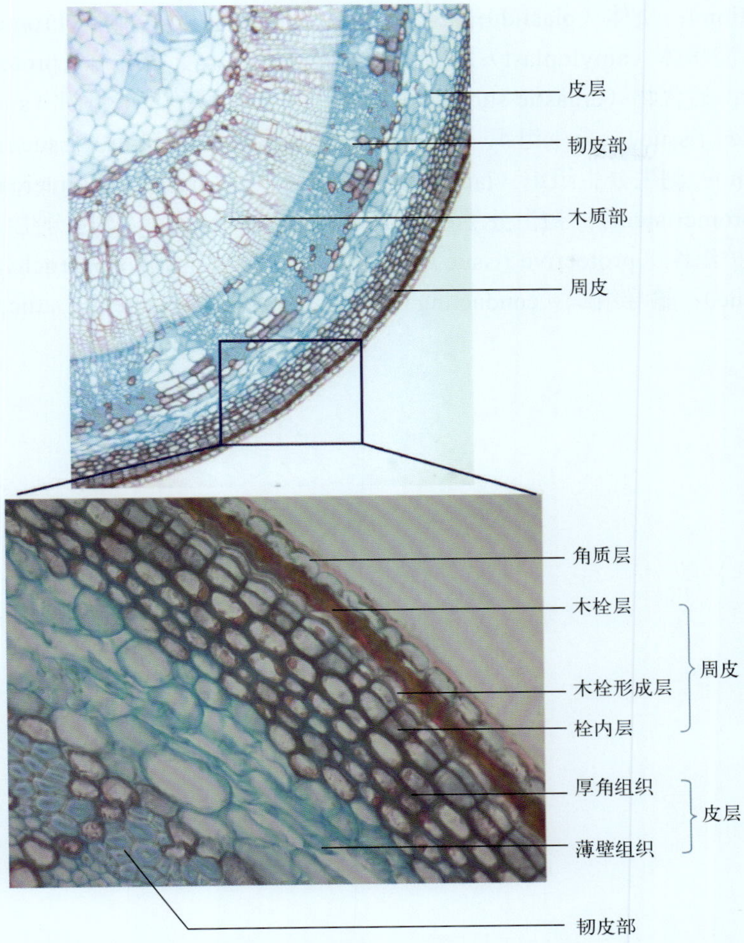

图4-9　一年生椴木茎横切——示周皮结构

思考题

（1）实验设计题：设计实验观察植物的质体，描述不同质体的特点和功能，并结合植物的光合作用和储存功能进行分析。

（2）描述分生组织与成熟组织的主要区别，并举例说明各自的功能。

（3）描述植物成熟组织的类型及功能。

（4）结合植物的生活环境，讨论植物细胞壁的不同结构（如角质化、木质化）如何适应环境变化。

生物学名词

细胞壁（cell wall）；胞间层（intercellular layer）；初生壁（primary wall）；次生壁（secondary wall）；角质化（cutinization）；栓质化（suberization）；木质化（lignification）；矿

化（mineralization）；质体（plastid）；白色体（leucoplast）；有色体（chromoplast）；叶绿体（chloroplast）；淀粉体（amyloplast）；造油体（elaioplast）；蛋白质体（proteinoplast）；原质体（proplastid）；后含物（ergastic substance）；组织（tissue）；简单组织（simple tissue）；复合组织（complex tissue）；分生组织（meristem）；成熟组织（mature tissue）；顶端分生组织（apical meristem）；侧生分生组织（lateral meristem）；居间分生组织（intercalary meristem）；原分生组织（promeristem）；初生分生组织（primary meristem）；次生分生组织（secondary meristem）；保护组织（protective tissue）；基本组织（薄壁组织）（parenchyma）；机械组织（mechanical tissue）；输导组织（conducting tissue）；分泌结构（secretory structure）

第五章　种子植物的营养器官

学习目标

1. 了解植物细胞形态和大小的多样性。
2. 掌握根、茎、叶的主要生理功能及其在植物生长中的作用。
3. 能够运用所学知识分析植物根茎的结构与功能之间的关系。
4. 通过对双子叶和单子叶植物根茎结构的观察，能够准确识别并解释其生理功能。
5. 理解根的生长区域（根冠、分生区、伸长区、成熟区）及其结构功能特点。
6. 理解根的初生结构和次生结构，掌握根系的类型（直根系、须根系）及其形成过程。
7. 掌握茎的生理功能和不同茎的生长习性，了解茎的各种类型及其适应性特征。

器官（organ）是指成年植物体中，由多种组织构成，有特定生理功能和形态结构，易于区分的部分。器官是构成成年植物体的基本结构和功能单位，每个器官都是由多种不同的组织构成，具有特定的生理功能和明显的形态结构。根据其功能和形态结构，植物体的器官可以分为营养器官（vegetative organ）和繁殖器官（reproduction organ）两大类。营养器官主要负责植物体的营养生长，包括根、茎和叶。繁殖器官则与植物的繁殖有关，包括花、果实和种子。这些器官在植物的生长发育过程中起着重要的作用，它们相互协作，共同维持植物体的正常生长和繁殖。通过这种方式，植物能够适应不断变化的外界环境，保证物种的生存和繁衍。

第一节　根

一、根的生理功能

大多数植物的根深埋地下，但也有例外，例如，气生根就生长在地上部分。根具有吸收、支撑、合成和输导等重要功能。

种子植物的营养器官——根

根是植物体吸收营养的主要器官，它深入土壤，从土壤中吸收水分和无机盐，为植物生长提供必需的营养和持续的能量供应。

根除了具有吸收功能，还具有固定和支持作用，为植物提供稳定的根基，使其在恶劣天气中保持直立。

此外，根还承担着合成、输导、储藏和繁殖等多种功能。在合成方面，根能够合成植物生长所需的氨基酸、激素和植物碱等物质，这些物质对植物生长发育具有重要的调节作用。在输导方面，根通过其内部发达的输导组织，将养分输送到植物体的各个部分，负责水分、矿物质和有机物质的运输，确保植物体的正常生理活动。在储藏方面，根可以储存大量的淀粉、蛋白质等养分，以备不时之需，这些储藏物质在植物体的生长过程中，特别是在逆境条件下，能够提供能量和营养，维持植物体的生长和发育。在繁殖方面，根系可以通过根的分蘖等方式，产生新的根系，实现植物体的繁殖和生长。此外，一些植物的根系还具有产生新的植物体的能力，如甘薯的块根等，这些植物可以通过根系繁殖的方式，产生新的植物个体。

二、根和根系

根据来源不同，根可以分成主根、侧根和不定根。主根，顾名思义，是植物根系中的主要部分，它主要由胚根发育而来。在种子萌发时，胚根首先突破种皮向外生长，形成最初的主根，又称初生根。主根在生长过程中，当达到一定长度时，会在特定的部位侧向衍生出众多分支根，我们称之为侧根。这些侧根随着自身的生长，也会继续产生新的侧根，如此循环往复。这些由主根上逐级衍生出的分支，我们统一称之为侧根。而不定根的最大特点就是其来源不固定，它们可以由茎、叶或胚轴上生出。不定根的出现，是植物在特殊环境下的一种适应性表现。比如，一些植物在受到损伤或处于不利环境时，会在茎或叶上生出不定根，以增加吸收面积，提高生存能力。不定根的这种生长方式，展示了植物生命力的顽强和多样性。侧根和不定根又称为次生根。

一株植物所有根的总和，称为根系（root system）。按照根的形态，根系包括直根系和须根系两种类型（图5-1）。直根系是一种具有明显主根和侧根区别的根系。直根系通常存在于橡树、松树、油菜和棉花等植物中。须根系的特征是主根不发达，无明显的主根和侧根区别。这种根系通常见于草本植物和一些浅根性植物，如小麦、玉米和韭菜等植物中。

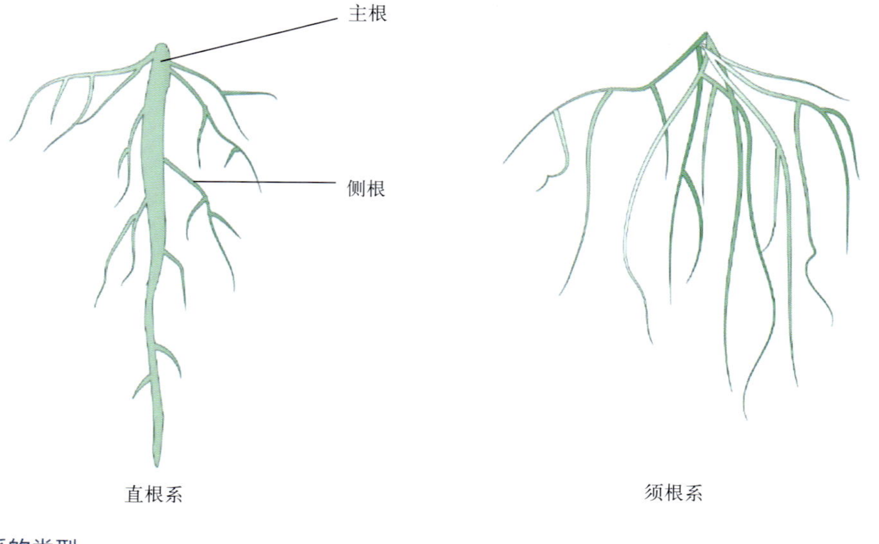

图5-1　根系的类型

直根系有主根和侧根的分别，而须根系无主根和侧根之分

三、根尖的结构和发育

根尖（root tip）是根的末端至形成根毛的区域，尽管其长度仅有4～6mm，却是根部生命活动最为旺盛的部位。根的生长、发育以及对水分和无机盐的吸收主要发生在根尖。根尖由根冠、分生区、伸长区和成熟区四个区域构成（图5-2），每个区域都有其特定的结构和功能。

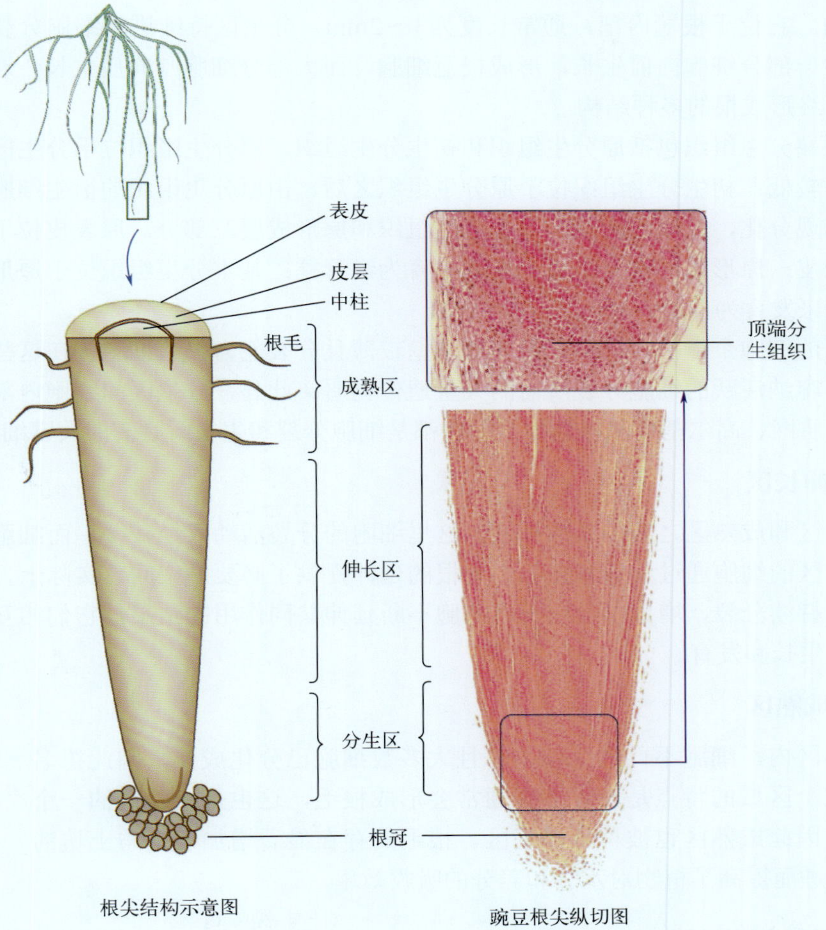

图5-2　根尖的结构

（一）根冠（root cap）

根冠位于根尖的最前端，由许多薄壁细胞构成，形成一个圆锥形的结构，它像一顶帽子一样套在分生区的外面，因此被称为根冠。根冠的主要功能是保护根尖免受土壤中砂砾等障碍物的损伤，确保根的顺畅生长。

根冠的外层细胞排列相对松散，随着根在土壤中的深入，这些细胞在与土壤和砂砾的摩擦中逐渐脱落和分解。脱落和分解的细胞以及高尔基体分泌的物质在根冠外部形成一层黏液状物质，这层物质有助于减少根尖与土壤间的摩擦，促进根尖的顺利延伸。

尽管根冠的外层细胞在生长过程中会经历死亡、脱落和解体，但分生区的细胞始终保持活跃的分裂能力，持续产生新的根冠细胞。这使得根冠能够维持其形状和厚度，为根尖的正常生长和功能提供支持。这种适应性体现了植物的生命力，也是它们在环境中顽强生存的关键。研究表明，在土壤中生长的根一旦转为水培，可能不再形成根冠。水生种子植物通常具有根冠，但其发达程度和存活时间因植物种类而异。

（二）分生区

分生区，也称为生长点，是植物根尖中的一个高度活跃的顶端分生组织，具有极强的细胞分裂能力。它位于根冠内部，通常长度为1～2mm。分生区持续进行细胞分裂，产生新的细胞。其中一部分细胞向前生长，形成根冠细胞，而大部分细胞则向后生长，通过细胞生长和分化，最终形成根的多种结构。

根的顶端分生组织包括原分生组织和初生分生组织。原分生组织位于分生区的前端，细胞分化程度较低；初生分生组织位于原分生组织之后，由原分生组织的衍生细胞组成，这些细胞开始出现分化，形成原表皮、基本分生组织和原形成层三部分。原表皮位于最外层，未来发育为表皮；原形成层位于中央，未来发育为维管柱；基本分生组织位于原形成层和原表皮之间，未来发育为皮层。

分生区的细胞个体小、排列紧密、细胞壁较薄且分裂能力强。细胞核在这些细胞中显得特别大，可容纳活跃的细胞分裂所需的大量遗传物质。此外，分生区的细胞内部含有丰富的线粒体、内质网、高尔基体和核糖体，这些都是细胞分裂和生长所必需的关键细胞器。

（三）伸长区

在分生区和成熟区之间的是伸长区，这里细胞的分裂活动已经减缓，而细胞体积却显著增大。伸长区的细胞通过延伸和生长，为根的延伸提供了必要的空间。实际上，根的延伸是分生区细胞持续分裂、增大以及伸长区细胞不断延伸共同作用的结果，它们相互协作，确保了根的正常生长和发育。

（四）成熟区

在成熟区内，细胞不再进行伸长，且大多数细胞已分化成熟，因此得名成熟区。这个区域的特点是表皮细胞通常会形成根毛，这也是成熟区的一个重要特征，因此成熟区也被称为根毛区。根毛的存在显著增加了根与土壤的接触面积，进而提高了植物对水分和养分的吸收效率。

种子植物的营养器官——根的初生结构

四、根的初生结构

在根的成熟区域，经过根尖顶端分生组织的细胞分裂、生长和分化，形成了根的成熟组织结构，这一过程被称为初生生长。在初生生长过程中形成的各种成熟组织属于初生组织，它们共同构成了根的初生结构。如果在根尖的成熟区域进行横切，可以观察到根的全部初生结构，由外至内依次为表皮、皮层和维管柱三部分（图5-3，图5-4）。

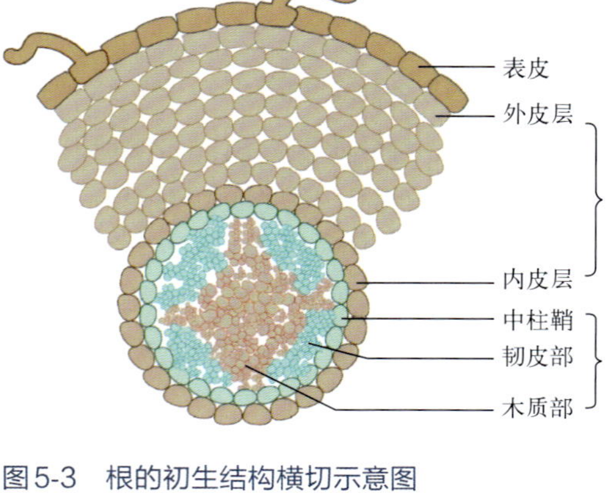

图5-3　根的初生结构横切示意图

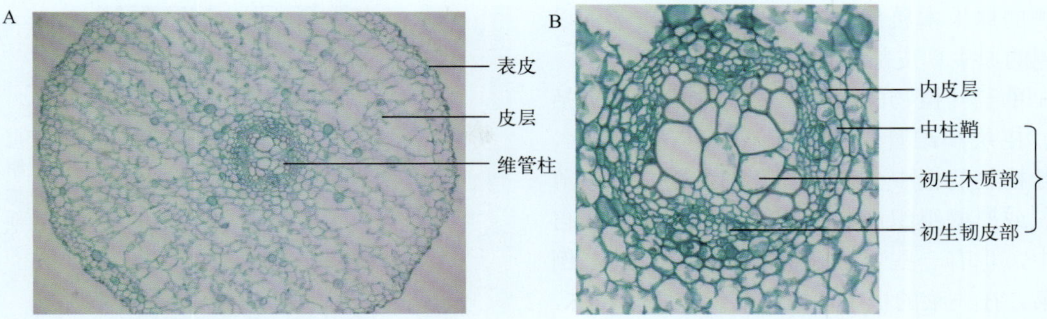

图5-4　双子叶植物（毛茛）根横切

A是根横切；B是放大的维管柱结构

（一）表皮

表皮是根最外面的一层细胞，由初生分生组织的原表皮细胞发育而来。表皮细胞紧密排列，形成一层紧密的屏障，可有效地阻止土壤中的有害物质进入根内部。同时，表皮细胞通过其微孔结构，允许水分和营养物质通过，保证植物体的正常生理活动。

（二）皮层

皮层是根部结构中的一个多层薄壁细胞层，位于表皮和维管柱之间，其起源可以追溯到初生分生组织的基本分生组织。皮层细胞具有暂时储存养料的功能，这对于植物在生长过程中对营养的调控至关重要。

在皮层的最外层，细胞排列紧密，无间隙，这一层被称为外皮层。它紧邻表皮，形成了一道坚固的保护屏障。

皮层的最内层为内皮层。双子叶植物内皮层细胞的侧壁和横向壁上常有栓质化和木质化增厚，形成带状的结构，这种特殊的结构称为凯氏带（Casparian strip）。凯氏带的存在限制了皮层与维管柱之间的物质运输路径，使得皮层和细胞壁的物质运输只能到达凯氏带处终止。因此，通过皮层运输到维管柱的水分和溶质必须经过内皮层细胞质膜的选择性通道，这种机制可以控制根对物质的转移作用，从而影响植物对营养物质的吸收和利用。德国植物学家罗伯特·卡斯帕里于1865年首次发现凯氏带，随后科学家通过遗传学和细胞生物学手段揭示了其发育机制。最近的一项研究表明凯氏带起源于所有维管植物的共同祖先，而木栓质片层则在更晚的种子植物共同祖先中才进化出来。

（三）维管柱

在多数双子叶植物中，维管柱，也称为中柱，是位于根的内皮层内部的结构，其起源可追溯至初生分生组织的原形成层。维管柱由中柱鞘、初生木质部、初生韧皮部和薄壁细胞组成。紧邻内皮层的一层薄壁细胞是中柱鞘，这些细胞具有潜在的分裂能力，偶尔会有两层或多层细胞，这与部分维管形成层、木栓形成层和侧根的形成有关。初生木质部与初生韧皮部之间有薄壁细胞，这些细胞也具有一定的分裂潜能。

维管柱的中央部分为初生木质部，呈现出辐射状的突起，称为脊。两脊之间的区域为初生韧皮部。不同植物的脊数量相对稳定，例如油菜和萝卜有2个脊，而棉花、向日葵和毛茛有4个脊。初生木质部和初生韧皮部的细胞都是外始式发育，即外侧细胞壁先发育成熟，形成外侧的原生木质部和内侧的后生木质部，以及外侧的原生韧皮部和内侧的后生韧皮部。

在单子叶植物的根部，初生结构同样包括表皮、皮层和维管组织。与双子叶植物相比，单子叶植物的根中央通常具有髓，髓主要由薄壁组织或厚壁组织形成（图5-5）。然而，在自然界中，也有一些单子叶植物的根没有髓，例如韭菜。在韭菜的根中，内皮层细胞更为特殊，其径向壁和横向壁完全木质化和栓质化增厚，内切向壁也经历了木质化和栓质化增厚，而外切向壁则保持薄壁，这种增厚方式称为马蹄形增厚（图5-6）。此外，与大多数双子叶植物维管束木质部脊的个数较少不同，单子叶植物的初生木质部脊数量较多，例如禾本科植物通常有6个或更多的脊。

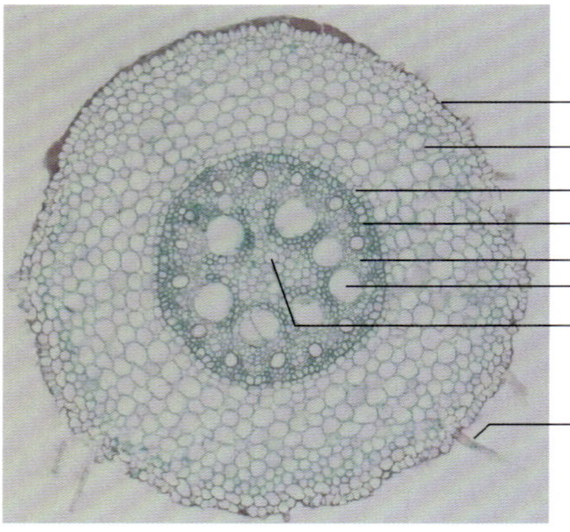

图5-5 玉米根横切示意图

和双子叶植物根不同，大部分单子叶植物根中央有明显的髓

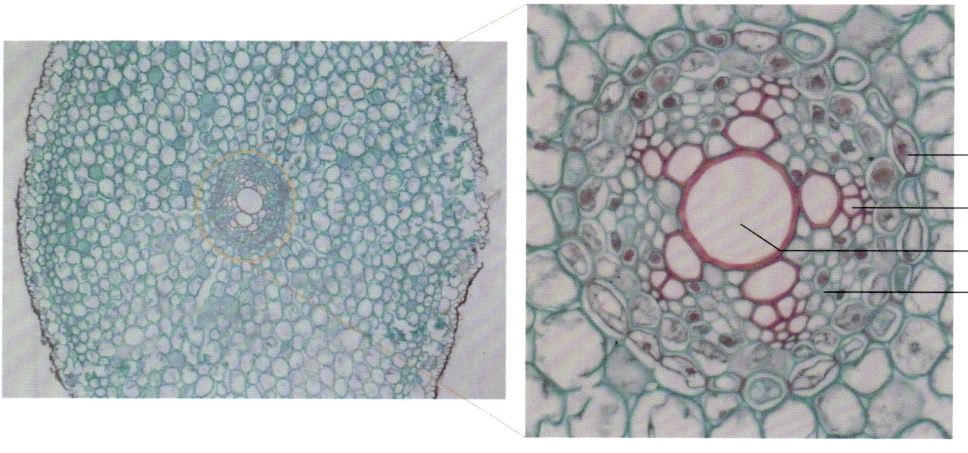

图5-6 韭菜根横切示意图（示放大的维管束结构）

五、侧根的形成

在植物根的伸长过程中，除了形成根毛以增加吸收面积外，根还会产生大量侧根。这些侧根的起源是母根的中柱鞘，内皮层细胞也可能以不同程度参与侧根的形成（内起源）。当侧根开始形成时，中柱鞘的某些细胞开始进行平周分裂，导致该部分的细胞层数增加。随后的分裂包括平周分裂和垂周分裂，这些分裂是多方向的，从而使原有的凸起继续生长，形成侧根的根原基，这是侧根最早的分化阶段（图5-7、图5-8）。随后，根原基的分裂、生长和分化逐渐形成生长点和根冠。由于侧根不断生长所产生的机械压力和根冠分泌的物质能溶解皮层和表皮细胞，这有助于侧根顺利无阻地依次穿越内皮层、皮层和表皮，最终露出母根之外，进入土壤（图5-8）。

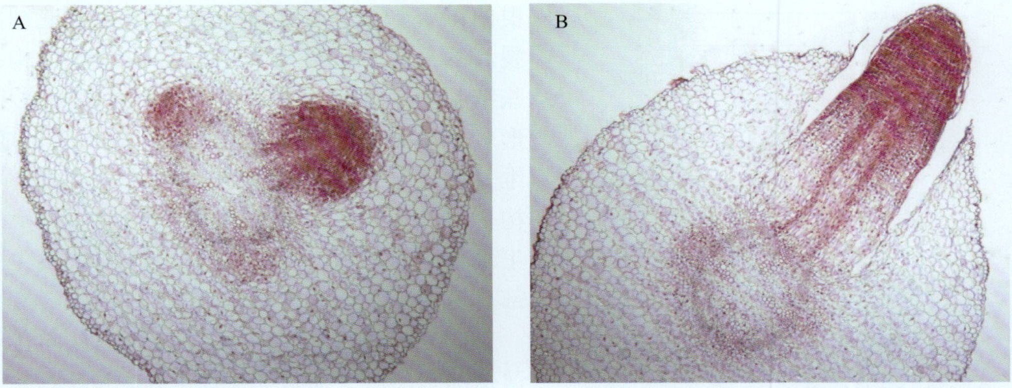

图5-7　蚕豆侧根横切（示侧根生成）

A.根原基形成；B.侧根穿越内皮层、皮层和表皮，露出母根之外

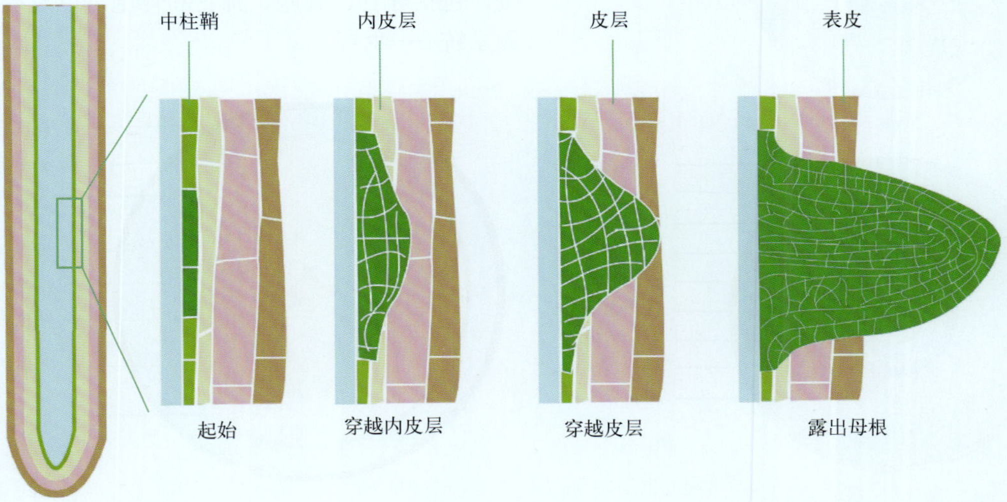

图5-8　侧根生成示意图

据Santos Teixeira J A，et al，2019改绘

六、根的次生生长和次生结构

一年生双子叶植物和多数单子叶植物的根，其生命周期主要依赖于初生生长。然而，大多数双子叶植物和裸子植物的根则经历次生生长，形成次生结构，从而不断增粗。次生生长是根的侧生分生组织活动的结果，这些侧生分生组织包括维管形成层和木栓形成层。维管形成层通过分裂、生长和分化，使得根部加粗。由于根的增粗，原有的表皮可能被撑破，这时木栓形成层可以分裂产生新的保护组织——周皮，来替代表皮。要深入理解根的次生生长和次生结构，需要先了解维管形成层和木栓形成层的活动。

（一）维管形成层

在根的生长过程中，初生木质部和初生韧皮部之间的薄壁细胞可恢复分裂能力，产生

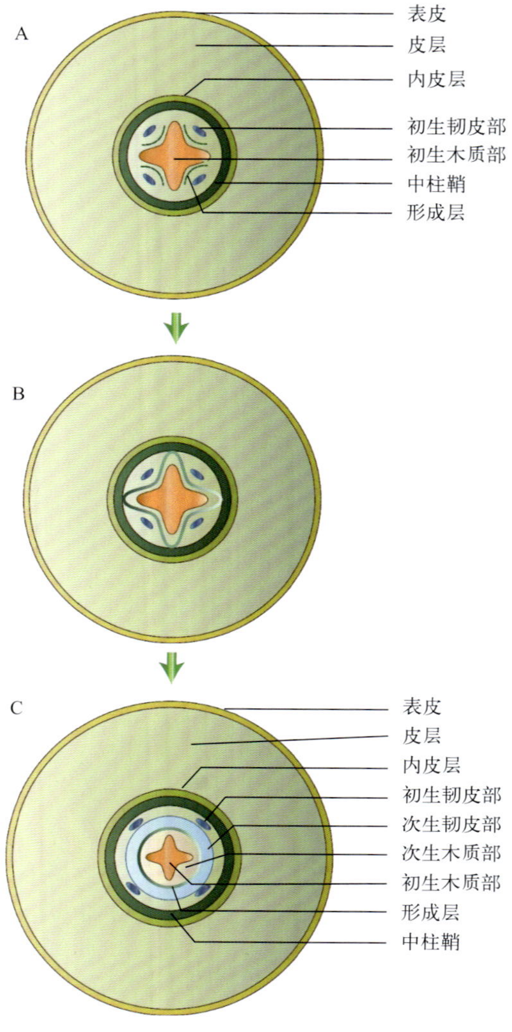

图5-9　维管形成层活动示意图

维管形成层发生过程首先源于初生木质部与初生韧皮部之间的薄壁细胞分裂，形成条状结构（A）。然后，形成层细胞继续分裂和中柱鞘细胞相连，构成完整的连续波浪状态的一环（B）。形成层细胞不断分裂，很快发育成环状，主要进行平周分裂，向内分裂在初生木质部的外侧形成次生木质部，向外分裂在初生韧皮部的内侧形成次生韧皮部（C）

根的维管形成层。最初，只有少数薄壁细胞分裂，随后逐渐向两侧扩展，形成条状结构；这些细胞随后继续分裂并与其他中柱鞘细胞相连，形成一个完整的连续波浪状环，即维管形成层。维管形成层细胞不断分裂，迅速发展成环状结构，进一步分裂，在初生木质部的外侧形成次生木质部，在初生韧皮部的内侧形成次生韧皮部，这两者合称为次生维管组织（图5-9）。

此外，次生结构中还包含一些径向排列的薄壁细胞，这些细胞呈条状排列，位于次生木质部的细胞称为木射线，在韧皮部则是韧皮射线，这两类射线统称为维管射线（图5-10）。维管射线的形成使得根的维管组织形成了轴向输导系统，包括导管、管胞、筛管和伴胞，以及径向运输系统——射线。

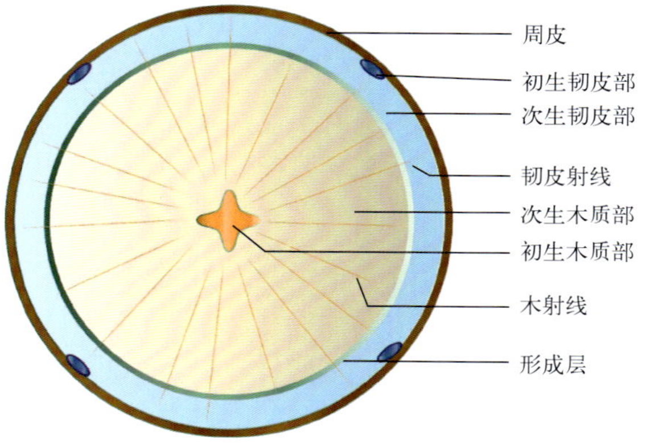

图5-10　根的次生结构示意图

在具有次生结构的根中，次生木质部和次生韧皮部之间始终存在维管形成层，它们能够持续分裂，为根的增粗和结构的发展提供持续的支持。

（二）木栓形成层

维管形成层的活动导致中柱鞘以外的成熟组织被破坏，这一过程中，中柱鞘的细胞恢复分裂能力，从而形成了木栓形成层。木栓形成层细胞通过向外分裂形成木栓层，这一层细胞排列紧密，细胞壁增厚，并富含木栓质，具有很强的保护作用。同时，木栓形成层细胞向内分裂形成栓内层，这一层细胞壁相对较薄，主要起支撑作用。

木栓层、栓内层和中柱鞘共同构成了周皮，为次生保护组织。周皮不仅为根提供了额外的机械支持，还增强了根对环境的适应性。然而，由于木栓形成层具有一定的寿命，随着根的不断生长，周皮会逐渐老化，失去其保护作用。为了保持根的保护功能，植物会通过新的木栓形成层细胞分裂，形成新的周皮。这种周期性的更新过程确保了根在不断生长过程中能够维持有效的保护机制。

第二节 茎

一、茎的生理功能

植物的营养器官——茎

茎（stem）是植物体的中轴部分，它通常分化为短的节和长的节间。节（node）是茎上着生枝或叶的区域，通常呈现出凸起或轻微凹陷的形态，当茎节的特征不够明显时，我们可以通过观察其上生长的芽和叶，以及叶落后的叶痕和叶痕中的叶迹来确定节的存在。节间（internode）是相邻的节与节之间的部分。其形状大小亦常随植物种类而有所不同。

除少数植物的茎生于地下，大部分植物的茎生长于地上。其顶端能无限地向上生长，和上面着生的叶一起形成庞大的枝系。茎的主要功能包括输送营养物质和水分，以及支持叶、花和果实在一定空间内生长。此外，有些茎还具备进行光合作用、储存营养物质和繁殖的能力。

二、茎的生长习性

受到环境因素的影响，茎演化出多种适应性强的生长模式。根据生长方式的不同，常见的植物茎可以分为直立茎（erect stem）、缠绕茎（twining stem）、攀援茎（climbing stem）和匍匐茎（creeping stem）四类。

多数植物的茎为直立茎（图5-11 A），能够垂直生长于地面，为植物体提供稳固的支撑。相比之下，缠绕茎细长而柔弱，无法自行直立，因此需要通过缠绕其他物体来实现上升。这些茎可以分为左旋、右旋和中性，比如，牵牛和菜豆等为左旋茎，葎草和薯蓣（俗称山药）为右旋茎，而何首乌则是中性茎。

攀援茎（图5-11 B）同样细长而柔弱，无法直立，但它们通过卷须、气生根、叶柄、钩刺和吸盘等特定的结构来攀附其他物体。这些结构有助于攀援茎在空间中上升，比如：瓜类、葡萄、豌豆的卷须，常春藤、络石、薜荔的气生根，旱金莲、铁线莲的叶柄，猪殃殃、白藤的钩刺，以及爬山虎的吸盘。

匍匐茎细长而柔弱，通常平卧地面，通过节上生出的不定根蔓延生长。这种生长方式使得匍匐茎能够在地面上广泛扩展，如草莓和甘薯，其节上的芽能够发育成新的植株。

茎的生长习性展示了植物对环境的适应性，通过不同的生长方式，植物能够在多样化的环境中生存和繁衍。

A  B 

图5-11　直立茎（A）和攀援茎（B）

三、茎的初生结构

在茎的顶部，顶端分生组织通过分裂、生长和分化过程产生了初生组织，这些组织构成了植物体的初生结构。

（一）双子叶植物茎的初生结构

尽管双子叶植物种类繁多，但其茎的初生结构多具有相同的规律。茎的初生结构自外向内依次分为**表皮**、**皮层**和**维管柱**三部分（图5-12、图5-13）。

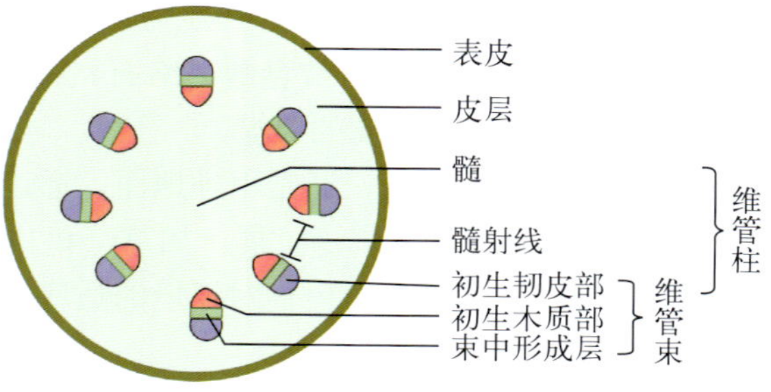

图5-12　双子叶植物茎初生结构示意图

表皮：位于植物幼茎最外面的活细胞层，由原表皮发育而来，主要功能是提供保护，是初生保护组织。该层细胞通常形态规则，大多呈长方形，且长轴与茎的纵轴平行，

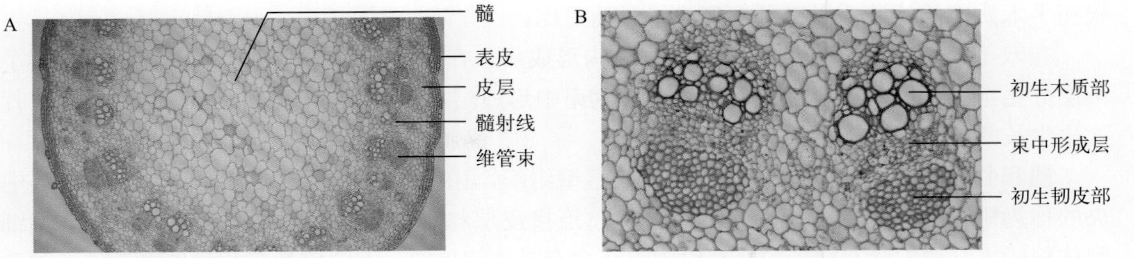

图5-13 向日葵茎横切结构

A.茎横切；B.放大的维管束结构

紧密排列，不存在细胞间隙。表皮层中散布有少量气孔，是气体交换的通道。通常情况下，表皮细胞不含叶绿体，然而，部分植物的茎表皮含有花青素，导致茎呈现红色或紫色。比如，有些蓖麻的茎呈红色。表皮细胞外壁厚实，并常角质化，形成角质层。在某些植物中，例如蓖麻和甘蔗，表皮细胞外壁还可能被蜡质覆盖。此外，部分表皮细胞特化形成表皮毛和腺毛，进一步增强其保护作用。这些表皮特性不仅具有防御功能，也有助于调控植物的蒸腾作用。

皮层：介于表皮与维管柱之间，由基本分生组织发育形成，由多层细胞构成，内含多种组织，以薄壁组织为主。紧邻表皮的几层细胞通常为厚角组织，它们常呈筒状环绕于表皮内侧，在横切面上形成圆环状，例如向日葵。在某些植物中，厚角组织则呈束状排列，如蚕豆的方形茎和芹菜的多棱茎。厚角组织的细胞是活性细胞，有时含有叶绿体，能够进行光合作用，但其主要功能是提供支持。厚角组织内侧为薄壁组织，由多层球形或椭圆形细胞构成，细胞壁较薄，含有叶绿体，能进行光合作用，部分细胞内含有贮藏物质。这些细胞排列较为疏松，存在明显的胞间隙，在水生植物茎中形成通气组织。某些植物茎的皮层中会分化出分泌腔（如棉花、向日葵）、乳汁管（如甘薯）或其他分泌结构。还有些植物茎的皮层细胞内含有晶体和单宁。在木本植物茎的皮层内，常常分布着石细胞群。皮层的最内层细胞在茎中的情况多样，大多数植物茎的内皮层不明显或不存在，但在水生植物和一些植物的地下茎中，内皮层明显。有些细胞内含有淀粉粒，形成了所谓的淀粉鞘（starch sheath），例如蚕豆和蓖麻的皮层最内层细胞中的淀粉鞘非常显著。

维管柱：位于皮层内部的柱状结构，占据了较大的体积。与根的结构不同，多数茎的维管柱没有明显的内皮层，也没有中柱鞘。因此，皮层与维管柱之间的界限并不容易界定。在多数双子叶植物的茎中，维管柱主要由维管束（vascular bundle）、髓（pith）以及髓射线（pith ray）这三个部分构成。

维管束：起源于原形成层，是由初生木质部和初生韧皮部联合形成的束状复合组织。在大多数植物茎中，初生韧皮部位于初生木质部外侧，构成外韧维管束；然而，在一些双子叶植物的幼茎中，如甘薯、烟草、马铃薯和南瓜，维管束的内侧还存在着内生韧皮部，形成了所谓的双韧维管束。在草本双子叶植物幼茎的横切面上，维管束呈椭圆形，并且各个维管束之间相距较远，它们在皮层内侧环形排列。而多数木本植物茎内的维管束则紧密排列，几乎形成了一个完整的环。在立体结构中，维管束相互交织贯通。

在维管束的发育过程中，初生韧皮部始于原形成层的外侧区域，向内进行向心发育，这种发育方式称为外始式。相反，初生木质部则从原形成层的内侧区域开始形成原生木质部，随后向外进行离心式发育，逐渐分化为后生木质部。茎初生木质部的这种内始式发育顺序与根初生木质部的外始式发育顺序形成了鲜明对比。

在双子叶植物茎的维管束中，初生结构形成后，在初生韧皮部与初生木质部之间保留了一层分生组织细胞，这层细胞后来发育成为束中形成层（fascicular cambium），它是茎部进行次生生长的关键基础。

髓和髓射线： 髓和髓射线是中柱内的薄壁组织，由基本分生组织发育而成。位于幼茎中央的称为髓。而位于相邻两个维管束之间，连接皮层与髓的薄壁组织的则称为髓射线。髓细胞体积较大，通常含有淀粉粒，有时中央还含有晶体和单宁，因此髓具有贮藏作用。除了贮藏功能，髓射线还作为茎内物质径向输导的途径。在次生生长过程中，部分髓射线细胞可转变为束间形成层。在木本植物的幼茎初生结构中，由于维管束紧密排列，髓射线通常较为狭窄。

（二）单子叶植物茎的初生结构

单子叶植物的茎和双子叶植物的茎存在明显的结构差异。以玉米为例，单子叶植物茎的结构主要由表皮、维管束和基本组织三部分组成。其中，维管束分散分布于基本组织中，没有明显的髓的结构（图5-14）。在大多数单子叶植物中，茎仅包含初生结构，并且相对简单。

表皮： 表皮位于茎的最外侧，由表皮细胞和气孔器组成。表皮层包括两种类型的细胞：长细胞和短细胞。长细胞是表皮层的主要成分，其细胞壁厚且硅质化和角质化，纵向壁呈波纹状，相互嵌合；短细胞则分为木栓化的栓细胞和硅质化的硅细胞。表皮细胞的硅化程度与其抵抗病虫害的能力有一定的相关性。在禾本科植物中，气孔器具有特殊的结构，除了由一对哑铃形的保卫细胞构成外，保卫细胞的旁边还各有一个副卫细胞。

基本组织： 基本组织主要由薄壁细胞构成，这些细胞在不同的单子叶植物茎中表现出不同的特征。例如，在水稻、小麦和竹的茎中，中央的薄壁细胞会解体，形成中空的髓腔。相反，玉米、高粱和甘蔗的茎则由密薄壁细胞填充。在水稻的基部节间，由于长期浸没在水中，基本组织内形成了大型的裂生通气道，这些通气道构成了有效的通气组织。随着节间与地面之间距离的增加，这些通气道的发育程度逐渐降低。

紧邻表皮内侧的基本组织通常包含多层厚壁细胞。在水稻和玉米的茎中，这些厚壁细胞连成一个环状结构，形成了坚固的机械组织环。而在小麦（图5-15）的茎内，虽然也存在机械组织，但它们被含有叶绿体的绿色薄壁组织带所分隔。这些绿色组织的细胞内含有叶绿体，使得小麦茎秆呈现出肉眼可见的无色和绿色条纹相间的外观。某些单子叶植物的茎可能呈现紫红色，这是由于细胞内含有花青素，例如甘蔗。位于机械组织内部的薄壁细胞则不含叶绿体。

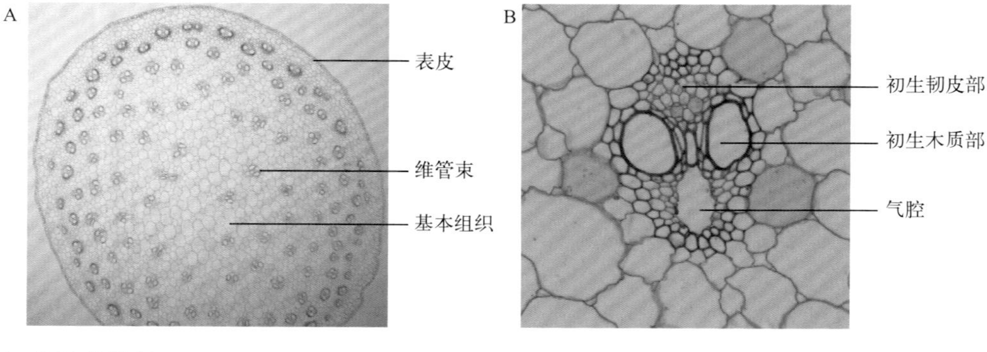

图5-14　玉米茎横切

A.茎横切；B.放大的维管束

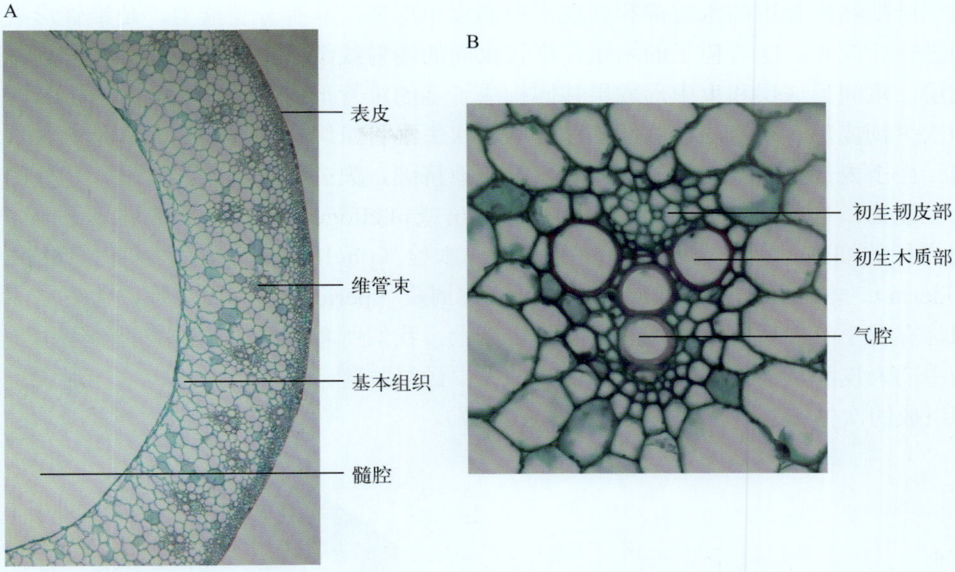

图5-15　小麦茎横切

A.茎横切；B.维管束

维管束：在大多数单子叶植物的茎中，维管束散布在基本组织内，其排列方式可分为两种主要类型。第一种类型，以水稻和小麦为例，维管束大致形成内外两圈。外圈的维管束较小，靠近茎的边缘，并大多嵌入机械组织内；内圈的维管束较大，被基本组织包围，节间中心形成髓腔。第二种类型，如玉米、甘蔗和高粱，维管束在基本组织中分布不均，靠近边缘的维管束较小且相互靠近，而靠近中心的维管束较大且间距较远。维管束外围由厚壁组织构成的鞘所包围，两端含有更多的厚壁细胞。

放大观察一个维管束，可以看到它由维管束鞘、初生木质部和初生韧皮部构成。维管束鞘内部是初生韧皮部和初生木质部，不存在束中形成层，这一点是单子叶植物茎的关键特征。初生韧皮部位于初生木质部外侧，其中的原生韧皮部已遭破坏。后生韧皮部由筛管和伴胞组成，筛管体积较大，形状呈多边形。每个筛管旁边伴有三角形或长方形的小细胞，即伴胞。紧随其后的是后生木质部，其中包含两个较大的孔纹导管，它们与后方的导管共同形成V形结构，这是禾本科植物茎的典型特征。V形结构的底部是原生木质部，包含一至几个环纹和螺纹导管以及少量木薄壁组织。在成熟过程中，这些导管常被破坏，周围的薄壁细胞分离，形成气隙或原生木质部腔隙。在V形结构的两侧，后生的大型孔纹导管构成后生木质部，这两个导管之间填充着薄壁细胞，有时还包括小型管胞。随着成熟，一些导管可能退化，周围的薄壁细胞分离，形成空腔，即所谓的气腔。

四、茎的次生生长和次生结构

茎的顶端分生组织负责茎的延伸，而初生生长期间，茎的增粗通常是有限的。随后，茎的侧生分生组织通过分裂、生长和分化，促使茎不断增粗，这一过程被称为次生生长。次生生长是植物在完成初生生长后，通过侧生分生组织的活动，使茎持续增粗的过程。在这一过程中，维管形成层和木栓形成层起着至关重要的作用。多年生的裸子植物和双子叶木本植物具次生结构。尽管少数单子叶植物的茎也具有次生结构，但其形成机制与性质不同。

双子叶植物维管束的木质部和韧皮部中的束中形成层具有分裂能力，是维管形成层的重要来源之一。此外，随着树干的增粗，维管束间的髓射线细胞也能够恢复分裂能力，形成束间形成层。束间形成层和束中形成层共同构成了茎的维管形成层，它们分裂产生新的次生木质部和次生韧皮部。在形成层的活动过程中，次生维管组织持续增加，尤其是次生木质部不断增粗。由于内部生长产生的压力，表皮很快被挤破，失去保护功能。此时，茎外侧的细胞恢复分生能力，形成木栓形成层（cork cambium或phellogen）。木栓形成层平周地分裂，形成径向成行的细胞行列，这些细胞向外分化成木栓（phellem或cork），向内分化成栓内层（phelloderm）。木栓、木栓形成层和栓内层合称周皮（periderm）。周皮是取代表皮的次生保护组织，存在于有加粗生长的茎的表面。实际上，我们所看到的树皮结构已经不再是茎的初生结构中的表皮和皮层，因为它们在生长过程中已经脱落。树皮由木栓、木栓形成层和次生韧皮部组成的次生结构所替代（图5-16、图5-17）。

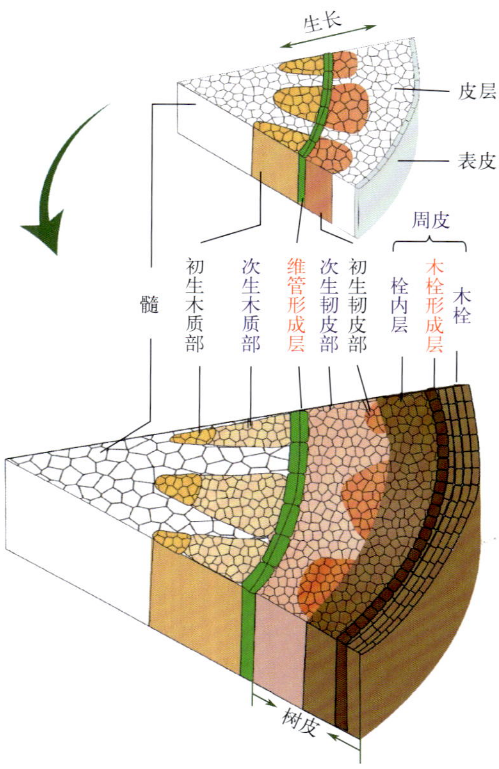

图5-16 茎的次生生长和次生结构示意图

红色字指代形成层；蓝色字标识次生结构

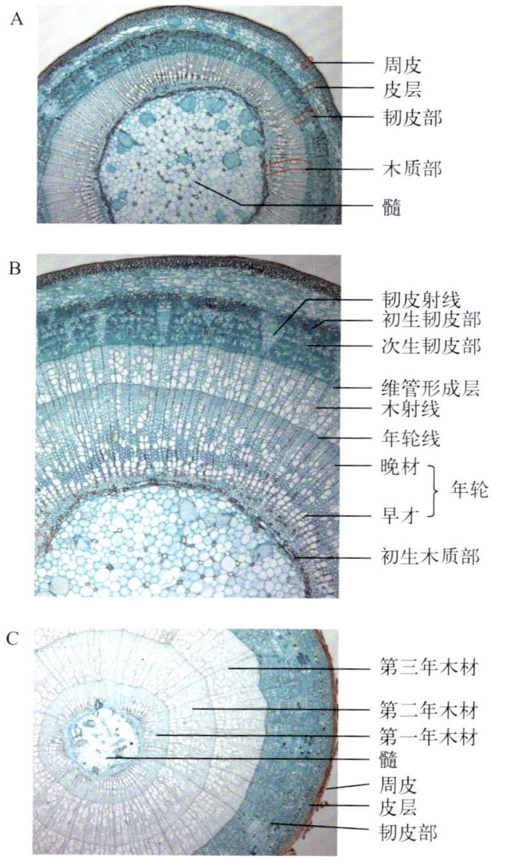

图5-17 椴木木质茎横切

A.一年生椴木；B.二年生椴木；C.三年生椴木

不同图片标识的主要内容存在差异，相同的结构并未一一标注。其中，A图标注了木质茎的整体结构组成；B图标注了木质部、韧皮部、年轮以及年轮线的结构；C图则标注了不同年份的木材结构

次生木质部的形成呈现出明显的季节性变化特征。在温带的春季或热带的雨季，形成层活动旺盛，产生的次生木质部细胞体积较大、壁薄，质地较疏松，颜色较浅，这部分被称为早材（early wood）或春材。而在温带的夏末、秋初或热带的旱季，形成层活动减弱，形成的次生木质部细胞体积较小、壁厚，质地紧密，颜色较深，这部分被称为晚材（late wood）或秋材。年轮线则是当年早材与上年晚材之间的明显界限，两个年轮线之间的木质部构成了年轮（annual ring）的结构（图5-17），它记录了植物每年的生长情况。

第三节　叶

一、叶的生理功能

植物的营养器官——叶

叶是植物的重要器官，承担着多种生理功能，其中主要包括光合作用、蒸腾作用和繁殖作用等。

光合作用：叶是植物进行光合作用的主要场所。在叶绿体中，植物利用光能将水和二氧化碳转化为葡萄糖和氧气。这一过程不仅为植物提供了生长所需的能量和有机物质，同时也释放出氧气，维持了地球大气中的氧气含量，是生态系统中的基础环节。

蒸腾作用：叶片的气孔通过开闭调节，使植物能够进行蒸腾作用。在这一过程中，水分以水蒸气的形式从叶片散发到大气中，这不仅有助于调节植物体内的水分平衡，还促进了水分和矿质元素的吸收和运输。当叶片蒸腾时，水分从根部通过茎部向上运输，这一过程需要大量的能量。蒸腾作用通过产生负压，为这一运输过程提供了动力。同时，矿质元素也随水分一起被吸收并运输到整个植物体，为植物的生长和代谢提供了必需的营养。通过蒸腾作用，叶片能够有效降低自身的表面温度。在炎热的夏季，这一功能尤为重要，可以防止叶片因过热而受损。同时，降低叶片表面温度还有助于减少水分的蒸发，保持植物体内的水分平衡。

此外，叶片还具有吸收能力。比如，叶片可以吸收叶面上的肥料。还有少数植物的叶具有繁殖功能，比如落地生根的叶缘上可长出很多小植株，脱落后掉到土壤上可长出新的个体。

二、叶的形态

叶的结构由叶片、叶柄和托叶三个部分构成（图5-18）。当一片叶子同时具备叶片、叶柄和托叶时，它被称为完全叶；如果这三个部分中缺少一个或两个，则称为不完全叶。

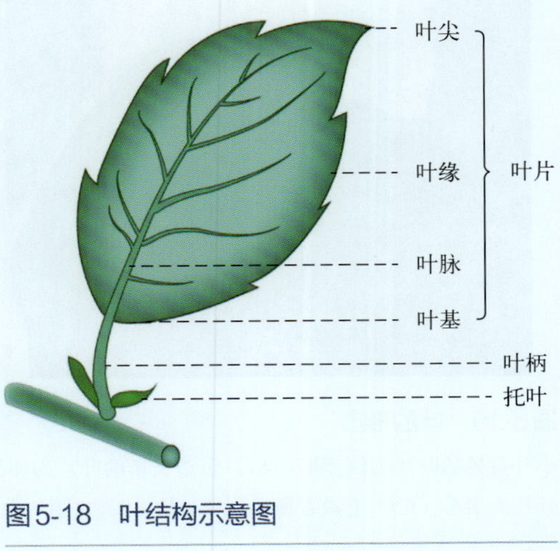

图5-18　叶结构示意图

叶片的形状是由其长度、宽度、边缘形态、顶端形状和基部形态共同决定的，这些因素共同造就了植物叶子的丰富多样性。叶片的形态变化多端，常见的包括卵形、心形、肾形、椭圆形、三角形、圆形和扇形等。例如，银杏的叶片以其独特的扇形而闻名，松树叶为针形叶，而柏树叶为鳞形（图5-19）。

图5-19 叶的形态

小叶黄杨的叶片为倒卵形（A），金边黄杨的叶片为卵圆形（B），松树的叶片呈针形（C），柏树的叶片为鳞形（D），银杏叶片为扇形（E），毛鳞省藤叶片呈羽状（F）。（图片由马鑫辉拍摄）

在植物分类学中，叶的形态是一个重要的研究内容。叶片尖端、基部、边缘和脉纹的形态都有着专门的分类，它们是植物分类学的重要依据。研究叶的形态对于探讨植物形态发生、分类、系统演化和发育状况等问题具有重要的科学意义。此外，对植物叶形态的研究也为农林、花卉等作物品种的改良和栽培提供了重要的理论基础。

通常情况下，一种植物具有特定形状的叶片。然而，在自然界中，有些植物在同一株植物上展现出不同形状的叶片，这种现象被称为异形叶性（heterophylly）。异形叶性的产生有两种情况：一种是因枝条的老幼不同而导致叶形各异，例如蓝桉的幼枝上的叶片较小，呈卵形，而老枝上的叶片较大，呈披针形或镰刀形；另一种是由于外界环境的影响，如慈姑，其气生叶呈箭形，漂浮叶为椭圆形，而沉水叶则为带状。

叶在茎枝上的排列方式或次序被称为叶序。叶序是植物的一个重要生理特征，虽然在常人看来可能显得杂乱无章，但实际上却有着严格的规律。植物学家将叶序分为互生、对生、轮生和簇生等类型。

无论哪种叶序，相邻两节上的叶片总是不会相互重叠，而是相互镶嵌着生，这种现象被称为叶镶嵌。叶镶嵌确保了叶片不会互相遮挡阳光，从而有利于每片叶子进行光合作用。此外，它还使得茎的各侧受力均衡。例如，常春藤、爬山虎和烟草等植物的叶镶嵌现象较为明显。

三、叶的结构

（一）双子叶植物叶的结构

双子叶植物叶片的基本结构包括三部分：表皮、叶肉和叶脉。

表皮：表皮是叶片表面的一层或多层细胞，它们在横切面上呈现出规则的长方形或方形，并且通常含有角质层。角质层主要由脂类物质构成，包括所谓的“蜡”，这种特殊脂质赋予了角质层独特的属性，如调节水分蒸腾、增强机械强度和防御病原体侵入。大多数植物的表皮还包含气孔，这些微小的开口不仅是植物与外界进行气体交换的窗口，也是水分蒸腾的途径。

叶肉：由富含叶绿体的薄壁细胞构成，是光合作用的主要场所。根据细胞形态的不同，叶肉可分为栅栏组织和海绵组织。栅栏组织的细胞呈长柱形，垂直于叶表面，含有较多的叶绿体。而海绵组织的细胞形状不规则，排列较疏松，胞间隙较大，含有较少的叶绿体。

叶脉（vein）：是贯穿于叶肉中的脉纹结构，根据其分布，可分为主脉和侧脉。主脉是叶片中央最粗大的脉，侧脉是主脉的分支，而侧脉的进一步分支称为细脉。叶脉的分布模式称为脉序。叶脉通常包含厚角组织、薄壁组织和一到数个维管束，维管束主要由木质部和韧皮部组成。在棉叶的主脉中，木质部位于上方，韧皮部位于下方（图5-20）。

叶脉的主要功能是输导作用，即将叶片产生的营养物质输送到植物的其他部分，如根、茎和花。这一过程依赖于叶脉中的输导系统。与叶脉进行物质交换的维管束鞘薄壁细胞，常具有传递细胞特征，这些细胞的壁内突增多，增大了质膜面积，有利于快速物质运输。在脉梢，伴胞常特化为传递细胞。维管束鞘的存在，使得物质必须穿过它才能进入或离开维管组织，这对于水分的缓慢释放至关重要。叶脉系统中的主脉和侧脉主要负责长距离的轴向输导，而细脉则负责横向的水分释放和光合产物的装载。此外，叶脉的结构也为叶片提供了支持，确保叶片能够有效地进行光合作用，同时保持稳定的形态。

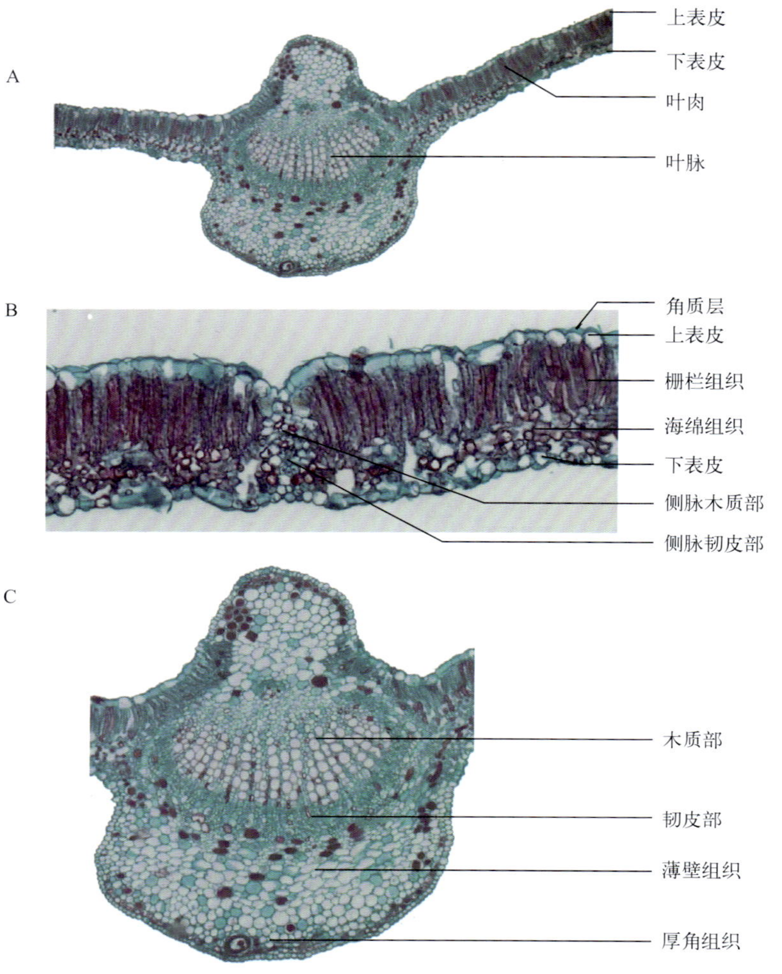

图5-20　棉叶横切

A.整体结构；B.叶肉结构；C.叶主脉结构

（二）单子叶植物叶的结构

单子叶植物的叶片构造也包含表皮、叶肉和叶脉三大部分，但其特点与双子叶植物存在差异，特别是其叶肉并未分化为栅栏组织和海绵组织（图5-21）。为了更好地理解，我们以禾本科植物为例，探讨其叶片的结构特性。

表皮：禾本科植物的表皮细胞排列得非常规整，成行排列。这些细胞分为两种：长细胞和短细胞。长细胞呈长方柱形，其长轴与叶片的纵轴相平行，外壁覆盖有角质并含有硅质。短细胞可进一步细分为硅质细胞和栓质细胞。硅质细胞内部充满了硅质体，这使得禾本科植物的叶片表面显得坚硬且粗糙。而栓质细胞的细胞壁则呈现出木栓化的特点。值得一提的是，上表皮中存在一些特殊的大型薄壁细胞，被称为泡状细胞。这些细胞中含有大型液泡，并在横切面上略呈扇形排列。在干旱时期，泡状细胞会失水收缩，导致叶片卷曲成筒状，从而减少水分的蒸发，因此也被称为运动细胞。此外，表皮的上下两面都分布有气孔，这些气孔由两个狭长或哑铃状的保卫细胞构成，保卫细胞的两端较薄，中部则较厚，且每个保卫细胞的外侧都有一个略呈三角形的副卫细胞。

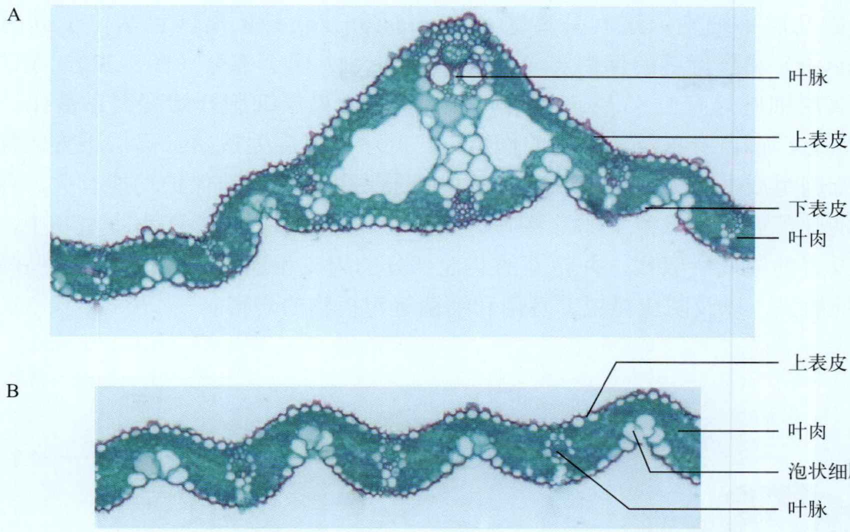

图5-21　水稻叶横切

A.水稻叶片（过中脉）横切面一部分；B.水稻叶片横切面一部分放大图

叶肉： 由于禾本科植物的叶片大多呈直立状态，其两面受光程度相近，因此叶肉中通常没有明显的栅栏组织和海绵组织的分化，这种类型的叶被称为等面叶。但在某些特定植物中，如淡竹叶，其叶肉组织会分化为栅栏组织和海绵组织，这种类型的叶被称为两面叶。在淡竹叶中，栅栏组织由一列圆柱形的细胞所组成，而海绵组织则由一至三列排列较为疏松的不规则圆形细胞所构成。

叶脉： 叶脉中的维管束几乎是平行排列的，主脉显得特别粗大。其维管束为有限外韧型，在主脉维管束的上下两侧，常常有厚壁组织分布，并与表皮层紧密相连，这增强了叶片的机械支持能力。维管束外围常常被一至多层细胞所包围，这些细胞可能是薄壁组织或厚壁组织，它们共同构成了维管束鞘。例如，在玉米和甘蔗中，这些细胞是较大的薄壁细胞；而在水稻和小麦中，则由一层薄壁细胞和一层厚壁细胞所组成。维管束鞘的解剖结构是禾本科植物分类的一个重要特征。

四、落叶和离层

一年生的双子叶草本植物的叶子，在植物死亡后，大多数不会掉落。而多年生的植物中，落叶是一种常见的现象。落叶是植物为了适应环境而发生的正常生理现象。

植物落叶涉及内在生理变化与外部环境因素的双重作用。首先，随着叶片进行一段时间的生理活动，细胞内会积累大量的代谢终产物，如矿物质等，这些积累物会引起叶片生理功能的下降和叶绿素的降解。其次，外部环境因素的变化，如气温下降、土壤温度降低、降水减少以及根系供水的减少，均为促使植物落叶的重要因素。通过落叶，植物能够降低蒸腾作用，减少水分的流失，从而在寒冷和干旱季节中维持生存。

有些植物在落叶时，会在叶柄基部形成离层，但有些植物则不会形成离层，比如大多数单子叶植物，叶子的脱落似乎只是因为机械性的折断。

能够形成离层的植物，在叶子即将脱落时，叶柄基部或近基部的薄壁组织细胞会开始分裂，形成几层小细胞，这就是离区（abscission zone）。离区包括位于远离茎的离层（abscission layer）和靠近茎的保护层（protective layer）两个部分（图5-22）。离区的细胞层数较多，但离层细胞只有1～3层。离区形成后不久，离层细胞开始变得黏液化，细胞之间几乎呈游离状态，在自身重量和外力的作用下，叶子从离层处脱落。离层下方的保护层由几层栓质化的细胞组成，与加速叶子脱落和承担叶子脱落后初期的保护功能有关。保护层的存在，使得叶柄脱落后在茎上留下非常整齐、光滑的痕迹，即叶痕。在木本植物中，保护层最终会被其下发育的周皮所取代，并与茎的其他部分的周皮相连接。保护层的这些特点，有助于防止水分的散失，以及防止昆虫、真菌和细菌等对植物的伤害。

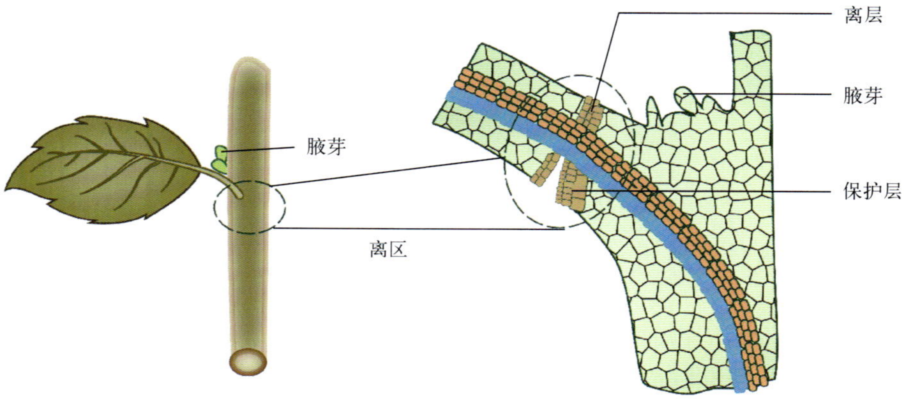

图5-22　树叶脱落时形成离层示意图

总的来说，落叶是植物为了适应不良环境而采取的一种策略，通过减少蒸腾作用，帮助植物度过寒冷和干旱的季节。这一习性是植物在长期的进化过程中形成的。短日照会加速离层的形成，而脱落酸和乙烯的增加也会加速叶子的脱落。

第四节　植物营养器官的变态

在常规情况下，植物的根、茎和叶展现出典型的形态结构和生理功能。然而，特定的植物器官在面临特定环境压力时，可能会经历显著的形态、结构和功能上的转变，这种现象被称为器官变态。这些变态变化使得植物器官能够适应新的功能需求，并伴随着形态和结构上的适应。为了应对环境的变化，植物的部分器官将经历形态和结构上的改变，从而影响了它们的基本功能。

一、根的变态

（一）贮藏根

贮藏根是植物为了储存养分而特化的一种根器官，它们通常肉质丰富，用于储存大量的水分和养分。贮藏根可包括肉质直根和块根两大类，每一种都有其独特的结构和特征。

肉质直根（fleshy tap root）：肉质直根源于主根的发育，每个植株仅有一个此类根。在肉质直根的近地面顶部，存在一段极短的下胚轴，其下方则由肥大的主根构成根的主体。肉质直根一般不发生分支，仅在肥大的主根上生长出细小、须状的侧根。这些根由主根及胚轴上端等部分膨大形成，其中的薄壁组织细胞贮存了大量的养料，为植物的越冬和来年生长提供养分。例如，萝卜、胡萝卜和甜菜的变态根都属于肉质直根。胡萝卜和萝卜的根加粗都是由于形成层的活动，但组成它们的次生组织的主要次生结构并不相同。胡萝卜的次生韧皮部非常发达，而萝卜的次生木质部非常发达。

块根：块根与肉质直根不同，通常由侧根或不定根发育而来，因此同一植株上可以形成多个块根。块根在形态上通常表现为短而粗的块状，内部储存了丰富的养分。例如，红薯就是常见的块根作物。这些块根不仅为植物储存养分，也是人类重要的食物来源。

（二）气生根

在自然界中，植物的根多数沉浸在土壤中，以汲取水分和养分。然而，部分植物的根却呈现出向上生长的趋势，最终伸出地面，位于土壤上方。这类在空气中生长的根被归类为气生根，根据其所承担的生理功能的不同，可进一步细分为支柱根、攀援根和呼吸根等几种类型。

支柱根（prop root）：支柱根由不定根发育而来，出现在植物的地面上部分，并深入土壤中，起到支撑和吸收的作用。玉米、甘蔗等众多单子叶植物物种，茎的基部节位置会长出环状分布的不定根，这些根不仅参与水分和无机盐的吸收，还显著提升了根系对植物体的支撑力度。例如，玉米在接近地面的茎节上形成的不定根，能够深入土壤，既增强了茎秆的稳定性，又承担着吸收功能。在土壤肥力充沛、空气湿度较高的条件下，高粱和甘蔗的支柱根生长旺盛，适当的培土措施有助于促进其形成。双子叶植物，如热带和亚热带地区的榕树，其枝条上会生长出众多下垂的不定根，这些根一旦触及土壤便会发育出侧根，从而有效增强了植物的整体稳定性。

攀援根（climbing root）：常春藤、络石和凌霄等植物的茎长而细弱，无法自行直立，因此会生长出不定根。这些根的顶端扁平，有些甚至形成吸盘状结构，使它们能够牢固地附着在树干、岩石或墙壁上，从而实现攀爬上升。这些根的攀附与吸附机制构成了其独特的生物学特征，据此，它们被科学地归类为“攀援根”。

呼吸根（respiratory root）：在沼泽地带和沿海低地生长的一些植物，如水龙、海桑红树和落羽松，其根系中的一部分根向上生长并露出地面，形成呼吸根。这些呼吸根表面具有呼吸孔，内部则拥有高度发达的通气组织，这有助于气体交换和气体储存，从而适应缺氧的土壤环境，确保植物的正常生长。

（三）寄生根（parasitic root）

菟丝子、列当、槲寄生和桑寄生等寄生植物通过凸起的根侵入寄主植物的茎组织，从中吸收水分和养分，以支持自身的生存需求，这类特化的根被称为寄生根。其中，菟丝子和列当缺乏叶绿素，无法进行光合作用自行合成养分，它们完全依赖于从寄主体内摄取养分，是全寄生植物。而槲寄生和桑寄生等植物，虽然也通过寄生根吸收寄主的养分，但它们自身含有叶绿素，能够进行光合作用并自行合成一部分养分，因此属于半寄生植物。

二、茎的变态

和根类似，茎的形态结构也会因外界环境因素的作用而发生改变，形成多样化的变态茎。这些变态茎尽管外观上可能经历显著变化，但依旧保持茎的典型特征，如存在节和节间，以及节上可能存在的鳞片状退化叶或叶痕，和叶腋中的芽。这些特征对于区分茎与根至关重要。变态茎的形态变异丰富，部分茎结构适应于营养和水分的储存，部分与植物的繁殖机制相协调，还有的茎具有保护和固着攀援的功能。

常见的茎的结构包括茎刺、茎卷须、叶状茎、小鳞茎、小块茎、根状茎、块茎、鳞茎和球茎等类型。其中，茎刺、茎卷须、叶状茎、小鳞茎和小块茎常位于地上部分；而根状茎、块茎、鳞茎和球茎则位于地下。下面列举了几种常见的变态茎。

茎刺（stem thorn）：有一些植物的茎变为刺状，如山楂、梨的枝刺，它们着生在叶腋内，皂荚的枝刺具有分枝，有的枝刺上长有叶。

茎卷须（stem tendril）：葡萄、栝楼和黄瓜等攀援植物的茎特化出卷须状的攀爬器官，这些器官称为茎卷须。该结构通常生长在叶腋区域，由枝条发育而成。

叶状茎（phylloid）：某些植物的茎部分呈现扁平的叶片状或片状结构，含叶绿体，呈绿色，并能够执行光合作用。此外，它们的传统叶片发生了退化。例如，竹节蓼的扁化茎，节和节间清晰可辨，并且在节上生长有芽。假叶树的变态茎呈叶片状，实际上是茎的分枝形态，在叶腋部位生有花芽。

肉质茎（fleshy stem）：仙人掌的叶片已经演化成刺状，而茎部则肉质化并承担光合作用。这些植物的形态变化丰富，茎部富含汁液，以适应干旱和降雨稀少的生态环境。莴苣也是肉质茎。

根状茎（rhizome）：某些植物的茎在地下呈横向生长，形成了根状茎，通常简称为根茎。这些根状茎具有明显的节和节间，节上长有特化的膜状叶片和腋芽。这些腋芽能够向上生长并发育成枝条，而在节部则会长出不定根。例如，淡竹、玉竹、莲和白茅等植物均具有此类根状茎。

块茎（stem tuber）：马铃薯具有典型的块茎。其块茎是一种地下储藏器官，内含丰富的淀粉，并且传统上被用作繁殖材料，兼具储藏和繁殖功能。对马铃薯块茎进行观察时，可以看到其顶部带有顶芽，周围布满螺旋状排列的凹形芽眼。除了顶芽，每个芽眼下方都存在叶痕。若对马铃薯块茎进行横切，从外到内可以看到周皮、皮层、外韧皮部、木质部、内韧皮部和中央的髓部。

鳞茎（bulb）：洋葱、大蒜和百合等植物具有鳞茎结构。洋葱的鳞茎呈现圆球状，表面覆盖着许多肉质、多汁的膜状鳞片，这些鳞片环绕着顶芽，并在叶腋部位形成腋芽。大蒜的鳞茎则由膜状的鳞片叶和肥大的肉质腋芽组成，即我们常见的大蒜瓣，中央的花梗，俗称蒜苔，是可食用的部分。

球茎（corm）：球茎是一种短小而肥厚的地下茎，其上明显地划分着节和节间，节部生长着鳞片状的叶片和腋芽。这类茎的主要功能是储存营养物质和繁殖，例如慈姑、荸荠和芋头。此外，还存在一种地上球茎，如苤蓝，其茎部缩短成球状，节间较短，内部同样储存着丰富的营养物质。

三、叶的变态

叶的变态主要有六种。

苞叶（bract）：生长在花朵下方的一种特殊叶，主要功能是保护花朵和果实。例如，向日葵头状花序周围的总苞，就是一种绿色的叶状结构，起到保护作用；而玉米雌花序外的苞叶，也是叶的一种变态形式，由多层叶片构成，紧密地包裹着雌花序。

叶卷须（leaf tendril）：某些植物的叶子会演化成卷须，这样的适应性变化使得植物能够缠绕在其他物体上生长。这些植物的茎通常较为细弱，缺乏足够的支撑力，无法独立挺立。例如，豌豆的复叶在先端的小叶会转变为卷须，帮助植物攀爬。

叶刺（leaf thorn）：一些植物的叶或托叶会转变成刺状的结构。例如，洋槐和酸枣的托叶会发育成刺；而仙人掌的刺以及细叶小檗的刺，都是叶子发生变态的例子。

鳞叶（scale leaf）：鳞叶是一种形态结构特化或退化成鳞片状的叶片，主要功能转变为保护、储藏养分或繁殖。芽鳞是鳞叶的一种，它们包裹着花芽或叶芽的生长点，提供保护作用。当它们脱落时，会在芽上留下芽鳞痕。例如，丁香、柳树和杨树的冬季芽就包裹在多片芽鳞中。此外，一些植物如荸荠、慈姑和芋等的根状茎节上，存在着退化的膜状叶片结构。

叶状柄（phyllode）：叶片完全退化，由叶柄转变成扁平的片状，以替代叶片行使光合功能的叶状体。如，金合欢属植物的叶结构经历了一种特殊的变化，其中叶柄转变为叶状，而原本的小叶则逐渐退化。在幼苗阶段，最初长出的是复叶，随后叶柄变扁平，仍保留少量的羽状复叶小叶。最终，新长出的叶片则完全没有了小叶，只剩下扁平的叶柄。

捕虫叶（insect catching leaf）：有些植物的叶片形态改变，表面具有腺毛，能够分泌消化液和黏性物质，使其能够捕食昆虫。当捕获昆虫后，腺毛会释放消化液，将昆虫分解消化。例如，猪笼草的捕虫叶形状像瓶子，狸藻的捕虫结构为囊状，而茅膏菜的捕虫叶则呈盘状。

思考题

（1）简述双子叶植物和单子叶植物根的初生结构异同。

（2）简述根尖的结构特点及其主要功能。

（3）简要说明侧根的起源及形成过程。

（4）简述双子叶植物和单子叶植物茎的初生结构异同。

（5）探讨茎的次生生长与初生生长的区别，并分析不同生长方式对植物形态和结构的影响。

（6）为什么环剥树皮会导致树木死亡，而树干“空心”时树木仍能存活？

（7）简述双子叶植物和单子叶植物叶的初生结构的异同。

（8）思考植物的根茎结构如何体现了“适者生存”的自然法则。结合人类对植物资源的利用，讨论人类如何通过可持续的农业实践来平衡经济发展与生态保护。

生物学名词

器官（organ）；营养器官（vegetative organ）；繁殖器官（reproduction organ）；根系（root system）；根尖（root tip）；根冠（root cap）；皮层；维管柱；凯氏带（Casparian strip）；维管形成层；木栓形成层；直立茎（erect stem）；缠绕茎（twining stem）；攀援茎（climbing stem）；匍匐茎（creeping stem）；周皮（periderm）；早材（early wood）；晚材（late wood）；年轮（annual ring）；表皮（epidermis）；叶肉（mesophyll）；叶脉（vein）

第六章　种子植物的繁殖和繁殖器官

学习目标

1. 了解植物繁殖的概念及其重要性，掌握植物的主要繁殖方式：营养繁殖、无性生殖和有性生殖。

2. 理解被子植物的营养繁殖方式，并区分自然营养繁殖与人工营养繁殖。

3. 熟悉花的基本结构和各部分的功能，能够描述花在有性生殖中的角色。

4. 理解花的雄蕊与雌蕊的结构和功能。

5. 了解胚珠的发育过程与胚囊的形成机制。

6. 掌握被子植物的生活史。

第一节　植物的繁殖

一、植物繁殖的概念

观察植物的生命过程可以发现，无论是低等还是高等生物，简单还是复杂的结构，植物都展现出两个相互依存的方面：一是确保植物个体本身的生存，二是确保物种能够持续繁衍。植物的生命周期具有其固有的时间轨迹，尽管不同种类的植物其生存期限长短不一，但都会经历从成长到衰老，直至最终归于凋亡的自然过程。考虑到这一普遍存在的自然现象，植物的繁殖（reproduction）就显得尤为重要。植物的繁殖就是植物体生长发育到一定时期，由旧个体产生新个体，以延续种族的现象。

植物的繁殖方式分为营养繁殖（vegetative reproduction）、无性生殖（asexual reproduction）和有性生殖（sexual reproduction）三种类型。也有人将营养繁殖视为无性生殖的一种形式。

营养繁殖是由植物的营养器官——根茎叶的一部分直接形成新个体的繁殖方式，在此过程中，植物并不产生生殖细胞。无性生殖是植物体产生生殖细胞，但生殖细胞不经两性细胞的结合可直接发育成新个体的繁殖方式，也叫孢子生殖（sporogony）。该生殖方式以生殖细胞发育成为下一代新个体；是不涉及性别、没有配子参与、没有受精过程的生殖；是地衣、苔藓和蕨类等植物和藻类普遍存在的繁殖方式。而有性生殖则是植物依赖于花的结构，通过产生雌雄两性配子——卵和精子，通过两性细胞的结合形成合子或受精卵发育长成新个体的繁殖方式。

二、被子植物的营养繁殖

被子植物的营养繁殖是指植物的营养器官（根、茎、叶）的某一部分，从母体分离后，能够发育成一个新的独立植株。这种繁殖方式的实现，得益于脱离母体的器官拥有再生能力，能够从分离的部分发育出不定根和不定芽，最终形成新的独立植株。在农业生产实践中，为了保持植物的优秀品系或培育新品种，人们经常运用各种人工营养繁殖技术。对于那些无法产生有效种子或开花机会极少的植物，例如香蕉、无花果、柳树和竹子等，营养繁殖通常是关键的繁殖途径。

被子植物的营养繁殖主要分为自然营养繁殖和人工营养繁殖两种形式。自然营养繁殖发生时，植物在自然环境中无需外力帮助即可生成新的植株。而人工营养繁殖则需要人们采用不同的技术手段来促进植物的繁殖，目的是增加植物个体数量、改善品种或保持特定的优良性状。这种人为辅助的繁殖方法广泛使用在农业、林业和园艺等领域。

（一）自然营养繁殖

主要依靠自然营养繁殖的植物，其有性生殖器官可能会退化并失去功能，它们通常依赖于特化的营养器官，如块根、鳞茎、球茎、块茎和根状茎等进行繁殖。营养繁殖不仅是一种有效的繁殖手段，还能够解决种子萌发能力弱和寿命短的问题，或是避免种子繁殖时幼年时期较长，从而加速开花和结果的过程。

例如，大蒜、百合、洋葱和水仙通过鳞茎繁殖；马铃薯则通过块茎繁殖；慈姑和荸荠通过球茎繁殖；草莓和狗牙根等植物的匍匐茎在与土壤接触时会长出不定根，并且顶芽能够发育成新的植株；竹子、莲藕和姜等通过地下茎繁殖；甘薯和大丽菊通过块根繁殖；而落地生根则通过叶繁殖。

（二）人工营养繁殖

在现代农业实践中，人类已经有效地利用植物的营养繁殖属性，采用一系列技术手段以加速植物繁殖、改善品种质量以及维护优良性状。常见的营养繁殖方法包括分离、扦插、压条和嫁接等。

分离繁殖：是将植物体的根状茎、根蘖和匍匐茎等器官生长出的新植株进行人工分割，随后将它们从母体分离并移植到适宜的生长环境中，以便它们能够继续发育。例如，牡丹、芍药等植物是通过根蘖苗进行繁殖的。

扦插：也称插条，是剪取一段带有1～2个芽的枝条、一段根或一片叶片，并将其插入湿润的土壤或其他排水良好的培养基中。经过一段时间，插入的枝段、根段的切口处或叶片上会形成愈伤组织，随后愈伤组织会长出不定根，原有的芽体或新长成的不定芽将发展成为新的个体。一般而言，主要采用植物的枝条进行扦插，然而，某些植物也能够通过根插的方式进行繁殖，例如蔷薇、苹果和合欢树等。此外，还有一些植物可以通过叶插来繁殖，例如秋海棠和柠檬等植物。

压条（layering）：压条是将未脱离母体的枝条压入土内或在空中包以湿润材料，待生根后把枝条切离母体，成为独立新植株的一种繁殖方法。和扦插不同的是，压条技术是在新植株发育出不定根之后，再从母体植物上切离并独立移植，可以大大提高植株的存活率。该技术特别适用于那些生根过程较为缓慢的植物。比如，葡萄、玉兰、连翘和茶等植物常用该方法进行人工繁殖。

嫁接（grafting）：嫁接是将一种植物的枝条或芽（接穗）连接到另一种带根的植物（砧木）上，使两者紧密地结合在一起，共同生长。嫁接成功的关键是接穗和砧木的形成层细胞紧密贴合在一起，由于形成层的细胞具有分裂能力，能够产生韧皮部和木质部，进而形成筛管和导管，使得两株植物的维管束组织结合成统一的整体。这样的连接确保了水分和无机盐可以从根部向上输送，同时光合作用产生的有机物质也可以从上部向下输送到根部。通过这种方式，嫁接后的植物能够存活并维持正常的生理活动。这种方法适用于柑橘、葡萄、苹果和梨等多种植物。嫁接包括根接、枝节和芽接三种方法。

嫁接在我国历史悠久。在古代，我国就有“连理枝”的说法。唐代诗人白居易在《长恨歌》中写道“在天愿作比翼鸟，在地愿为连理枝”，揭示了人们对于自然界中某种现象的早期认知，即最初所谓的“嫁接”实际上是自然界中的一种自发现象。可能是由于两棵树木彼此非常接近，通过相互的摩擦和碰撞造成伤口，随后这些伤口部位相互愈合，最终长在一起，形成了连理枝。在《周礼·考工记序》中，记载了“橘逾淮而北为枳……此地气然也。”的观点，这反映了古代人们已经懂得利用嫁接技术，以橘树作为接穗，枳树作为砧木，通过这种技术手段来提升橘树苗的抗寒性和适应贫瘠土壤的能力，这是一个典型的嫁接应用实例。此外，在古籍《尔雅·释木》中有“休，无实李。痤，椄虑李。驳，赤李。”的描述，实际上就是对嫁接技术的记载。讲的是用无核李作为“砧木”，使用麦李为“接穗”，得到赤李。在西汉《氾胜之书》中，详细记载了一项关于瓠苗嫁接的技艺：“候水尽，即下瓠子十颗；复以前粪覆之。既生，长二尺余，便总聚十茎一处，以布缠之五寸许，复用泥泥之。不过数日，缠处便合为一茎。留强者，余悉掐去。引蔓结子。子外之条，亦掐去之，勿令蔓延。”这段文字详尽描述了将10株瓠苗通过嫁接技术合而为一，最终培育出硕大的瓠果的过程。在北魏时期的《齐民要术》中，对果树嫁接的技术细节进行了详尽的阐述，包括砧木和接穗的选择、嫁接的最佳时期，以及如何确保嫁接成功和嫁接效果的影响等方面。到了唐宋时期，果树嫁接的应用范围扩大至多种果树，并且花卉嫁接技术也开始流行，涵盖了牡丹、芍药、梅、菊、石榴和木犀等多种植物，嫁接技术因此获得了显著的发展和创新。

一些学者推测，嫁接技术可能起源于中国，随后通过小亚细亚传播到欧洲的希腊和罗马，最终扩散到全球，但这些说法缺乏确凿的历史证据。在中国，传统的嫁接方法主要是枝接，而日本的芽接技术则较早得到应用，因此推测芽接可能是在明清时期海禁政策放宽后从日本传入中国的。在西方，嫁接技术在古希腊时期就已经被亚里士多德和古罗马时期的普利尼等学者先后探讨，并在罗马帝国时期广泛流行。从中西方古代嫁接技术的起源和发展来看，中国的嫁接技术似乎更早且更为先进。进入现代，嫁接技术融合了中西特色，并不断进步，以满足商业化生产的需求。20世纪以来，随着塑料薄膜和蜡封接穗技术的应用，以及栽培管理条件的提升，嫁接技术的应用方式、范围和效率都得到了显著提升和扩展，从果树、观赏植物、经济林木到瓜类蔬菜、药用植物和其他经济作物都有应用。许多原本通过播种繁殖的苗木也开始使用嫁接繁殖来培育优良品种，推动了嫁接技术在商业化繁殖生产中的大规模应用。

（三）有性生殖

有性生殖涉及两性生殖细胞（配子）的结合，以此实现生物的繁衍，这是一种进化的繁殖方式。当两个配子结合时，它们合并为一个全新的细胞——合子，在适宜的环境下，合子会进一步发育成为新的个体。

这些配子可能来自两个个体，它们生长于不同的环境，或者是同一生物体不同部位的产物。因此，配子可能携带不同的遗传信息，结合后形成的合子及其发育成的新个体，将继承双亲的遗传特性，使得新个体具有更强的生存能力和更广泛的适应性。

在被子植物中，有性生殖过程主要集中在花的结构中。从精子和卵细胞的形成，到配子的相遇和结合（传粉和受精），再到合子的形成，以及合子最终发育成幼苗，这一系列的过程都是在花的结构内完成的。

第二节　花

一、花的概念

种子植物的繁殖和繁殖器官——花

种子植物的生命周期从种子发芽开始，随后不断地生长与发育。在营养生长的基础上，植物在特定时期，在光照、温度等环境因素以及激素的共同作用下，进入生殖生长阶段。此时，植物茎段的部分或全部分生组织转而形成花或花序的原基，而非叶或侧芽的原基。

种子植物从营养生长向生殖生长的转变，标志着其个体发育中的一次显著变化，这一过程涉及复杂的生理和生化反应。转变初期，茎尖生长点的表层细胞开始快速分裂，而生长点中部的细胞分裂减慢，细胞体积增大，并出现大液泡。这些表层细胞中不积累淀粉，但富含蛋白质和RNA，表明花的分化与DNA-RNA-蛋白质的活化紧密相关。随后，表层细胞形成数轮突起，这些突起最终发育成花的各个部分。

花作为被子植物的特有结构，实际上是一个高度特化的短枝，其主要功能是生殖。在这个器官中，形成了生殖所需的大小孢子以及雌雄配子，并且能够进一步发育成果实和种子。因此，花可以被视为果实和种子的前体器官。花、果实和种子虽然构成一个统一体，但它们在出现的时间顺序、发育过程和结构特点上各不相同。

尽管与植物的其他部分如种子、果实、根、茎和叶相比，花在食用价值上较为有限，但它们仍是重要的食物和香料来源。例如，西兰花、花椰菜和洋蓟等都是常见的花菜类蔬菜，而番红花的柱头则是世界上最昂贵的香料之一。丁香和续随子也可用于提取香料。另外，金银花、菊花和红花等具有重要的药用价值，在医药方面具有广泛的用途。

二、花的基本结构

一朵完整的花由五个主要部分构成：花柄（花梗）、花托、花被（包括花萼和花冠）、雄蕊群和雌蕊群（图6-1）。如果这五个部分都齐全，则称为完全花；如果缺少其中一个或几个部分，则称为不完全花。花柄和花托实际上是花这个特化短枝的“枝”部分，而花萼、花冠、雄蕊群和雌蕊群则是这个“枝”上的不育变态叶和可育变态叶。

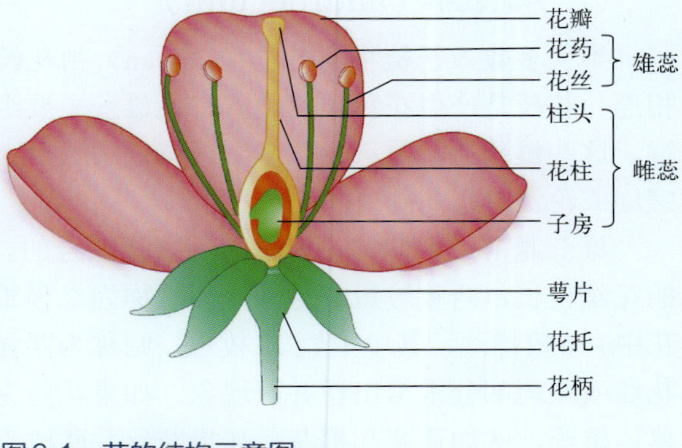

图6-1　花的结构示意图

（一）花柄（pedicel）和花托（receptacle）

花柄也称为花梗，是着生花的小枝，可以把花展布在枝条的显著位置上；同时，也是花朵和茎相连的短柄。花托位于花柄或小梗的顶端，通常呈现出轻微的膨胀形态，花朵的其余部分按照特定的顺序排列在其表面。

（二）花被（perianth）

花的外围结构，即花被，位于花托的外侧或边缘，它包括花萼（calyx）和花冠（corolla）两个部分。花被通常由薄片状的瓣片构成，主要功能是保护花的内部结构。在某些花朵中，花被还参与了花粉的传播过程。在许多植物的花朵中，花萼和花冠都存在，这种花被称为重被花。然而，有些植物的花朵仅具有单一轮的花被，通常只有花萼而没有花冠，这样的花被称为单被花。比如大麻、荞麦等。另外，还有一些植物的花朵完全没有花被，这类花被称为无被花。例如杨、柳等。

花萼：花萼是由若干萼片所组成的绿色叶状薄片。这些萼片在结构上与叶片相似，含有大量的绿色薄壁细胞，但不具备叶片的栅栏组织和海绵组织。某些植物的花萼较大且色彩丰富，看起来像花瓣，这样的花萼有助于吸引昆虫进行传粉，例如飞燕草。在棉花中，除了花萼之外，花朵外面还有一圈绿色的瓣片，称为副萼。

萼片可以独立分开，这种称为离生萼，例如油菜和桃；也可以相互连接形成筒状，这种称为合生萼，例如樱花。萼片的大小可以一致也可以不一致，分别被称为整齐萼和不整齐萼。有些萼片在花冠之前脱落，称为早落萼，例如罂粟；有些与花冠同时脱落，称为落萼，例如油菜和桃；还有些花萼会留在花柄上，随着果实的发育而继续存在，称为宿萼，例如茄、柿、番茄和辣椒等。此外，有些植物的花萼边缘会延伸出一个小管状的突起，称为距，例如凤仙花和旱金莲。

花冠：花冠位于花萼之上或内部，由多个花瓣构成，通常含有花青素或有色体，由于各种色素的比例和种类不同，展现出不同的艳丽色彩。花冠的形状多种多样，这取决于花瓣的形状、大小以及它们是分离还是联合。例如，有些花冠呈十字形，如油菜；有些呈蝴蝶形，如豌豆；有些呈漏斗形，如牵牛花；有些呈钟形，如风铃草；有些呈管形，如马兜铃；有些呈唇形，如野芝麻；还有些呈舌形，如菊花等。

在花蕾阶段，花冠的各瓣片会根据植物种类的不同而以各种形式卷叠，形成独特的结构。

（三）雄蕊群（androecium）

绝大多数被子植物的雄蕊（stamen）由花丝和花药两部分组成。花丝细长，顶端与花药相连。花药是产生花粉粒的地方，是雄蕊主要组成部分。一朵花中所有雄蕊的集合称为雄蕊群，这些雄蕊的数量可以是多个或特定的数目，它们位于花被的内侧或上方，在花托上按照螺旋或轮状的方式排列。

雄蕊通常是独立的，但也有一些是联合的。在一朵花中，如果存在4枚雄蕊，其中两枚的花丝较长，两枚较短，这种排列被称为二强雄蕊，见于唇形科和玄参科的植物；如果一朵花中有6枚雄蕊，其中4枚长2枚短，则称为四强雄蕊，如十字花科的植物。此外，雄蕊中的花丝或花药部分常常出现并联现象。如果花药完全分离，而花丝联合成一束，这种结构称为单体雄蕊，例如蜀葵和棉花；如果花丝并联成为两束，则称为二体雄蕊，如蚕豆和豌豆；如果花丝合为3束，则称为三体雄蕊，如连翘；如果合为4束以上，则称为多体雄蕊，如金丝桃和蓖麻。相反，如果花丝完全分离，而花药相互联合，这种结构称为聚药雄蕊，见于菊科和葫芦科的植物。

（四）雌蕊群（gynoecium）

雌蕊群指的是一朵花中所有雌蕊的集合，它们通常位于花的中心或花托的顶部。每一个雌蕊包括柱头、花柱和子房这三个部分。雌蕊的基本构成单位是心皮（carpel），这是一种具有生殖功能的变态叶。心皮向内卷曲，使得靠近轴线的一面（也称为腹面）紧密闭合，心皮边缘连接的部位称为腹缝线，而心皮的背部连接处则称为背缝线。在具有复雌蕊或合生心皮的雌蕊中，腹缝线和背缝线的数量与心皮的数量一致。心皮卷曲形成雌蕊后，其顶端形成柱头，中间部分为花柱，底部则为子房（图6-2）。

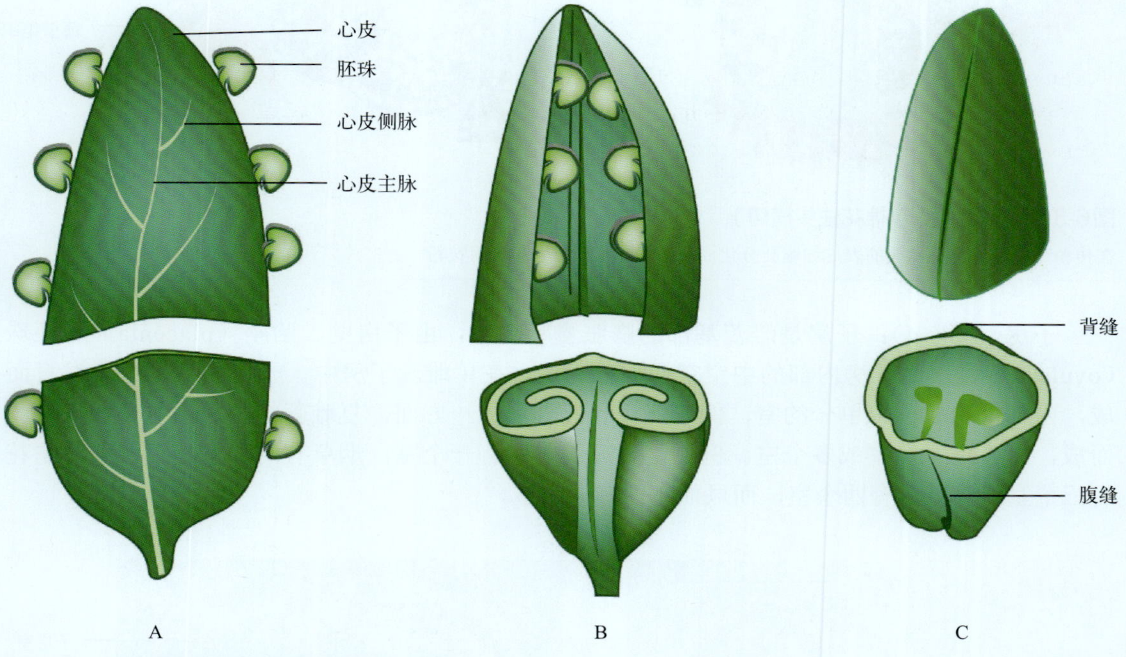

图6-2　心皮愈合形成雌蕊过程示意图

A、B、C代表由一个心皮逐步内卷，边缘愈合的过程

柱头：雌蕊的顶部是柱头，负责接收花粉。柱头通常呈现为球状、圆盘状或分叉的羽状结构，并常常带有乳头状的突起或短毛，这些特征有助于柱头更好地接收花粉。某些柱头表面会分泌黏液，这种湿性柱头有利于花粉的附着和萌发。而另一些柱头则不会产生分泌物，属于干性柱头，但它们表面的亲水蛋白质膜能够黏附花粉，并帮助花粉获取萌发所需的水分。

花柱：是位于柱头和子房之间的结构，它的作用是连接这两部分，并作为花粉管通往子房的通道。花柱的长度依据植物的种类有所差异，例如，玉米的花柱可以长达40cm，而水稻和小麦等植物则没有明显的花柱结构。当花粉管沿着花柱生长并伸向子房时，花柱能为其提供营养和某些趋化物质。

授粉完成后，子房会继续发育成果实。在这个过程中，柱头（图6-3）和花柱会逐渐枯萎并最终脱落。

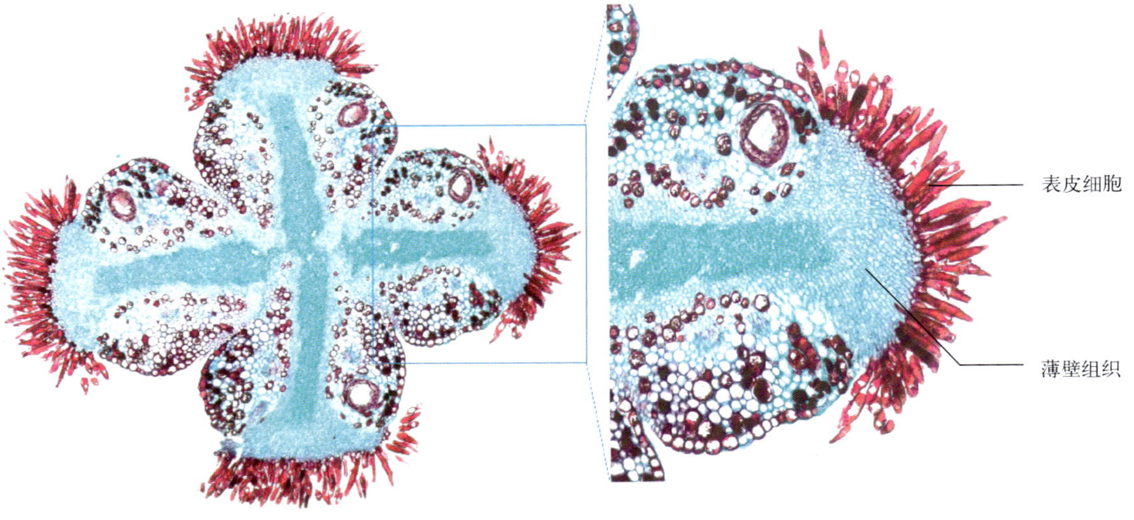

图6-3　柱头结构（示棉花柱头横切）

在传粉过程中，棉花柱头的表皮细胞会分化成绒毛状，从而更容易吸附花粉

子房（图6-4）：子房是雌蕊基部的膨胀囊状构造，由子房壁、胎座（placenta）和胚珠（ovule）组成，而子房内部的中空空间被称为室。在单雌蕊子房中，子房由一个心皮发育而成，内部仅构成一个单一的室，例如豌豆和牡丹。另一方面，复雌蕊的子房由多个心皮融合而成，可以是一个室或多个室。例如，黄瓜的子房有一个室，烟草有两个室，百合和牵牛花有三个室，月见草有四个室，而凤仙花则有五个室。

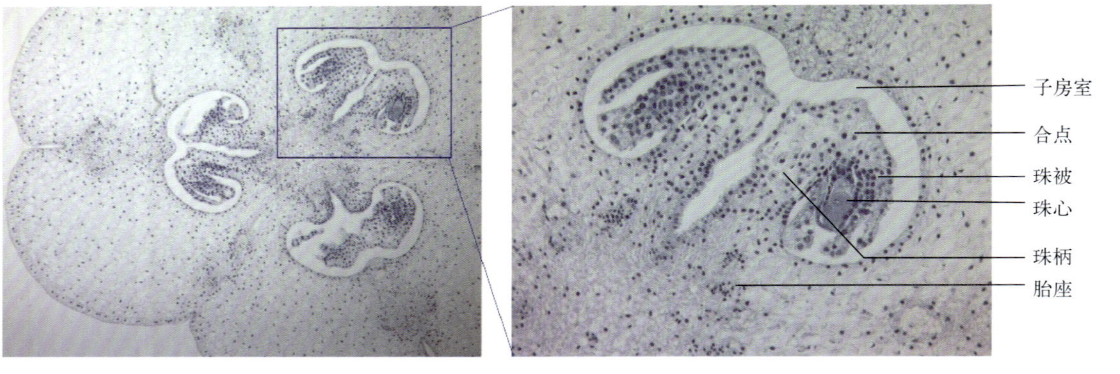

图6-4　百合子房横切（示胚珠结构）

在子房中，子房壁是角质化的表皮和许多薄壁细胞及维管束等共同构成的结构。胚珠是子房内的一种卵形结构，它起源于心皮内侧特定区域的细胞，这些细胞通过迅速分裂和生长形成突起。不同植物种类中，子房内的胚珠数量不同，通常为一至多个。胚珠通常位于子房

的腹缝侧或中轴上，由珠心、珠被和珠柄构成。其中，珠心是胚珠最关键的部分，位于珠被内部的薄壁组织中，负责产生大孢子，这些大孢子进一步发育成胚囊；珠被是覆盖珠心的组织，某些植物具有外珠被和内珠被两层结构。珠被前端未完全闭合形成的小孔是珠孔；珠柄是胚珠基部与胎座相连的细小结构，通过它，维管束为胚珠提供营养；珠被、珠心和珠柄相互连接的区域称为合点。

胚珠或种子着生的子房壁部分即是胎座。由于心皮的数量和它们之间的连接方式各不相同，胎座呈现出多种形态：在单室子房中，胚珠沿着心皮的腹缝线纵向排列，形成边缘胎座，例如豌豆和蚕豆；在一室复子房中，胚珠沿着相邻心皮的腹缝线排列，形成多个纵行，称为侧膜胎座，如黄瓜；若子房分隔为多个室，胚珠则位于每个室的内角，围绕中轴排列，形成中轴胎座，例如水仙和百合。此外，有些植物的胚珠着生在子房底部，如向日葵，这称为基生胎座；还有一些植物的胚珠着生在子房顶部并悬挂在室内，称为顶生胎座或悬垂胎座，如桑。在具有多个子房的情况下，如果胚珠着生在隔膜的不同面上，则称为片状胎座，例如芡。

有些植物，一朵花中的雌蕊只由一个心皮构成，称为单雌蕊，如蚕豆、大豆。较多植物由多心皮构成，彼此分离，所形成的雌蕊也分离，称为离生雌蕊，如莲、草莓和玉兰。多数被子植物几个心皮相互连接成一个雌蕊，属复雌蕊，称合生雌蕊。合生雌蕊各部分的联合情况不同，有子房、柱头和花柱全部联合的，也有子房和花柱联合而柱头分离的，还有只是子房联合而柱头、花柱彼此分离的。

三、花程式和花图式

为了简单地说明一朵花的结构，花各部分的组成、排列位置和相互关系，可以用一个公式或图案把一朵花的各部分表示出来，前者称为花程式，后者称为花图式。

（一）花程式

用以表示花各部分的代号，一般是每一轮花部拉丁名词的第一个字母。一般情况下，用K代表花萼（calyx），C代表花冠（corolla），A代表雄蕊群（androecium），G代表雌蕊群（gynoecium）。如果花萼、花冠不能区分，可用P代表花被（perianth）。每一字母的右下角可以记上一个数字来表示各轮的实际数目。如果缺少某一轮，可记下“0”，如果数目极多，可用“∞”表示。如果某一部分的各单位互相联合，可在数字外加上“（）”的符号。如果某一部分不止一轮，而有两轮或三轮，可在各轮的数字间加上“+”号。子房位置也可在公式中表示出来，如果是子房上位，可在G字下加上一划；子房下位，则在G字上加上一划；周位子房，则在G字上下各加一划。在G字右下角写上一个数字，可以表示心皮的数目，数字后再加上一个数字，可代表子房的室数，两数字间可用“：”相连。

如果是整齐花，可在公式前加一“*”号，两侧对称花用“↑”表示。♂表示单性雄花，♀表示单性雌花，用雌、雄符号组合表示两性花。

以百合和蚕豆的花程式进行说明：

百合的花程式为：

$$*P_{3+3}A_{3+3}\underline{G}(3:3)$$

花程式表示：百合为整齐花，花被片6，2轮，每轮3片；雄蕊群6枚，2轮排列，各为3枚；雌蕊群3心皮组成，合生，子房3室，上位。

蚕豆的花程式为：

$$\uparrow K_{(5)}C_{1+2+(2)}A_{(9)+1}\underline{G}_{(1:1)}$$

花程式表示：蚕豆花不是整齐花，两侧对称；花萼5片，萼片合生；花冠由5片花瓣组成，旗瓣、翼瓣离生，龙骨瓣2片合生；雄蕊群有雄蕊10枚，其中9枚合生，内轮一枚分离；子房一心皮一室，上位。

（二）花图式

是用花的横剖面简图来表示花各部分的数目、离合情况，以及在花托上的排列位置。花图式也就是花的各部分在垂直于花轴平面所作的投影图。仍以百合和蚕豆的花为例说明（图6-5）。图中花萼、花瓣、雄蕊、雌蕊用不同的颜色和形状表示。

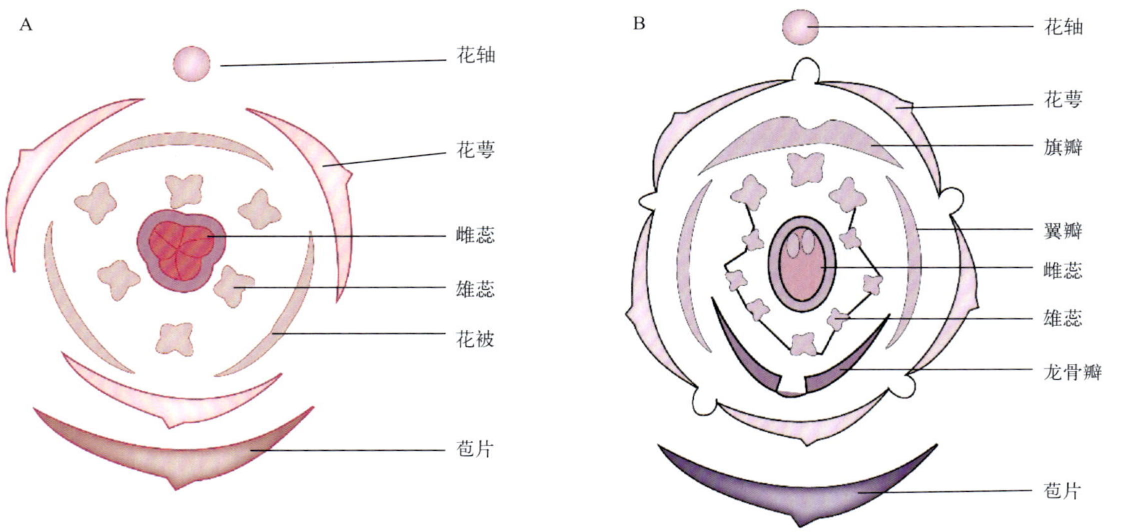

图6-5　百合和蚕豆花图式

A.百合；B.蚕豆

据陆时万等改绘

四、花序

有些被子植物的花，单独一朵出现在茎枝的顶端或叶腋部位，我们称之为单顶花或单生花，例如玉兰、荷花、牡丹和月季等（图6-6）。而多数植物的花朵则会按照一定的顺序，排列在总花柄上，这种有规律的花朵排列方式，我们称之为花序。花序的总花柄或主轴，称为花轴，也有人称之为花序轴。而花柄基部的变形叶称为苞片；花序基部的变形叶，则称之为总苞片。总苞片在花序基部构成了总苞。苞片和总苞片，有些变形明显，有些变形不明显，看起来像叶子一样。

按照在茎上开花的顺序，花序主要分为无限花序和有限花序两大类。

（一）无限花序

无限花序，也被称作总状类花序，其特点是花序的主轴在开花期间可以持续生长，不断向上延伸，并产生新的苞片和花芽，呈现出单轴分枝的形态，因此也被称为单轴花序。其开花顺序是由下向上，由外向内。无限花序可以进一步细分为以下几种类型。

总状花序：总状花序特点是花序轴细长，上面着生着花梗长度相似的两性花，例如油菜、蓝铃花、荷包牡丹和大豆的花序（图6-7）。

图6-6　单顶花示例

上图为牡丹花，下图是藿香叶绿绒蒿

穗状花序：穗状花序的花序轴较长，上面着生着无梗或短梗的两性花，例如车前的花序。

肉穗状花序：花序轴肥厚且肉质化，上面着生无梗的单性花，花序外有总苞，称为佛焰苞，因此也称为佛焰花序，如芋、马蹄莲的花序和玉米的雌花序。

柔荑花序：花序轴细长且柔软，通常下垂，上面着生无梗的单性花，花缺少花冠或花被，开花后会整个花序脱落，如柳树、杨树和栎树的雄花序。

伞房花序：花序轴较短，上面着生着花梗长度不等的两性花，下部的花梗较长，上部的花梗较短，整个花序的花几乎在同一平面上，如梨和苹果的花序。

伞形花序：花序轴缩短，花梗几乎等长，集中在花序轴顶端，呈伞骨状，如韭菜和五加科植物的花序。

图6-7 总状花序植物示例

A.油菜花；B.蓝铃花；C.荷包牡丹；D.达尔文小檗（*Berberis darwinii*）

头状花序：花序上的花无梗，花序轴常膨大为球形、半球形或盘状，基部常有总苞，常称为篮状花序，如向日葵、菊花等（图6-8）；有些头状花序下面无总苞，如喜树；有的花轴不膨大，花集生于顶端，如车轴草的花序。

隐头花序：花序轴顶端膨大，中央部分凹陷呈囊状，内壁着生单性花，花序轴顶端有一孔与外界相通，作为虫媒传粉的通路，如无花果等桑科榕属植物的花序。

以上为简单花序，花序轴不分枝。分枝的花序轴称为复合花序，包括圆锥花序、复穗状花序、复伞形花序、复伞房花序和复头状花序等。

图6-8　头状花序植物示例

A. 苦荬菜；B. 大滨菊

圆锥花序：是总状花序的一种变型，其花序轴分叉，每个分叉形成一个新的总状花序，整体呈现出圆锥形状，也被称为复总状花序，如狗尾草（图6-9 A）、水稻和葡萄的花序。

复穗状花序：复穗状花序是穗状花序的一种变型，每个花序轴的分叉都是一个穗状花序，整体构成复穗状花序，如大麦和小麦的花序（图6-9 B）。

复伞形花序：由多个小伞形花序组成，呈伞形排列，基部常有总苞，如胡萝卜和芹菜等伞形科植物的花序。

复伞房花序：花序轴上的每个分叉都是一个伞房花序，如石楠和光叶绣线菊的花序。

（二）有限花序

有限花序，也称为聚伞花序，其特点是花序轴的顶花首先开放，限制花序轴的进一步生长。花朵的开放顺序是由上而下、由内向外。有限花序可分为以下几种类型。

单歧聚伞花序：单歧聚伞花序的特点是，顶部的芽形成花后，下方仅有一个侧芽发育成枝条，其顶端也形成花，之后依次形成花序。单歧聚伞花序分为两种类型：一种是侧芽左右交替发育成侧枝和顶花，形成类似蝎尾的二列花序，称为蝎尾状聚伞花序，例如唐菖蒲、黄花菜和萱草的花序；另一种是侧芽只在同一侧依次发育成侧枝和花朵，呈现镰状卷曲，称为螺旋状聚伞花序，例如附地菜、勿忘草的花序。

二歧聚伞花序：二歧聚伞花序的形成过程中，顶芽变成花后，其下方左右两侧的侧芽发育成侧枝和花朵，然后依次形成花序，例如石竹科植物卷耳的花序。

图6-9　狗尾草圆锥花序（A）和小麦复穗状花序（B）

多歧聚伞花序： 多歧聚伞花序的形成是，顶芽变成花后，其下方有三个以上的侧芽发育成侧枝和花朵，再依次形成花序，例如泽漆的花序。

轮伞花序： 轮伞花序是聚伞花序的一种，它着生在成对叶子的腋部，花序轴和花梗非常短，使得花朵呈轮状排列，例如唇形科植物野芝麻、益母草的花序。

第三节　植物繁殖器官的发育

雄蕊与雌蕊是花的生殖结构，直接参与有性繁殖过程。在单核阶段，花粉（即小孢子）和胚囊（即大孢子）的形成，以及雄性配子（精子）和雌性配子（卵细胞）的产生，均由这两种花蕊分别产生。这些生殖结构随后参与受精作用，从而实现花的有性繁殖。

植物的繁殖及繁殖器官——雄蕊的发育

一、雄蕊的发育

雄蕊，亦称为小孢子叶，由花丝和花药两个部分构成。花丝本身与生殖无直接联系，其主要功能是输送养分至花药，支持其发育，并将花药托举至适当位置，以便于传粉。花丝的结构通常相对简单，由外至内分别为角质化的表皮细胞层，可能伴有毛茸和气孔，以及内部的薄壁组织。花丝中央含有由筛管和螺纹导管组成的维管束，延伸至药隔。花药是雄蕊中负责产生花粉的主要结构，在多数被子植物中，花药由四个花粉囊（即小孢子囊）组成，成对地位于药隔的两侧。在少数植物中，花药可能仅含有两个花粉囊，位于药隔的左右两侧。花粉囊被囊壁包围，内部产生大量花粉粒（图6-10）。随着花药的成熟，药隔两侧的花粉囊间的隔壁会破裂，使得两个花粉囊合并成一个药室（图6-11）。成熟的花药通过裂开花粉囊释放花粉，为传粉过程做准备。

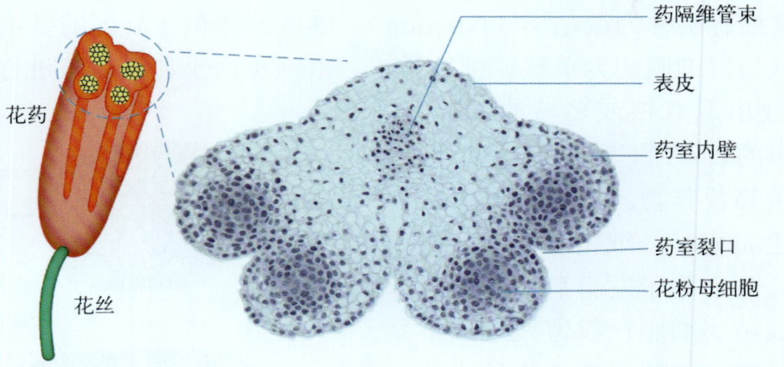

图6-10　百合幼期花药横切

每个花药有4个花粉囊位于花药两侧，中间有药隔将其隔开，药隔中有一个维管束

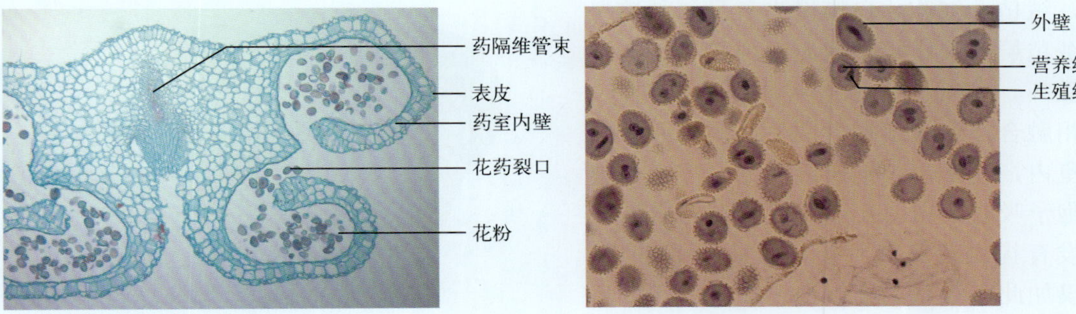

图6-11　百合成熟花药横切

左图为成熟花药中花粉母细胞发育成为花粉，花粉囊壁破裂，成熟花粉粒溢出；右图为花粉囊中成熟花粉粒

（一）花药的发育和小孢子的形成

雄蕊起始于花芽中的雄蕊原基，雄蕊原基的顶端为花药发育的区域。花药发育初期，结构简单，外层为一层原表皮，内侧为一群基本分生组织。不久，由于花药四个角隅处的细胞分裂较快，花药呈四棱形。以后在四棱处的原表皮下面分化出多列体积较大、核亦大、胞质浓、径向壁较长、分裂能力较强的孢原细胞（archesporial cell）。

随后孢原细胞进行一次平周分裂，形成内、外两层。外层细胞称为初生壁细胞（primary wall cell），以后经过一系列的变化，与表皮一起构成花粉囊的壁层；里面的一层细胞为造孢细胞（sporogenous cell），是花粉母细胞的前身，后面发育成为花粉粒。

初生壁细胞继续进行一次或数次平周分裂，产生3～5层细胞。外层细胞紧接表皮，细胞体积较大，称为药室内壁（endothecium）。当花药成熟时这层细胞向外半径方向伸展扩大，并在大多数植物种类里，细胞壁的内切向壁和横向壁上发生带状加厚，而外切向壁仍是薄壁。带状加厚一般是积累了纤维素，成熟时略微木质化。这层壁加厚的细胞层又称纤维层，有助于花药的开裂和花粉的散放。

纤维层内的1～3层薄壁细胞称中层（middle layer）。初期的中层细胞内蓄积了大量淀粉或其他贮存物质。在小孢子母细胞进行减数分裂时，中层细胞内的贮存物质减少，细胞变得扁平，并逐渐趋向解体，最终被吸收消失。所以在成熟花药中一般不存在中层。

最内侧的壁细胞层称为绒毡层（tapetum），细胞的体积比外围的壁细胞要大，具有腺细胞的特性。绒毡层细胞初为单核、细胞质浓、液泡少而小，以后核进行分裂，但不伴随新壁的形成，故出现双核或多核的结构。细胞内还含较多的RNA和蛋白质，以及油脂和类胡萝卜素等营养物。当小孢子母细胞减数分裂接近完成时，绒毡层细胞开始出现退化迹象；到小孢子发育后期和出现雄配子阶段，绒毡层细胞已仅留残迹或不复存在。绒毡层细胞的解体按植物种类的不同，可分为两种情况。一种是绒毡层细胞在花粉发育过程中，不断分泌各种物质进入花粉囊，供小孢子发育，直到花粉成熟，绒毡层细胞才自溶消失。另一种情况是绒毡层细胞比较早地出现内壁和径向壁的破坏，各细胞的原生质体逸出细胞外，互相融合，形成多核的原生质团，并移向药室内，充塞于小孢子之间的空隙中，被小孢子吸收利用。由此可见，绒毡层为花粉发育提供营养，对花粉形成至关重要。不仅如此，绒毡层细胞内还能合成和分泌与花粉形成直接有关的酶物质——胼胝质酶。如果绒毡层的功能失常，致使花粉粒不能正常发育，就有可能导致花粉败育，失去生殖作用。

综上可知，随着花药的发育，药壁的结构也在不断地变化（图6-12）。花药成熟时，药壁只留下表皮和纤维层；有的表皮也破损，仅存残迹。

当花粉囊的壁组织进一步发育分化时，造孢组织的细胞也在不断分裂，形成大量花粉母细胞（小孢子母细胞）。小孢子母细胞进一步发育，经过两次连续分裂，产生4个染色体数目减半的花粉细胞，也就是小孢子。

花药发育的一般过程可以总结为图6-13。

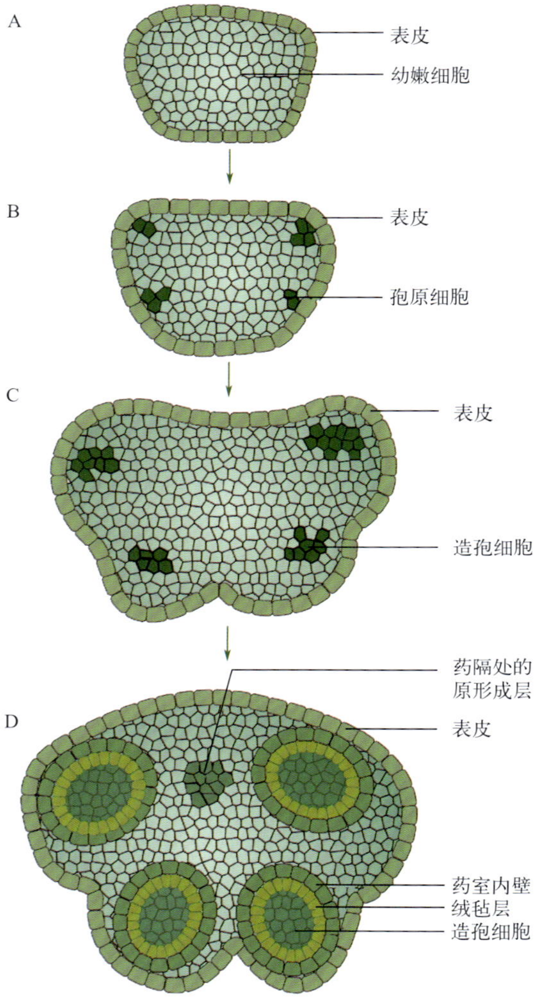

图6-12 小孢子囊的起源和发育

A图显示未分化的花药，花药原始体；B图显示表皮层内部四个角的细胞分裂较快，发育为孢原细胞；C图显示孢原细胞进一步分裂，形成外层的初生壁细胞和内层的造孢细胞；D图显示初生壁细胞进一步平周分裂，形成药室内壁和绒毡层细胞

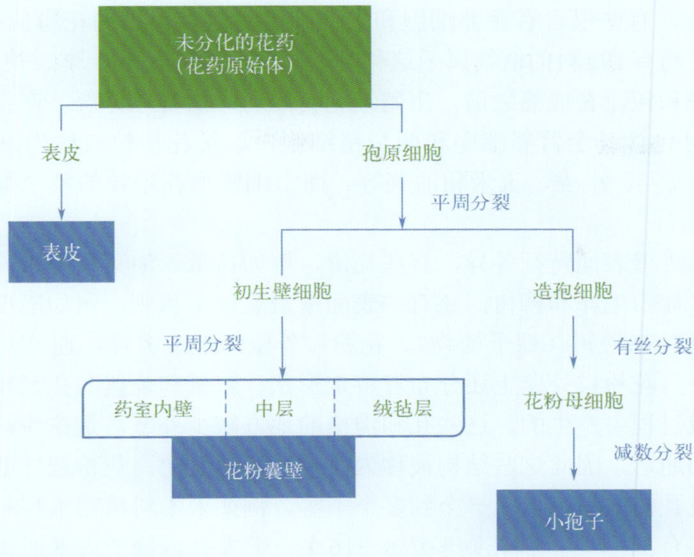

图6-13　花药的发育

雄蕊是花中重要的组成部分之一。在雄蕊的花药中产生花粉母细胞。由花粉母细胞通过减数分裂形成小孢子。小孢子的染色体数目为花粉母细胞染色体数目的一半，为单倍体

（二）花粉粒的发育和形态结构

刚形成的小孢子（即花粉粒）是一个单核的细胞，从四分体分离出来时细胞壁薄，含浓厚的原生质，核位于细胞的中央。这些初生花粉粒通过摄取周围解体的绒毡层细胞的养分，不断地生长发育。随着细胞体积的增加，细胞核逐步偏移至细胞边缘，并发生一次分裂，形成两个细胞：营养细胞（vegetative cell）和生殖细胞（generative cell）。生殖细胞形成之后，其细胞核迅速进入DNA复制阶段，而RNA合成相对较少。最初形成的生殖细胞呈球形，不久后便开始伸长，最终转变为纺锤形，并沉浸在营养细胞的原生质内。营养细胞体积较生殖细胞大，内含有大量的淀粉和脂类等营养物质。这两个细胞在功能上各司其职，营养细胞主要负责花粉管的发育和延长，而生殖细胞则承担着产生两个精子细胞的重任，直接参与生殖过程。

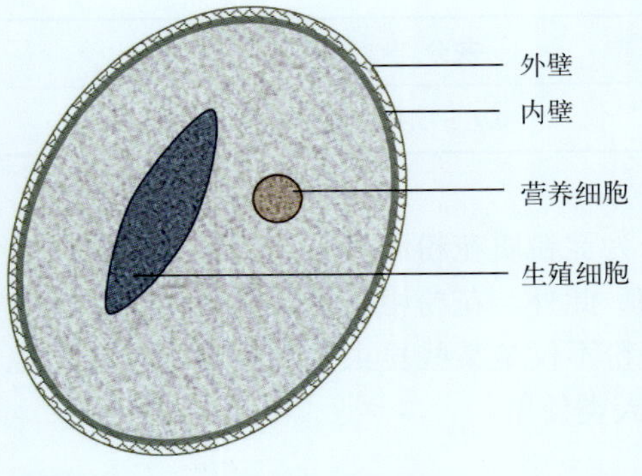

图6-14　花粉粒的结构

花粉粒是一个器官，它由外壁、内壁、营养细胞和生殖细胞共同组成

花粉壁的生成过程在减数分裂结束之后随即展开。首先形成的壁为花粉粒的外壁，随后在内侧逐渐形成内壁，因此，发育成熟的花粉粒（图6-14）由这两层壁结构所包被。外壁（exine）坚固缺乏弹性，含有大量的孢粉素，并吸收了绒毡层细胞解体时生成的类胡萝卜素、类黄酮素和脂类、蛋白质等物质。这些物质在内壁中积累或在其表面形成涂层，使得花粉外壁呈现出特有的色泽和黏性。与之不同，内壁（intine）柔软且富有弹性，由纤维素、果胶、半纤维素和蛋白质等物质构成，它覆盖并保护着花粉细胞的原生质体。

成熟的花粉粒，有些仅含有营养细胞和生殖细胞，这种类型的花粉粒被称为二细胞型。在被子植物中，大约有192科的植物属于这种类型，例如棉花、桃、李、茶、杨树和柑橘等。还有一些植物的花粉粒，在成熟之前，生殖细胞会经历一次有丝分裂，产生两个精子，这样的花粉粒在成熟时包含一个营养细胞和两个精细胞，这类花粉粒被称为三细胞型，大约有115科，如水稻、大麦、小麦、玉米和油菜等。而二细胞型花粉粒的精子细胞则是在花粉管中形成的。

成熟的花粉粒外壁表面特征各异，有些光滑，例如黄瓜、油菜和玉米；有些具有不同形状的突起或花纹，如山毛榉和柳树；还有些表面覆盖着许多棘刺，例如南瓜和蜀葵；甚至有些具有囊状的翅膀，如松树（裸子植物）。花粉粒外壁的形态多样，通常与植物的种类和传粉方式有关。此外，花粉粒外壁上还分布着特定形状、数量和位置的孔洞和沟槽，这些结构是在花粉外壁形成过程中产生的，这些孔和沟槽的地方缺少外壁，是花粉粒在柱头上萌发时花粉管向外生长的通道，因此这些结构被称为萌发孔和萌发沟。花粉粒外壁上的萌发沟数量变化不大，但萌发孔的数量可以从一个到多个不等，例如禾本科植物水稻和小麦通常只有一个萌发孔，而油菜有3～4个，棉花则多达8～16个。萌发孔内侧的内壁通常较厚。花粉粒的形状和大小也有很大的变化，有些是圆球形的，如水稻、小麦、玉米和棉花；有些是椭圆形的，如蚕豆、桑树和李；还有些略呈三角形，如茶；以及其他各种形状。

大多数植物的花粉粒直径范围在15～50μm之间。例如，水稻的花粉粒直径约为42～43μm，玉米的为77～89μm，而棉花的则达到125～138μm。花粉粒外壁上的突起、棘刺和萌发孔的数量，以及沟槽的位置，在不同植物种类中展现出极大的多样性和复杂性。每种植物的花粉粒通常具有特定的形态特征，这可以作为鉴定植物种类的一个依据。花粉外壁的孢粉素具有抗分解的能力，因此在不同的地层或泥炭积层中，可以找到古代植物遗留下的花粉。通过分析这些花粉的特征，可以推断出当时生长的植物种类及其分布情况。目前，利用花粉特征来鉴定植物种类、研究植物亲缘关系和地理分布的方法已经发展成一门专门的学科，即孢粉学（palynology）。

对成熟的花粉进行营养成分分析发现，它们主要由表6-1所列的成分构成，这些成分的含量随植物种类而异。

表6-1　花粉粒各营养成分含量（%）

蛋白质	糖类	脂肪	灰分	水分
7.0～26.0	24.0～48.0	0.9～14.5	0.9～5.4	7.0～16.0

花粉通常根据其含有的淀粉或脂肪含量的不同分为淀粉质花粉和脂肪质花粉。淀粉质花粉常见于风媒植物，而脂肪质花粉则多见于虫媒植物。此外，花粉中富含多种维生素，尤其是B族维生素，而脂溶性维生素相对较少。因此，花粉不仅是某些昆虫的食物来源，人们也在研究和利用花粉，将其制成具有滋补作用的药品供人类使用。

（三）花粉败育和雄性不育

当花药成熟时，通常能够释放出正常发育的花粉粒。然而，由于内在和外界因素的复杂影响，有时释放的花粉并未经历完整的发育过程，无法承担繁殖功能，这种现象被称为花粉败育（abortion）。花粉败育的成因多种多样，例如，花粉母细胞可能未能顺利进行减数分裂，导致细胞相互黏结形成细胞质团块，或是出现多极纺锤体或多核仁连接的情况；有时产生的四个孢子大小不一，无法形成健全的花粉。另一种情况是，花粉在减数分裂后停滞于单核或双核阶段，未能生成精子细胞。营养不足也可能导致花粉无法完全发育。此外，绒毡层细胞的功能异常，如未能按预期解体而是在花粉形成过程中继续分裂并增大体积，也会导致花粉败育。这些异常现象的发生通常与不良的环境条件有关，如温度过低或严重干旱等。

此外，有些植物由于内在的生理或遗传因素，在正常的自然环境下，会出现花药或花粉无法正常发育的情况，可能出现畸形或完全退化，这种现象被称为雄性不育（male sterility）。在雄性不育的植物中，雌蕊仍然可以正常发育。雄性不育的植株表现出三种主要类型：一是花药退化，花药完全干枯，仅留下花丝部分；二是花药内不产生花粉；三是产生的花粉败育。在利用杂种优势的育种工作中，雄性不育的植物可以作为一个有用的特性，因为在杂交时可以省去人工去雄的步骤，从而节省大量劳动力。在农业上，也常常使用化学物质来诱导雄性不育，这被称为化学去雄，或者采取其他方法来实现这一目标。常用的去雄剂包括2,4-D、萘乙酸、秋水仙素、赤霉素和乙烯利等。

二、雌蕊的发育

植物的繁殖及繁殖器官——雌蕊的发育

雌蕊的子房内有胚珠着生。一个成熟的胚珠由珠心、珠被、合点、珠孔和珠柄构成。其中珠心将产生一个胚囊细胞，也就是大孢子，随后，经过细胞分裂产生7细胞（八核）结构的成熟胚囊。卵细胞就是在胚囊里面产生的。

（一）胚珠的发育

首先胎座的部分细胞进行分裂，产生突起，形成胚珠原基。胚珠原基前端成为珠心，后端分化出珠柄。此后，在珠心基部发生环状突起，逐渐向前扩展并包围珠心，形成珠被。珠被形成过程中，在珠心最前端的地方留下一条未愈合的孔道，称为珠孔。与珠孔相对的一端，珠心、珠被和珠柄愈合的部分称为合点。心皮的维管束分支由珠柄进入胚珠，最后到达合点。

多数植物的珠心周围由两层珠被包围，内层称为内珠被，外层称为外珠被，如小麦、水稻、油菜、棉花和百合等。有些植物的珠被只有一层，比如胡桃、向日葵等植物。

在胚珠的发育过程中，珠柄与其他组织部分之间的生长速率存在显著差异。在植物学领域内，根据胚珠与珠柄之间的相对位置，可以将胚珠的着生方式分为不同的类型。在胚珠的发育过程中，直生胚珠（atropous ovule 或 orthotropus ovule）各部分均衡生长，整个胚珠垂直于珠柄，使得珠孔、珠心、合点和珠柄排列在同一直线上。这种胚珠类型可见于荞麦和胡桃等植物。相反，倒生胚珠（anatropous ovule）则是一侧生长较快，导致胚珠在珠柄上旋转约180°，珠心不弯曲，珠孔位于珠柄基部的一侧，而合点位于相对的另一侧（图6-15）。外珠被通常与珠柄紧贴形成珠脊，这种类型普遍存在于大多数被子植物中，例如稻、麦、百合和棉等。横生胚珠（hemianatropous ovule）则是一侧生长较快的胚珠，在珠柄上旋转约90°，形成珠孔、珠心和合点的连接线与珠柄成近似直角，如锦葵和毛茛的胚珠。弯生胚珠（campylotropous ovule）的特点是下半部生长较均匀，而上半部向生长较慢的一侧弯曲，胚囊也呈现一定程度的弯曲，珠孔向下倾斜朝向珠柄。这种胚珠类型在油菜、蚕豆和扁豆等豆科植物中较为常见。此外，拳卷胚珠（circinotropous ovule）的特征在于胚珠的极端弯曲，常见于仙人掌属和漆树等植物。

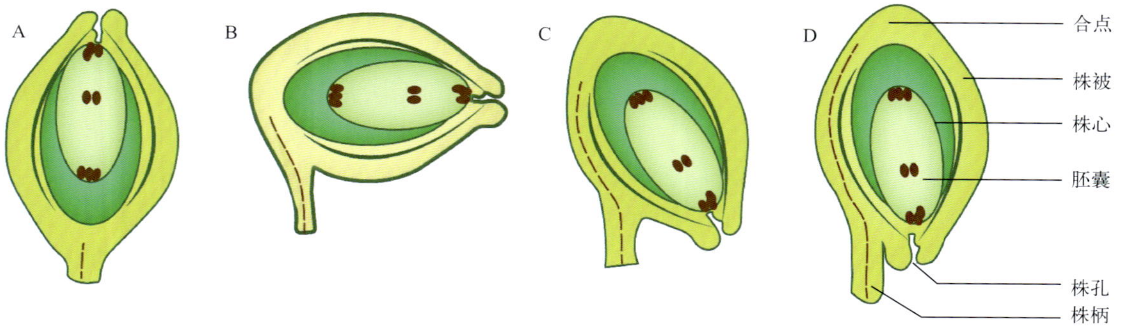

图6-15 胚珠类型示意图

A.直生胚珠；B.横生胚珠；C.弯生胚珠；D.倒生胚珠

大部分植物为倒生胚珠

（二）胚囊的发育

在胚珠的初始发育阶段，珠心表皮层内部会分化出一个特殊的细胞，即孢原细胞。该细胞的特点是体积较大，细胞质密集，且细胞核较为突出。在许多植物中，孢原细胞会直接发育成为大孢子母细胞。然而，在某些植物中，孢原细胞首先经历一次平周分裂，产生一个造孢细胞和一个周缘细胞。随后，周缘细胞通过连续的平周分裂，形成多层的珠心细胞结构，而造孢细胞则继续发育，最终成熟为大孢子母细胞。

在被子植物的胚胎发生中，由于大孢子的形成方式存在差异，相应的胚囊也展现出多种类型。尽管如此，大部分被子植物的胚囊发育模式是相似的，即由一个大孢子母细胞经过三次有丝分裂（单孢型），最终形成一个含有七个细胞（八个核）的成熟胚囊（图6-16），这种模式被称为正常型或蓼型胚囊。大孢子母细胞是发育的起点，作为胚囊的第一个细胞，细胞体积小，细胞质浓，细胞核较大。随着发育的进行，细胞逐渐液泡化，体积也开始增大。当细胞体积增长到一定阶段，进行第一次有丝分裂，产生一个具有两个核的胚囊，这两个核分别移动到胚囊的珠孔端和合点端，而细胞中央则被一个大液泡占据。随后，位于两端的细胞核分别进行第二次和第三次有丝分裂，形成具有四个核和八个核的胚囊。最终，在八核胚囊阶段，八个游离核分布在珠孔端和合点端，每个区域各有四个核，同时胚囊的体积持续增加。随后，胚囊进入细胞分化阶段。在八核胚囊中，两端各有一个游离核向胚囊中部迁移，并在细胞壁形成过程中，融合成一个大的双核细胞，即中央细胞。中央细胞内含两个核，称为极核，其中来自珠孔端的称为上极核，来自合点端的称为下极核。在某些植物中，这两个极核迅速融合，形成一个二倍体的次生核。珠孔端的其余三个核在形成细胞壁后，分化为一个卵细胞和两个助细胞，它们共同构成卵器。同时，合点端的三个核在形成细胞壁后，发育成三个反足细胞。最终，一个具有七个细胞和八个核的

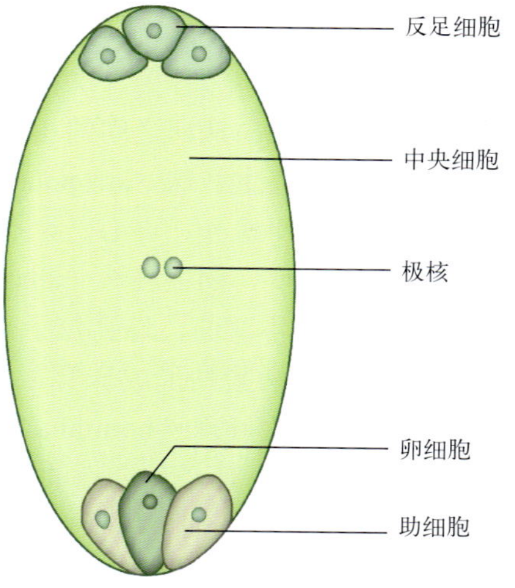

图6-16 胚囊结构示意图

典型的胚囊由七个细胞八个细胞核组成

成熟胚囊便形成了。由于这种胚囊的发育模式最初在蓼科植物中被观察到，因此它被命名为蓼型胚囊。

拟南芥作为模式植物，其胚囊发育过程也遵循蓼型胚囊的模式。在拟南芥胚囊的四个核阶段，珠孔端的两个细胞核会进行迁移，最终定位为一个核在珠孔端，另一个核在合点端。当珠孔端的核进行有丝分裂时，新形成的成膜体或细胞板与胚囊的长轴平行，分裂产生两个助细胞。而在合点端的核进行分裂时，新细胞板则与胚囊的长轴垂直，分裂后形成的两个新核分别位于珠孔端和合点端，珠孔端的核发育成卵细胞，而合点端的核则成为中央细胞的上极核。

百合常作为植物学教学的标本，但其胚囊发育过程与蓼型胚囊不同，属于贝母型胚囊（四孢型）。其发育过程如下：①大孢子母细胞在珠心表皮下分化完成后，经历减数分裂，形成四个大孢子核，但这些核并未被细胞壁分隔，因此它们共存于一个大孢子囊内，最初排列成一条直线。②三个核向合点端移动，而一个核保留在珠孔端。这两组核随后各自进行第一次有丝分裂，产生两个三倍体的游离核，这两个核体积较大，形状不规则；珠孔端的核则进行正常的有丝分裂，形成两个体积较小的单倍体核。减数分裂后形成的四核阶段通常被称为前四核期，而第一次有丝分裂后的四核阶段被称为后四核期。③四个核进行第二次有丝分裂，形成八核胚囊，并最终细胞化，形成一个具有七个细胞和八个核的成熟胚囊，其形态与蓼型胚囊相似。与蓼型胚囊的区别在于，百合胚囊中的反足细胞和下极核为三倍体。

三、开花、传粉与受精

（一）开花（anthesis）

开花、传粉与受精

当雄蕊中的花粉和雌蕊中的胚囊发育成熟，或是两者之一已经成熟，原来由花被紧紧包住的花张开，露出雄蕊和雌蕊，为传粉做准备，这一生物学过程称为开花。

雄蕊的花粉囊通过一定的方式开裂并散出花粉。常见的花粉囊开裂的方式包括纵裂、横裂、孔裂和瓣裂等。散放出来的花粉粒在适宜的温度、湿度条件下，可以保持一定时期的萌发能力。

有些植物的花，比如闭花传粉植物的花苞不张开，就能完成传粉作用，甚至完成受精作用。

（二）传粉（pollination）

成熟花粉从雄蕊花药或小孢子囊中散出后，借助一定的媒介，被传送到同一朵花或另外一朵花的雌蕊柱头上的过程，称为传粉。传粉是植物有性生殖的重要环节，一般情况下，没有传粉，就不可能完成受精作用。

自然界主要存在自花传粉和异花传粉两种传粉方式。

1. 自花传粉

花粉从雄蕊传递到同一朵花的雌蕊柱头上的传粉现象，称为自花传粉。这种传粉方式存在于大麦、小麦、大豆和芝麻等农作物中。

自花传粉植物的特征包括：①两性花，雄蕊通常紧密环绕着雌蕊，使花粉易于落在同一朵花的柱头上；②雄蕊的花粉囊和雌蕊的胚囊必须同时达到成熟；③雌蕊的柱头对自花花粉的萌发和花粉管中雄配子的发育没有生理障碍。

闭花受精是自花传粉的一种特殊形式，它在花开放之前就已经完成了受精作用。比如，在豌豆、落花生等植物中，花粉粒通常在花粉囊内萌发，花粉管穿过花粉囊壁，延伸至柱头以完成受精。因此，从这个角度来看，闭花受精实际上并不涉及传粉过程。

闭花受精作为植物对环境条件的一种适应，能够补偿因不利于开花传粉的环境因素而带来的影响，确保生殖过程的顺利进行。自花传粉和受精对于维持基因型的纯化具有重要意义，从这一角度来看，自花传粉在进化上也具有其独特的意义。

2. 异花传粉

异花传粉是指花粉从一朵花落到另一朵花的柱头上。这一过程在植物界中极为普遍，相较于自花传粉，它代表了一种进化的传粉策略。异花传粉，尤其是跨植株的传粉，促进了遗传多样性的增加，使得后代在生活力和适应性方面表现出优势。因此，在自然选择的过程中，异花传粉成为了多数植物的传粉方式。

异花传粉植物发展出了多种结构和生理上的适应特性，以促进异花传粉并避免自花传粉。例如，一些植物具有单性花，且为雌雄异株；而在两性花中，雌蕊和雄蕊通常不同时成熟。此外，有些植物的雌雄蕊长度不同或位置相异，这阻碍了自花传粉的发生。例如，报春花就具有这样的适应性特征。还有一些植物的花粉即使在自身的柱头上落下，也无法萌发或完成受精所需的发育，从而确保了异花传粉的优先性。比如，苹果、葡萄、荞麦和亚麻等植物。

（三）受精（fertilization）

传粉完成后，花粉便在柱头上萌发成花粉管，管内产生的雄性配子——精子，通过花粉管的伸长，直达胚珠的胚囊内部，与卵细胞和极核相互融合。花内两性配子互相融合的过程，称为受精作用。这一过程包括花粉粒在柱头上的萌发、花粉管在雌蕊组织中的生长、花粉管进入胚珠与胚囊、花粉管中的两个精子分别与卵细胞和中央细胞融合（图6-17）。

1. 花粉粒在柱头上的萌发

当花粉粒抵达柱头后，它们开始吸收周围的水分，随着水分的吸收，花粉粒的呼吸作用和蛋白质合成能力显著增强，花粉粒体积膨胀，高尔基体活跃度提升，产生大量携带酶和造壁物质的囊泡。这些囊泡沿着细胞质的流动方向移动，并释放出小泡，参与花粉管壁的形成。同时，花粉粒中的营养细胞液泡化增强，细胞内物质积累，内部压力上升，导致花粉粒内壁在萌发孔处突出，形成花粉管（pollen tube），这一过程称为花粉粒的萌发。

不同植物的花粉在柱头上的萌发时间有所差异。有些植物如玉米和橡胶草的花粉会立即萌发，而有些如棉花、小麦和甜菜的花粉则需要几分钟甚至更长时间才开始萌发。若空气湿度过高或气温过低，影响花粉萌发所需的湿度和温度条件，导致萌发受阻。

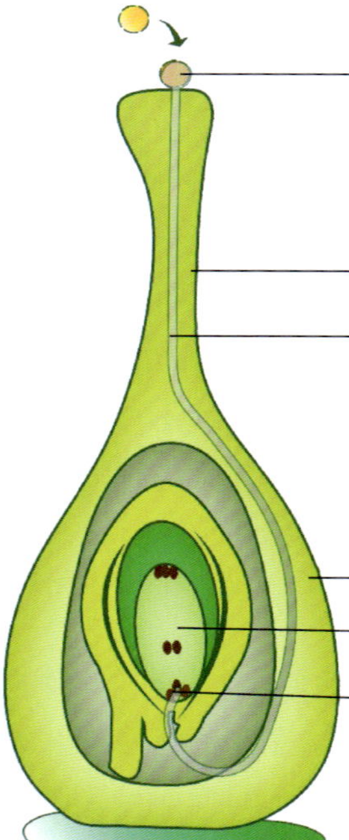

图6-17　受精过程示意图（示株孔受精）

柱头上可能会沉积多种花粉，但并非所有花粉都能成功萌发。无论是同一物种内的花粉（种内）还是不同物种间的花粉（种间），只有当两个亲本的遗传特征相对接近，差异适中，才能进行成功的交配。不亲和的花粉在柱头上可能无法萌发，或者即使萌发，花粉管的生长也会极为缓慢，无法穿透柱头；另外，花粉管在花柱内的延伸可能会受到抑制，导致无法抵达子房。因此，一旦花粉落在柱头上，柱头便会对其进行“识别”和“筛选”，对亲和的花粉“接受”，对不亲和的花粉“排斥”。

决定受精亲和性的因素涉及细胞生物学层面的识别反应。研究表明，这种识别主要依赖于花粉壁及其内部的蛋白质与柱头表面蛋白质膜之间的相互作用。这些特定蛋白质构成了识别亲和与否的分子基础。成熟花粉粒的蛋白质包括外壁蛋白和内壁蛋白。外壁蛋白是由花粉囊壁的绒毡层细胞分泌并在花粉外壁的空腔中储存的，而内壁蛋白则是由花粉粒细胞自身产生并沉积在花粉内壁上，尤其是在萌发孔附近区域。

柱头表面覆盖着一层亲水性蛋白质膜，这层膜不仅能够黏附花粉粒，还具有识别花粉粒的能力。当花粉粒落在柱头上并吸收水分时，外壁蛋白迅速释放，内壁蛋白也通过萌发孔逸出，这两种蛋白在柱头表面相互作用。亲和性花粉能够从柱头吸收水分并开始萌发，而不亲和性花粉则会被“拒绝”，在萌发孔处或在初生的花粉管顶端形成胼胝质塞，从而阻断花粉管的生长。有些情况下，胼胝质物质会在柱头表面的乳突细胞壁层之间产生，以阻止花粉管的穿入。

在自交和杂交育种中，受精不亲和性常常导致不育，这为育种工作带来了挑战。为了克服这一障碍，已经开发了多种技术手段。例如，可以通过混合花粉授粉来提高受精的成功率；在花蕾期进行授粉，以避免柱头的不亲和性反应；在授粉前去除或缩短柱头，以改变花的受精环境；或者采用子房内授粉技术，以及试管受精等方法。这些技术都可以在一定程度上促进受精的成功，从而提高育种效率。

2. 花粉管的生长及受精

具有受精亲和性的花粉，在酶的催化作用下开始萌发，形成花粉管。由于花粉粒的外壁坚硬，包围着内壁四周，只在萌发孔的地方留下伸展余地，所以花粉的原生质体和内壁，在膨胀的情况下，一般向着一个萌发孔突出，形成一个细长的管子，称为花粉管。花粉管有顶端生长的特性，它的生长只限于前端3～5μm处，形成后能继续向下延伸，先穿越柱头，然后经花柱而达子房。同时，花粉粒细胞的内含物全部注入花粉管内，向花粉管顶端集中，如果是三细胞型的花粉粒，营养核和2个精子全部进入花粉管中，而二细胞型的花粉粒在营养核和生殖细胞移入花粉管后，生殖细胞便在花粉管内分裂，形成两个精子。

花粉管从花柱到达子房的过程存在两种情况：一种是花柱内部形成空心的花柱道，花粉管沿着花柱道表面向下生长，最终到达子房；另一种情况是花柱内没有花柱道，而是由特殊的传导组织或普通薄壁细胞填充，花粉管在生长过程中需要酶的作用来溶解这些组织细胞间的果胶质，从而穿过细胞间隙。

在花柱中生长的花粉管不仅利用自身储存的营养物质作为生长和管壁构建的物质，还会吸收花柱组织提供的养分，以支持其生长和管壁的形成。

花粉管在抵达子房后，一种是直接延伸至珠孔，进入胚囊（直生胚珠）；或者是经过弯曲，折入胚珠的珠孔口（倒生或横生胚珠）（图6-17）。这两种情况均属于珠孔受精，是多数植物的典型受精方式。此外，还有花粉管通过胚珠基部的合点进入胚囊，称为合点受精（chalazogamy）。合点受精较为罕见，例如榆树和胡桃的受精过程就是此种受精方式。还有极少数情况下，花粉管会穿过珠被，通过侧道进入胚囊，这种现象称为中部受精（mesogamy），如南瓜的受精过程。无论花粉管采取何种路径，它们最终都能精确地伸往胚珠和胚囊。这一现象可能与雌蕊中的珠孔道、花柱道、引导组织、胎座、子房内壁和助细胞等特定组织中存在的化学物质有关，这些化学物质能够诱导花粉管定向生长。

3. 被子植物的双受精过程及其生物学意义

花粉管在花柱中生长，并最终进入子房，直接抵达胚珠。随后，花粉管穿过珠孔，继续向胚囊延伸。在胚珠中，珠心组织较薄的部分，花粉管可以直接穿过并进入胚囊。然而，当珠心组织较厚时，花粉管需要先穿透这些厚实的组织，才能进入胚囊。

通常情况下，花粉管穿过一个助细胞，并从助细胞的丝状器处进入胚囊。据推测，这种穿过可能是由于低压膨胀导致的压力突然变化，从而使花粉管的末端破裂，并将精子及其他内容物注入胚囊。两个精子中，一个与卵细胞融合，形成受精卵（或称合子，zygote），将发育为胚；另一个精子和两个极核（或次生核）融合，形成受精极核，也称为初生胚乳核（primary endosperm nucleus），进而发育为胚乳。卵细胞和极核同时与两个精子分别完成融合的过程，是被子植物有性生殖的一个独特特征，被称为双受精（double fertilization）。

当精子与卵细胞结合时，精核的染色体会在接近卵核核膜时贴附并断裂，随后形成一个小的核仁。精核和卵核的染色质随后相互混合，而雄核的核仁与雌核的核仁融合，完成受精过程。另一个精子与极核的融合过程与上述精子和卵核的融合基本相似。精子最初呈卷曲带状，随后松开并与极核表面接触，两组染色质和两个核仁合并，完成了整个过程。由于精子和卵的结合比精子和极核的结合更为缓慢，因此精子和次生核的合并完成得较早。

在受精过程中，精子的细胞质是否进入卵细胞，可以分为两种情况：一种是精子的细胞质和核都参与了与卵细胞的融合；另一种是只有精子的核进入卵细胞，而其他部分并未进入。在被子植物中，后一种情况更为普遍，这与大多数被子植物的质体和线粒体都具有母系遗传性的特点是一致的。

在受精之后，胚囊中的反足细胞经历了一段时间的分裂，数量略有增加，这些细胞为胚和胚乳的发育提供了养分。然而，随着胚胎和胚乳的成熟，这些反足细胞最终会完全消失。

被子植物的双受精现象，使得两个单倍体的雌性和雄性配子融合，形成一个具有双倍染色体数的合子，从而恢复了植物的染色体数目。这一过程在传递亲本遗传信息、增强后代个体的生存能力和适应性方面具有显著的生物学意义。精子和卵细胞的融合将父本和母本的遗传差异结合起来，形成具有双重遗传性的合子。由于配子之间的同化作用，后代可能产生新的变异。受精后形成的胚乳是三倍体的，同样具有父本和母本的遗传特性，并作为新一代胚期的养料，为保持和发展这一特性提供了物质基础。因此，双受精在植物的有性生殖过程中，被认为是最为高级和复杂的形式。

4. 无融合生殖及多胚现象

在典型的有性生殖过程中，被子植物的卵细胞与精子融合，形成胚。然而，在某些植物中，即使不经过精卵融合，胚也能直接发育形成，这种现象被称为无融合生殖（apomixis）。无融合生殖可以发生在经过正常减数分裂的胚囊中，也可以发生在未经正常减数分裂的胚囊中，或者在胚囊以外的其他细胞中。

在大多数被子植物中，每个胚珠只产生一个胚囊，且每个胚囊含有一个卵细胞，因此受精后只能形成一个胚。然而，有些植物的种子中会包含两个或更多的胚，这种现象称为多胚现象（polyembryony）。多胚现象的产生可能是由于胚珠中形成了多个胚囊，或者受精卵分裂成多个胚，也可能是无融合生殖的结果。

第四节　种子和果实

受精完成后，胚珠便发育为种子，子房（有时还包括其他结构）发育为果实。种子植物不仅通过种子使本物种的个体数量得到增加，同时也能够抵御干旱、寒冷等不良环境。果实部分除了保护种子外，通常还具有储存营养和辅助种子传播的功能。

植物的繁殖及繁殖器官——种子和果实

植物的种子和果实可以作为食物和工业、医药原料等。供食用的果实和种子的种类极多，日常生活中不可缺少的主粮、副食，如稻米、面粉、瓜果和豆类，绝大部分都是植物的种子和果实部分。种子和果实中所贮藏的淀粉、蛋白质和脂质经过提炼后，可作为食品工业和油脂工业的原料，如供食用的淀粉、椰油、豆油和菜油；供饮料加工用的可可、咖啡；供工业用的棉籽油、蓖麻油、桐油、乌柏油和乌柏蜡等。供医药用的果实和种子种类也不少，如蓖麻、巴豆、石榴和木瓜等。

一、种子的形成

（一）种子的结构

种子是种子植物特有的繁殖结构，源自胚珠的发育，包括三个主要部分：胚、胚乳和种皮（图6-18）。

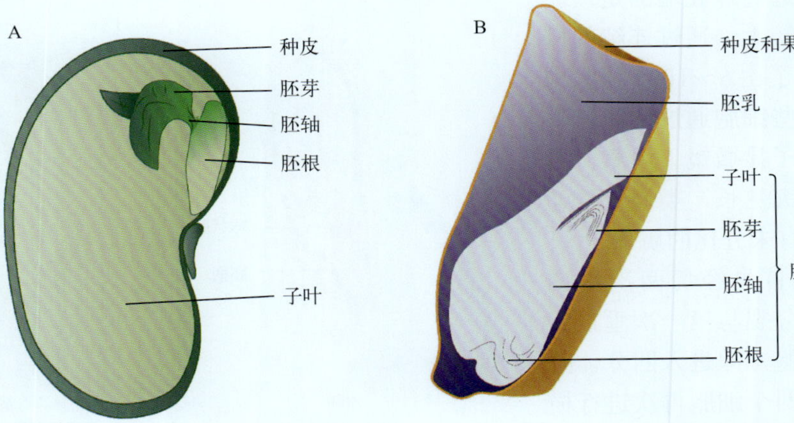

图6-18　种子结构

A.菜豆种子；B.玉米种子

胚是幼小植物体的基础，由胚芽、子叶、胚轴和胚根组成。其中，胚芽是植物生长点的来源，而子叶（在禾本科植物中被称为盾片）则是营养吸收和储存的重要部位。胚轴连接着子叶和胚根，是植物生长的支撑结构。胚根则是植物根系的起始点，为植物提供养分和水分。

胚乳是种子中的重要组成部分，富含蛋白质、糖类和脂类等贮藏物质，同时也含有无机盐和维生素等营养物质。这些物质为种子在萌发过程中提供能量和营养，帮助幼苗顺利生长。

种皮是种子外层的保护结构，能够抵御外界环境的压力和伤害，保护胚乳和胚免受损害。

根据种子胚乳的有无，种子可以分为胚乳种子和无胚乳种子。胚乳种子包括玉米、小麦等，它们在种子成熟前，营养物质会转移到子叶中。而无胚乳种子则包括花生、豆类和瓜类等，它们在种子成熟时，营养物质主要储存在子叶中。

裸子植物的胚珠由于缺乏外层的包被，在种子发育过程中保持裸露状态。相对地，被子植物的胚珠则被子房所包裹，受精后的卵细胞会促使子房发育成果实，而胚珠也随之发育为种子，这些种子因此被果实所包被。种子是否具有包被是裸子植物和被子植物两大类群之间的重要区别之一。

（二）种子的形成

种子的胚、胚乳和种皮分别由受精卵、受精极核和珠被发育而来。在种子的形成过程中，大多数植物的珠心结构被吸收利用，最后消失，少数植物的珠心发育成外胚乳。尽管植物种子的大小、形态及内部结构存在差异，但它们却有相似的发育过程。

1. 胚的发育

胚是由卵和精子受精后的合子发育而来的，这个合子就是胚的第一个细胞。受精后，卵细胞会形成一层由纤维素构成的细胞壁，并进入休眠状态。休眠时间的长短因植物种类而异。例如，水稻在受精后大约4～6h就开始第一次合子分裂；小麦需要16～18h；棉花需要2～3d；而茶和秋水仙则需要数月之久。之后，合子经过连续的分裂过程，逐渐成长为种子内的胚胎。通常情况下，胚胎的形成要晚于胚乳的发育。

（1）双子叶植物胚的发育（以荠菜为例）（图6-19）

受精卵在短暂的休眠之后，通过不均匀的横向分裂形成了两个细胞，其中靠近珠孔端的是基细胞，而远离珠孔端的是顶端细胞。基细胞较大，通过连续的横向分裂，产生了由6～10个细胞构成的胚柄，这些细胞通过胞间连丝相互连接。电子显微镜下观察，胚柄细胞的壁内突生长，类似于传递细胞，内部含有未分化的质体。

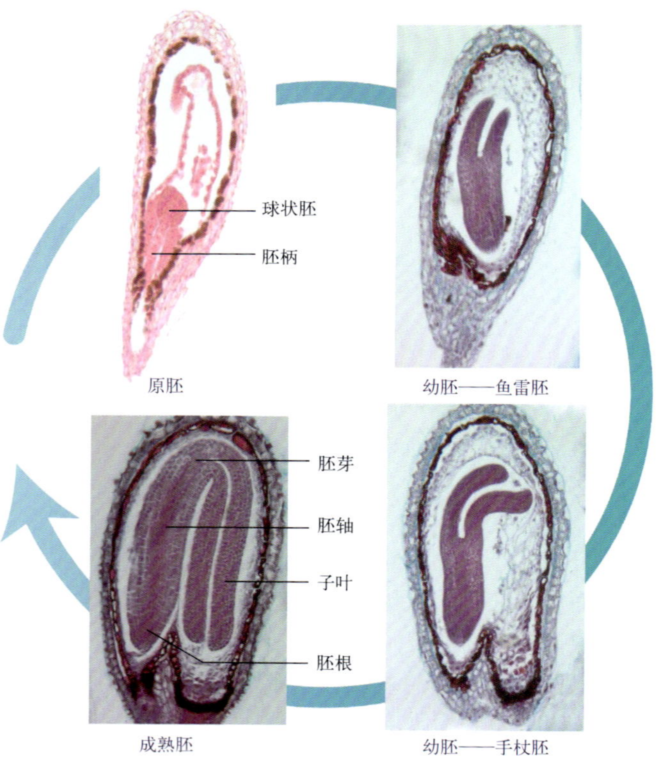

图6-19　荠菜胚的发育过程

顶端细胞首先经历两次纵向分裂（第二次分裂与第一次垂直），形成了四个细胞，即进入四分体阶段；随后，这四个细胞再次进行横向分裂，形成八个细胞的球状结构，即八分体阶段。八分体的细胞先进行一次平周分裂，然后通过各个方向的连续分裂，形成一团组织。以上这些阶段都属于原胚阶段。

随后，这团组织的顶端两侧细胞分裂生长速度较快，形成了两个突起，迅速发育成为两片子叶。在子叶之间的凹陷部分，逐渐分化出胚芽。同时，球形胚体下方的胚柄顶端的细胞，即胚根原细胞，以及球形胚体基部的细胞也在不断分裂生长，最终共同分化为胚根。胚根与子叶之间的部分就是胚轴。在这一阶段，胚体在纵切面呈现出心脏形、鱼雷形和手杖形等。

不久，由于细胞的横向分裂，子叶和胚轴得以延长，而由于空间位置的限制，胚轴和子叶也弯曲成马蹄形。至此，一个完整的胚体已经形成，胚柄随之退化消失。

（2）单子叶植物胚的发育（以禾本科的小麦为例）

小麦胚胎的发育过程与双子叶植物的胚胎发育有相似之处，但也存在一些差异。受精卵的第一次分裂是斜向的，形成两个细胞，随后这两个细胞各自进行一次斜向分裂，形成一个四细胞的原胎。这四个细胞继续从多个方向分裂，从而增加了胚的体积。在16～32细胞阶段，胚呈现出棍棒状，上部膨胀，是胚体的前身，而下部细长，分化为胚柄，胚周围由一层原表皮细胞包围。

随后，棒状胚体的一侧出现一个小的凹刻，该处形成胚体主轴的生长点，凹刻以上的一部分发育为盾片（子叶）。这部分因为生长较快，很快就在生长点上方凸起。生长点分化后不久，胚芽鞘的原始体出现，形成一层折叠组织，覆盖在生长点和第一片真叶原基的外面。与此同时，在胚体子叶对面的另一侧，形成一个新的突起，这个突起继续生长，发展成为外胚叶。由于子叶顶部细胞的居间生长，子叶上部迅速伸长，不久便形成盾片，包裹在胚胎的一侧。

胚芽鞘开始分化时，在胚胎下方出现胚根鞘和胚根的原始体。由于胚根与胚根鞘细胞生长速度不一致，在胚根周围形成一个裂生性的空腔，随着胚的成长，这个空腔也不断扩大。

至此，小麦的胚体基本形成。在结构上，它包括一个位于胚的内侧、与胚乳紧密接触的盾片（子叶）。茎尖的生长点和第一片真叶原基共同构成胚芽，外部由胚芽鞘包裹。与胚芽相对的一端是胚根，外部有胚根鞘包裹。在盾片的对面，可以看到外胚叶的突起。然而，一些禾本科植物，如玉米的胚胎，并不存在外胚叶。

2. 胚乳的发育

胚乳是被子植物种子中用于储存养分的重要部分，它起源于双受精过程：一个精细胞与由两个极核融合而成的次级核结合，形成三倍体的初生胚乳核。极核受精后，不经过休眠阶段，直接在中央细胞发育成胚乳。

胚乳的发育过程主要有三种类型：核型、细胞型和沼生目型。其中，核型是最常见的发育方式，而沼生目型较为罕见，仅在沼生目植物中观察到。

在核型胚乳的发育中，受精极核的第一次分裂及其后的核分裂不会伴随细胞壁的形成，多个细胞核保持游离状态，并分布在同一细胞质中，这一阶段被称为游离核形成期。不同植物中游离核的数量差异很大，有的可以达到数百甚至数千个，如胡桃和苹果，而有的则仅有8个或16个，甚至只有4个，如咖啡。随着核数的增加，核和原生质被中央液泡推向胚囊的四周，在胚囊的两端较为集中，而在侧边较薄。核的分裂通常通过有丝分裂进行，但也有一些无丝分裂的情况，特别是在胚囊合点端的核。

当胚乳核分裂到一定程度时，就开始向细胞时期过渡。这时，游离核之间形成细胞壁，进行细胞质的分隔，从而形成胚乳细胞，整个结构称为胚乳。在核型胚乳发育的植物中，有的所有游离核都转变为胚乳细胞；有的仅在胚囊周围形成一两层细胞，而中央仍保持游离核状态；有的细胞仅在胚囊的珠孔端形成；仅有少数种类不形成细胞。大多数单子叶植物和双子叶植物属于这一类型。

细胞型胚乳的发育特点在于，核在第一次分裂之后，立即伴随着细胞质的分裂和细胞壁的形成，后续的分裂均是细胞分裂，因此胚乳始终以细胞形式存在，不会出现游离核阶段，整个胚乳是由多个细胞组成的结构。大多数合瓣花类植物均属于此类型。

沼生目型胚乳的发育是核型和细胞型之间的过渡类型。在受精极核的第一次分裂时，胚囊被分成两个室，即珠孔室和合点室。珠孔室较大，其中的核进行多次分裂并保持游离状态。合点室的核分裂次数较少，并始终维持游离状态。随后，珠孔室的游离核形成细胞结构，完成胚乳的发育。这种胚乳发育类型仅限于沼生目的一些植物，如刺果泽泻、慈姑和独尾草属等。

由于胚乳是三核融合的产物，包括两个极核和一个精子核，含有三组染色体（母本提供两倍体，父本提供一倍体），因此它同时包含了父本和母本植物的遗传特性。此外，胚乳作为胚体发育的营养来源，被胚吸收利用，因此由胚发育成的子代具有更大的变异性、更强的生命力和更广泛的适应性。

种子中的胚乳养料，有些在贮存后，直到种子萌发时才被胚利用，这类种子含有胚乳，被称为有胚乳种子。例如，禾本科植物种子和蓖麻种子等。然而，还有一些植物，随着胚的形成，养料立即被胚吸收，并贮存于子叶中，因此这些种子在成熟时已不含胚乳，它们被称为无胚乳种子，如豆类和瓜类种子。

在一般植物的种子中，胚和胚乳在发育过程中会吸收胚囊周围珠心组织的养料，导致珠心通常被破坏并最终消失。但在少数植物种类中，珠心会保留下来，并在种子中发育成类似胚乳的另一种营养贮存组织，称为外胚乳（perisperm。外胚乳具有胚乳的功能，但其来源与胚乳不同。具有外胚乳的种子可能不含胚乳结构，如苋属植物、石竹属植物、甜菜等的种子，也可能含有胚乳结构，如胡椒、姜等的种子。

在被子植物中，如兰科、川苔草科、菱科等的植物，其种子在发育过程中，尽管极核也经历了受精作用，但受精极核很快退化消失，并不发育成胚乳，因此这些种子内不含有胚乳结构。

（三）种子的形成

种子的外部通常由种皮覆盖。种皮是在胚和胚乳的发育过程中，由胚珠的珠被发育而成的。珠被可能只有一层，也可能有两层，这决定了种皮的层数。例如，向日葵和胡桃的种皮只有一层，而油菜和蓖麻的种皮通常有两层，即外种皮和内种皮。在许多植物中，珠被的一部分组织和营养被胚吸收，因此只有珠被的一部分形成种皮。有些种子的种皮是由外珠被发育而成的，如大豆和蚕豆；而有些则是由内珠被发育而成的，如水稻和小麦。被子植物的种皮通常是干燥的，但也有少数是肉质的，例如石榴种子的种皮，其外表皮由多汁的细胞层组成，是种子的可食用部分。肉质种皮在裸子植物中较为常见，如银杏的外种皮就是肥厚肉质的。

种皮的结构因植物种类而异，不仅取决于珠被的层数，还取决于种皮在发育过程中的变化。为了解种皮结构的多样性，可以以蚕豆种子和小麦种子的种皮发育情况为例来说明。

在蚕豆种子的形成过程中，胚珠的内珠被被胚吸收消耗，最终不再存在，因此种皮是由外珠被的组织发育而成的。外珠被在形成种皮时，分化为三层组织：外层是由长柱状厚壁细胞构成，这些细胞的长轴紧密平行排列，形成栅状结构；第二层由骨形厚壁细胞组成，这些细胞呈短柱状，两端膨大呈“工”字形，壁厚，细胞腔明显，紧密排列，具有强大的保护作用和机械强度；最内层是由多层薄壁细胞组成，这些细胞是外珠被未分化的细胞层，在种子成长过程中，这部分细胞常被压扁。早期的种皮细胞含有淀粉，是营养储存的地方，因此新鲜幼嫩的蚕豆种皮柔软可食，随着老化则转变为坚韧的组织。

小麦种子的发育过程中，两层珠被也经历了类似的变化。最初，每层珠被都包含两层细胞。当合子进行第一次分裂时，外珠被开始出现退化现象，细胞内的原生质逐渐消失，随后被挤压，失去原来的细胞形状，最终消失。内珠被此时仍保持原有特性，并增大体积。到了种子乳熟期，内珠被的外层细胞开始消失，内层细胞则短暂保留。到了种子成熟干燥时，内珠被基本无法提供保护作用。最终，保护种子的组织层主要是由心皮发育而来。

二、果实的形成和类型

在受精之后，花的各个部分会发生明显的变化，花萼（除了宿萼种类）和花冠通常会枯萎并脱落，雄蕊和雌蕊的柱头及花柱也会凋谢，只有子房或者与子房相连的其他部分会迅速生长，最终发育成为果实（图6-20）。通常情况下，果实的形成与受精作用紧密相关，花朵只有在受精后才能形成果实。然而，有些植物在自然状态下或人为控制的环境中，即使没有经过受精，子房也能发育成果实，但这样的果实内不含种子。

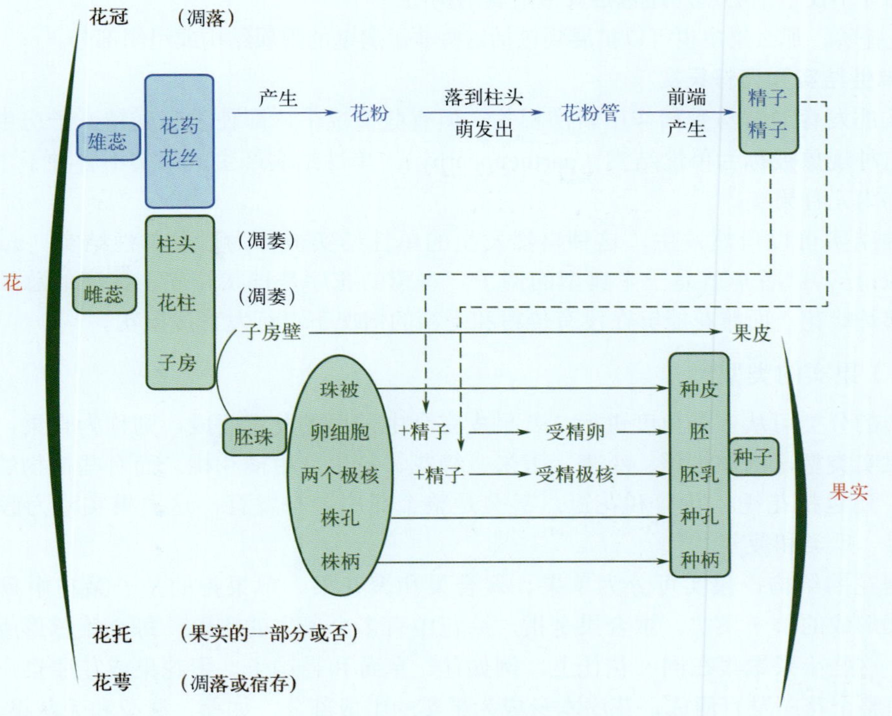

图6-20　由花到果实发育示意图

果实的特性与结构呈现出多样性，这与花的结构，尤其是心皮的结构，以及受精后心皮及其相连部分的发育情况密切相关。接下来，我们将分别讨论果实的形成、结构以及类型。

（一）果实的形成

1. 果实的形成和结构

果实可以仅由子房发育而来，也可以由花的其他部分，如花托、花萼和花序轴等共同参与构成。

子房最初由薄壁细胞组成，在发育成果实的过程中，这些细胞会进一步分化成各种不同的组织，分化的特性因植物种类的不同而有所差异，这也是果实分类的基础。

果皮（pericarp）是由子房壁发育而成的果实部分，通常可以分为三层：外果皮（exocarp）、中果皮（mesocarp）和内果皮（endocarp）（图6-21）。这三层果皮的厚度因果实种类的不同而有所不同。在某些果实中，这三层果皮的界限较为明显，例如肉果中的核果类；而在其他果实中，这些界限可能不太明显，甚至相互混合，难以区分。果皮的发育是一个复杂的过程，其形成常常不仅与子房壁的内、中、外层组织对应，而且在发育过程中，组成三层果皮的组织层经常出现新的分化，这使得追溯它们的起源变得更加困难。

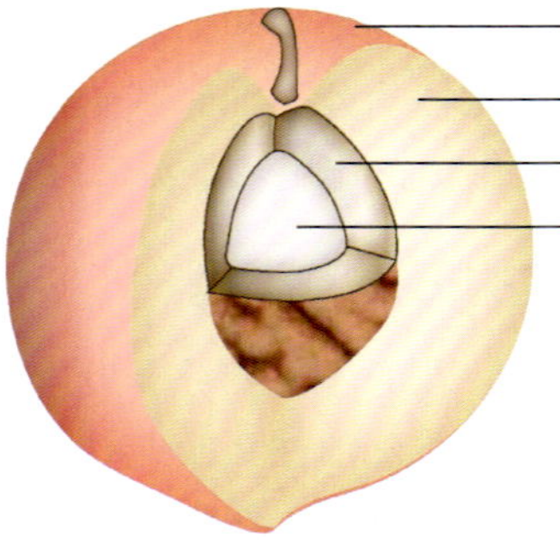

图6-21　果实的结构

以桃为例，真果果实由果皮和种子共同组成

严格来说，果皮是指成熟的子房壁。如果果实的构成部分不仅包括心皮，还包括其他附属结构组织，如花托等，那么果皮也可以扩展到包括这些非子房壁的附属结构或组织部分。

2. 单性结实和无籽果实

果实的发育通常与受精作用紧密相关，但有些情况下，即使没有受精，子房也能发育成果实，这种现象被称为单性结实（parthenocarpy）。单性结实产生的果实不含种子，因此这类果实被称为无籽果实。

单性结实可以自然发生，这种自然发生的单性结实被称为自发单性结实（autonomous parthenocarpy）。香蕉就是一个典型的例子。香蕉的花序是穗状花序，花序的总轴上部是雄花，下部是雌花，而雌花能够在没有传粉和受精的情况下自行发育成果实。

（二）果实的类型

果实的分类可从多个角度进行。若果皮完全由子房壁发育而成，则称为真果，这是多数植物的果实类型，例如水稻、小麦、玉米、棉花、花生、柑橘和桃。而有些植物的果实，除了子房，还包括花托、花萼和花冠，甚至是整个花序参与发育，这类果实称为假果，例如梨、苹果、瓜类和菠萝。

根据花的结构，果实可分为单果、聚合果和聚花果。单果指的是一朵花中只有一枚雌蕊，由此形成的单一果实。聚合果是指一朵花中有多个离生的雌蕊，每个雌蕊形成一个独立的小果，这些小果聚集在同一花托上，例如莲、草莓和悬钩子。聚花果或花序果，也称为复果，是由整个花序发育而成，花序本身成为果实的组成部分，如桑、凤梨和无花果。

按果皮的物理性质划分，有肉质肥厚的肉果和成熟后干燥无汁的干果。肉果进一步分为浆果、核果和梨果。

浆果的特点是果皮（中果皮和内果皮）以及胎座都非常发达，如葡萄、番茄、柿、葫芦和柑橘。不同浆果主要食用部分也有所不同：番茄为胎座和中果皮；瓜类（瓠果）为果皮和胎座，南瓜和冬瓜为果皮，西瓜为胎座；柑橘（柑果）为内果皮。核果的内果皮由石细胞构成，中果皮发达，可食用，如桃、梅、李、杏和樱桃。梨果是由子房和花托发育而成，食用部分为花托，如梨和苹果。

干果分为裂果和闭果，裂果包括蓇葖果、荚果、蒴果、长角果和短角果等，而闭果则包括瘦果、颖果、坚果、翅果和双悬果等。

三、被子植物的生活史

被子植物的生活史（life history），即从种子萌发形成幼苗，经过营养生长，

被子植物生活史

然后开花、传粉、受精和结实并产生新一代种子的全过程，该过程是一个前后相继有规律循环的生命周期。

被子植物的生活史可分为两个基本阶段。

（一）二倍体植物阶段（2*n*）

也称为孢子体阶段，这一阶段包括具有根、茎、叶的营养体植株。从受精卵发育开始，直至花中的雌雄蕊分别形成胚囊母细胞（大孢子母细胞）和花粉母细胞（小孢子母细胞）进行减数分裂前，这一阶段占据了被子植物整个生活周期的大部分时间。在这一阶段，植物体的所有细胞染色体数均为二倍。孢子体阶段也是植物体的无性阶段，因此也称为无性世代。

（二）单倍体植物阶段（*n*）

通常称为配子体阶段，或有性世代。该阶段始于大孢子母细胞经过减数分裂形成的单核期胚囊（大孢子），以及小孢子母细胞经过减数分裂形成的单核期花粉细胞（小孢子），直至胚囊发育成含卵细胞的成熟胚囊，花粉成为含2个（或3个）细胞的成熟花粉粒，萌发形成有两个精子的花粉管，完成双受精过程。双受精过程是被子植物特有的，其他植物没有该过程。

被子植物生活史中，二倍体的孢子体阶段（无性世代）和单倍体的配子体阶段（有性世代）有规律地交替出现，这一现象被称为世代交替（alternation of generation）。

在整个被子植物生活史中无性世代占据主导地位，时间较长，而有性世代则相对短暂，植物体（配子体）结构简单，不能独立生活，需依附于孢子体上。另外，被子植物世代交替中出现的双受精和减数分裂是整个生命史的关键环节，也是两个世代之间的转折点。整个被子植物生活史如图6-22所示。

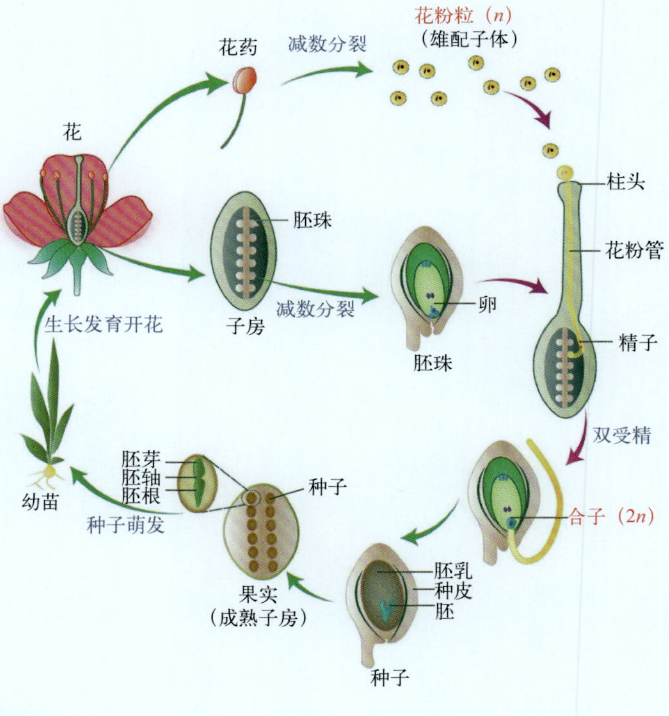

图6-22　被子植物生活史

绿色箭头表示的是无性生殖阶段，紫色箭头示意有性生殖阶段

思考题

（1）花的各个部分（如花萼、花冠、雄蕊、雌蕊）在植物的有性生殖中扮演什么样的角色？请解释这些部分是如何协同工作的。

（2）在自然环境中，哪些植物通过营养繁殖实现种群扩展？这类植物的繁殖策略相比于依赖有性生殖的植物有何优势和劣势？

（3）简述被子植物双受精的过程，并分析其在植物繁殖中的生物学意义。

（4）论述被子植物的生活史特点，包括有性生殖和营养生长的相互关系。

生物学名词

植物繁殖（plant reproduction）；营养繁殖（vegetative reproduction）；无性生殖（asexual reproduction）；有性生殖（sexual reproduction）；配子（gamete）；花萼（calyx）；花冠（corolla）；雄蕊（stamen）；雌蕊（pistil）；合子（zygote）；嫁接（grafting）；心皮（carpel）；花丝；花药；花粉母细胞（小孢子母细胞）；小孢子；绒毡层；花粉粒；营养细胞；生殖细胞；花粉败育；雄性不育；胚珠；胚囊；大孢子母细胞；世代交替（alternation of generation）；孢子体（sporophyte）；胚珠（ovule）；颈卵器（archegonium）；花粉管（pollen tube）；多胚现象（polyembryony）；双受精（double fertilization）；果皮（pericarp）；子房（ovary）；种皮（seed coat）

第七章 植物分类概述

学习目标

植物分类概述

1. 理解植物分类学的定义、研究内容和重要性，掌握植物分类的基本原理。
2. 理解植物命名法，尤其是双名法的命名原则及其在植物学研究中的应用。
3. 了解植物分类学的研究历史及其发展阶段，包括古代植物分类的萌芽、本草学时期、人为分类时期、自然分类时期和系统发育时期。
4. 理解孢子植物的定义及其生命周期特点，掌握孢子植物的分类。
5. 掌握被子植物的分类，区分单子叶植物和双子叶植物，并了解它们在形态上的差别。

第一节 植物分类基础知识

植物分类学是研究植物种类的鉴定和命名、植物类群的分类、植物间的亲缘关系，以及植物界自然系统的学科。

该学科通过对植物形态、解剖、生理、遗传以及生态等多方面特征的研究，构建起一套完整的植物分类体系，将自然界中纷繁复杂的植物种类进行有序整理和分类。

在植物分类学的研究中，研究人员首先对各种植物进行详细的观察和描述，包括它们的根、茎、叶、花、果实和种子等各个器官的形态特征。通过对这些特征的比较分析，研究人员能够揭示不同植物之间的相似性和差异性，为植物的鉴定和命名提供科学依据。

植物分类学还关注植物类群的分类，即如何将各个植物种类划分为不同的类群，如科、属、种等。这些类群的形成基于植物间的相似性和差异性，以及它们的进化关系。植物类群的划分为生物学、生态学和遗传学等领域的研究提供了分类学基础。

此外，植物分类学还致力于揭示植物间的亲缘关系，探究植物界的自然系统。这涉及对植物进化历史的追溯，以及对植物遗传信息的分析。随着分子生物学技术的发展，DNA序列分析等分子标记技术在植物分类学研究中得到了广泛应用，为揭示植物间的亲缘关系提供了更为精准的手段。

总之，植物分类学通过对植物种类的鉴定、分类和命名，以及对植物间亲缘关系的探究，为认识和理解植物界的多样性、进化历程和生态功能提供了重要的科学基础。

一、植物分类简史

人类对植物学的认识历经漫长的发展过程，根据研究内容和技术手段，植物分类学简史主要包含五个时期（图7-1）：古代植物分类学知识的萌芽、本草学时期、人为分类时期、自然分类时期和系统发育时期。

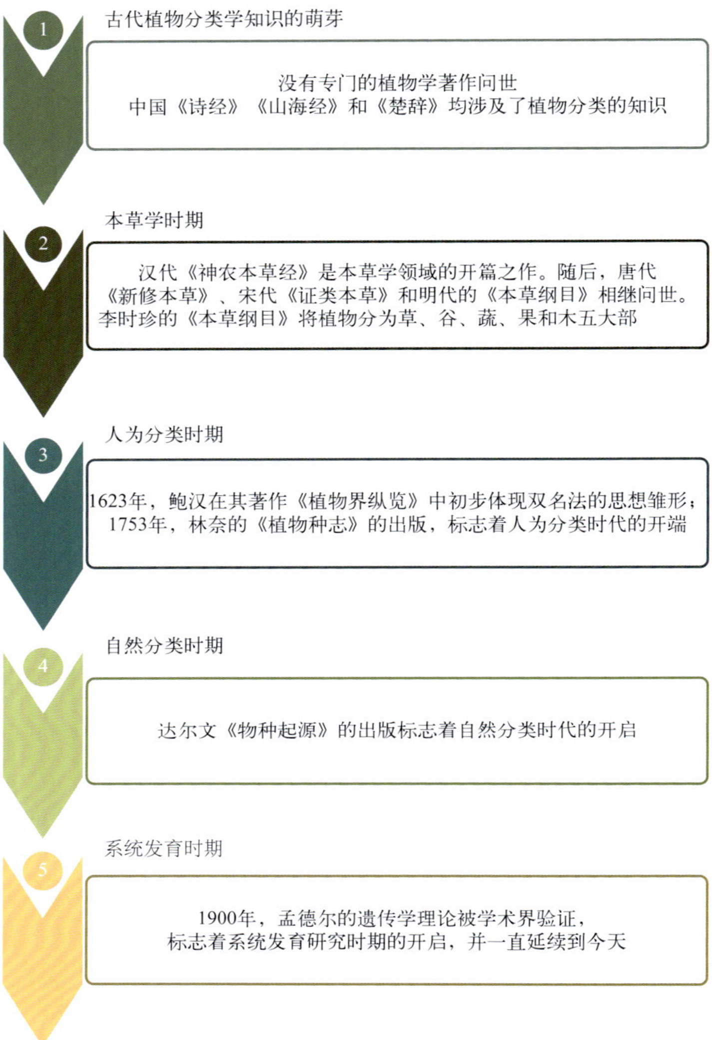

图7-1　植物分类学发展简史

（一）古代植物分类学知识的萌芽（史前—公元前100年）

在人类漫长的发展史上，对植物的认识与利用源远流长，然而，在文字诞生之前的那段历史，已经淹没在时间的洪流中，无法被确切考证。当人类文明进入有文字记载的时代，我们开始系统地记录关于植物分类的知识。中国，作为拥有深厚文化底蕴的国家，在植物分类学及整个植物科学领域也占据着举足轻重的地位。追溯历史，我们不难发现，中国是在全球范围内研究这些学科起步最早、历史最为悠久的国家之一。这一悠久的历史背景为我国在植物科学研究领域的发展奠定了坚实的基础。比如，《诗经》《山海经》和《楚辞》均涉及了植物分类的知识，但当时并未有专门的植物学著作问世。

1.《诗经》——“多识于鸟兽草木之名”

《诗经》作为中国古代文学的瑰宝，收录了共计311篇诗歌（其中6篇有目无辞），分为风、雅、颂三大部分。在这丰富多彩的诗歌海洋中，不仅有对90余种动物的生动描绘，更有对132种或更多植物的细致记录。

这部跨越了西周到春秋五百余年历史的诗歌总集，不仅是中国古代诗歌艺术的集大成者，更是一部珍贵的植物分类知识宝库。它见证了黄河流域作为中华民族文化发源地之一的地域性植物多样性，为我们今天提供了研究古代植物分类知识的宝贵资料。

从《诗经》对植物的描述中，我们可以窥见古代劳动人民对植物分类知识的初步探索与认识。这些描述多源自对植物的采集活动，如“参差荇菜，左右流之”这般细腻的描述，以及“采葑采菲”“采蘩”“采藻”“采采芣苢”“采采卷耳”“言采其薇”“言采其蕨”等丰富多样的采集活动记载，均深刻反映了古人对植物的细致观察与分类实践，通过这些活动，他们不断地通过口尝体受来辨识植物的特性，逐渐形成了对植物分类的初步认识。正如孔子所言：“小子何莫学夫诗？诗可以兴，可以观……多识于鸟兽草木之名。”通过学习《诗经》，我们不仅能够领略到古代诗歌的韵味与魅力，更能够从中汲取到丰富的植物分类知识，感受古代劳动人民的智慧与勤劳。

2.《山海经》——我国本草著作之先河

《山海经》的著者身份、成书年代、卷数以及其所属类别，历来是学术界探讨的热点，各方观点纷呈。其中，关于该书所记载的植物种类数量，各家统计结果亦不尽相同，但普遍估计其数量有上百种左右。

由于《山海经》成书于遥远的古代，受限于当时的社会背景和知识水平，书中不乏神秘奇异的记述，尤其体现了当时巫术与医学并行的文化特点。然而，即便在这样的时代背景下，我国劳动人民对于书中提及的植物的产地、形状、特点和效用仍展现出了深刻的认识。尽管《山海经》不能单纯地被归类为医药或本草类书籍，但其内容无疑为我国本草学的发展奠定了重要的基础，堪称本草著作的先驱之作。

（二）本草学时期（公元前100—1753年）

《神农本草经》作为中国药学领域的瑰宝，其成书年代可追溯至西汉，不仅是中国历史上首部详尽阐述植物药性的专著，更是本草学领域的开篇之作。随后，唐代《新修本草》、宋代《证类本草》和明代的《本草纲目》相继问世。这些著作分别收录了850种、1558种、1892种药物。

李时珍的《本草纲目》更是集大成之作，将其中的1095种植物进行分类，详细划分为草、谷、菜、果和木五大部，其中草部又细分为山草、芳草等11个子类。

《本草纲目》的卓越贡献不仅体现在其创新的本草分类体系上，突破了《神农本草经》传统的上、中、下三品分类方法，而且采取了“析族区类，振纲分目”的科学分类法。这种方法遵循从简单到复杂、从低级到高级的逻辑，与现代植物分类学系统高度契合。此外，《本草纲目》在动物分类上也展现出前所未有的科学性。它摒弃了前代本草中动物无序罗列的方式，而是将动物科学地分为虫、鳞、介、禽、兽和人等部，并在每部下进一步细分出多个类别，如禽部就分为水禽、原禽、林禽和山禽等，这与现代禽类学的分类几乎无异。

由于其卓越的价值和丰富的内容，《本草纲目》在学术界享有极高的声誉，达尔文在其著作《物种起源》等中多次提及并高度赞扬该书，视其为中国古代的百科全书。由于其科学性和实用性，《本草纲目》在全世界医学、植物学及农学等领域占据了重要地位。早在17世纪初，该书就已传入日本，并对江户时代的本草和博物学产生了深远影响。随后，它的影响力逐渐扩展至欧洲。1650年，波兰人卜弥格首次将《本草纲目》中的部分中药知识翻译成拉丁文，1656年在维也纳出版，这标志着欧洲人对《本草纲目》研究的开始。法国人在《本草纲目》的传播和研究上也做出了重要贡献。1723年，巴多明将部分中药及其药性等翻译给法国科学院，并引发了该院对中国特产药物的研究热潮。随后，法国科学家对《本草纲目》中有关疾病的起源、命名、特征及治疗方法等进行了系统整理。1735年，法国人汤执中在《中华帝国全志》中节录了《本草纲目》，并称赞其代表了中国当时的自然科学水平。18世纪，法国学者杜赫德在编纂《中华帝国通志》时，将《本草纲目》视为代表中国和世界当时自然科学最高水平的作品，并在书中进行了节录。

如今，《本草纲目》已拥有超过100种不同语言的版本，包括日语、拉丁语、韩语、法语、德语、英语和俄语等，在世界各地广为流传。

然而，值得注意的是，这些经典之作中的植物种类在当时并未有拉丁学名作为标准化的名称。从学科发展的角度来看，本草学时期正处于植物分类学的萌芽阶段，尚未形成完整的学科体系。

（三）人为分类时期（1753—1859年）

植物分类学的探索始于16世纪。1583年，意大利植物学家安德烈亚·塞萨尔·皮隆尼（Andrea Cesalpino）出版了《植物论》（*De Plantis*），这是植物分类学发展史上的重要里程碑。这本书基于果实和种子的结构，将植物分为草本和木本两大类，并进一步细分为多个组别，如树木、灌木、亚灌木等。随后，鲍汉（G. Bauhin）在1623年的《植物界纵览》（*Pinax Theatri Botanici*）中初步引入了双名法的概念。然而，直到林奈在1737年发表《植物属志》（*Genera Plantarum*）和1753年发表《植物种志》（*Species Plantarum*），植物分类学才真正成熟。特别是1753年林奈的《植物种志》的出版，标志着人为分类时代的开端。

林奈在前人研究的基础上，首次系统、科学地运用双命名法为超过6000种植物和4000种动物命名。这一命名法至今仍被广泛应用。在这一时期，植物专著中收录的植物类群均采用了拉丁名进行命名。然而，林奈的物种概念主要基于不变的形态学特征，植物分类学主要停留在分类、鉴定和命名的层面，尚未深入探讨生物演化关系。

（四）自然分类时期（1859—1900年）

达尔文，杰出的英国博物学家，被誉为进化论的奠基人。在1831年至1836年长达五年的环球旅行中，他悉心观察并搜集了海量的物种演化证据。受到这些发现的启发，同时结合华莱士提出的生物进化自然选择学说，达尔文倾注了超过二十年的心血，撰写了划时代的巨著《物种起源》（*On the Origin of Species*）。恩格斯曾高度评价《物种起源》中的进化理论，将其与能量守恒和转化定律、细胞学说并列为19世纪自然科学领域的三大发现。《物种起源》的出版标志着自然分类时代的开启，这是一个全新的视角，让我们以进化的眼光重新审视自然界的多样性。直至1900年，孟德尔的《植物杂交实验》论文被学术界重新验证，标志着自然分类时代的结束。

在这一历史阶段，植物分类学得到了迅猛发展，逐渐形成了植物系统分类学。这一时期的植物分类学，不再仅仅局限于分类、鉴定和命名，而是通过系统的排列，更深入地揭示了类群间的亲缘关系。哈钦松系统和恩格勒系统等都是这一时期的杰出代表，它们为我们理解植物界的多样性和复杂性提供了有力的工具。

（五）系统发育时期（1900年至今）

1866年，孟德尔发表了揭示遗传规律的《植物杂交实验》论文，但在当时并未受到学术界的足够重视。直到1900年，他的遗传学理论才被多位植物学家所证实，并由英国科学家贝特森引入“遗传学”一词来定义孟德尔所开创的这门学科，标志着系统发育研究时期的开端，并且这一研究一直延续到今天。

随着DNA双螺旋结构的发现，人类得以深入解析DNA的奥秘。在此期间，植物系统分类学进一步演变为更为广泛的生物系统学。研究者开始利用分子系统学和细胞学的证据来验证不同生物类群的演化地位及其相互之间的亲缘关系。值得注意的是，尽管植物系统分类学已经融入了诸多新的科研方法和发现，但仍建立在经典分类学的基础之上。分子生物学等新兴知识并不是要取代经典分类学，而是为其提供了新的分类依据，使其更加精确和完善。

随着现代科技的迅猛发展，植物分类学领域也迎来了诸多新的边缘学科。这些学科通过实验、细胞、化学和数值等多样化手段，极大地丰富了植物分类的方法与深度。

作为一种以实验为基础的研究方法，实验分类学致力于深入探索物种的起源、形成及演化。相较于经典分类学，它更加关注生态条件对物种形态习性的影响，并试图解决经典分类学难以准确划分的问题。通过改变生态条件进行栽培试验，实验分类学不仅解决了分类中的难题，还进行了物种的动态研究，进一步验证了分类的客观性。

此外，细胞质与细胞核的移植技术为人工控制物种发展提供了新途径，而基因移植更是将实验分类学推向了新的高度。细胞分类学则是利用染色体资料对植物进行分类研究。至今，已有约40%的有花植物进行了染色体数目统计，这些资料对修正分类学错误起到了重要作用。例如，芍药属最早归于毛茛科，但因其染色体基数X=5且个体较大，与毛茛科多数属存在显著差异，因此被分类学家从毛茛科中独立出来，形成芍药科。细胞有丝分裂中期是识别染色体个体性和研究整个细胞染色体组的理想时期，通过这一时期的观察，我们能够更加深入地理解植物分类的细胞学基础。

化学分类学则从分子水平出发，利用化学特征来研究植物间的亲缘关系，进而探讨植物界的演化规律。这一学科为我们提供了从微观层面理解植物分类与系统演化的新视角。

数值分类学作为电子计算机在分类学中的应用产物，是一个新兴的边缘学科。它基于表型特征，结合有机体的多种性状数据（包括形态学、细胞学和生物化学等），通过电子计算机运算进行定量分析，客观地反映分类群之间的关系。这种方法大大提高了分类的准确性和客观性。

综上，现代科技在植物分类学中的应用，不仅极大地丰富了分类学的研究手段，还为我们提供了更加深入、准确和客观的分类结果。未来，随着科技的不断发展，植物分类学将迎来更加广阔的研究前景。

二、植物命名法

每种植物都有它自己的名称。然而，由于国家、民族和地区的差异，同一植物往往有不同的名字。以番茄为例，它在中国的南方通常被称为“番茄”，而在北方则更习惯称为“西红柿”；在国际上，它被广泛地称为“tomato”。同样，马铃薯在中国南方被称为“洋山芋”

或“洋芋”，在我国的东北、河北、河南、鄂西北一带马铃薯被称为土豆，而在英语中则统称为“potato”。此外，不同的植物可能拥有相同的名称。例如，在中国被称为“白头翁”的植物就有多达十几种，它们实际上分属于毛茛科、蔷薇科等多个不同的科属。名称的不统一性和多样性，往往导致混淆和误解，严重阻碍了国内外科学交流的顺畅进行。

为了解决这一问题，植物学家们早在很久以前就开始探索并尝试建立一种通用的植物命名法。在18世纪中叶以前，多采用多名法（polynomial），这种方法通过一系列词汇来描述一种植物，虽然详尽但显得繁琐。随后，为了简化命名并增强其准确性，多名法被双名法（binomial system）所取代。如今，我们所使用的现代植物种名，即世界通用的科学名称（scientific name），均基于双名法进行命名，这一方法为全球的科研交流和植物学研究提供了标准化的基础。

双名法体系的建立归功于瑞典植物分类学家林奈（Carolus Linnaeus，1707—1778）。实际上，早在1623年，法国学者鲍汉（G.Bauhin，1560—1624）在描述植物时（约6000种），已经采用了属名和种加词的双名法，但由于缺乏同行的支持，该命名法并未普及。随后，在1690年，里维纳斯（Rivinus）也提出了类似的双名法建议，主张植物名称不得超过两个字。林奈吸收了这些观点，并对其进行了完善。1753年，他在《植物种志》（*Species Plantarum*）中，广泛应用了双名法。这种命名法的显著优点在于它实现了全球植物名称的统一，确保了每种植物在国际上只有一个通用名称，促进了科学交流。此外，双名法还揭示了植物之间的亲缘关系，因为学名中包含了属名，这使得通过种名就能推断出植物在分类学中的位置。

双名法使用拉丁文为植物种命名，每一种植物的种名由两个拉丁词或拉丁化词汇组成，第一个词是属名，相当于“姓”，而第二个词是种加词，相当于“名”。一个完整的学名还包括最初命名该植物的作者名，作为第三个词。因此，属名、种加词和命名人名共同构成了一个完整的学名。例如，银杏的学名是*Ginkgo biloba* L.。

植物的属名和种加词，都有其含义和来源以及具体规定。

（一）属名

属名通常使用拉丁文形式，如果使用非拉丁文字或专有名词，则需将其转换为拉丁化形式，即将词汇调整为拉丁语语法中的单数、第一格（主格）。在书写时，属名的第一个字母应大写。

属名的来源可以概括为以下几个类别。

源自古老的拉丁文名字：例如，*Papaver*（罂粟属），*Rosa*（蔷薇属），*Piper*（胡椒属），*Morus*（桑属），*Pinus*（松属）。

源自古希腊文名字：例如，*Oryza*（稻属），*Myrtus*（香桃木属），*Colocasia*（芋属），*Platanus*（悬铃木属），*Zingiber*（姜属）。

根据植物特征或特性命名：例如，*Polygonum*（蓼属），poly-表示“多”，gonum表示“节”，指其茎有许多膨大的节；*Helianthus*（向日葵属），heli-表示“太阳”，anthus表示“花”，指其花序随太阳转动；*Lagenaria*（葫芦属），lagenos表示“长颈瓶”，指其果实形状。

根据颜色或气味命名：例如，*Leucobryum*（白发藓属），leuco-表示“白色”，bryum表示“藓类”，指其叶色偏白；*Osmanthus*（木犀属），osme表示“气味”，anthus表示“花”，指其花香；*Meliosma*（泡花树属），meli表示“蜜”，osme表示“气味”，指其花蜜香味。

根据植物含有的化合物命名：例如，*Saccharum*（甘蔗属），sacchar表示“糖”，指其茎含糖；*Eucommia*（杜仲属），eu表示“良好”，kommi表示“树胶”，指其含有优质树胶。

根据植物用途命名：例如，*Sanguisorba*（地榆属），sanguis表示“血”，sorbeo表示“吸收”，指其药用有止血作用；*Ormosia*（红豆属），ormos表示“项链”，指其红色种子可用于制作项链。

纪念人名：例如，*Linnaca*（林奈木属），纪念植物分类学家林奈；*Davidia*（珙桐属），纪念在中国采集植物标本的法国传教士Père Armand David；*Tsoongia*（钟木属），纪念中国植物学家钟观光教授。

根据习性和生活环境命名：例如，*Actephila*（喜光花属），aktis表示“光线”，philos表示“喜欢”，指其喜阳；*Dendrobium*（石斛属），dendron表示“树木”，bion表示“生活”，指其多附生于树上。

根据植物产地命名：例如，*Taiwania*（台湾杉属），*Fokienia*（福建柏属）。

以神话或字母重组命名：例如，*Artemisia*（蒿属），源自希腊神话中的女神名；*Narcissus*（水仙属），源自希腊神话中的美少年。*Saruma*（马蹄香属），由*Asarum*（细辛属）字母重组而成；*Tapiscia*（银鹊树属），由*Pistacia*（黄连木属）字母重组而成。

以原产地方言或土名拉丁化而成：例如，*Litchi*（荔枝属），源自广东方言；*Thea*（茶属），源自闽南土语；*Ginkgo*（银杏属），源自日语“金果”的拉丁化。

通过加前缀或后缀组成属名：例如，*Pseudolarix*（金钱松属），在*Larix*（落叶松属）前加pseudo-（假的）；*Acanthopanax*（五加属），在*Panax*（人参属）前加acantho-（有刺的）；*Gentiana*（假龙胆属），由*Gentianella*（龙胆属）加后缀-ella（小形）而成；*Sequoiadendron*（巨杉属），由*Sequoia*（北美红杉属）加后缀-dendron（树木）而成。

（二）种加词

种加词的选择具有多样性，通常是形容词，偶尔也可以是名词的所有格或同位名词。种加词的选取并不受限制，但重要的是不能与属名重复。

种加词的来源广泛，主要包括以下几个方面。

植物特性：常采用性质形容词，用以描述植物的形态特征、大小、颜色或气味。例如，白檀*Symplocos paniculata*（圆锥花序式的）、小叶石楠*Photinia parvifolia*（小叶的）、银白杨*Populus alba*（白色的）。

方位描述：如东方香蒲*Typha orientalis*（东方的）、一球悬铃木*Platanus occidentalis*（西方的）。

植物用途：如山茱萸*Macrocarpium officinale*（药用的）、漆*Toxicodendron vernicifluum*（产漆的）。

生态习性或生长季节：如葎草*Humulus scandens*（攀援的）、水茫草*Limosella aquatica*（水生的）。

人名纪念：人名可转化为形容词形式作为种加词，如蒲儿根*Sinosenecio oldhamianus* Maxim.中的oldhamianus源于人名Oldham。

当地俗名：经过拉丁化处理后的当地俗名，如龙眼*Dimocarpus longan*、人参*Panax ginseng*。

原产地：采用地名或国名的形容词形式，如橡胶树*Hevea brasiliensis*（来自巴西）。

名词所有格：通常用于纪念某人，如费氏葶苈*Draba fedtschenkoi*来自Fedtschenko。

同位名词：要求与属名在数和格上一致，例如樟树*Cinnamomum camphora*中的*camphora*（樟脑）为阴性名词，与属名Cinnamomum（樟属）在数和格上保持一致。

（三）命名人

植物学名的命名体系不仅提供一种全面识别物种的方法，同时也便于追踪该名称的发表历史，并确保命名人对其所提出的物种名称承担科学责任。

在此体系中，命名人通常以其姓氏的缩写形式出现，紧随种加词之后。这些姓名需拉丁化，并保持首字母大写。在缩写时，应在右下角加上缩写终止符。例如，Linnaeus（林奈）缩写为Linn.或L.。对于其他知名的分类学家，取姓氏的前几个字母作为缩写，如Maximowicz缩写为Maxim.。当两位命名人同姓时，可通过添加名字的首字母来区分，如Robert Brown缩写为R.Br.。如果超过两人，则在第一人名后加上“et al.”或“etc.”。

在命名体系中也存在特殊情形，如父子（女）均为命名人时，儿子或女儿的姓名后加上“f.”或“fil.”（filius儿子，filla女儿）以示区别。例如，William Jackson Hooker的儿子Joseph Dalton Hooker通常写作Hook. f.。

另外，如果某个学名最初由一位植物学家提出但未正式发表，而后来由另一位植物学家代为发表，则两者均应被视为命名人。在此情况下，前者姓名置于前方，后者姓名置于后方，并在两者之间加入“ex”以表明关系。

植物学名命名还有三名法，学名由属名、种加词和亚种或变种加词组成。此外，还有四名法，学名由属名、种加词、亚种加词和变种加词组成。

当前，全球植物分类学者在给植物命名时必须遵循国际植物命名法。1867年8月，《国际植物命名法规》（*International Code of Botanical Nomenclature*）的雏形诞生于法国巴黎举行的首次国际植物学大会上，当时由德堪多的儿子（Alphonso de Candolle）负责起草《植物命名法规》（*Lois de la Nomenclature Botanique*）。在吸纳了英国和美国学者的建议后，该法规被出版，并被称为《巴黎法规》或《巴黎规则》。这个最初的植物命名法规包含7节68条。随后，1910年在比利时布鲁塞尔举行的第三届国际植物学会议为现代普遍接受的国际植物命名法规奠定了基础。自此，每五年举行一次的国际植物学会议都会对这一法规进行修订和补充。

三、植物界的分门别类

1735年，林奈把生物划分为动物界和植物界。这个二界系统长期被大多数生物学家所接受，并沿用至今。1938年，考柏兰（H.F.Copeland）提出四界说：原核生物界、原生生物界、植物界和动物界。1969年，魏泰克（Whittaker）提出五界系统（图7-2）。即生物界包括原核生物界（Monera）、原生生物界（Protista）、真菌界（Fungi）、植物界（Plantae）和动物界（Animalia）。也有人依据细胞是否有核以及细胞膜和细胞壁的差异使用三域系统说：

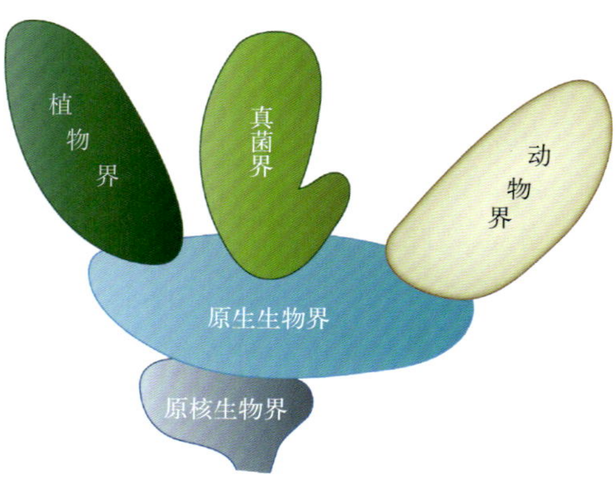

图7-2　生物界可分为五界系统

古菌域（Archaea）、细菌域（Bacteria）、真核域（Eukaryota）。现在，世界上大多数生物学家均赞成把真菌提升为一个独立界。

按两界分类系统，植物界传统上被划分为16个门（图7-3）。种子植物，包括裸子植物（缺乏果皮）和被子植物（具有果皮），都通过种子进行繁殖。与此相对的是孢子植物（spore plant），包括藻类、菌类、地衣、苔藓和蕨类等，它们通过孢子来繁殖。

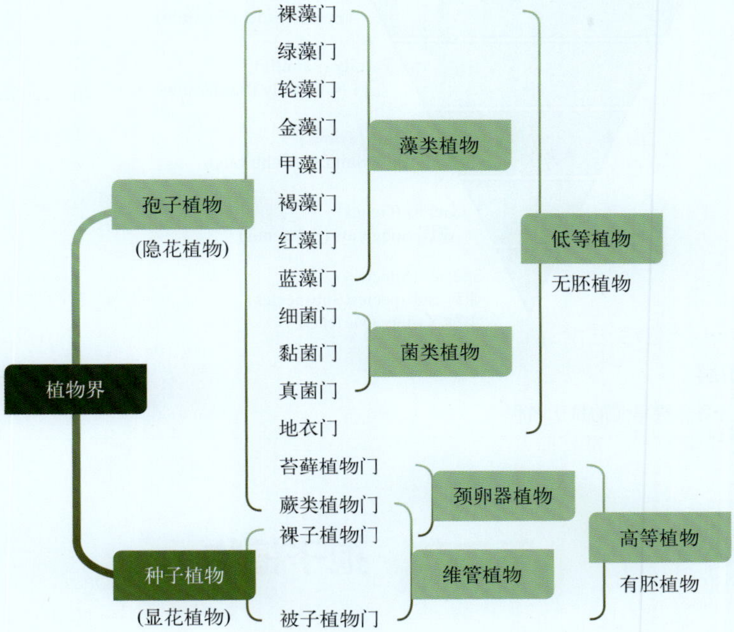

图7-3　植物分类

其中，地衣是多年生植物，是一种真菌和一种藻类组合的复合有机体。菌类控制藻类，并决定了地衣的形态。苔藓植物门和蕨类植物门的雌性生殖器官是颈卵器（archegonium），而裸子植物中也存在颈卵器退化的迹象，这三类植物因此被统称为颈卵器植物。蕨类、裸子和被子植物都拥有维管组织，因此它们共同构成了维管植物。孢子植物不进行开花和结实，因此也被称为隐花植物，而种子植物则因为开花和结实而被称作显花植物。

一般来说，低等植物，也称为无胚植物，在形态上没有根、茎、叶的分化，植物体构造简单，没有组织的分化，它们的合子在发育过程中会离开母体，不会形成胚。而高等植物，或称为有胚植物，在形态上有根、茎、叶的分化，植物体构造复杂，有组织的分化，它们的合子在发育过程中不会离开母体，而是形成胚。

门是植物界最大的分类单位，往下还可分为不同的纲、目、科、族、属和种等分类阶层（图7-4）。有时，在各分类阶层下还有亚门、亚纲、亚目、亚科、亚属、亚族和亚种等。每一个阶层都有相应的拉丁词和词尾。

种（species）是生物分类的基本单位，它是具有一定的自然分布区域和一定的形态特征和生理特性的生物类群。同一种内的各个个体具有相同的遗传性状，而且彼此可以交配产生后代。但一般不与其他物种中的个体交配，或交配后一般不能产生有生殖能力的后代。种是生物进化和自然选择的产物。

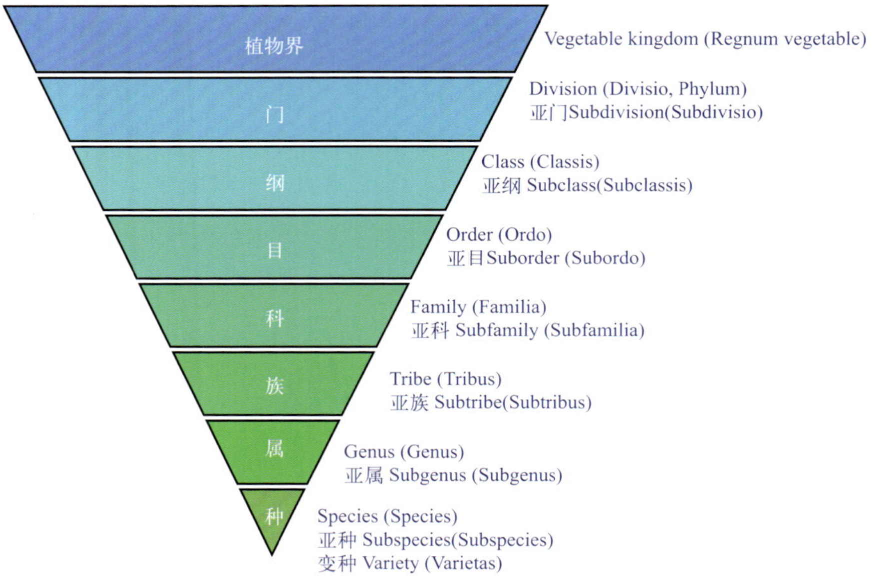

图7-4 植物分类阶层

英文名字后面括号内为各分类单元的拉丁名称

第二节 孢子植物

孢子植物（spore plant）是一类通过产生孢子进行繁殖的植物，涵盖了藻类、菌类、地衣、苔藓和蕨类等五大类。这些植物通常偏好生长在昏暗和湿润的环境中。

在藻类、苔藓和蕨类植物的生命周期中，它们并不产生种子，而是在特定阶段形成孢子，这是一种特殊的生殖细胞。这些植物因此被归类为孢子植物。孢子与种子不同，它们在遇到适宜的条件时，能够发芽并成长为新的植物个体。

一、藻类植物

藻类植物（algae）是一类构造简单，没有根茎叶的分化，普遍具有光合作用色素的自养型低等植物。它们可以利用光能将无机物转化为有机物，满足自身生长需求，又称为自养原植体植物（autotrophic thallophyte）。部分低等藻类是异养的或者暂时异养的，可以通过它们的细胞结构和储存的营养物质，把它们与异养原植体植物（heterotrophic thallophyte）——真菌区分开。这类植物形态多样，有的只有几微米，在显微镜下才能观察到。而有的却超过60m，如太平洋中的巨藻（*Macrocystis*）。

大部分藻类植物的生殖器官只由一个细胞组成。然而，某些高等藻类的生殖器官含有多个细胞，且每个细胞都直接参与生殖过程，产生孢子或配子，也没有不孕细胞层。藻类植物的合子不会发展成多细胞的胚。

藻类在自然界中分布广泛，主要生长在淡水或海水中，同时在潮湿的岩石、墙壁、树干、土壤表层和下层也能找到。水中的藻类有的自由漂浮，有的附着在岩石或其他植物上。

藻类植物对环境条件的要求不高，具有很强的适应性，即使在营养贫乏、光照微弱的环境中也能生长。在自然灾害如地震、火山爆发和洪水退去后形成的新鲜无机质上，藻类植物是首批定居者之一，是新生境的先锋植物。某些海藻能在100m深的海底生存，有些藻类能在极地或永久积雪的高山环境中生长，甚至有些蓝藻能在高达85℃的温泉中存活。一些藻类能与真菌共生，形成共生体，如地衣。

藻类植物是地球上最古老的植物之一。化石记录显示，约35亿至33亿年前，原核蓝藻最早出现在地球的水体中。大约15亿年前，与现代藻类相似的有机体已经存在。现代藻类的形态、结构和生理特性也反映出它们是最原始的植物群体之一。地球上已知的藻类大约有3万种。根据藻类的形态、细胞核结构、细胞壁成分、载色体的结构以及所含色素的种类、储存的营养物质、鞭毛的有无和特征、生殖方式和生命周期类型等因素，一般将藻类分为8个门。

（一）蓝藻门（Cyanophyta）

蓝藻是地球上最古老的原核生物之一，约有150个属和1500个种，广泛分布于全球各地，尤其常见于淡水中。从山脉到海洋，都可以发现蓝藻的踪迹。蓝藻的植物体可以是单细胞、群体或丝状体。蓝藻细胞没有真正的细胞核，其原生质体分为周质和中心质两部分。周质位于细胞壁内侧，其中的光合片层表面含有叶绿素a、藻蓝蛋白和藻红蛋白等光合色素；中心质位于细胞核的位置，没有核膜和核仁，但含有DNA，属于原核结构。蓝藻的细胞壁由内外两层组成，内层是纤维素，外层是由果胶质构成的胶质鞘。它们通过细胞直接分裂的方式进行繁殖，这是一种无性生殖方式，主要通过细胞分裂、群体破裂和丝状体断裂来增加个体数量，只有少数蓝藻会产生孢子。在常见的蓝藻中，单细胞的色球藻属（*Chroococcus*）（图7-5 A）可以在温室的花盆、潮湿的岩石或淡水中生长；群体的微囊藻属（*Microcystis*）在水体中浮游，可能对水生动物造成危害；还有颤藻属（*Oscillatoria*）、念珠藻属（*Nostoc*）（图7-5 B）、鱼腥藻属（*Anabaena*）等。一些蓝藻如念珠藻属的地木耳（*N. commune*）和发菜（*N. flagelliforme*）是可食用的。

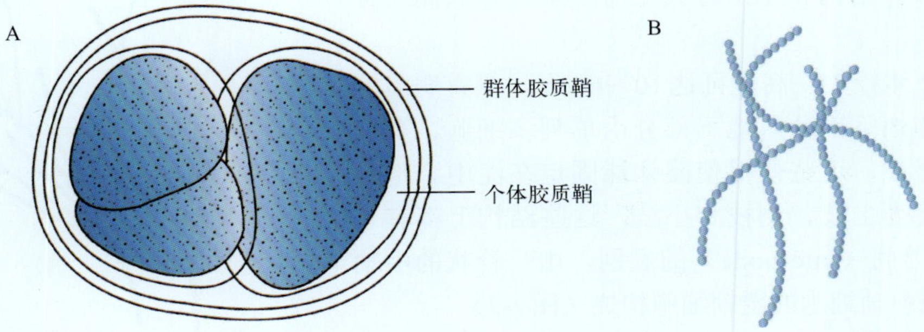

图7-5　色球藻属（A）和念珠藻属（B）结构示意图

（二）绿藻门（Chlorophyta）

绿藻是藻类植物中最大的一个类，包含了大约350个属，5000～8600个种。这些藻类的形态多样，包括单细胞、群体、丝状体、叶状体和管状等多种类型。

绿藻细胞具有双层结构的细胞壁，内层主要由纤维素构成，而外层则由果胶质组成，常呈现黏液状态。绿藻细胞内的载色体在结构上与高等植物的叶绿体相似，含有叶绿素a、叶绿素b、胡萝卜素和叶黄素，这些色素使得绿藻呈现绿色。载色体中通常含有一个或多个蛋白核。绿藻储存的主要养料是淀粉，同时也含有脂类。细胞核的数量为一至多个，通常位于靠近细胞壁的原生质中。它们的生殖方式多种多样，既有无性生殖也有有性生殖，许多种类表现出世代交替的现象。

绿藻的分布极为广泛，绝大多数种类生活在淡水环境中（约占90%），少数种类则分布于潮湿的土壤表面或海洋中（约占10%）。绿藻通常被分为两个纲：绿藻纲（Chlorophyceae）和接合藻纲（Conjugatophyceae）。常见的绿藻（图7-6）包括衣藻属（*Chlamydomonas*）、团藻属（*Volvox*）、水绵属（*Spirogyra*）、栅藻属（*Scenedesmus*）和小球藻属（*Chlorella*）等。

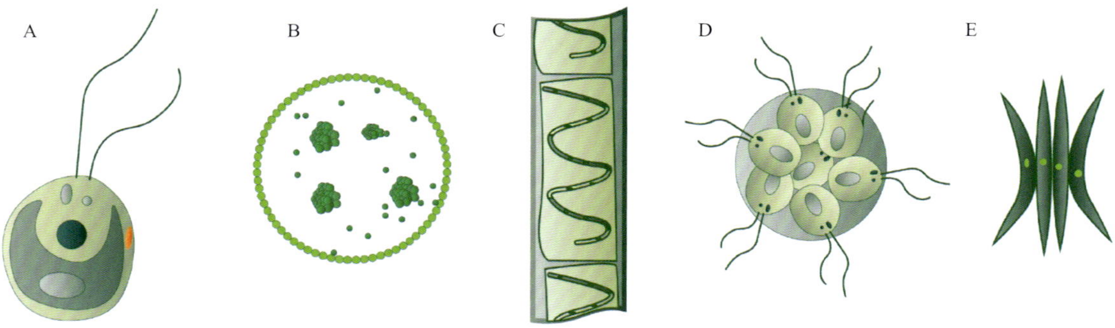

图7-6　绿藻

A.衣藻属；B.团藻属；C.水绵属；D.球藻属；E.栅藻属

（三）轮藻门（Charophyta）

因轮藻门的藻类色素和储存物质与绿藻门相似，一些藻类学家将其归类为绿藻门下的轮藻纲。然而，轮藻的营养体结构和生殖方式相对复杂，与绿藻门存在显著差异。

轮藻个体较大，高度可达10～60cm，具有明显的直立部分和地下部分。地下部分由单列多细胞、有分枝的假根组成，这些假根使藻体能固定在泥中。地上部分则分化为主枝、侧枝和小枝，这些结构上都有节（node）和节间（internode）的区别，由长管状的中轴细胞和围绕中轴细胞的围轴细胞构成（图7-7）。

侧枝是生长在主枝上的长枝，主枝和侧枝的节上都会轮生多个小枝。轮藻的生长是通过顶端生长进行的。它们主要通过卵式生殖进行繁殖，而不进行无性生殖。大部分轮藻能够在地下假根部分的节上产生珠芽，进行营养繁殖。

轮藻主要生活在淡水中，在流动缓慢或静止的水域底部形成大片群落，也有一些种类能够在微盐环境

图7-7　轮藻结构示意图

中生长。常见的轮藻包括丽藻属（*Nitella*）等。

（四）裸藻门（Euglenophyta）

裸藻是一类无细胞壁的单细胞生物，大多数种类具有鞭毛，能够游动。它们的细胞内含有与绿藻门相似的色素体，有的具有蛋白核，而少数种类则缺乏色素体，是无色种类。不过，无论是否具有色素体，裸藻的贮藏物质主要是类似于淀粉的副淀粉和脂肪。无色类型的裸藻通过腐生方式生活，或者采用动物式的营养方式，通过吞食固体食物来获取营养。裸藻通过细胞的纵裂方式进行繁殖。

裸藻大多生活在淡水中，少数种类生活在咸水或半咸水中，而在海水中极为罕见。它们在富含有机物的水体中生长旺盛，常作为水质污染的指示生物。在夏季，裸藻的大量繁殖会导致水体呈现绿色，并可能在水面上形成水华。

全球已知的裸藻大约有40属，800多种，统归于裸藻纲（Euglenophyceae），该纲下分为两个目：裸藻目（Euglenales）和柄裸藻目（Colaciales）。

（五）金藻门（Chrysophyta）

藻类可以是单细胞形式，也可以聚集成为群体，它们的生活方式包括浮游和附着两种。这些藻类的载色体富含类胡萝卜素，而叶绿素的含量相对较低，导致载色体呈现出黄绿色、橙黄色或褐黄色。在单细胞游动种类中，有些没有细胞壁，而具有细胞壁的种类，其细胞壁主要是由纤维素和果胶构成。具有运动能力的细胞通常具有一根或两根顶生的鞭毛（偶尔有三根），这些鞭毛可能等长或不等长。

这些藻类的繁殖方式包括断裂（群体种类）、分裂和产生游动孢子（在无鞭毛的种类中）。有性生殖在这些藻类中较为罕见。它们多数分布在淡水中，但在海水或咸水中也有分布。该类藻类仅构成一个纲，包含大约200个属和1000个种。常见的种类包括棕鞭藻属（*Ochromonas*）和黄群藻属（*Synura*）等。

（六）甲藻门（Pyrrophyta）

甲藻大多为单细胞，但也有少数种类呈现球胞型或丝状体形态。它们的细胞通常是球形的或长椭圆形的，并带有两条不等长的鞭毛，这些鞭毛不对称地排列。它们的细胞壁可能存在，也可能缺失。它们的载色体主要含有叶绿素a、叶绿素c、β-胡萝卜素以及几种特有的黄色色素，其中黄色色素的含量大约是叶绿素的四倍，使得藻体呈现黄绿色、橙黄色或褐色。

这些藻类的繁殖主要通过细胞分裂进行，尽管有些种类能够产生孢子。目前已知的种类大约有1000种，分为纵裂甲藻纲和横裂甲藻纲两个主要类群。常见的属包括多甲藻属和枝甲藻属。

分布广泛，在淡水和海水中都能找到，尤其在热带海洋中最为丰富，是海洋动物的重要饵料来源。然而，由于近海水域的富营养化，某些甲藻种类如夜光藻（*Noctiluca scintillans*）和海洋原甲藻（*Prorocentrum micans*）等会经历暴发性增长，形成水华，导致水体变色并散发出腥臭味，形成赤潮。当藻类密度过高时，死亡的藻体会滋生腐生细菌，导致水中溶解氧急剧减少，并产生甲藻毒素，对鱼、虾、贝类等海洋生物造成严重危害。甲藻死亡后的沉积物成为古生代含油地层中的重要化石，因此在石油勘探中，甲藻化石常被作为重要依据。

（七）褐藻门（Phaeophyta）

植物体通常由多细胞构成，其中某些具有组织分化。这些细胞的壁有两层，内层主要成分是纤维素，而外层则由藻胶构成，并且细胞壁内还含有褐藻糖胶。载色体中富含叶绿素a和叶绿素c、β-胡萝卜素以及六种叶黄素，其中一种名为墨角藻黄素的叶黄素使得藻体呈现褐色。细胞通过光合作用积累的主要是褐藻淀粉和甘露醇。精子和游动孢子通常具有两条不等长的侧生鞭毛，其中一条向前方伸出且较长，属于茸鞭型；另一条向后方伸出且较短，属于尾鞭型。

它们绝大多数生活在海洋中，约有250属、1500种。常见的种类包括海带（*Laminaria japonica*，图7-8）、裙带菜（*Undaria pinnatifida*）和鹿角菜（*Pelvetia silquosa*）等。

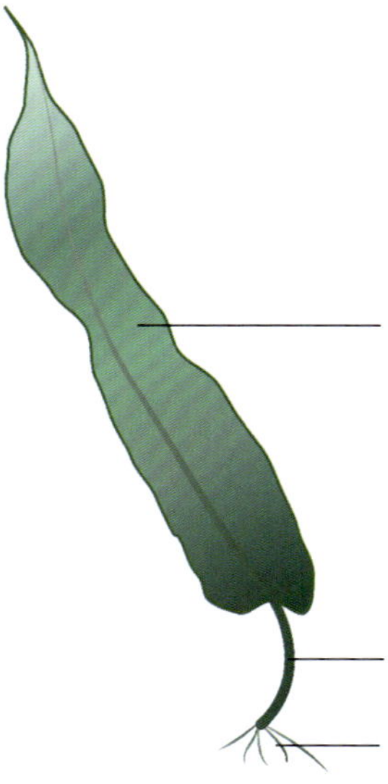

图7-8 海带结构示意图

海带没有根茎叶的分化

（八）红藻门（Rhodophyta）

植物体主要是多细胞的，但也有少数是单细胞的。某些红藻种类展现出一定的组织分化。细胞壁分两层，内层主要由纤维素构成，外层则主要由果胶质组成。它们的载色体含有叶绿素a、叶绿素b、β-胡萝卜素、叶黄素，以及藻红素和藻蓝素，这些色素使得藻体多数呈现红色。红藻门植物的细胞内储存的是红藻淀粉和红藻糖。

绝大多数红藻门植物生活在海水中，仅有10余属、大约50种是淡水种，这些淡水种通常分布在流速快的河流、瀑布以及寒冷且空气流通的山地水中。海生红藻的分布受海水温度影响，且大多数是固着生活的。红藻门包括大约558属、3740种。红藻纲进一步分为两个亚纲：紫菜亚纲（Bangioideae）和真红藻亚纲（Florideophyceae）。其中一些种类，如紫菜属（*Porphyra*）、麒麟菜属（*Eucheuma*）、海萝属（*Gloiopeltis*）等，不仅营养价值高，而且口感鲜美，适合食用。此外，还有一些具有经济价值的种类，如石花菜属（*Gelidium*）、江蓠属（*Gracilaria*）等，它们可用于提取琼胶和卡拉胶。

二、真菌

真菌通常以丝状分枝的结构进行营养生长，具备细胞壁和细胞核，但缺乏叶绿素。它们是异养生物，能够通过有性和无性两种方式繁殖。在传统的二界分类系统中，由于它们异养的特性，真菌被归类为植物界中的异养植物。真菌界的显著特点是不具备光合作用能力，而是通过吸收有机物质来获取营养，是典型的异养生物。

异养生物的体型可以是阿米巴状的原生质团或类似原生质的结构，也可以是单细胞形态或菌丝状。通常是不活动的，但在某些生命周期阶段可以产生游动的孢子。

真菌被进一步划分为两个门类，分别是黏菌门和真菌门。

（一）黏菌门（Myxomycota）

处于生长或营养阶段的黏菌是无细胞壁的多核原生质体，又称为变形体（plasmodium）。这种形态在营养体的结构、运动和摄食方式上与原生动物中的变形虫相似。然而，在繁殖阶段，黏菌会产生具有纤维质细胞壁的孢子，显示出真菌的特征。常被称为“奇异的真菌”或“原生动物”，其具体分类地位存在争议。

黏菌是动物和真菌之间的过渡生物。它们大多生活在森林中阴暗和湿润的地方，如腐木、落叶或其他湿润的有机物上。大多数黏菌是腐生菌，对经济植物没有直接影响，只有少数黏菌会寄生在经济植物上，对宿主造成损害。

全球已知的黏菌大约有500种，通常分为三个纲：黏菌纲（Myxomycetes）、集胞菌纲（Acrasiomycetes）和根肿菌纲（Plasmodiophoromycetes）。黏菌纲是最为常见且种类最多的一纲，约有450种。集胞菌纲种类较少，而根肿菌纲中有一些种类是寄生于经济植物的寄生菌。

（二）真菌门（Eumycota）

真菌由于缺乏叶绿素和质体，被认为是典型的异养生物。它们通过吸收和分解动物、植物的遗体、排泄物以及腐败的植物材料中的有机物来获取营养。真菌储存的主要营养物包括糖类、少量蛋白质和脂肪，以及微量维生素。大部分真菌具有明显的细胞壁，通常不具运动能力，依靠孢子进行繁殖。繁殖方式分为营养繁殖、无性繁殖和有性繁殖三种。真菌通常是多细胞的丝状生物，其营养体大多数情况下结构简单。大型真菌具有子实体。

真菌的异养方式主要包括寄生（parasitism）和腐生（saprophytism）两种。寄生真菌从宿主生物体上获取营养，而腐生真菌则从死亡的生物体或无机物中吸收养分。这两种方式之间没有绝对的界限，有些真菌可能在宿主死亡后从寄生转变为腐生。有些真菌只能进行寄生，称为专性寄生菌（obligate parasitism fungi），而有些只能进行腐生，称为专性腐生菌（obligate saprophytic fungi）。同时具备两种生活方式的真菌则被称为兼性腐生或兼性寄生菌（facultative parasitic fungi）。

除单细胞真菌外，真菌主要由菌丝（hypha）构成，菌丝是细长的管状结构，构成菌体的所有菌丝统称为菌丝体（mycelium）。大多数真菌细胞壁含有几丁质（chitin），而某些低等真菌的细胞壁则由纤维素构成。真菌细胞壁的成分复杂多变，甚至可能因含有不同物质而呈现多种颜色。

菌丝细胞内包含原生质、细胞核、液泡以及储存的蛋白质、油滴和糖类等营养物质。原生质通常是无色透明的，但某些种类的菌丝可能因为含有色素而呈现不同颜色。菌丝是真菌吸收养分的主要结构。

据统计，全球已描述的真菌约有1万属，12万种以上。中国的真菌种类估计约有4万种。真菌被分为五个亚门，包括鞭毛菌亚门（Mastigomycotina）、接合菌亚门（Zygomycotina）、子囊菌亚门（Ascomycotina）、担子菌亚门（Basidiomycotina）和半知菌亚门（Deuteromycotina）。

因真菌种类繁多，分类复杂，现仅举几种和人类关系最密切的、最常见的真菌。

1. 酵母属（*Saccharomyces*）

酵母菌属于半子囊菌纲，通常是单细胞结构，具有细胞壁和细胞核（图7-9）。它们倾向于在富含糖分的环境中生存，例如牛奶、动物排泄物、土壤以及植物的营养部分。其中，最常见的代表酵母是酿酒酵母（*Saccharomyces cerevisiae*），其广泛应用于啤酒酿造和面包等食品的制作。酿酒酵母因其与动物和植物细胞在结

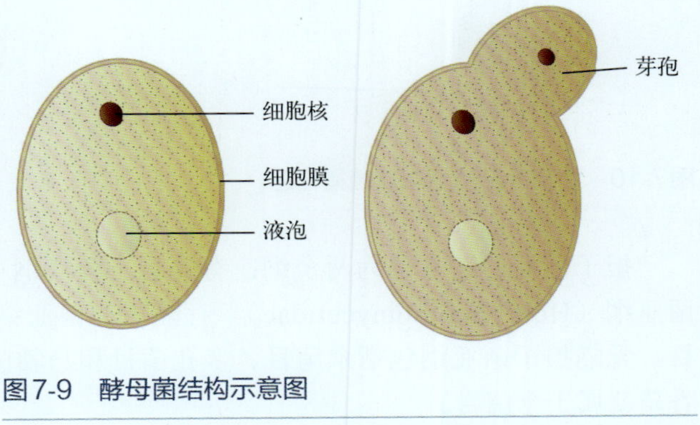

图7-9　酵母菌结构示意图

构上的相似性，以及易于培养的特点，成为研究真核生物的理想模型。酵母细胞通常是球形或椭圆形，内部含有一个大液泡，细胞质中含有油滴和糖分，而细胞核相对较小。它们通常是单个细胞单独存在，有时几个细胞会连成一串，形成类似菌丝的结构。

酵母通常通过出芽的方式进行繁殖，芽体在脱落前会形成暂时性的分枝状拟菌丝。每个脱落的芽体都会成为一个新的个体。在有性生殖过程中，两个营养细胞或子囊孢子会结合形成子囊。子囊呈球形或近球形，是单细胞结构，无外层包被，内部含有一个双相的细胞核。经过减数分裂，子囊会产生四个单相的子囊孢子，或者通过普通分裂产生八个孢子。子囊孢子也是球形的，其结构与营养细胞相似，但体积略小。

在酿酒过程中，酵母会将葡萄糖、果糖和甘露糖等单糖吸入细胞内，在无氧条件下，通过细胞内酶的作用将这些单糖分解成二氧化碳和酒精，这个过程称为发酵。

2. 担子菌亚门（Basidiomycotina）

担子菌亚门是一类高等真菌，已知种类超过22000种，分属于900个属。这些真菌都是陆生的，大多数种类要么是植物的专性寄生菌，要么是腐生菌。它们与人类的关系非常密切，许多种类可食用和药用，但也有有毒的种类。

这个亚门的真菌都是多细胞的，它们的菌丝具有横隔，并且存在两种类型的菌丝体：初生菌丝体（primary mycelium）和次生菌丝体（secondary mycelium）。初生菌丝体的细胞是单核的，寿命相对较短。而次生菌丝体的细胞则是双核的，也称为双核菌丝体（dicaryophytic mycelium），寿命较长。

高等担子菌通过次生菌丝体形成子实体，这种子实体被称为担子果，由三生菌丝体构成，其营养菌丝仍为双核菌丝。

担子菌的无性生殖方式涉及芽殖、分生孢子、粉孢子和厚壁孢子等。而有性生殖过程涉及冬孢子、厚壁孢子或担子内的双核结合，形成双相的担子。经过减数分裂，产生四个单相的担孢子，这些担孢子附着在担子柄上（图7-10）。冬孢子和厚壁孢子萌发后也会产生担孢子。

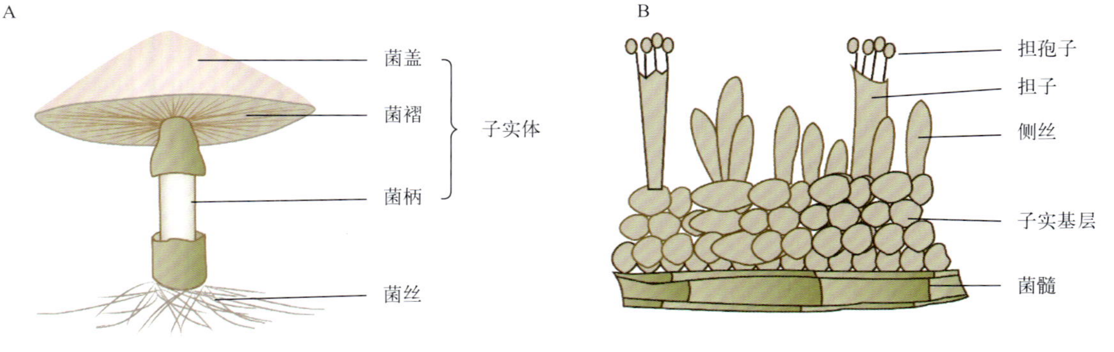

图7-10 蘑菇外形示意图及菌褶构造

担子菌亚门通常分为两个纲：有隔担子菌亚纲（Phragmobasidiomycetidae）和无隔担子菌亚纲（Homobasidiomycetidae）。有隔担子菌亚纲包括银耳目、木耳目、锈菌目和黑粉菌目。无隔担子菌亚纲包括伞菌目、多孔菌目和马勃菌目等。我们常食用的蘑菇（图7-10）和香菇就属于伞菌目。

三、苔藓植物

和地衣植物类似，苔藓植物（bryophyte）（图7-11）是一群小型的多细胞的绿色植物，多生活在阴湿的环境中。其中，简单的种类与藻类相似，呈扁平的叶状体。而比较高级的种类，植物体已有假根和类似茎、叶的分化。植物体的内部构造简单，假根是由单细胞或由1列细胞所组成，无中柱，只在较高级的种类中有类似输导组织的细胞群。

图7-11　地衣和苔藓植物

苔藓植物具有多细胞的生殖器官。雌性生殖器官称为颈卵器（archegonium），颈卵器的外形如瓶状，由细长的颈部（1层颈壁细胞和1列颈沟细胞）和膨大的腹部（多层壁细胞、1个腹沟细胞和1个卵细胞）组成。雄性生殖器官称为精子器（antheridium）。外形多呈棒状或球状，其壁由一层细胞构成，内有多数精子，精子长而卷曲，具2条等长的鞭毛。精子借助水进入颈卵器与卵结合形成合子，合子在配子体的颈卵器内发育成胚，再发育成孢子体。颈卵器和胚的出现是苔藓植物由水生向陆生过渡的重要进化性状。

苔藓植物的生活史具有明显的世代交替，但配子体占优势，孢子体不发达，且寄生在配子体上，不能独立生活。苔藓植物的孢子在适宜的环境下萌发成丝状体，形如丝状绿藻，称原丝体，一段时间后再长成成熟的植物体——配子体。

苔藓植物有23000余种，我国有2800多种。根据其营养体的形态结构，通常苔藓植物门分为苔纲（Hepaticae）和藓纲（Musci）。

（一）苔纲（Hepaticae）

苔类植物（liverwort），一种常见于阴湿环境如土地、岩石、树干甚至树叶上的生物，其生长环境多样，甚至能漂浮于水面或完全沉浸在水中。在形态上，苔类的营养体（配子体）有的呈现为叶状体，而有的则分化出了茎和叶，但多数苔类植物体都呈现出背腹式的特点。进一步观察其孢子体构造，可以发现苔类的孢蒴较藓类简单，不仅缺乏蒴齿（peristomal teeth），而且多数种类也没有蒴轴（columella）。在孢蒴内部，除了孢子外，还存在弹丝（elater）。当孢子萌发时，苔类的原丝体阶段并不发达。

从分类学角度看，苔纲主要分为五目，分别是地钱目(Marchantiales)、叶苔目(Jungermanniales)、藻苔目(Takakiales)、美苔目(Calobryales)和囊果苔目(Sphaerocarpales)。

（二）藓纲（Musci）

藓类植物以其丰富的种类和广泛的分布地域而著称，它们遍布全球各地。相较于苔类植物，藓类展现出更强的耐低温能力，因此，在温带、寒带、高山、冻原、森林和沼泽等多样生态环境中，都能见到它们形成的大片群落。

在藓类植物的构造上，它们的植物体呈现出清晰的茎、叶分化，形成了无背腹之分的茎叶体。部分种类的茎展现出明显的中轴分化特征，而叶在茎上的排列方式多为螺旋式，这使得植物体整体呈现出辐射对称的形态。

在孢子体构造方面，藓类相较于苔类更为复杂。它们的蒴柄坚韧有力，孢蒴内部有蒴轴，却缺乏弹丝这一结构。当孢子成熟时，多采用盖裂的方式进行释放。在孢子萌发的过程中，藓类的原丝体时期发达，每个原丝体常常能够发育成多个植株。

从分类学的角度来看，藓纲被划分为三个主要目，分别是泥炭藓目（Sphagnales）、黑藓目（Andreaeales）和真藓目（Bryales）。这三个目下的藓类植物各自拥有独特的生态位和生物学特性，共同构成了藓类植物的丰富多样性。

苔藓植物在自然界中的作用及其经济意义有如下几点。

环境开拓者：苔藓植物作为生态链的先驱，继蓝藻和地衣之后，能在荒漠、冻原以及裸露岩石上繁衍生息。它们具备分泌酸性物质的能力，可以溶解岩石表面，并通过积累物质和水分以及自身的残体，逐渐促进土壤的形成，从而为后续的高等植物提供生长所需的条件。

水土保持者：苔藓植物以其强大的吸水能力著称，特别是在形成密集群落时，其蓄水量可达到体重的10～20倍。这种特性对于维持土壤湿度和防止水土流失至关重要。

助力湖泊沼泽的陆化：藓类植物残体的沉积在湖泊和沼泽的陆化过程中扮演着关键角

色。这些沉积物为后续的陆生草本植物、灌木和乔木提供了生长的基础，推动了湖泊和沼泽向森林的演替。

大气污染监测的敏感指标：苔藓植物对空气中的SO_2等有毒气体表现出极高的敏感性。这些气体一旦达到一定的浓度，就会对苔藓植物产生明显的危害，因此，它们常被用作监测空气质量的指示植物。

多样的经济应用价值：苔藓植物不仅具有生态价值，还具备多种经济用途。例如，金发藓（即中药土马鬃）在中医药领域具有乌发、活血和利大小便等功效；暖地大叶藓对治疗心血管疾病有一定疗效；泥炭藓常用于包装和运输新鲜苗木，并可作为苗床的覆盖物；而由泥炭藓或其他藓类形成的泥炭，还可用作燃料和肥料。

四、蕨类植物

蕨类（pteridophyte）（图7-12），又称为羊齿类植物，与藓类植物一样，有明显的世代交替现象。它们通过孢子实现无性繁殖，并具有包括雄性生殖器官（精子器）和雌性生殖器官（颈卵器）在内的有性生殖系统。然而，与藓类植物不同的是，蕨类植物的孢子体比配子体发达，出现了根、茎、叶的分化，并含有维管组织。此外，和种子植物不同，蕨类植物依靠孢子而非种子进行繁殖。蕨类植物的孢子体和配子体均能独立存活，这一点与藓类植物和种子植物均不同。在进化层面上，蕨类植物是连接藓类植物和种子植物的关键过渡群体。

图7-12 蕨类植物——荚果蕨

蕨类植物在全球范围内广泛分布，通常喜好阴暗湿润和温暖的气候。除了海洋和沙漠之外，它们遍布于平原、森林、草原、岩石裂缝、溪流、沼泽、高山和水面等多种生态位，尤其是在热带和亚热带地区，种类繁多。

在当前广泛认可的PPG Ⅰ（Pteridophyte Phylogeny Group）蕨类植物分类体系中，共收录了48科319属约10578种蕨类植物（monilophytes，ferns）。其中，核心类群水龙骨目（Polypodiales，polypods）涵盖了250余属约8700种。中国拥有大约2600种蕨类植物，主要分布于西南地区、长江流域以南的省份以及台湾省等地。其中，仅云南省就拥有超过1000种蕨类植物，因此中国被誉为“蕨类王国”。

蕨类植物中，只有少数种类是一年生植物，大多数的孢子体表现为多年生的草本形态。除了极少数原始种类只具有假根之外，绝大部分蕨类植物都生长着能够有效吸收养分的不定根。它们的茎通常为地下茎或根状茎，而有些种类则具有直立树干状或其他形态的地上茎。还有一些原始的蕨类植物同时具有气生茎和根状茎。

蕨类植物的维管系统由木质部和韧皮部构成，分别负责水分、无机养分和有机物的输送。木质部主要由管胞组成，其细胞壁上常有环形、螺旋形或梯形的加厚纹理，某些蕨类如石松纲和真蕨纲的成员还具有导管的结构。然而，蕨类植物中的导管与管胞在尺寸上的差异并不显著。除了管胞和导管外，木质部还包括薄壁组织。韧皮部的主要成分是筛胞和筛管，以及韧皮薄壁组织。在现存的蕨类植物中，除了少数如水韭属（*Isoetes*）和瓶尔小草属（*Ophioglossum*）等种类外，一般不形成明显的形成层结构。

蕨类植物的叶可根据大小和结构分为两类：小型叶（microphyll）和大型叶（macrophyll）。小型叶，例如松叶蕨（*Psilotum nudum*）和石松（*Lycopodium clavatum*）的叶子，缺乏叶隙（leaf gap）和叶柄（stipe），且通常只有一条单一、不分枝的叶脉（vein）。相对地，大型叶具备叶柄，其维管束可能含有叶隙，叶脉则更为发达且分枝较多。

在蕨类植物中，叶承担着不同的功能。有的叶主要负责光合作用，这些被称为营养叶或不育叶（foliage leaf，sterile frond）。而有些叶的主要功能是产生孢子囊和孢子，这些叶子被称为孢子叶或能育叶（sporophyll，fertile frond）。在某些蕨类植物中，营养叶和孢子叶在形态上没有明显区分，且形状相似，这类叶被称为同型叶（homomorphic leaf）。而在其他一些蕨类植物中，孢子叶与营养叶在形态上截然不同，这类叶被称为异型叶（heteromorphic leaf）。

在蕨类植物的生命周期中存在孢子体和配子体两个独立生存阶段。从受精卵的萌发开始，直至孢子母细胞进行减数分裂之前，这一阶段为孢子体世代，亦称为无性世代，其细胞染色体数目为二倍体（$2n$）。而从孢子萌发至精子与卵细胞结合之前的阶段，被称作配子体世代，或称有性世代，其细胞染色体数目为单倍体（n）。在蕨类植物的一生中，这两个世代呈现出明显的交替现象，且孢子体世代通常占据优势地位。

此外，孢子体还可以从配子体的单个营养细胞、颈卵器附近的细胞，或颈卵器内除卵细胞外的细胞发育而来。也可以由一个卵细胞未经配子结合而直接形成孢子体，这种生殖方式被称为单性生殖或孤雌生殖。

蕨类植物的分类体系在植物学家之间存在着分歧。传统上，蕨类植物被视为一个自然类群，在分类学上被归类为蕨类植物门（Pteridophyta），并进一步细分为松叶蕨纲（Psilotinae）、石松纲（Lycopodinae）、木贼纲（Equisetinae）、楔叶纲（Sphenopsida）和真蕨纲（Filicinae）。此外，也有学者在这个分类基础上增加水韭纲（Isoetinae），形成五个纲的分类系统。1978年，中国蕨类植物学家秦仁昌教授将蕨类植物门重新划分为五个亚门11个目，包括石松亚门（Lycophytina）、水韭亚门（Isoephytina）、松叶蕨亚门（Psilophytina）、楔叶亚门（Sphenophytina）和真蕨亚门（Filicophytina）。

近年来科学界对这群最古老的陆生维管植物演化历史表现出极大的兴趣，特别是分子生物学兴起以来，科学家用不同的基因片段尝试解析蕨类植物的亲缘关系，然而分析结果往往缺乏稳健的支持，致使难以对其形态演化做出合理解释。为了攻克这一世界难题，2013年开始，上海辰山植物园（中国科学院上海辰山植物科学研究中心）蕨类植物多样性与进化研究组联合中国科学院植物研究所的研究人员开展了大规模的蕨类植物转录组测序。历经4年采样、测序、分析了涉及全世界蕨类植物PPG系统的11目69种（其中包括了大量隶属秦仁昌系统的其他科别类群）的高质量转录组数据。考虑到蕨类植物多为大基因组、古多倍体的遗传学特征，研究人员摈弃了传统的低拷贝基因建树方法，而直接采用大规模的直系同源基因构建系统树的策略，分别使用1334个（物种覆盖度90%）和2391个（物种覆盖度75%）直系同源基因构建两个超级基因序列矩阵，最后得到两个完全一致、高支持率的拓扑结构关系。论文以“Large scale phylogenomic analysis resolves a backbone phylogeny in ferns”为题于2017年11月24日在国际综合性期刊*GigaScience*在线发表。基于稳健的系统发育关系，确认了蕨类植物谱系演化的主干结构（图7-13），重溯了蕨类植物孢子囊的演化路线，修订了英国蕨类植物学家Bower于1923—1928年提出的孢子囊形态演化假说。

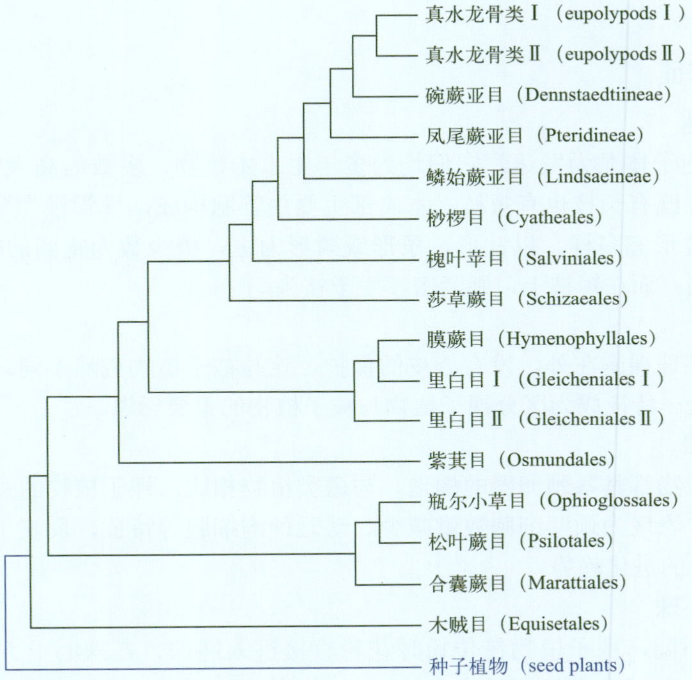

图7-13　蕨类植物系统演化树

根据Shen H et al，2017改绘

第三节　种子植物

种子植物（spermatophyte），亦称显花植物，作为植物界中最高等的类群，广泛分布于全球各地。这类植物具备两个显著的基本特征：首先，它们体内含有维管组织，这些组织对于植物的生长和发育至关重要；其次，种子植物具备产生种子的能力，并依赖这些种子进行繁殖。

在种子植物的分类中，可以进一步区分为裸子植物和被子植物两大类。裸子植物的种子外层没有果皮的包覆，呈裸露状态。相对而言，被子植物的种子外有果皮包裹，这一特征使得被子植物在生态和进化上展现出独特的适应性。

一、裸子植物

裸子植物（gymnosperm）作为一类独特的维管植物，不仅保留着古老的颈卵器结构，还具备产生种子的能力，它们是介于蕨类植物与被子植物之间过渡植物。其历史可追溯到3.5亿年前的古生代晚期。它们在中生代达到鼎盛，至今仍在全球的生态环境中占据一席之地。目前，现存的裸子植物种类繁多，分属于5纲、9目、12科、71属，近800种。值得一提的是，中国是裸子植物种类最为丰富、资源最为充沛的国家，拥有5纲、8目、11科、41属、236种之多。这些植物中，不乏银杏、水杉等被誉为“活化石”的第三纪孑遗植物，它们是生物进化史上的珍贵见证。

（一）基本特征

1. 孢子体发达

裸子植物的孢子体尤为发达，它们均为多年生木本植物，多数为高大的单轴分枝乔木。其枝条形态各异，既有长枝也有短枝。木质部主要由管胞构成，导管极为罕见；而韧皮部则无伴胞相伴。叶片形态多样，以针形、条形或鳞形为主，极少数为宽阔的叶片。在长枝上，叶片呈螺旋状排列；而在短枝上，则紧密簇生于枝头。

2. 胚珠裸露

裸子植物的胚珠裸露在外，没有心皮的保护。这与被子植物截然不同，被子植物的胚珠被心皮所包围。这一特征成为区分裸子植物与被子植物的重要标志。

3. 存在颈卵器

大多数裸子植物都具备颈卵器的构造，与蕨类植物相比，裸子植物的颈卵器结构更为退化，其结构简化，表现为颈壁细胞数量减少、缺乏颈沟细胞等特征，反映了植物从水生到陆生、从低等到高等的进化趋势。

4. 花粉直达胚珠

和被子植物不同，裸子植物在传粉时花粉直接进入胚珠，在珠心上方萌发，形成花粉管，进而其内部的精子和卵细胞结合完成受精。花粉管的产生，使受精过程摆脱了水的限制，使裸子植物能够更好地适应陆地生活。

5. 具多胚现象

裸子植物常展现出多胚现象，这包括简单多胚和裂生多胚等类型。简单多胚是由一个雌配子体上的多个颈卵器同时受精而形成；而裂生多胚则是由一个卵受精后，在发育过程中原胚分裂成多个胚。这些多胚现象丰富了裸子植物的遗传多样性。

（二）分类

不同的学者对裸子植物的分类存在不同的观点。通常，裸子植物门可分为苏铁纲（Cycadopsida）、银杏纲（Ginkgopsida）、松柏纲（球果纲）（Coniferopsida）、红豆杉纲（紫杉纲）（Taxopsida）及买麻藤纲（倪藤纲）[Gnetopsida，又称盖子植物纲（Chlamydospermopsida）] 五纲。2022年，我国科研工作者杨永等整合分类学思想，基于近年来的系统发生基因组学研究结果，兼顾裸子植物的形态、解剖、胚胎、植物化学等特征以及传统系统分类习惯，将现存裸子植物划分为3纲、5亚纲、8目、13科（图7-14）。

纲	亚纲	目	科
苏铁纲 (Cycadopsida)	苏铁亚纲 (Cycadidae)	苏铁目 (Cycadales)	苏铁科 (Cycadaceae) 泽米铁科 (Zamiaceae)
银杏纲 (Ginkgopsida)	银杏亚纲 (Ginkgoidae)	银杏目 (Ginkgoales)	银杏科 (Ginkgoaceae)
松柏纲 (Pinopsida)	柏亚纲 (Cupressidae)	南洋杉目 (Araucariales)	南洋杉科 (Araucariaceae) 罗汉松科 (Podocarpaceae)
		柏目 (Cupressales)	金松科 (Sciadopityaceae) 柏科 (Cupressaceae) 三尖杉科 (Cephalotaxaceae) 红豆杉科 (Taxaceae)
	松亚纲 (Pinidae)	松目 (Pinales)	松科 (Pinaceae)
	买麻藤亚纲 (Gnetidae)	麻黄目 (Ephedrales)	麻黄科 (Ephedraceae)
		买麻藤目 (Gnetales)	买麻藤科 (Gnetaceae)
		百岁兰目 (Welwitschiales)	百岁兰科 (Welwitschiaceae)

图7-14 裸子植物主要类群

据杨永，2024等改绘

代表性裸子植物涵盖了铁树、银杏、松树、柏树和水杉等多种丰富植被。这些植物不仅各自拥有独特的生态特性和观赏价值，还在植物分类学和生态系统中占据着举足轻重的地位，为我们提供了宝贵的生态资源。

二、被子植物

自新生代以来，被子植物（angiosperm）以其卓越的适应性和广泛的多样性，成为植物界最为高级和占据绝对优势的一类。据统计，全球已知被子植物种类超过30万种，分属1万多属，占据植物界总数的一半以上。而在我国，被子植物更是有2700多属，约3万种之多。这一庞大的种类数量与其结构的复杂化、完善化密不可分，特别是其繁殖器官的结构和生殖过程的特性，为被子植物提供了适应和抵御各种环境的内在条件，使其在生存竞争中不断产生新的变异和物种。

（一）主要特征

被子植物之所以能在生物圈中占据如此重要的地位，主要源于其以下几个显著特征。

1. 真正的花结构

被子植物的花在数量、形态上展现出了极其丰富的变化。这些变化是在漫长的进化过程中，为了适应虫媒、风媒、鸟媒或水媒的传粉条件，经过自然界的筛选和强化而得以保留的。

2. 具雌蕊的结构

被子植物具有雌蕊结构，胚珠被安全地包藏在子房内，避免了昆虫的侵害和水分的流失。子房受精后会发育成果实，果实不仅具有多种颜色、香味和开裂方式，而且果皮上常带有各种钩、刺、翅和毛等，这些都有助于种子的成熟和保护，以及种子的散布。

3. 独特的双受精现象

生殖过程具有双受精现象，这一特性为其物种的繁衍提供了独特的保障。

4. 发达的孢子体与退化的配子体

被子植物的孢子体发达，而配子体则相对简化，这种结构特点进一步增强了其生存和繁衍的能力。

被子植物的这些特性，使其在生存竞争中拥有了其他植物所不具备的优势。它们的出现，不仅让地球首次展现出色彩缤纷、花果繁多的景象，而且通过果实和种子中高能量产物的贮存，为直接或间接依赖植物为生的动物（特别是昆虫、鸟类和哺乳类）提供了丰富的食物来源，推动了这些动物群体的迅速繁盛。

（二）分类

被子植物分为单子叶植物和双子叶植物两大类。它们在营养器官（根、茎、叶）和生殖器官（花、果实、种子）的结构上都有各自独有的特征（图7-15）。其中，最显著的区别在于种子结构：被子植物的种子普遍具有种皮和胚，但双子叶植物的种子内含有两片子叶且无胚乳，而单子叶植物的种子则只有一片子叶，并有胚乳。然而，该规律亦有例外。部分双子叶植物（如蓖麻）的种子中依然存在胚乳，而少数单子叶植物（如某些兰花）的种子则缺乏胚乳。

图7-15 双子叶植物和单子叶植物的区别

虽然单子叶植物纲和双子叶植物纲在植物分类上存在一定的界限，但自然界中的植物种类繁多，特征各异，使得这些界限并非绝对。实际上，自然界中的植物分类存在许多交错现象。有些双子叶植物具有单子叶植物的特征：①睡莲科、毛茛科、罂粟科和伞形科中部分植物只有一片子叶；②毛茛科、车前科和菊科等植物具有须根系的特征；③胡椒科、睡莲科、毛茛科和石竹科等植物的维管束呈现出星散排列的形态；④樟科、木兰科、小檗科和毛茛科等植物在花的基数上呈现3基数。无独有偶，有些单子叶植物也呈现出双子叶植物的特征：①有些单子叶植物幼期存在环状排列的维管束，并具有初生形成层；②天南星科、百合科和薯蓣科等植物则具有网状脉；③眼子菜科、百合科等植物在花的基数上呈现出4基数的特征。

在传统的克朗奎斯特分类法中，双子叶植物纲（Dicotyledoneae）被称为木兰纲（Magnoliopsida），而单子叶植物纲（Monocotyledoneae）被称为百合纲（Liliopsida）。其中，双子叶植物纲包括木兰亚纲（Magnoliidae）、金缕梅亚纲（Hamamelidae）、石竹亚纲（Caryophyllidae）、五桠果亚纲（Dilleniidae）、蔷薇亚纲（Rosidae）和菊亚纲（Asteridae）共6个亚纲。而单子叶植物包括泽泻亚纲（Alismatidae）、鸭跖草亚纲（Commelinidae）、槟榔亚纲（Arecidae）、姜亚纲（Zingiberidae）和百合亚纲（Liliidae）共5个亚纲。双子叶植物纲常见的植物包括木兰科、毛茛科、芍药科、锦葵科、十字花科、豆科、蔷薇科、马齿苋科、葫芦科、伞形科、鼠李科、木犀科、茄科和菊科等的植物；单子叶植物纲的植物包括百合科、石蒜科、鸢尾科、天南星科、禾本科、棕榈科、芭蕉科和兰科等的植物。

据《世界维管植物名录》（*The World Checklist of Vascular Plants*，WCVP）记载，全球被子植物约有330000种。构建一个反映真实亲缘关系的被子植物“生命之树”对于理解被子植物的起源、多样化及演化历史至关重要，也是生命科学其他分支学科研究的重要基础。高通量测序技术的快速发展为被子植物系统发育研究提供了强大动力，涌现了大量采用数百至数千个基因且取样广泛的系统发育研究，许多重要支系的系统发育关系得以解析，使植物系统演化的研究进入系统发育基因组学时代。基于不同的数据构建的植物系统发育树并不完全一致。我国科研工作者追踪现有的测序基因，基于叶绿体全基因组、简化基因组和全基因组测序数据，构建了被子植物科级水平迄今最完整取样的被子植物系统发育树（Plastid Phylogenomic Angiosperm Ⅱ，PPA Ⅱ）（图7-16），可为植物多样性的研究提供强有力的理论依据。

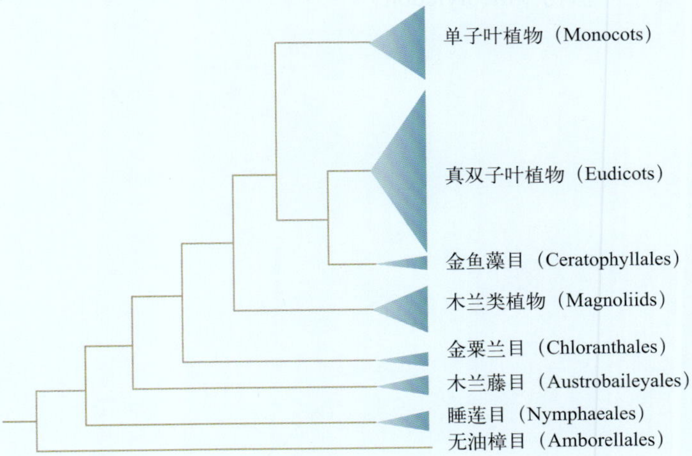

图7-16　被子植物系统发育框架

根据Guo C et al，2023改绘

思考题

（1）植物分类学的历史发展过程中，哪些关键事件或人物对该学科的发展起到了至关重要的作用？试举例说明。

（2）通过双名法的例子，分析属名和种加词的命名方式如何帮助我们理解植物间的亲缘关系。

（3）在自然环境中，哪些植物通过营养繁殖实现种群扩张？这类植物的繁殖策略相比于依赖有性生殖的植物有何优势和劣势？

（4）藻类植物如何适应极端环境？请举例说明。

（5）酵母菌在食品生产中的应用有哪些？它的经济价值如何？

（6）种子植物如何通过维管组织和种子繁殖适应陆地环境？

（7）比较单子叶植物与双子叶植物在形态结构上的不同，并举例说明。

生物学名词

植物分类学（plant taxonomy）；形态学（morphology）；双名法（binomial nomenclature）；分子系统学（molecular systematics）；数值分类学（numerical taxonomy）；实验分类学（experimental taxonomy）；化学分类学（chemical taxonomy）；孢子植物（spore plant）；藻类植物（algae）；自养原植体植物（autotrophic thallophyte）；异养原植体植物（heterotrophic thallophyte）；蓝藻门（Cyanophyta）；绿藻门（Chlorophyta）；轮藻门（Charophyta）；裸藻门（Euglenophyta）；金藻门（Chrysophyta）；甲藻门（Pyrrophyta）；褐藻门（Phaeophyta））；红藻门（Rhodophyta）；异养生物（heterotroph）；真菌界（Fungi）；菌丝（hyphae）；菌丝体（mycelium）；黏菌（Myxomycota）；真菌门（Eumycota）；专性寄生菌（obligate parasitic fungi）；兼性寄生菌（facultative parasitic fungi）；专性腐生菌（obligate saprophytic fungi）；腐生菌（saprophyte）；孢子（spore）；子实体（fruiting body）；酵母属（*Saccharomyces*）；种子植物（spermatophyte）；裸子植物（gymnosperm）；被子植物（angiosperm）；单子叶植物（monocotyledon）；双子叶植物（dicotyledon）

第三篇

动物生物学

篇前导图

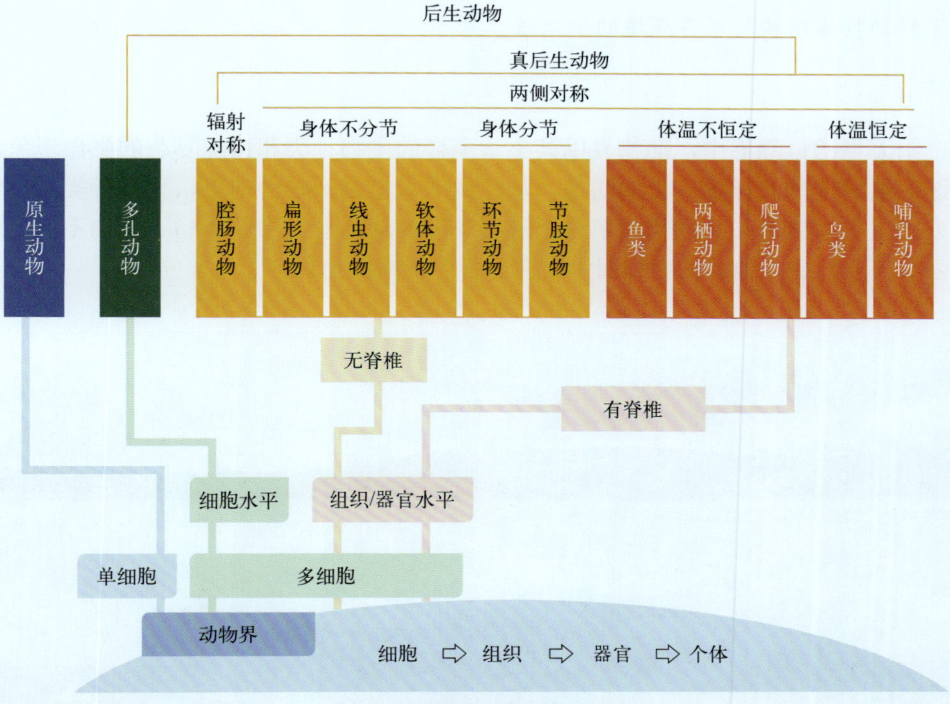

动物体的基本结构

第八章　动物体的基本结构与功能

学习目标

1. 理解动物体的结构层次。
2. 掌握主要动物组织类型。
3. 了解动物体结构与生存环境的适应性。

在广阔无垠的自然界中，动物界以其丰富多样的生物种类和错综复杂的生命现象，始终令人着迷。从深邃的海洋到广袤的陆地，从辽阔的天空到幽暗的地下，无数种类的动物以其独特的方式生存与繁衍，共同构成了这个五彩斑斓的动物世界（图8-1）。它们不仅展现了生命的顽强与美丽，更在地球的生物圈中扮演着不可或缺的角色。

图8-1　水边嬉戏的天鹅

正是基于对动物界深入探索的渴望，动物学科应运而生。动物学，作为生物学的一个重要分支，专注于研究动物的形态结构、分类以及它们与环境的相互关系。这一学科不仅致力于揭示动物界的奥秘，更在保护生物多样性、促进生态平衡以及推动生命科学的发展方面发挥着至关重要的作用。

通过动物学科的研究，我们能够更加深入地了解动物的行为习性、进化历程以及它们在自然界中的地位和作用。同时，这些研究也为人类提供了宝贵的科学依据，助力我们更好地保护野生动物资源，实现人与自然的和谐共生。随着科技的进步和研究的深入，动物学科将继续为我们揭开更多动物界的神秘面纱，引领我们走向更加广阔的自然探索之旅。

第一节 动物体由多层次的结构精确构成

动物体是由多层次的结构精确构成，这些层次包括细胞、组织、器官和系统。每一个层次都有其独特的结构和功能，共同协作，使动物体能够有条不紊地完成各种生命活动。

一、细胞是构成动物体的基本单位

动物种类繁多，形态迥异，大小悬殊，从肉眼难见的原生生物直至庞大的蓝鲸，动物世界绚丽多姿。然而，在这无尽的多样性之中，它们却共同拥有一个最基础、最核心的构成单元——细胞。

细胞，作为生命体的基本结构和功能单元，内部构造精妙复杂，组织高度有序。每一个细胞都被一层薄薄的细胞膜所环绕，这层膜不仅守护着细胞内部的精密构造，还精准地调控着物质的进出。细胞内部含有细胞核，细胞核内含携带遗传信息的DNA，负责指导和控制细胞的生命活动。此外，细胞内还分布着各种细胞器，如线粒体、内质网、高尔基体等，它们各自扮演着不同的角色，共同维持着细胞的正常运转。比如，线粒体是细胞的"能量工厂"，负责生产细胞所需的能量；内质网则如同细胞的"高速公路"，负责物质的合成、转运和加工；而高尔基体则是对蛋白质进行加工和包装的"车间"。

细胞通过分裂和分化的过程，不断构建出各种不同的组织、器官和系统，最终组合成一个个完整的动物体。细胞不仅是生命的基石，更是动物体健康与功能的守护者。它们的每一次分裂、每一次分化，都在为生命的延续和繁荣贡献着力量。

二、形态和功能相似或相同的细胞组成组织

组织是由形态和功能相同或相似的细胞，以及细胞间质相互作用、组合而成的复杂细胞群体。上皮组织（epithelial tissue，epithelium）、结缔组织（connective tissue）、肌肉组织（muscle tissue）和神经组织（nervous tissue）共同构成了脊椎动物机体的四大基本组织类型，它们各自承担着特定的生物学功能，协同工作以维持生物体的正常运作。

上皮组织：上皮组织覆盖在机体及其器官的表层，主要由上皮细胞构成。根据上皮细胞层的结构，可将其分类为单层上皮和复层上皮两种主要形态（图8-2）。上皮组织具有保护、吸收和分泌等功能。不同部位的上皮组织根据其特定的位置和功能需求，展现出功能上的差异性。例如，皮肤的表皮层主要提供物理屏障保护，而小肠上皮则专注于营养物质的吸收。

结缔组织：结缔组织是由多种细胞、蛋白质纤维以及无定形的基质构成的复杂组织。它们在体内分布广泛，具有连接不同组织、提供支持、保护内部器官、参与防御机制、促进修复以及运输营养物质和代谢产物等功能。

结缔组织主要包括疏松结缔组织（loose connective tissue）、致密结缔组织（dense connective tissue）、脂肪组织（adipose tissue）、血液（blood）、软骨组织（cartilage）和骨骼（bone）等类型（图8-3）。

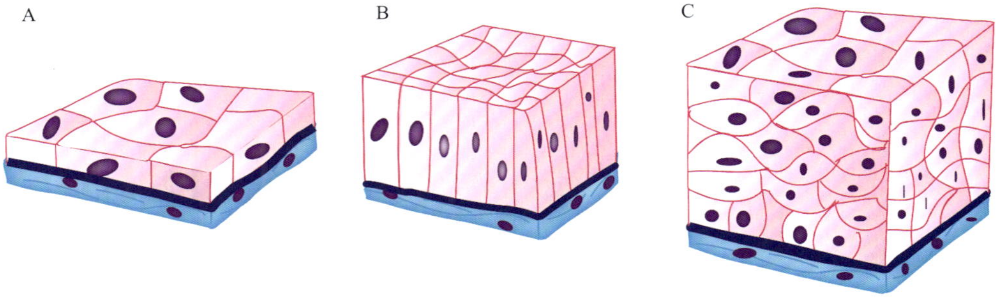

图8-2 上皮组织的类型

A.扁平上皮；B.单层柱状；C.复层扁平上皮

据Hickman C P. et.al，2008改绘

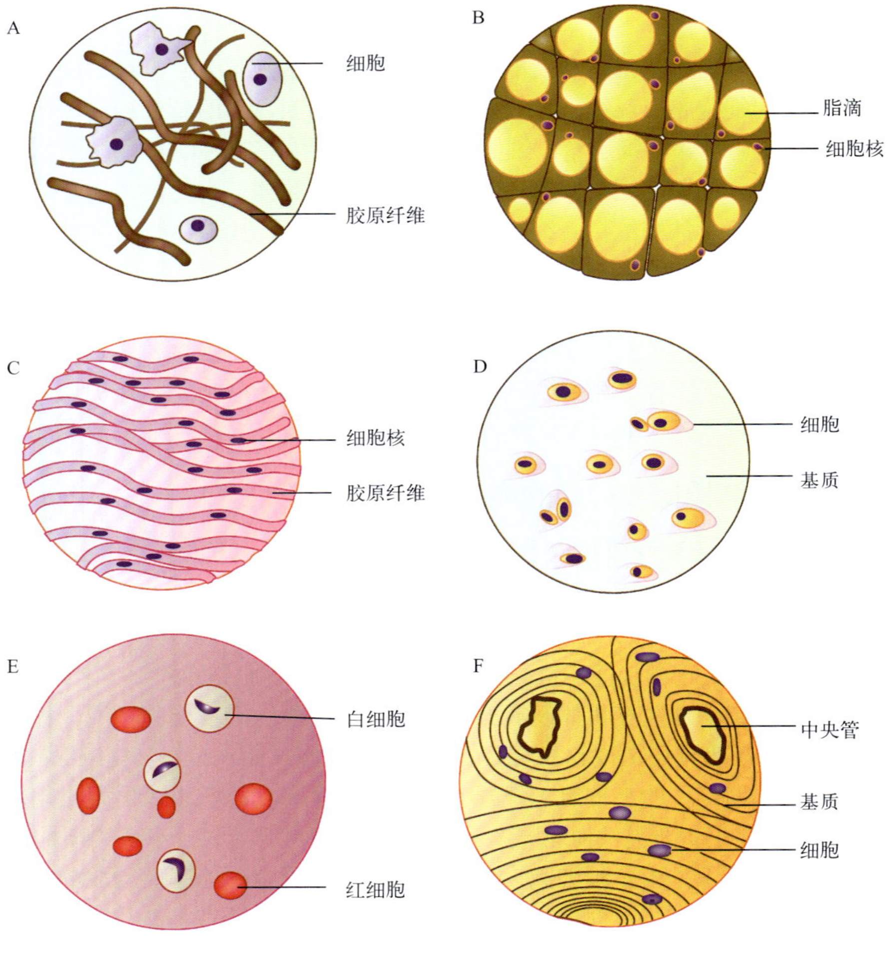

图8-3 结缔组织示意图

A.疏松结缔组织；B.脂肪组织；C.致密结缔组织；D.软骨组织；E.血液；F.骨骼

疏松结缔组织的纤维排列较为疏松，形成散漫的网状结构，其间散布着成纤维细胞、巨

噬细胞、浆细胞和肥大细胞等，存在于多种器官和组织之间，起着联络和固定的作用。而致密结缔组织的纤维排列则非常紧密，主要由大量的胶原纤维和成纤维细胞构成，如肌腱和韧带。

脂肪组织主要由大量脂肪细胞聚集而成，常见于器官和皮肤下方。这种组织不仅提供支持性和保护性作用，还参与维持体温和能量代谢。

血液是一种特殊的结缔组织，由血细胞和血浆组成。血浆的主要作用是运输营养物质和内分泌物质到身体各部分。血液中的纤维蛋白原在空气中会形成蛋白纤维，导致血液凝结。红细胞负责携带氧气至身体各部分，而白细胞则具有吞噬细菌和其他体内异物的能力，起到防御作用。

软骨组织由软骨细胞和凝胶状的基质共同组成。根据纤维的不同，可分为透明软骨、弹性软骨和纤维软骨。透明软骨含有胶原纤维，分布于关节、肋和气管等部位；弹性软骨含有弹性纤维，位于耳郭和会厌等结构；纤维软骨则含有大量胶原纤维束，束间有少量较小的成行排列的软骨细胞，如椎间盘和关节盘。

肌肉组织：肌肉组织是脊椎动物体内最丰富的组织之一，主要由成束的具有收缩能力的肌纤维构成。这些肌纤维，也称为肌细胞，通常呈纤维状。肌细胞分为三种类型：横纹肌（骨骼肌）细胞、心肌细胞和平滑肌细胞（图8-4），每种类型的肌肉在体内扮演着不同的角色。

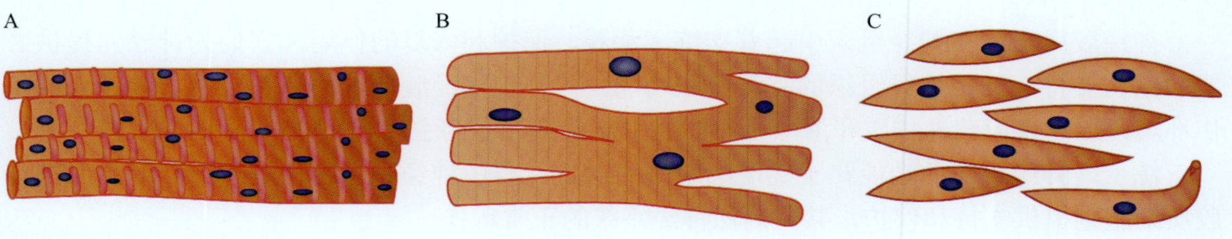

图8-4　肌肉组织

A.骨骼肌；B.心肌；C.平滑肌

横纹肌，或称骨骼肌，是体内最多见的肌肉类型，具有多个细胞核和明显的横纹结构。这种肌肉通常附着在骨骼上，可以通过意识来控制，因此也被称为随意肌。它们主要负责四肢的运动和其他可以通过意识控制的动作。

心肌是心脏特有的肌肉类型，其细胞呈短柱状，具有分支，这些分支相互连接形成网状结构。心肌细胞之间的连接处称为闰盘，它们在兴奋传导中起着关键作用。心肌虽然也有横纹，但不如骨骼肌明显，且不能通过意识来控制，因此属于不随意肌。

平滑肌分布于内脏器官，如胃壁、肠壁、血管壁和子宫壁等，其细胞通常呈梭形，有时具有多个突起。平滑肌细胞单核，无横纹，也不受意识控制，因此也属于不随意肌。平滑肌的收缩和舒张主要由植物性神经系统调节，参与调控器官的自主运动。

神经组织：神经组织是动物体内负责传递和处理信息的关键组织，由神经元和神经胶质细胞组成。神经元，也称为神经细胞，是神经组织的结构和功能单位，它们通过胞体和胞突的复杂网络进行信息传递。胞突分为树突和轴突，树突短而多，主要负责接收传入的刺激；轴突则长且只有一个，也称为神经纤维，负责传出刺激（图8-5）。

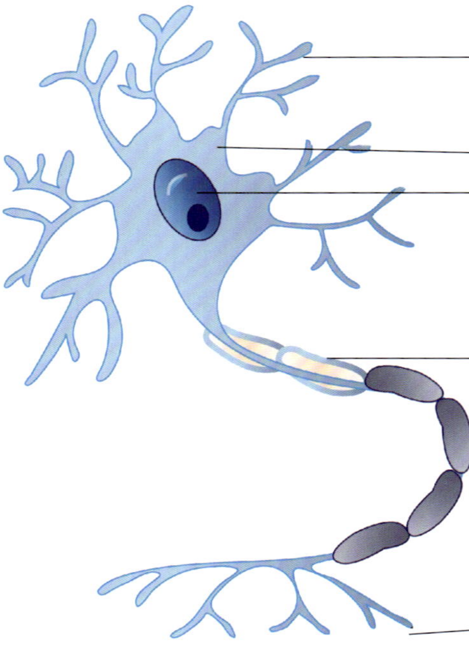

图8-5　神经细胞结构示意图

神经胶质细胞在神经组织中起着支持、营养、保护和修复的作用。它们为神经元提供必要的结构支持，维持神经组织的完整性和功能。此外，神经胶质细胞还参与调节神经元的工作环境，通过供应营养物质和清除代谢产物来支持神经元的生存和功能。

综上，神经组织的功能在于实现细胞间的通信，其中神经元负责传导神经冲动，而神经胶质细胞则提供支持和保护，共同确保神经系统的正常运作。

三、多种组织构成有特定功能的器官

器官（organ）是由几种不同类型的组织按照一定的方式有机地组合在一起、具有一定的形态特征、行使特定生理功能的功能单位。如心脏、肺、肝、肾、脾和淋巴结等。

四、相关的器官又组成一个完成特定功能任务的系统

一些在功能上有密切联系的器官联合起来完成某种特定生理功能的结构功能单元叫作系统（system）。高等动物体内有11大系统，即皮肤系统、骨骼系统、肌肉系统、消化系统、呼吸系统、循环系统、排泄系统、内分泌系统、神经系统、免疫系统和生殖系统。这些系统又主要在神经系统和内分泌系统的调节控制下彼此联系、相互制约地执行其不同的生理功能。

第二节　动物的结构与功能对生存环境的适应

动物的外形、内部构造及其生理功能，无一不是对栖息环境精妙适应的生动体现。以硬骨鱼这一脊椎动物群体为例，它们独特的水生生活方式塑造了其身体形态，使之呈现出流

线型的梭状形态。这种构造不仅优雅，更在生物学意义上显著减少了鱼类在水中游动时的阻力，为其提供了出色的机动性。此外，硬骨鱼的体表覆盖着坚韧的鳞片，而其表皮下的单细胞黏液腺则分泌出丰富的黏液，这层黏液不仅减少了鱼类在游动时与水体之间的摩擦，还保持了鱼体的滑润，从而提升了硬骨鱼在水中的移动能力。

对于水生生物而言，如何在水中有效地吸收氧气并排出二氧化碳，是关乎其生存的关键。硬骨鱼的呼吸器官——鳃，巧妙地实现了这一功能。当水通过鱼的口部流入体内，会流经鳃腔，随后从鳃盖的后缘流出。在这一过程中，水流的方向与鳃板中血液的流动方向形成了一种巧妙的逆流交换系统。这种系统不仅为鱼类带来了必要的氧气，同时也高效地移除了体内的二氧化碳。这种高效的呼吸方式，使得硬骨鱼能够游刃有余地适应并生存于水环境之中。

思考题

（1）细胞、组织、器官和系统在动物体内的功能是什么？请举例说明它们之间的联系与协作。

（2）讨论动物体结构与功能如何适应其生存环境。结合具体实例，分析动物体形、器官或系统的特殊构造如何帮助其更好地适应特定环境。

生物学名词

上皮组织（epithelial tissue）；结缔组织（connective tissue）；肌肉组织（muscle tissue）；神经组织（nervous tissue）；组织（tissue）；器官（organ）；系统（system）

第九章　动物分类基础知识

学习目标

1. 了解动物分类的重要性和基本依据。
2. 理解动物分类的等级体系。
3. 掌握动物命名的规则。

地球上目前有大约150万种动物。面对如此丰富多样、情况复杂的动物界，我们需要一个能够详尽描述物种、进行命名，并提供用于区分不同物种的科学信息的全面分类体系，同时这个体系应基于物种间的亲缘关系进行合理分类。

动物分类的知识是学习和研究动物学必需的基础。无论是宏观层面的生态系统研究，还是微观层面的细胞生物学分析，乃至与农业、林业、畜牧业和渔业等实际应用密切相关的领域，准确鉴定和识别研究对象所属物种（species）都是研究工作的首要步骤。否则，即便研究水平再高，其成果也可能因缺乏客观性、对比性、重复性和科学价值而大打折扣。

第一节　分类依据

目前采用的动物分类体系主要基于动物形态学和解剖学上的相似性与差异性。这一体系在古生物学、比较胚胎学和比较解剖学等领域得到了大量证据的支持，能够较为准确地展现动物界的自然亲缘关系，因而被称为自然分类系统。

在过去的二十多年中，动物分类学的理论与研究方法经历了显著的进步。在分类理论领域，出现了几个不同的学派，尽管它们在基本原理上存在共通之处，但侧重点各有不同。例如，支序分类学派（cladistic systematics或Cladistics）主张分类单元之间的血缘关系，尤其是共同祖先的相近程度是反映系统发育关系的最可靠指标；进化分类学派（evolutionary systematics）则认为，在建立系统发育关系时，除了血缘关系，还应考虑分类单元的进化程度，包括趋异程度和祖先与后代之间累积的进化变化；数值分类学派（numerial systematics）则提出应通过大量无权重的特征研究总体的相似度，借助计算机分析分类单元间的相互关系。

在分类特征的选取上，形态学特征，尤其是外部形态，至今仍是直观且广泛使用的依据。扫描电子显微镜的使用使得观察细微结构差异成为可能，从而提高了分类的精确性。生物学特征，如生殖隔离、生活习性和生态需求，也是重要的分类依据。细胞学特征，包括染色体数目的变化、结构变化、核型和带型分析等，已经被应用于动物分类。随着生物化学技术的发展，生化成分也成为了分类的关键特征，DNA和RNA的结构变化决定了遗传差异，而蛋白质的结构则直接反映了基因组成的差异，这些都可以作为分类的依据。新型快速的DNA核苷酸和蛋白质氨基酸测序技术以及DNA杂交等方法，已经引起了分类学家的重视，并在实际工作中得到了应用。

第二节　分类等级

和植物分类等级类似，动物分类学根据生物之间相同、相异的程度与亲缘关系的远近，使用不同等级特征，将生物逐级分类。动物分类系统，由大到小有界（kingdom）、门（phylum）、纲（class）、目（order）、科（family）、属（genus）、种（species）等几个重要的分类等级（分类阶元，category）。任何一个已知的动物均可无例外地归属于这几个阶元之中，例如鲤鱼（*Cyprinus carpio*）的分类地位是：

动物界　Animalia
　脊索动物门　Chordata
　　脊椎动物亚门　Vertebrata
　　　硬骨鱼纲　Osteichthyes
　　　　辐鳍鱼亚纲　Actinopterygii
　　　　　鲤形目　Cypriniformes
　　　　　　鲤科　Cyprinidae
　　　　　　　鲤属　*Cyprinus*

不同的分类阶元主要建立在不同物种之间亲缘关系上，可反映物种间的亲缘关系。例如，鲫鱼和泥鳅均属于鲤形目，但它们分别属于鲤科（鲫鱼）和鳅科（泥鳅）两个不同的科。这样，因鲫鱼和鲤鱼同“科”，鲤鱼和鲫鱼的亲缘关系比它和泥鳅的亲缘关系更近。

在生物分类体系中，除了种级别以外，更高级别的分类等级都兼具客观性和主观性。客观性体现在这些分类单元均代表了真实可区分的生物群体；而主观性则源于这些分类阶元的界定及其相互之间的界限是由人为决定的，缺乏统一的客观标准。例如，林奈定义的关于“属”的分类标准，被后来的分类学家用作划分“科”的主要依据。同样，对于昆虫的分类，一些学者将其视为节肢动物门下的一个纲，而其他学者则可能将其作为一个亚门。此外，即使是同一级别的目，在不同生物类群中其内涵也有所不同，例如，鸟类的目之间的差异通常小于昆虫或软体动物目之间的差异。

在种的下一级分类中，传统的做法是基于单一模式的概念，而现代的分类方法则更多基于种群的概念，通常使用亚种作为种下的分类单元，这也是种内唯一在命名法上得到认可的分类单元。亚种通常指的是一个物种内部具有地理或生态区分的群体，与该物种内的其他群体有所区别。而在人工培育的动植物中，种下的分类单元通常被称为品种。

第三节　动物的命名

和植物物种的命名类似，为了促进生物学研究领域的交流，国际上对动物物种的命名也采用了“双名法”（binomial nomenclature）。根据这一命名体系，每种动物的学名由两个拉丁词或拉丁化词汇构成。其中，第一个词代表该动物所属的属，而第二个词则是指该物种特定的种名。例如，人类的学名是*Homo sapiens*，而小鼠的学名为*Mus musculus*。属名应采用主格单数名词形式，并确保首字母大写；种名则可以是形容词或名词，首字母小写。在学名之后，通常会附上最初命名者的姓氏，例如*Apis mellifera* Linnaeus表明这个种是由林奈命名的。在命名亚种时，需要在种名之后加上亚种名，形成所谓的“三名法”。例如，作为狼的一个亚种，家犬学名为*Canis lupus familiaris*。

第四节　动物的分门

根据细胞的数量与分化状态、生物体的体型、胚胎的层次结构、体腔的类型、体节的构造特征、附肢的特性以及内部器官的布局和特性，动物学家将动物界分为不同的门。这些门类在物种数量上呈现出显著的差异，有的门类包含了庞大的物种群体，而有的则显得相对稀缺。

在动物分类学领域，学者们的观点并非一成不变，而是随着新标准和新证据的涌现而不断更新。回顾历史，不同的学者在不同的时期提出了各自的分类方案。例如，1977年，W.A. Johnson提出了一个包含28门的动物分类框架，紧接着在1978年J.E. Webb将其扩展到33门，而R.M. Alexander在1979年则进行了微调，提出了一个包含30门的分类方案。随着时代的发展，经过学界的广泛讨论和深入研究，目前动物界的门类数量已经修正为36个门。这些分类上的变化主要是某些原本作为纲的分类被提升为门，例如轮虫纲被提升为轮虫动物门；同时，也增加了一些包含较少物种的新门类，例如星虫动物门。

作为一本基础教材，本书将重点介绍那些在生物演化历史、科学研究以及人类生活中占有显著地位的11个动物门类（图9-1）：

原生动物门　Protozoa
多孔动物门　Porifera（海绵动物门）
腔肠动物门　Coelenterata
扁形动物门　Platyhelminthes
线虫动物门　Nematoda
环节动物门　Annelida
软体动物门　Mollusca
节肢动物门　Arthropoda
棘皮动物门　Echinodermata
半索动物门　Hemichordata
脊索动物门　Chordata

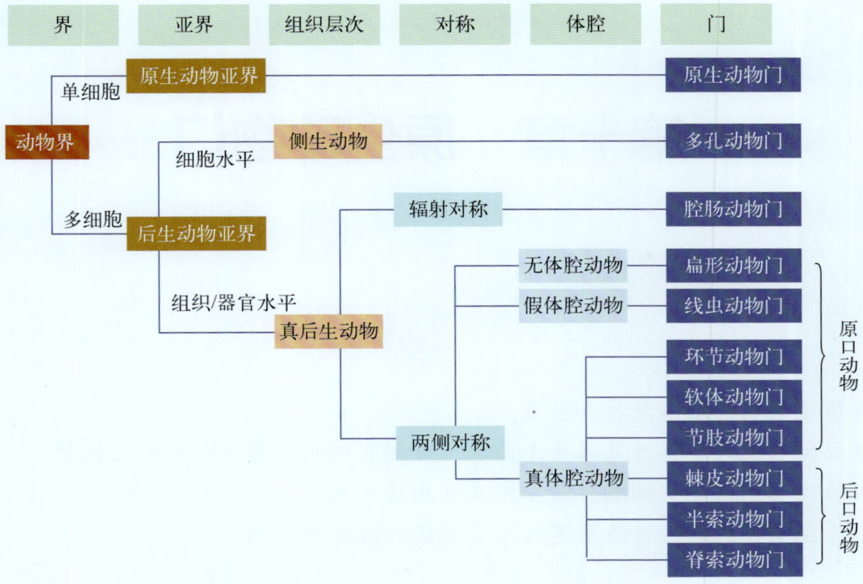

图9-1　动物分类及11个代表动物门

在上述的11个动物门中，原生动物门由单细胞生物构成的。自多孔动物门起，动物体由多个细胞组成。然而，与真正的后生动物不同，多孔动物门缺乏器官系统和明确的组织分化。此外，三胚层动物进一步分为原口动物和后口动物两大类。其中，原口动物在胚胎发育过程中的胚孔（原口）最终形成成体动物的口部。扁形动物门、线形动物门、环节动物门、软体动物门和节肢动物门均属于圆口动物。与之相对，后口动物在胚胎发育时，胚孔（原口）发展成成体动物的肛门（或封闭），而在相对的另一端形成新的口部，称为后口。后口动物包括棘皮动物门、半索动物门和脊索动物门。

思考题

（1）为什么动物分类对于科学研究和实际应用如此重要？请结合具体例子阐述。

（2）根据分类系统，鲤鱼的分类地位是如何划分的？请列出每个分类等级，并解释这些分类的依据。

生物学名词

动物界（Animalia）；界（kingdom）；门（phylum）；纲（class）；目（order）；科（family）；属（genus）；种（species）；支序分类学派（cladistics）；进化分类学派（evolutionary systematics）；数值分类学派（numerical systematics）；双名法（binomial nomenclature）；三名法（trinomial nomenclature）；原口动物（protostomes）；后口动物（deuterostomes）；原生动物门（Protozoa）；多孔动物门（Porifera）；腔肠动物门（Coelenterata）；扁形动物门（Platyhelminthes）；线形动物门（Nemathelminthes）；环节动物门（Annelida）；软体动物门（Mollusca）；节肢动物门（Arthropoda）；棘皮动物门（Echinodermata）；半索动物门（Hemichordata）

第十章　原生动物门

学习目标

1. 掌握原生动物的基本特征和分类。
2. 认识原生动物的多样性及其生态角色，理解它们的生存方式和适应机制。
3. 掌握原生动物的主要结构、营养方式及生殖方式。
4. 了解原生动物的寄生特性及其对人类健康和经济的影响。

原生动物（protozoa）是目前已知的最简单、最低等的单细胞动物。它们的生物体由单个细胞构成，内部装备了各种特化的细胞器，这些细胞器具备了维持生命和繁衍后代所需的所有功能。原生动物分布广泛，可在淡水、海水及潮湿的土壤中营自由或寄生生活。种类繁多，约有3万种，包括在形态学和行为学特征上与动物高度相似的单细胞生物（如草履虫、变形虫），以及具有跨界特征的生物（如兼具动物运动性、植物光合作用和真菌营养方式的眼虫）。

第一节　原生动物门的主要特征

（一）生物体构成——单细胞

原生动物由单个细胞组成。组成原生动物体的细胞包含了细胞膜、细胞核、细胞质等典型的细胞结构。和高等动物不同，原生动物体没有器官和系统的分化，而是分化出不同的细胞器（organelle）行使消化、吸收、排泄、生殖和运动等各种功能。例如，纤毛和鞭毛作为运动胞器，使得原生动物能够在水中游动；胞口、胞咽和食物泡则是它们的摄食胞器，用于摄取和消化食物；而眼点作为一种感觉胞器，帮助它们感知周围环境的变化。

（二）外形——个体微小，形态多变

由于只由一个细胞构成，大部分原生动物个体微小、体形多样。原生动物一般在10～20μm之间，在显微镜下才能看清，所以原生动物又称为显微镜下的生物。但也有例外，如最大的变形虫肉眼可见。

（三）营养方式——同时具有自养营养和异养营养方式

作为最低等的动物，原生动物处于食物链的底端，其营养方式多样。眼虫等植物鞭毛虫

体内含叶绿素，可以像植物一样营自养生活，也称植物性营养；但大多数原生动物体内不存在叶绿体，无法进行光合作用，只能从外界摄取营养，营异养营养。异养营养又包括吞噬营养和腐生营养两种。其中，吞噬营养是原生动物吞食外界有机物，在体内形成食物泡，进行细胞内消化，这是原生动物最普遍的营养方式；而腐生营养也称渗透营养，是营寄生性生活的原生动物在寄主体内的营养方式。

（四）生殖——大部分为无性生殖，也存在有性生殖

为了繁衍后代，原生动物生殖方式多样，以二分裂、出芽生殖等无性生殖为主，有些种类具配子生殖、接合生殖等有性生殖方式。比如，构成变形虫、眼虫和草履虫虫体的细胞内的细胞质和细胞核均等地分为两部分，每个部分形成新的动物体，这种生殖方式为二分裂。而构成管足虫虫体细胞的一部分突出，形成芽体，芽体逐渐长成新个体，这种生殖方式称为出芽生殖。而纤毛虫在有性生殖时，两个虫体暂时黏合在一起，细胞质相互连接，并且互换生殖小核形成融合核，随后两虫体分开，各虫接着进行分裂，这种生殖方式为接合生殖。

（五）对环境适应性强

原生动物具备一系列适应外界恶劣环境的能力，展现了强大的协调性和应激性。例如：原生动物的感受装置包括眼点、纤毛和鞭毛等，这些结构帮助它们感知外部环境的变化。同时，神经肽的存在与原生动物的协调和应激性密切相关。因此，对于外界刺激，原生动物能够表现出运动性、向性或避性等不同的反应，以适应或逃避不利条件。这种能力使得它们能够在多变的环境中生存下来。

值得一提的是，许多原生动物在面对不良环境时，会采取一种独特的适应策略——形成包囊。当遇到不利于生存的恶劣环境时，原生动物的细胞器会缩入体内或消失，同时分泌一种胶状物质将自己包裹起来，形成一种休眠体，即包囊。一旦环境条件改善，原生动物便会再次长出相应的结构，从包囊中脱出，恢复其正常的生活活动。这种独特的生存策略，不仅展示了原生动物对外界环境的适应能力，也显示了生命在极端条件下顽强生存的奇迹。

第二节　原生动物分类及代表类群

关于原生动物的分类，不同的学者有不同的见解，大部分学者认为，原生动物可以分为鞭毛纲（Mastigophora）、肉足纲（Sarcodina）、孢子纲（Sporozoa）和纤毛纲（Ciliata）共四类。

原生动物门（上）

一、鞭毛纲

眼虫（*Euglena*）（图10-1）是鞭毛纲的代表生物。它们生活在有机质丰富的水沟、池塘等水体中，身体呈绿色。大量繁殖时可使水体呈油绿色。

以眼虫为代表的鞭毛纲原生生物的身体都具有鞭毛，通常为1～4根或稍多。其营养方式多样，自养、吞噬营养和渗透营养这三种营养类型都有。无性繁殖一般为纵二分裂（图

10-2），在不良环境中能形成包囊。

根据营养方式的不同，鞭毛纲的原生动物又分为植鞭亚纲（Phytomastigina）和动鞭亚纲（Zoomastigina）两类。

植鞭亚纲的生物通常含有色素，能够进行光合作用，它们是鱼类的天然饵料。种类繁多，包括眼虫、盘藻和夜光虫等。然而，当植鞭亚纲生物过度繁殖时，它们可能对水产养殖业造成严重的危害，比如赤潮（又称红潮）。这是一种在特定环境条件下发生的有害生态现象，这不仅仅是海水颜色的变化那么简单。赤潮发生时，海水中的某些浮游植物、原生动物或细菌会经历暴发性的增殖或高度聚集。这种生物量的激增会导致水体变色，更重要的是，它们会释放出大量有毒物质，对鱼类、贝类等水生生物构成了致命的威胁，常常导致这些生物的大量死亡。

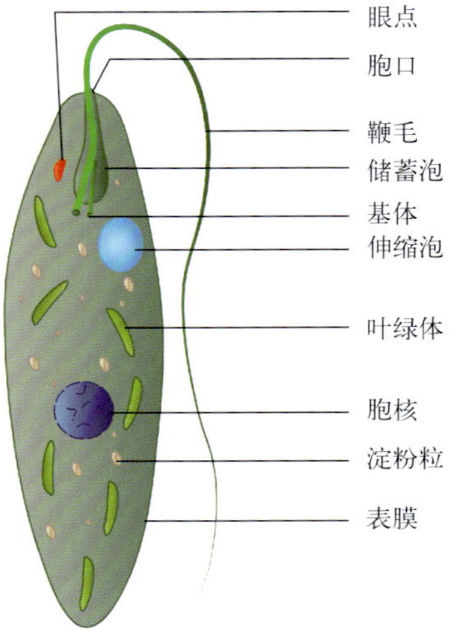

图 10-1　眼虫一般结构示意图

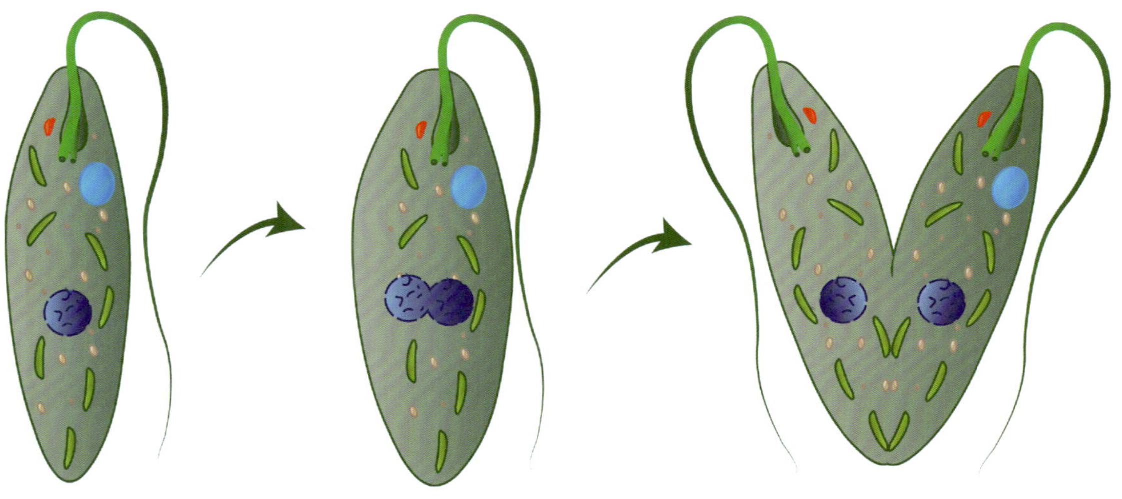
图 10-2　眼虫纵二分裂

与植鞭亚纲生物的自养生活方式不同，动鞭亚纲生物的生态位和生存策略有着显著的差异。它们体内不含色素，因此无法像植鞭亚纲生物那样进行光合作用。动鞭亚纲生物依赖摄取现成的有机物质来获取能量和营养，它们是典型的异养生物，多营寄生生活。

2010年，在阿富汗，一种名为“毁容病”的严重疾病暴发，这种疾病对妇女和儿童的健康构成了巨大威胁。毁容病，也称为黑热病，是全球五大寄生虫病之一。其病原体是动鞭亚纲原生生物——杜氏利什曼原虫（*Leishmania donovani*）（图 10-3 A），它主要通过白蛉进行传播。在我国，黑热病曾一度在长江以北地区广泛流行，但得益于有效的公共卫生措施，到1958年，我国已经宣布基本消灭了这种疾病。

另一个令人关注的动鞭亚纲的生物是锥虫（*Trypanosoma*）（图 10-3 B）。它常常寄生在人类的脑或脊髓系统中，引起一种名为昏睡病的疾病，因此锥虫也被称作昏睡虫。昏睡病不仅对人类健康构成严重威胁，锥虫还能寄生在家畜如牛、马等动物体内，导致苏拉病等严重疾病，对畜牧业造成极大的损害。

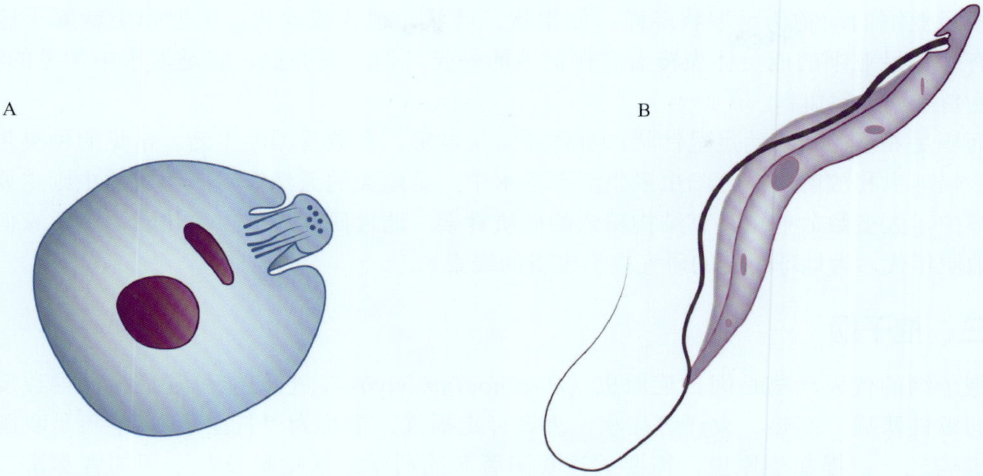

图10-3　动鞭亚纲代表动物示意图

A. 杜氏利什曼原虫；B. 锥虫

据Hickman C P et al，2008改绘

这些例子展示了原生动物在自然界中的多样性和它们与人类健康及经济活动的密切联系。通过深入了解这些生物的生活习性，我们可以更好地应对它们可能带来的挑战。

原生动物门（下）

二、肉足纲

大变形虫（*Amoeba proteus*）（图10-4）是肉足纲的一个典型代表生物。它通常栖息在清澈的池塘或水流缓慢、藻类丰富的浅水区域，喜欢在植物的叶片下面和茎部生活。大变形虫的身体颜色浅而透明，形态不断变化，直径大约为200～600μm。它们主要以单细胞藻类和小型原生动物为食。伪足不仅是它们的运动器官，还扮演着摄食的角色。当大变形虫接触到食物时，会伸出伪足进行包围和吞噬，同时带入一些水分，形成食物泡，这个泡会与质膜分离并进入内质中，随着内质的流动而移动。大变形虫通过伸缩泡来调节水分平衡，这种泡状结构会周期性地膨胀和收缩，排出体内多余的水分以及代谢废物。

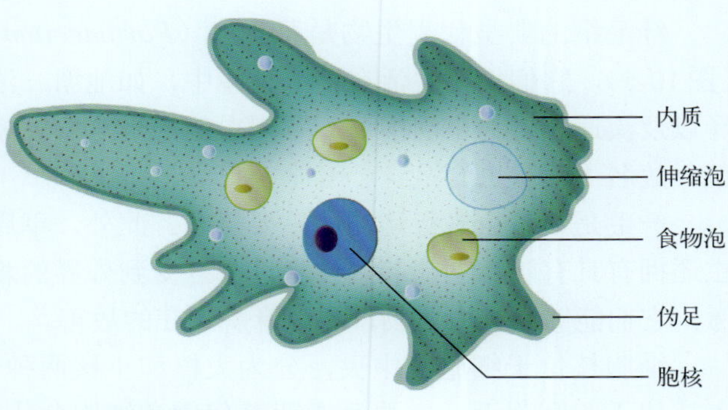

图10-4　大变形虫的结构

据刘凌云等，2009改绘

变形虫通过二分裂进行繁殖，这是一种典型的有丝分裂过程。与许多原生生物一样，大变形虫在面临不良环境时，能够形成包囊以保护自己。

因此，以大变形虫为代表的肉足

纲的主要特征包括：①拥有伪足，这些伪足同时具备运动和摄食的功能；②体表通常只有一层薄薄的质膜，少数种类具有石灰质外壳；③通过二分裂进行繁殖，并能够在逆境中形成包囊。

根据伪足的形态，肉足纲又进一步分为根足亚纲（Rhizopoda）和辐足亚纲（Actinopoda）。

根足亚纲的动物伪足形状多样，如指状、叶状、根状或丝状，大变形虫就属于这一亚纲。有些根足亚纲的成员体表覆盖有保护性的外壳，例如表壳虫，它是淡水中常见的种类，常作为鱼类的天然饵料。

而辐足亚纲的动物伪足呈针状，身体通常呈球形，多数营漂浮生活。常见的种类包括太阳虫、辐球虫和放射虫。太阳虫多生活在淡水中，是鱼类的天然饵料。而放射虫则主要生活在海洋中，大多数放射虫具有结构精致的硅质骨架。通过研究放射虫的化石，科学家们能够确定地质年代，为地球历史的研究提供宝贵的线索。

三、孢子纲

孢子纲的代表动物是间日疟原虫（*Plasmodium vivax*）。它们能引发疟疾，导致反复发作的间歇性寒战、高热、大汗等症状。患者行走摇摆，俗称为“打摆子”，疟疾是我国五大寄生虫病之一。提起疟原虫，需要关注我国著名的科学家屠呦呦及其发现的青蒿素。当携带疟原虫的蚊子叮咬人之后会将寄生虫带入人体内，疟原虫会攻击人的肝细胞和红细胞，而青蒿素的作用在于可以破坏疟原虫的生物膜，不让它们摄取营养，使其饥饿，迅速形成自噬泡死亡。

以疟原虫为代表的孢子纲生物的主要特征如下：首先，它们全部寄生，且多是寄生在细胞内；无运动细胞器；无消化类器官，营渗透性营养；繁殖力特别强，且生活史复杂。实际上，孢子纲生物的很多特征也是寄生生物的典型特征。

此外，本纲还涉及与水产养殖活动密切相关的寄生虫——碘泡虫。碘泡虫是一种常见的鱼类寄生虫，它们可以栖息在鱼类的体表、鳃部以及内脏等关键部位。特别是当碘泡虫寄生在鱼类的内脏时，它们会对鱼类的健康造成严重影响，导致鱼类生长缓慢、繁殖能力下降，甚至死亡，给养殖业带来巨大的损失。

四、纤毛纲

纤毛纲的典型代表生物是草履虫（*Paramecium*）（图10-5），它们主要生活在淡水环境中，如池塘、沼泽以及流速缓慢的小河中。因草履虫的外形与草鞋相似，故名“草履虫”。

纤毛是草履虫进行运动的重要器官。此外，草履虫还拥有具有防御功能的刺丝泡，一旦受到外界的刺激，它们能够释放内含物，用以麻痹潜在的敌害。

细胞核位于细胞的中央，分为大核和小核两种。大核位于胞咽附近，主要负责营养代谢和细胞分化，也被称为营养核。而小核则有一个或多个，位于大核的凹陷处，主要负责生殖，因此被称为生殖核。草履

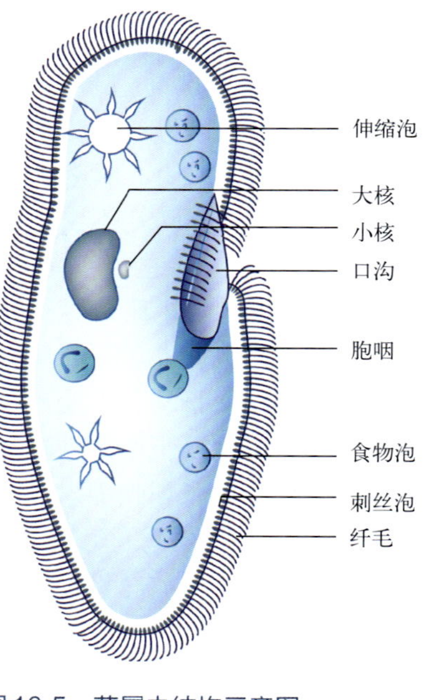

图10-5 草履虫结构示意图

据Hickman C P et al，2008改绘

虫的生殖方式包括无性生殖（图10-6）和有性生殖（图10-7）两种。

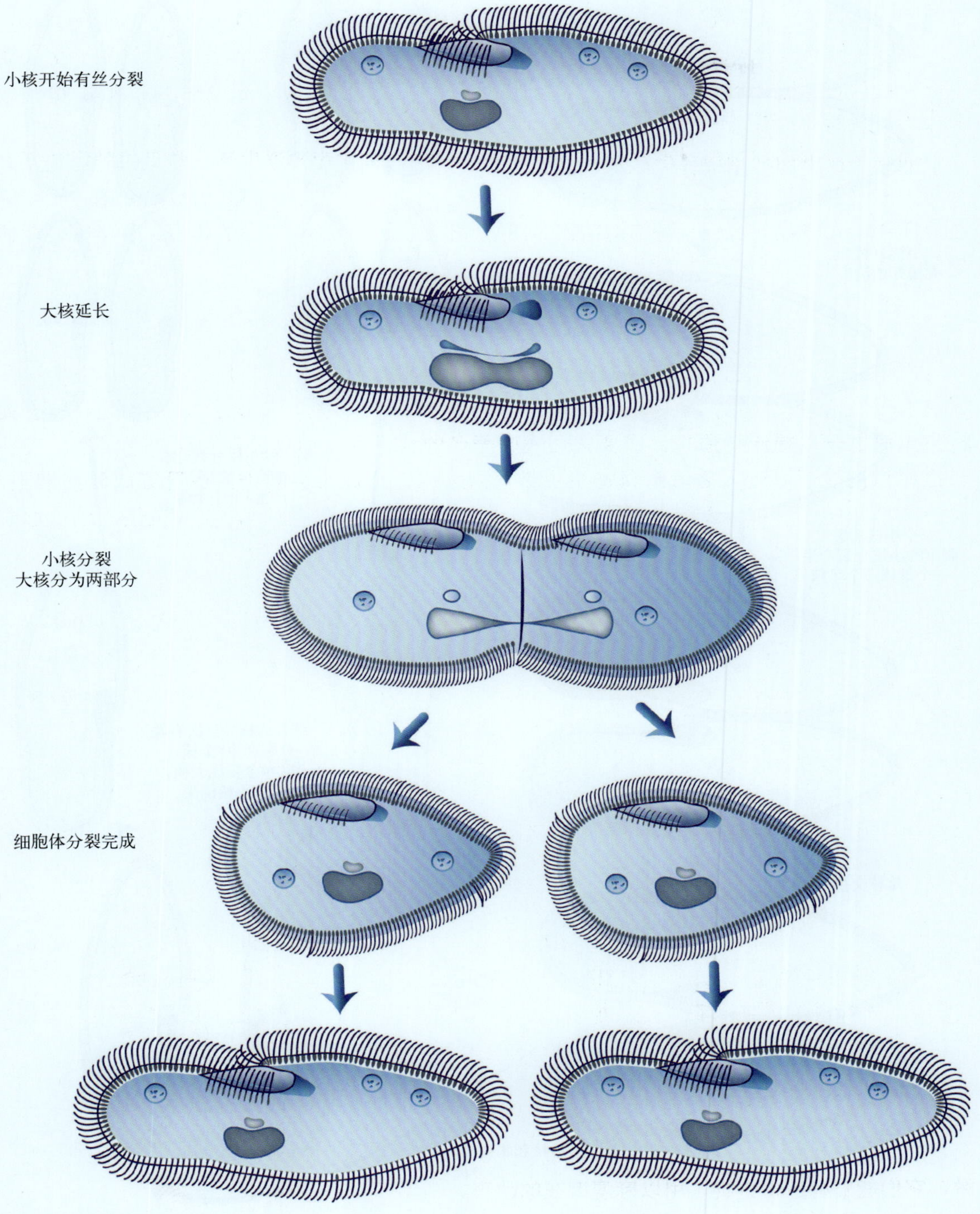

图10-6　草履虫无性生殖（横二分裂）过程

据Hickman C P et al，2008改绘

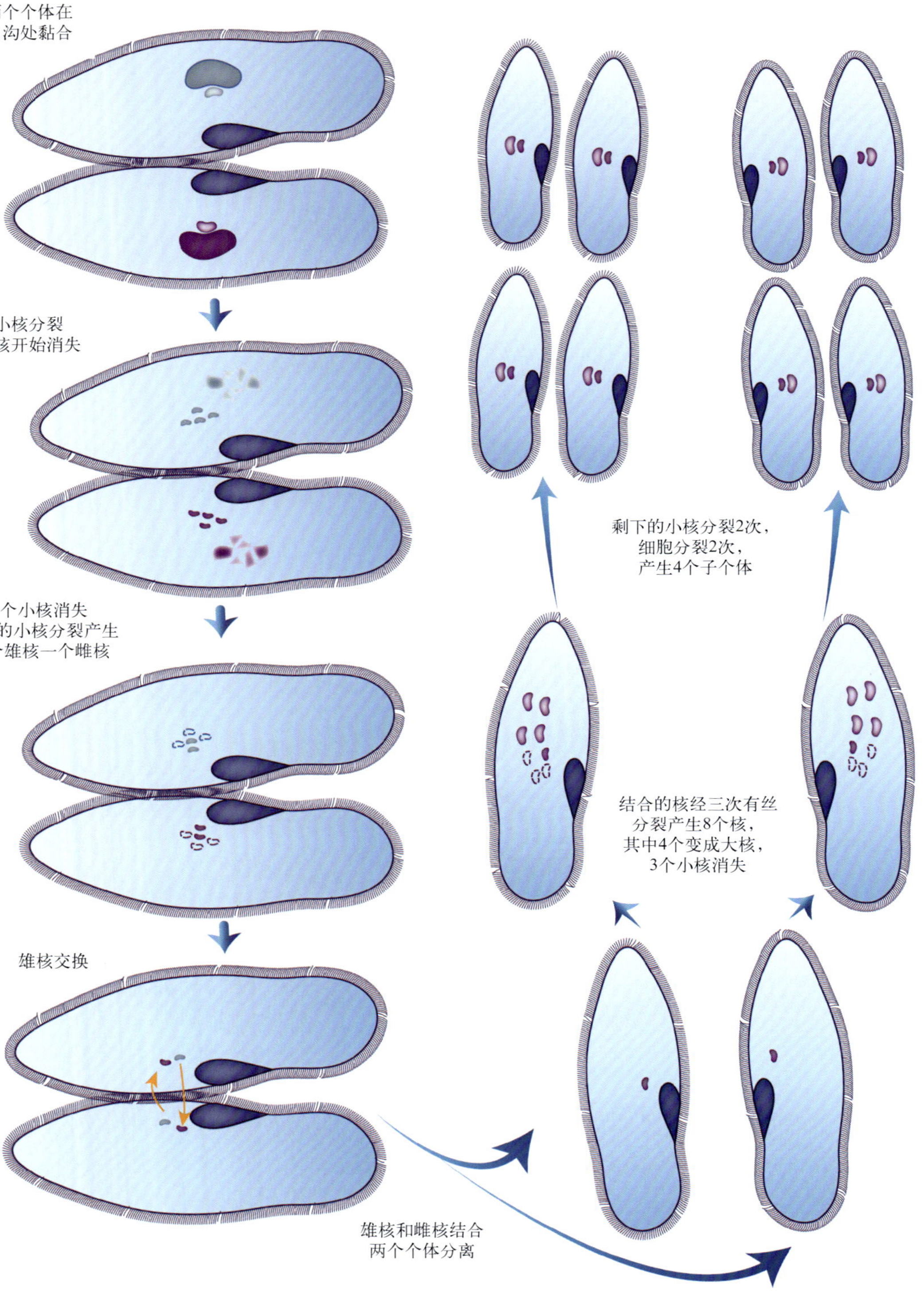

图10-7 草履虫有性生殖（接合生殖）示意图

据 Hickman C P et al，2008 改绘

和草履虫类似，纤毛纲生物的主要特征如下：运动器官是纤毛；细胞核分化为大核和小核；细胞器的分化较为复杂，大部分纤毛虫具有摄食的胞器；无性生殖通过横二分裂进行，而有性生殖则是通过接合生殖进行。

在纤毛纲中，存在一种寄生于鱼类的寄生虫——小瓜虫。它主要寄生在鱼类的皮肤、鳍、鳃、头部、口腔及眼睛等部位。严重感染时，鱼体表面会出现大量小白点，肉眼清晰可见，因此得名白点病。感染小瓜虫的鱼类会停止进食，加之可能继发的细菌或病毒感染，可能会导致大量鱼类死亡，死亡率可高达60%～70%，甚至“全军覆没”，对养殖业构成极大的威胁。

思考题

（1）原生动物的生物体由哪些部分构成？结合具体实例，探讨原生动物如何完成运动、消化和感觉等生命活动。

（2）原生动物是如何适应多变的环境的？它们具备哪些独特的适应性特征？

（3）请通过赤潮现象、疟原虫传播等实际案例，分析原生生物与人类生活之间的关系。

生物学名词

原生动物（protozoa）；细胞器（organelle）；鞭毛纲（Mastigophora）；肉足纲（Sarcodina）；孢子纲（Sporozoa）；纤毛纲（Ciliata）；伪足（pseudopodia）；包囊（cyst）；赤潮（red tide）；横二分裂（binary fission）；接合生殖（conjugation）

第十一章　多孔动物门

学习目标

1. 掌握多孔动物的基本特征和分类。
2. 了解多孔动物的生殖与再生能力。
3. 了解多孔动物与人类生活的关系。

多孔动物门

多孔动物门（porifera）又称海绵动物门（spongia），是地球上最早出现、最为原始的多细胞动物群体，它们被认为是多细胞动物进化过程中的一个侧支，因此也被称为侧生动物（parazoan）。已经描述的海绵动物近万种，我国海域已记录的海绵有200多种。比如红穿贝海绵、细芽海绵、糊海绵、无花果皮海绵、寄居蟹海绵和面包软海绵等。

第一节　多孔动物的主要特征

（一）外形——体型多不对称，没有器官系统和明确的组织

多孔动物又称海绵动物，它们大小不一，小的几毫米，大者可达2米。体型多样，多数不对称，有块状、球状、树枝状、管状和瓶状等。在水中固着生活，多为海洋种，仅少数为淡水种类。

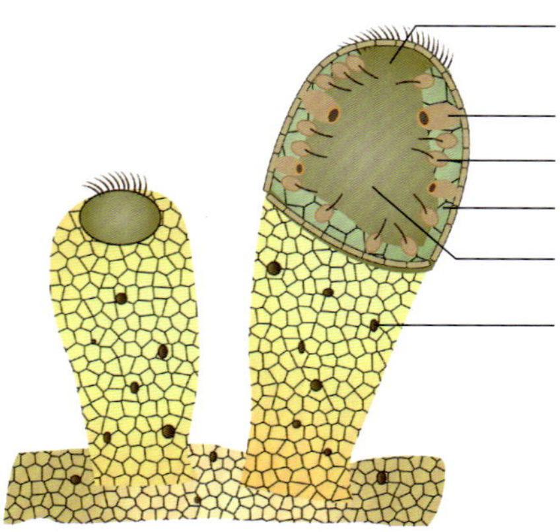

图11-1　海绵动物身体结构示意图

据刘凌云等，2009改绘

多孔动物身体有孔和沟（滤食系统），故此得名。这些孔、沟组成了滤食系统，通过水流带进食物、氧气，并由水孔把代谢废物和二氧化碳随水流排出体外。

多孔动物身体的基本构架是体壁围着中央腔，体壁穿插有无数戒指状的孔细胞，构成进水小孔。体壁由两层细胞构成，外层为皮层，里面称为胃层，皮层与胃层之间的部分是中胶层（图11-1）。

外层由一层扁平细胞组成，具有保护作用，故称为皮层。扁平细胞内有肌丝，可以稍微伸缩，从而调节海绵的表面积；有些扁平细胞变

为可伸缩的肌细胞，它们常排列成环状，围绕着水孔，调节水流速度。

内层由一层领细胞构成。领细胞中央围绕一条鞭毛。在电子显微镜下，领有一圈细胞质突起，并且由各突起间的很多微丝相连。领细胞所在的内层又称为胃层。既然是胃层，说明具有营养功能，那么它是如何发挥功能的？

原来，领细胞中央的鞭毛的摆动可以引起水流通过水沟，让水流中的食物颗粒附在领上，然后落入细胞质中形成食物泡，在领细胞内消化（图11-2）。或者把食物传给变形细胞消化，不能消化的食物残渣由水流排出。

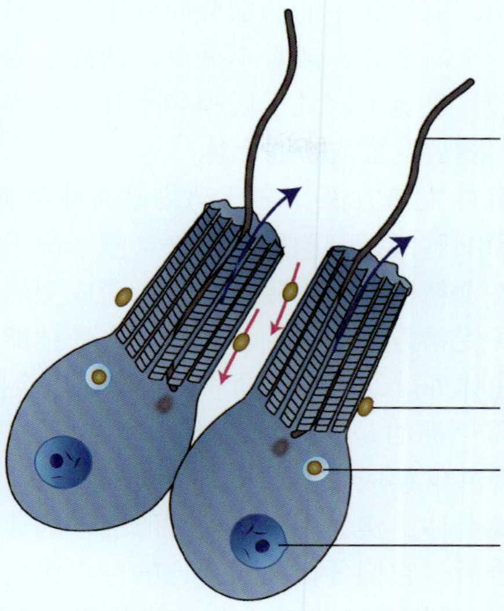

图11-2 领细胞结构图解

鞭毛的摆动引起水流进入海绵体，水流中的食物颗粒附在领上，通过其网孔滤出食物，然后落入细胞质中形成食物泡。红色箭头显示食物颗粒运动方向；蓝色箭头代表水流方向。据Hickman C P et al，2008改绘

中胶层细胞由胶质物质构成，内部分散着骨针、海绵丝和由内外两层移入的变形细胞，及由变形细胞分化成的造骨细胞、原细胞、芒状细胞等。其中，骨针起着支持多孔动物，防止塌陷的作用。是海绵动物分类的依据之一。此外，有些学者认为芒状细胞有神经传导功能，可能是原始的神经细胞。

2021年11月，*Science*杂志上发表了一篇题为“Sponge innards suggest how nerve cells evolved”的文章。借助单细胞测序技术，研究人员将海绵细胞划分为18种不同的类型，并评估了每种细胞中的mRNA。通过这一方法，科学家能够对细胞进行分类，并探究它们的进化历程。研究结果显示，海绵这种看似简单的生物，尽管没有大脑，甚至没有一个被称作神经元的细胞，但其细胞保留了一些与后生动物神经细胞功能相关的功能基因。这意味着海绵能够将其细胞行为与类似神经元的信号同步，这一发现可能会颠覆我们对于海绵缺乏与神经元相关细胞类型的传统认知。

（二）具有水沟系统

水沟系统是海绵动物独有的结构，对其适应固着生活具有重要意义。尽管不同种类的海绵其水沟系统存在较大差异，但基本上可以划分为三种不同的类型。

首先，单沟型是水沟系统中最简单的形式，其进水孔与中央腔直接连通。水流通过入水孔进入中央腔，再从出水口流出。

其次，双沟型系统可以看作是单沟型的变体，其体壁呈现出凹凸的褶皱形态。水流通过入水管流入，随后经过辐射管、中央腔等结构，最终由出水口流出。

最后，复沟型较为复杂，其在中胶层形成了独特的鞭毛室。水流方向遵循入水管-辐射管-鞭毛室-中央腔-出水口的路径流动。

（三）生殖和发育

多孔动物的生殖方式包括无性生殖和有性生殖两种类型。

在无性生殖方面，海绵动物展现了两种主要的生殖形式：出芽生殖和芽球形成。出芽生

殖过程中，海绵体壁的一部分向外生长，形成一个新的芽体，这个芽体可以与母体分离，独立成为一个新个体，或者不分离，从而形成群体。而芽球则是在中胶层中形成，由原细胞聚集在一起，外包一层几丁质膜和小骨针，形成球状的芽球。当成熟体死亡后，这些芽球被释放出来，随后发育成新的个体。

在有性生殖方面，多孔动物既有雌雄同体的种类，也有雌雄异体的种类。精子和卵子都是由原细胞或领细胞发育而来。卵子位于中胶层内，而精子则不直接进入卵子。相反，领细胞会吞食精子，失去鞭毛和领，变成变形虫状，然后将精子带入卵子进行受精，形成受精卵。这种受精方式被称为异体受精。受精卵在体内进一步发育成为两囊幼虫，随后通过水沟系统游出体外。幼虫在游动一段时间后，会固着在适当的基底上，发育成为成体。

值得一提的是，海绵动物具有很强的再生能力。如果将海绵切割成小块，每一块都能独立生存并继续成长。当将海绵搅碎过筛，然后混合在一起，同一种海绵能够重新组合成新的小海绵个体。实验中，将橘红海绵（细芽海绵）和黄海绵（穿贝海绵）分别捣碎成细胞悬液，混合后，它们各自按照自己的种类排列和聚合，最终形成了橘红海绵和黄海绵。这一现象对于研究细胞如何结合和组装成复杂结构具有深远的意义。

第二节　多孔动物门分类及代表类群

依据骨针特点，海绵动物可以分为3个纲：钙质海绵纲（Calcarea）、六放海绵纲（Hexactinellida）和寻常海绵纲（Demospongiae）。

钙质海绵纲的海绵动物拥有由钙质构成的骨针，这些骨针通常是三轴或四轴的（图11-3）。它们的水沟系统相对简单，体型较小，主要生活在浅海环境中。钙质海绵纲的代表性物种包括白枝海绵和毛壶。

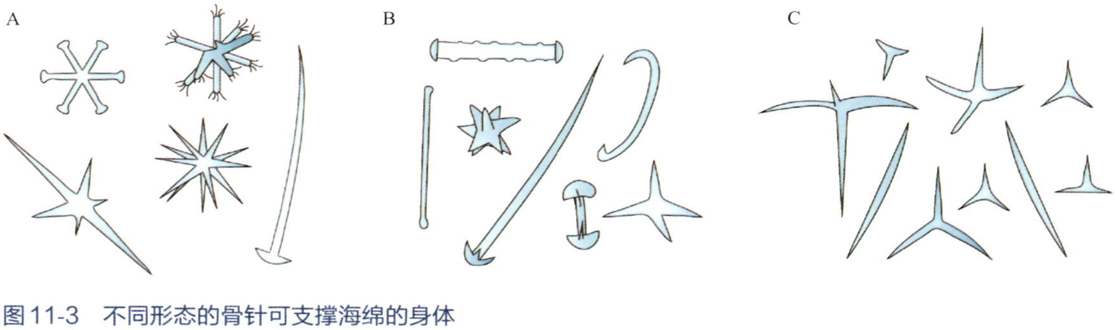

图11-3　不同形态的骨针可支撑海绵的身体

A.硅质六放海绵常见骨针；B.硅质寻常海绵常见骨针；C.钙质骨针

据Hickman C P et al，2008改绘

六放海绵纲的海绵动物具有由硅质构成的六放形骨针，它们的复沟系统发达，体型较大，多数生活在深海环境中。偕老同穴和佛子介都隶属于该纲。

偕老同穴（图11-4），体呈花瓶形或柱形，它们的后端固定在深海软泥底，通过硅质丝稳定地扎根。在其中央腔内，常常寄居着俪虾，俪虾一旦进入，便终生不再外出，因此得名偕老同穴。海绵和俪虾共同依赖体内流过的水流来获取食物，维持生存。拥有这样名字的生物，自然跟婚姻、爱情脱不开关系。在日本，偕老同穴常常出现在婚礼的彩礼中，象征着新婚夫妇的愿望，希望他们的婚姻能够长久和幸福。

图11-4 偕老同穴标本

寻常海绵纲的海绵动物则具有硅质骨针或角质海绵丝，其水沟系统也为复沟型，体型不规则。它们可以在海水或淡水环境中生存。常见的寻常海绵纲成员包括浴海绵和针海绵。

海绵动物与我们的日常生活息息相关，其应用价值广泛而巨大。除了其骨骼能为人类建筑和景观设计提供独特材料外，海绵动物的其他实用特性亦不容忽视。例如，浴海绵凭借其柔软的海绵质纤维和卓越的吸液能力，已成为沐浴时的佳选，并在医学领域发挥着吸收药液、血液或脓液等关键作用。此外，某些海绵种类的纤维中富含硅质骨骼，赋予它们相对坚硬的质地，使其在机器擦拭等工业用途中展现出独特的实用价值。由于天然海绵资源有限，有些地方采用人工繁殖的方法来生产海绵。这一过程包括将海绵切成小块，系在石架上，然后沉入海底，大约两三年后便可成长。然而，海绵动物也存在一些负面影响。例如，某些种类会在牡蛎壳上生长，导致牡蛎壳封闭，最终造成牡蛎死亡。淡水海绵的大量繁殖还可能堵塞水道，对人类造成危害。此外，某些淡水海绵对生活环境的物理化学条件有特定要求，因此可以作为评估水环境质量的指标。在古生物学领域，海绵的特殊沉积物对于分析过去环境变化具有重要作用。近年来，对海绵的研究发展迅速，不仅关注海绵动物本身，更重要的是将其作为研究生命科学基本问题的模型，如细胞和发育生物学等领域的一些基本问题。因此，海绵动物在科学研究中具有独特的意义。

思考题

（1）多孔动物存在哪些主要的生物学特征？请结合实际例子，讨论它们如何利用水流进行滤食、排废物和获取氧气。

（2）海绵动物在科学研究中的重要性如何？请简要分析它们作为生命科学研究模型的独特价值。

（3）探讨海绵动物对人类生活的影响及其应用。你认为海绵动物有哪些潜在的生态或经济价值？

生物学名词

多孔动物门（Porifera）；水沟系统；领细胞（choanocyte）；变形细胞（amebocyte）；骨针（spicules）；无性生殖；有性生殖；再生能力；侧生动物（parazoan）；钙质海绵纲（Calcarea）；六放海绵纲（Hexactinellida）；寻常海绵纲（Demospongiae）；异体受精

第十二章　腔肠动物门

学习目标

1. 掌握腔肠动物的形态特征、胚层结构、神经系统和消化系统等基本生物学特性，理解其在动物系统进化中的重要地位。

2. 了解腔肠动物的分类及生态意义。

腔肠动物门

腔肠动物门（Phylum Coelenterata）是真正后生动物的开始，在动物系统进化上占有重要地位，其他高等的多细胞动物都可以看作是经过这个阶段发展而来的。腔肠动物多生活在海水中，极少数为淡水种。常见的腔肠动物包括水螅、水母和珊瑚共三大类。

第一节　腔肠动物门的主要特征

（一）形态——辐射对称

大多数腔肠动物体型呈辐射对称状。这是一种原始而基础的对称形式，它允许生物体通过无数通过中央轴的切面被分割成两个完全相等的部分。在这种构造中，只有上下之分，无左右之分。辐射对称正是腔肠动物为了适应水中固着或漂浮生活所演化出的理想形态。

（二）具有两胚层和原始消化腔

腔肠动物第一次出现胚层分化，是真正的两胚层动物。构成其体壁的两层细胞分别来源于内外胚层，在两胚层之间有无细胞结构的中胶层（mesoglea）。外胚层又称表皮层（epidermis）具保护、运动和感觉功能；内胚层又称胃层（gastrodermis），具消化、营养功能（图12-1）。通过胃层腺细胞分泌消化液，使食物在消化腔内进行初步消化，是动物进化过程中最早出现的细胞外消化。消化腔内水的流动，可把消化后的营养物质输送到身体各部分，兼有循环作用，故也称

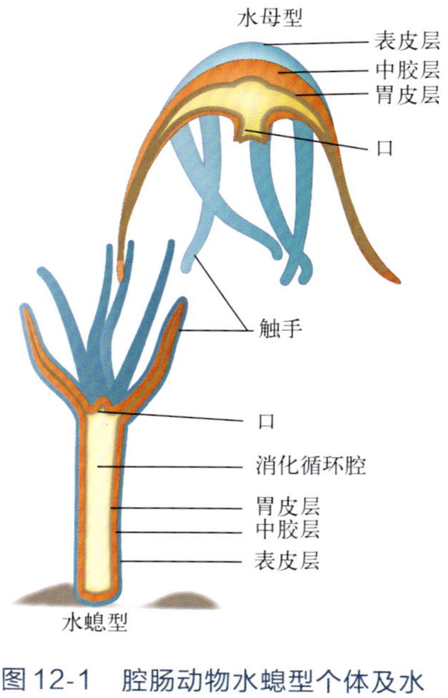

图12-1　腔肠动物水螅型个体及水母型个体结构示意图

据Hickman C P et al，2008改绘

为消化循环腔。消化腔只有一个对外开口，有口无肛门，是原肠期的原口形成的，消化后的残渣仍由口排出。

（三）原始的神经系统

一般认为，腔肠动物的神经系统由神经细胞的突起相互连接形成一个疏松的神经网，是动物界最简单最原始的神经系统。有些种类只有一个神经网，存在于外胚层的基部；有些种类有2个神经网，分别存在于内、外胚层的基部；还有些在中胶层中也有神经网，神经细胞又与内、外胚层的感觉细胞、皮肌细胞等相联系。这可以让腔肠动物对外界的刺激产生有效的反应。但腔肠动物没有神经中枢，神经的传导一般是无定向的，因此称为扩散神经系统。同时，神经的传导速度也较慢，它比人的神经传导速度约慢1000倍以上。

（四）生殖及世代交替

腔肠动物的生殖包括有性生殖和无性生殖两类。在有性生殖过程中，出现水螅型和水母型两种基本形态（图12-1）。水螅型个体营无性生殖（出芽或横裂）产生水母型个体；水母型又以有性生殖产生水螅型的个体。这种无性生殖与有性生殖有规律地交替出现的现象，称为世代交替。这两种基本形态有的种类如水螅类同时具有；有的种类如钵水母类水螅型退化或无，水母型发达；有的种类如珊瑚类则只有水螅型，而没有水母型。

第二节　腔肠动物门的分类及代表动物

（一）代表动物——水螅

水螅（*Hydra*）是腔肠动物门的典型代表，它们栖息于淡水环境中，通常附着在水草、落叶或石块上。它们的身体呈圆柱形，口周环绕着6～12条放射状排列的触手（图12-2）。

图12-2　水螅个体图片

水螅的身体结构由内、外两层细胞构成，中间夹着中胶层。外层细胞来源于外胚层，形成了一个相对较薄的细胞层，这些细胞排列整齐，已经分化为六种不同类型的细胞，执行着各自的生理功能：皮肌细胞含有纵向排列的肌原纤维，其收缩能使水螅的身体或触手缩短；感觉细胞带有感觉毛，能够感知外部刺激；神经细胞位于外胚层基部，它们的突起相互连接形成神经网；腺细胞遍布全身，尤其在口周围和基盘处较多，负责分泌黏液和气体；间细胞散布在外层细胞之间，是一种小型未分化细胞，能够分化为刺细胞和生殖细胞等；刺细胞是腔肠动物特有的攻击和防御细胞，用于捕食。

内层细胞来源于内胚层，形成了一个较厚的细胞层，主要由内皮肌细胞组成。内皮肌细胞具有收缩和营养的双重功能，也被称为消化细胞。此外，还有腺细胞等，其中腺细胞除了分泌黏液和气体外，大部分还分泌消化酶，参与食物的消化。

在摄食和消化过程中，水螅利用触手上的刺细胞释放刺丝来麻醉捕获猎物，并将其送入口中。消化过程则由腺细胞分泌的消化酶进行细胞外消化，消化后的小分子物质由消化细胞吞噬并进行细胞内消化。无法消化的食物残渣则通过口排出体外。

水螅没有专门的呼吸和排泄器官。呼吸通过外层和内层细胞与水环境进行气体交换，依靠细胞膜的渗透扩散作用。排泄则是通过细胞膜将代谢废物排出体外。

在生殖方面，水螅进行无性生殖的方式是出芽生殖。有性生殖过程中，外层间细胞分化形成卵巢和精巢。受精卵发育成实心原肠胚后，会包裹上一层黏性厚膜形成休眠体，从母体脱落。次年春末，当环境条件适宜时，胚胎会脱膜而出，继续发育成小水螅。

水螅的再生能力很强。切断或内、外胚层分离，均能发育成完整个体，但单独的触手不能再生成完整个体。

（二）腔肠动物门分类

依据形态结构特点和生活史，腔肠动物分为：水螅纲、钵水母纲和珊瑚纲。

水螅纲：该纲动物多数栖息于海洋中，但也有一些偏爱淡水环境。它们的生活史中呈现出独特的世代交替现象。前面提及的水螅就是水螅纲中的一员。此外，该纲还包括薮枝螅、桃花水母和僧帽水母等。其中，桃花水母被誉为“水中大熊猫”，是一种仅有水母型个体的生物。因其形状酷似桃花，且在桃花盛开的季节常能见到，故得名。桃花水母对水质的要求极高，它们是自然界中优秀的水质“检测员”。

钵水母纲：钵水母纲的动物主要生活在海水中，它们的内外胚层都拥有刺细胞，这些细胞是它们捕食和防御的重要武器。钵水母多为大型，结构复杂，其生命周期以水母型态为主（图12-3）。海月水母和海蜇是这一纲的代表生物。海月水母以其圆盘状的体型和透明的白色体色，成为海洋中一道亮丽的风景线（图12-4）。而海蜇营养价值丰富，是重要的水生经济物种。

图12-3 海水中自然漂浮的水母

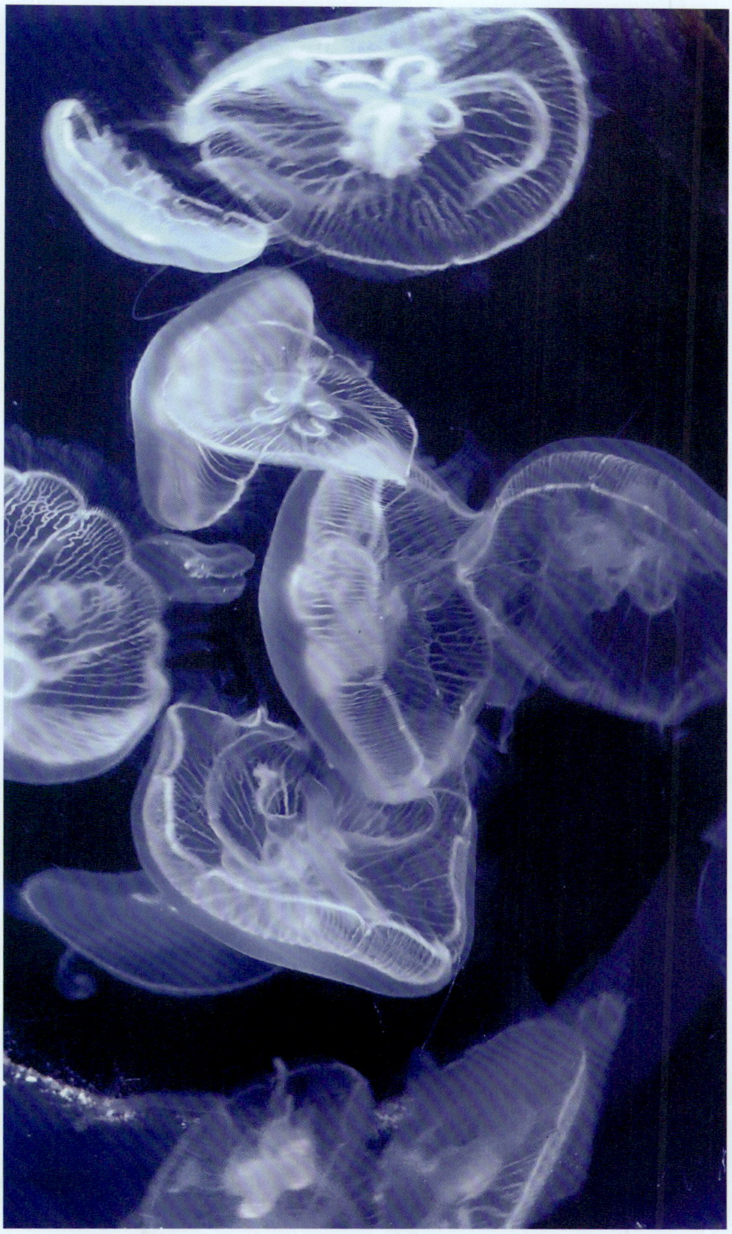

图12-4　海月水母

珊瑚纲：珊瑚纲的成员全部生活在海水中，它们的内外胚层也同样具有刺细胞。珊瑚纲的成员不经历世代交替，只有水螅型，结构十分复杂。它们拥有口道，身体呈现两辐射对称。很多珊瑚以群体的形式生活，并能够分泌出骨骼，我们称之为珊瑚。珊瑚体的形态多样，有的呈现出灌木丛状（图12-5）。石珊瑚的骨骼是构成珊瑚礁和珊瑚岛的主要成分，还可用于建筑材料或制作工艺美术品。比如，鹿角珊瑚是一种大型个体，其珊瑚骨骼呈灌木状，分枝间隔较大，是关键的造礁石珊瑚。另外，六放虫也是珊瑚纲中的一员，它们大多以群体的形式生活，但不分泌钙质骨骼，而是形成围鞘或黏着外来颗粒。

图12-5　珊瑚丛和珊瑚标本

思考题

（1）讨论辐射对称与动物生活环境之间的关系，为什么腔肠动物适应漂浮或固着生活？

（2）腔肠动物的消化腔为什么被称为消化循环腔？

（3）分析水螅再生的细胞生物学机制，并探讨这一特性在自然界中的应用。

（4）不同腔肠动物纲（如水螅纲、钵水母纲、珊瑚纲）在生态系统中的角色有什么不同？

生物学名词

腔肠动物门（Phylum Coelenterata）；辐射对称（radial symmetry）；胚层（germ layer）；消化腔（gastrovascular cavity）；中胶层（mesoglea）；神经网（nerve net）；刺细胞（cnidocytes）；水螅型（polyp）；水母型（medusa）；世代交替（metagenesis）；外胚层（ectoderm）；内胚层（endoderm）；腺细胞（gland cells）；再生能力（regeneration）

第十三章　扁形动物门

学习目标

扁形动物门

1. 掌握扁形动物门的形态特征，如两侧对称性、中胚层的出现以及皮肌囊结构等，理解其对动物结构和功能复杂化的意义。

2. 了解扁形动物的分类与代表物种。

3. 了解吸虫和绦虫如何通过特定的结构和生活史适应寄生环境，识别其对宿主的危害及其控制方法。

在动物进化历程中，扁形动物门（Platyhelminthes）扮演了举足轻重的角色。与腔肠动物相比，扁形动物在结构和功能方面展现了更高层次的复杂性和完善性。它们的栖息地多样，从海水到淡水，甚至包括土壤。但是生活在海水中的扁形动物种类较少，大部分扁形动物已经进入淡水中生活。此外，吸虫纲和绦虫纲的生物可以营寄生生活。

第一节　扁形动物门的主要特征

（一）体型——两侧对称

从扁形动物开始出现了两侧对称（bilateral symmetry）的体型，即动物体通过一个中轴切面实现左右对称分割。这种对称性促进了动物身体的前后、左右和背腹的分化，进而导致了身体各部分功能的分化。具体而言，头部成为神经和感觉器官集中的区域，背面承担起保护作用，而腹部则主要负责运动和摄食。

两侧对称性的出现具有多方面的意义。首先，它导致了动物身体机能的分化，使得腹部负责运动，背部负责保护，神经和感觉器官逐渐集中在前端，为脑的形成提供了基础。其次，两侧对称性使得动物的运动由不定向变为定向（主要是前进），提高了动物对外界刺激的反应速度和准确性，增强了行动的敏捷性。最后，两侧对称性扩大了动物的活动范围，使得动物既适合游泳又适合在物体上爬行，这是动物从水中生活向陆地生活过渡的关键，也是水生动物向陆生动物进化的基础条件之一。

（二）出现了中胚层

从扁形动物开始在外胚层和内胚层之间出现了中胚层（图13-1）。中胚层的出现对于动物的结构和功能的进一步复杂化起到了决定性作用。例如，中胚层的形成有效地减轻了外胚层和内胚层的负担，进而触发了组织和器官的分化，以及系统的形成。这些变化为动物体结构的进一步复杂化提供了必要的物质基础，并使扁形动物达到了器官系统水平。

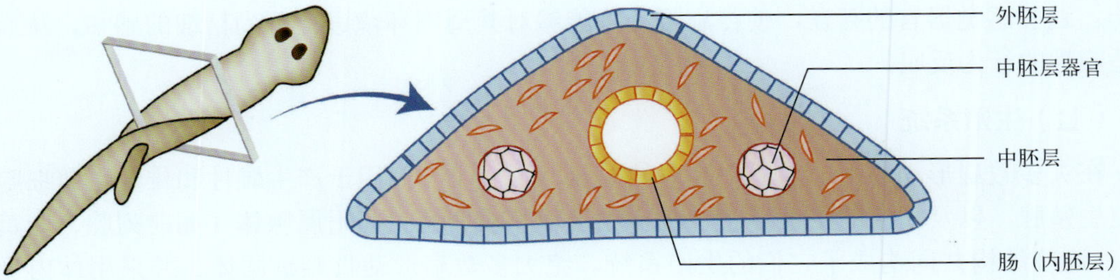

图13-1 扁形动物横切示意图——示中胚层结构

据Hickman C P et al，2008改绘

此外，中胚层的形成还促进了动物的新陈代谢的加强。例如，中胚层发育出的复杂肌肉层增强了动物的运动能力，配合两侧对称的体型，使得动物能够在更广阔的范围内摄取更多的食物。同时，消化管壁上的肌肉增强了消化器官的蠕动能力，从而提高了食物的消化效率。这些变化共同作用，显著提升了动物的新陈代谢能力。随着代谢效率的提高，代谢废物的产生也随之增加，这又进一步促进了排泄系统的形成和发展。

因此，中胚层的形成不仅是动物从水生向陆生进化的一个基本条件，也是动物在结构和功能上实现复杂化的关键因素。

（三）体壁为皮肌囊

体壁的皮肌囊结构是由中胚层衍生的肌肉组织（包括环形肌、纵向肌和斜向肌）与外胚层发育而来的表皮（由单层细胞构成）紧密相连而形成的。这种结构环绕整个身体，呈囊状，因此得名“皮肌囊”。皮肌囊具有保护和运动功能，是动物体壁的重要组成部分。

（四）不完全消化系统

消化系统由口、咽和肠道构成，是一个不完全的消化系统，通向体外的开孔既是口又是肛门，缺乏独立的肛门。在寄生生活方式的动物中，消化系统往往退化或完全消失。

（五）原肾管式排泄系统

扁形动物的排泄系统属于原肾型，主要由焰细胞、排泄管和排泄孔构成，这一系统是身体两侧的外胚层的内陷形成的。其主要功能是对体内水分的渗透压进行调节，并排除某些代谢废物。而一些特定的排泄产物，如含氮废物，则是通过体表进行排出。

（六）神经系统

在扁形动物的前端，一对显著的神经节（被称为“脑”）负责协调其神经活动。从这一中枢结构向后延伸的是一系列纵行的神经索，其中以腹部的一对神经索最为显著。这些神经索不仅在纵向上相互连接，而且还通过横向神经纤维形成网络，从而确保了全身的神经网络通信。

在扁形动物的高等种类中，纵神经索的数量有所简化，通常仅保留一对高度发达的腹神经索。这些神经索通过横向神经的连接，构成了一个梯形神经系统的结构，这种结构在神经信号的传递和整合方面更为高效。

自由生活的扁形动物为了更好地适应多变的环境，通常演化出了一系列感觉器官，如眼点用于感光、平衡囊用于感知身体的倾斜和震动，以及其他用于检测化学和机械刺激的感觉结构。这些感觉器官的存在，使得扁形动物能够对其周围环境进行更为精细的感知，从而做出适应性的行为反应。

（七）生殖系统

在大多数扁形动物中，随着中胚层的发育，形成了专门用于产生雌性和雄性生殖细胞的固定生殖腺，以及相应的生殖导管（包括输精管和输卵管）和附属腺体（如前列腺、卵黄腺等）。这些结构共同构成了它们的生殖系统。绝大多数扁形动物雌雄同体，并采用体内受精的方式进行繁殖。

第二节　扁形动物门的分类及代表类群

扁形动物门包括了大量的寄生虫和一些自由生活的种类。根据其形态特征、生活方式和生殖方式的不同，扁形动物被分为几个主要的纲：涡虫纲（Turbellaria）、吸虫纲（Trematoda）和绦虫纲（Cestoidea）。

一、涡虫纲

（一）代表动物——三角涡虫（*Dugesia japonica*）

外形：三角涡虫体长通常为15～20mm，宽为2～2.5mm。其身体呈柳叶状，头部为三角形，两侧角形成了两耳突（图13-2）。腹部表面密布纤毛，使其能够在水底进行爬行或游泳。

体壁：涡虫的体壁由三层结构构成。最外层是表皮层，由单层柱状上皮细胞组成，这些细胞内含有杆状体，负责提供防御功能。在腹面，上皮细胞的外表面生长着纤毛，有助于涡虫在水底爬行或游泳。位于表皮层下方的是基膜，这是一个非细胞结构，具有弹性，为体壁提供支撑。最内层是肌肉层，它分为三层：环肌紧靠基膜下方，斜肌位于中间，肌层较薄，而纵肌位于内层，肌层较厚。这种由单层上皮细胞和多层肌肉相互连接而构成的体壁被称为皮肌囊，它不仅为涡虫提供了保护，还赋予了它们灵活的运动能力。

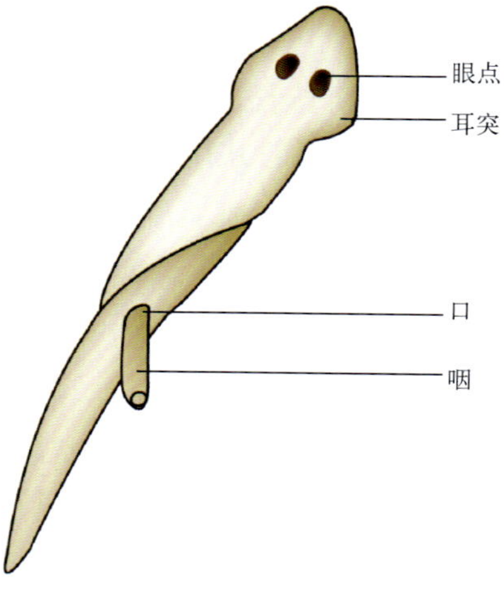

图13-2　三角涡虫外形示意图

消化系统：涡虫的消化系统由口、咽和肠道组成（图13-3）。口位于身体腹面近后端1/3处，咽呈长吻状，取食时从肌肉质的咽鞘中伸出。肠分为三支，每支又分出许多小支，末端为盲管，由于无肛门，属于不完全消化系统。

循环和呼吸系统： 涡虫没有专门的循环和呼吸系统。其循环功能由肠道和实质组织执行，呼吸功能则依赖于扁平的体形与身体体积相比具有较大的表面积，通过表皮的渗透和扩散进行皮肤呼吸。

排泄系统： 身体两侧各有一条弯曲而分支的原肾系统。原肾由焰细胞、排泄管和排泄孔组成（图13-4），其特点是只有一个排泄孔对外开口。

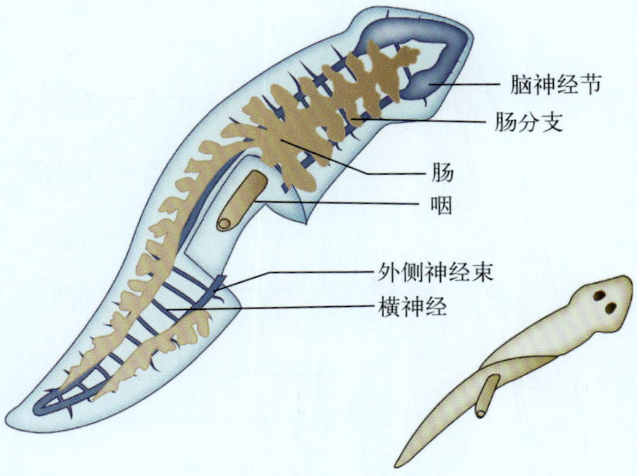

图13-3 三角涡虫消化系统和神经系统示意图

据Hickman C P et al，2008改绘

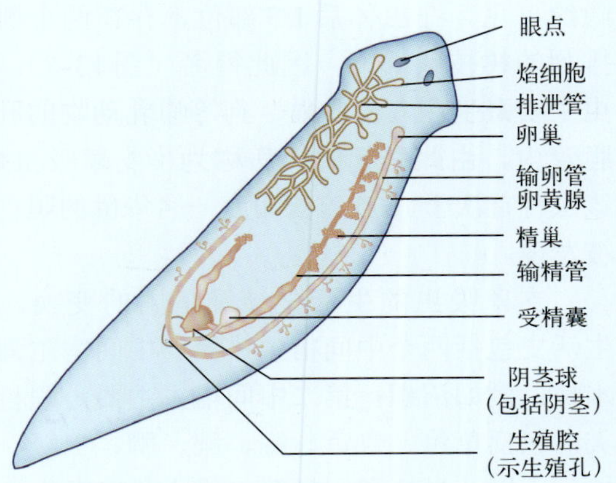

图13-4 涡虫排泄系统和生殖系统（示部分结构）

据Hickman C P et al，2008改绘

神经系统： 涡虫具有典型的梯形神经系统，由一对脑神经节向后伸出两条粗大的腹神经索，中间由许多横神经相连（图13-3）。感觉器官包括眼点和耳突。眼点一对，不能成像，只能感光，具有避强光、趋弱光的特点。耳突一对，富含感觉细胞，具有类似味觉和嗅觉的功能。

生殖系统： 涡虫通过横二分裂进行无性生殖，在口的后部收缢断裂成两个子体。有性生殖时，涡虫表现出雌雄同体的特征，异体受精，在环境条件不适宜的情况下，形成生殖腺和输出管道。雌性生殖器官包括卵巢、卵黄腺、输卵管、生殖腔和生殖孔。雄性生殖器官包括精巢、输精小管、输精管、储精囊和阴茎球。卵囊内的胚胎发育所需的营养由卵黄细胞供给（图13-4）。

再生能力： 涡虫具有很强的再生能力。在饥饿时，虫体可以消化自身器官，并进行再生。再生可分为生理性再生和补偿性再生。生理性再生是指生物体在正常生命活动过程中发生的再生，而补偿性再生是指因损伤而引起的再生。

（二）涡虫纲自由生活的结构特征

和自由生活方式相适应，涡虫纲皮肌囊发达，具有保护和运动功能。身体表面有纤毛、杆状体和保护色，增强了其在环境中的适应性。消化系统较发达，能够有效地处理食物。神经系统和感觉器官较发达，能迅速对外界因素，特别是光线和食物的存在做出反应，强化了运动机能，有利于捕食和防御敌害。

二、吸虫纲

吸虫纲（Trematoda）动物均以寄生方式生存，其中原始种类主要寄生于软体动物、变温脊椎动物等宿主的体表或体内空腔，这种方式被称为外寄生；而随着不断进化，一些吸虫纲动物开始寄生于脊椎动物的体内，形成了内寄生种类的特征。

（一）代表动物——华支睾吸虫（*Clonorchis sinensis*）

华支睾吸虫，又称支睾吸虫，生活时呈现肉红色，固定后变为灰白色，其体内器官轮廓隐约可见。在虫体后1/3部位，存在两个前后排列的树枝状睾丸，因此得名（图13-5）。成虫主要寄生在人类、猫、狗等哺乳动物的肝脏胆管内，由此引起的疾病称为华支睾吸虫病。该虫种首次于1875年在印度一名华侨的胆管中被发现。

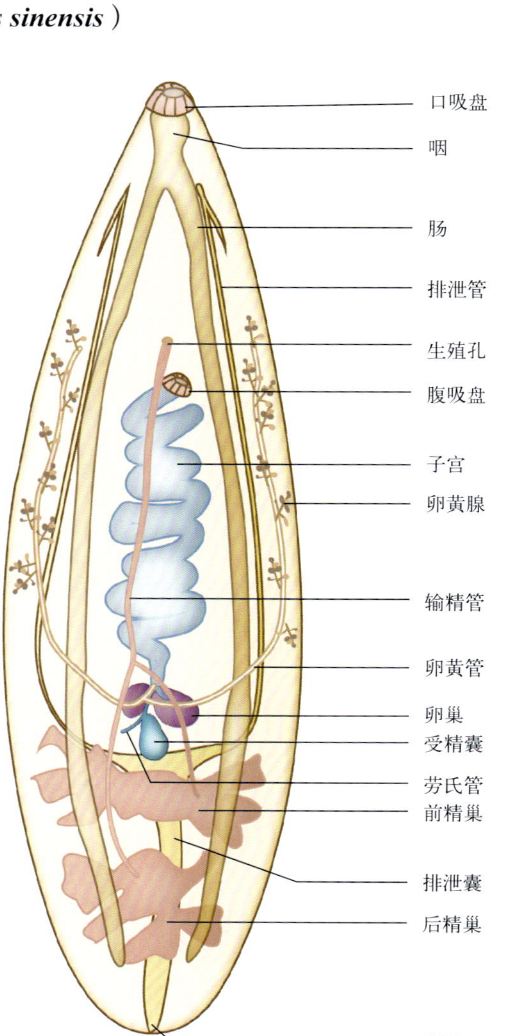

图13-5　华支睾吸虫结构模式图

据Hickman C P et al，2008改绘

支睾吸虫的生活史涉及宿主的变换。其生活史包括两个中间宿主：第一中间宿主为淡水螺，例如沼螺；第二中间宿主主要是鲤科鱼类，包括草鱼、青鱼、鳊、鲤、鲫、土鲮、麦穗鱼，以及米虾和沼虾等。成虫最终寄生在人类、狗、猫等动物的肝脏和胆管内。支睾吸虫的生命周期通常为几个月到一年，具体时间取决于环境条件和宿主的生理状态。人类通过摄入含有活囊蚴的鱼类而感染，因此，预防和控制措施主要集中在改善卫生习惯、确保鱼类煮熟以及减少淡水螺的繁殖。

支睾吸虫对人类健康构成的危害主要体现在胆管寄生，导致华支睾吸虫病。患者常见症状包括慢性腹泻、消瘦、乏力、贫血和肝脏肿大。在疾病晚期，可能会发生肝硬化，并常见急性胆囊炎和胆总管阻塞等并发症。此外，肝细胞性或胆管性原发性肝癌可能与本病有关。杀灭囊蚴的方法需注意，虽然70℃的热水可以在8s内杀死囊蚴，但冰冻、盐腌及浸于酱油中等方法无法在短时间内有效杀死囊蚴。

（二）人体寄生虫——肝片吸虫（*Fasciola hepatica*）

肝片吸虫是一种寄生于人体的寄生虫。最初在羊肝中发现，直至1960年才在人体内被发现。这种寄生虫是全球范围内牛、羊等反刍动物的主要寄生虫。在欧洲、非洲等地区，人体感染较为常见，而在中国，人体感染较为少见。肝片吸虫属于大型吸虫，具有口吸盘和腹吸盘。

其生活史中的中间宿主为椎实螺，而人、羊、马等动物则作为终末宿主。人体感染肝片吸虫可能是通过饮用生水或食用未洗净的生蔬菜而发生的。成虫在人体内会对肝组织造成破坏，可能引起肝炎和胆管硬化，阻碍胆汁的输送，从而导致消化不良。此外，虫体分泌的毒素会渗入血液中，溶解红细胞，导致宿主出现贫血、消瘦和浮肿等中毒症状。

（三）人体寄生虫——日本血吸虫（*Schistosoma japonicum*）

日本血吸虫病是由日本血吸虫引起的一种严重寄生虫病，位列中国的五大寄生虫病之一。

日本血吸虫的形态结构特征为雌雄异体，雄虫具有抱雌沟，通常雌雄合抱。它们具有口吸盘和腹吸盘，这些结构有助于其在宿主体内寄生。

日本血吸虫的生活史包括两个主要宿主：终寄主为人和牲畜，中间寄主为钉螺。成虫寄生在人的门静脉和肠系膜静脉内，产卵后，卵发育成内含毛蚴的胚胎卵。毛蚴分泌酶溶解周围组织，穿过肠壁进入消化道，随粪便排出。排入水中的卵孵化成毛蚴，毛蚴钻入中间寄主钉螺体内进行无性繁殖，产生母胞蚴和子胞蚴，子胞蚴成熟后释放出尾蚴。尾蚴通过皮肤接触进入终寄主体内，侵入静脉系统和淋巴系统，移行至肠系膜静脉后继续发育。

日本血吸虫病的危害主要体现在虫卵对宿主的损害。虫卵进入肝脏或肠壁，甚至游离于多个器官，如阑尾、胰、胃、肺、肾、子宫、脾和脑等。卵内毛蚴分泌的毒素可引起脓肿，形成虫卵肉芽肿，导致肝脾肿大、腹水等症状。晚期病人可能出现“蛙腹”现象。虫卵还可能引起肠部溃疡、腹泻，进入脑血管引起癫痫，进入阑尾引起阑尾炎。在发育早期，感染可能导致发育不良和第二性征受影响，甚至引起侏儒症；在发育期，则可能影响生殖能力。

为了控制和预防日本血吸虫病，关键的措施包括普查和治疗患者以消灭虫源，消灭中间寄主钉螺，做好粪便和水源管理，以及加强防卫意识，防止感染。通过这些综合措施，可以有效地控制日本血吸虫病的传播，并减轻其对公共卫生的影响。

（四）吸虫纲适应寄生生活的结构特征

吸虫纲（Trematoda）是一类专营寄生生活的寄生虫，它们在长期的进化过程中形成了一系列适应寄生生活的结构特征。首先，成虫体表无纤毛、杆状体和保护色，这些特征有助于它们在宿主体内隐蔽地生活。其次，吸虫的体壁由皮层构成，皮层上具有皮棘，这些结构有助于吸虫在宿主体内固定和移动。此外，吸虫具有吸盘，这些吸盘有助于它们附着在宿主的器官表面，从而获取养分和避免被宿主的免疫系统清除。在消化系统方面，吸虫的消化系统相对较简单，这是因为它们可以直接从宿主体内吸收营养。感觉器官在吸虫中退化，这是因为它们在宿主体内生活的环境相对稳定，无需复杂的感知系统。最后，吸虫的生殖系统非常发达（图13-5），有些吸虫的生殖器官甚至可以占据其身体体积的大部分，这是为了增加感染宿主的机会。这些结构特征共同构成了吸虫纲适应寄生生活的基础。

三、绦虫纲

（一）代表动物——猪带绦虫（*Taenia solium*）

猪带绦虫，也称为猪肉绦虫，是一种大型寄生虫，成虫寄生在人的小肠中，中间宿主为猪，故得名。

猪带绦虫的体长可达2～4m，由700～1000个节片组成。其身体分为三部分：头节、颈部和节片。头节上生有吸盘和小钩，用于附着在宿主的肠黏膜上。颈部纤细，不分节片，能够不断分裂产生新的节片，是绦虫的生长区。节片是猪带绦虫身体的其余部分，根据生殖器

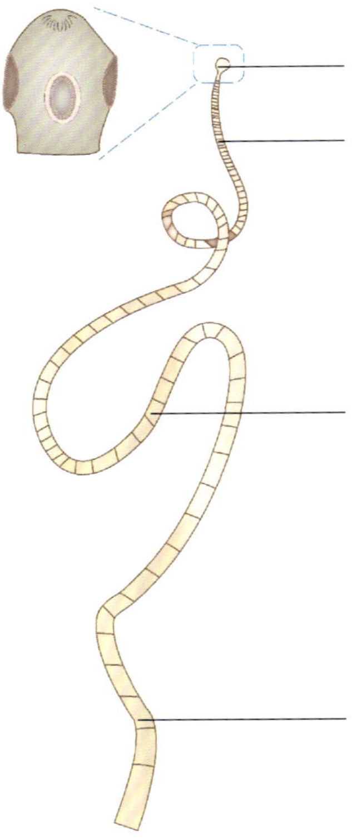

图13-6 绦虫示意图——示头节和节片

据Hickman C P et al，2008改绘

官的发育情况，节片可分为三种类型：未成熟节片、成熟节片和妊娠节片（图13-6）。未成熟节片的宽度大于长度，内部构造尚未发育完全；成熟节片近方形，内部含有生殖器官、神经和排泄管；妊娠节片长度大于宽度，其他器官消失，只保留充满卵的子宫。

猪带绦虫的生活史涉及一个中间寄主和一个终寄主。终寄主为人，寄生部位在小肠；中间寄主为猪。成虫在终寄主体内分节，雌雄同体，进行异体受精，生殖系统高度发达，而消化系统则完全退化。猪带绦虫的幼虫阶段在猪体内发育，形成囊尾蚴，含有囊尾蚴的猪肉俗称“米猪肉”。人类食用未煮熟的含有囊尾蚴的猪肉后被感染，成虫在人的小肠内成熟并产卵，卵随粪便排出体外，从而完成其生命周期。

猪带绦虫对人类健康的影响主要体现在两个方面：一是成虫在人体小肠内的寄生所引起的猪肉绦虫病；二是误食含有猪带绦虫幼虫（囊尾蚴）的猪肉所导致的囊尾蚴病，也称为囊虫病。

成虫寄生于人的小肠，通常不会引起严重的临床症状。然而，它们的存在可能导致消化不良、营养不良、腹泻和体重减轻等症状。在某些情况下，成虫的寄生还可能引起肠梗阻或肠穿孔，特别是当绦虫数量较多时。当人类误食含有活囊尾蚴的猪肉时，囊尾蚴会在人体内发育成为成虫。囊尾蚴在人体内的移行和定居可能导致严重的健康问题。它们最常见于皮下组织、肌肉、眼睛和大脑。在皮下和肌肉中，囊尾蚴形成可触及的结节，通常不会引起严重的健康问题。然而，当囊尾蚴侵入眼睛和大脑时，可能导致严重的并发症，如视力损害、癫痫发作、认知障碍甚至死亡。大脑中的囊尾蚴感染被称为神经囊尾蚴病，是最严重的表现形式之一。

猪带绦虫病的预防和控制主要依赖于加强食品安全措施，确保猪肉煮熟，以及提高公众对疾病传播途径的认识。此外，加强猪的饲养管理，防止猪感染囊尾蚴，也是重要的预防措施。

（二）鱼类寄生虫——九江头槽绦虫（*Bothriocephalus gowkongensis*）

成虫主要寄生于草鱼（*Ctenopharyngodon idellus*）、团头鲂（*Megalobrama amblycephala*）、青鱼（*Mylopharyngodon piceus*）、鲢（*Hypophthalmichthys molitrix*）、鳙（*Aristichthys nobilis*）和鲮（*Cirrhinus molitorella*）等淡水鱼的肠内。其中，草鱼和团头鲂受感染最为严重，幼草鱼的感染率可高达100%。中间宿主为剑水蚤，当淡水鱼类吞食了已被感染的剑水蚤后，便会受到感染。

受感染的鱼体会出现恶性贫血，体表黑色素沉积增加。在严重感染的情况下，由于肠道被虫体完全占据，尤其是前肠的第一盘曲会胀大成胃囊状，鱼常浮于水面，口部张开，因此，该病也被称为干口病。

（三）绦虫纲适应寄生生活的结构特征

作为寄生虫，绦虫的身体结构和生活习性经历了显著的适应性变化，以适应其寄生生活方式。绦虫的身体呈带状，分为头节、颈节和若干节片。体表由皮层构成，表面有微绒毛，这些结构能够直接吸收营养物质。附着器官集中在头节，包括小钩和吸盘等，用于附着在寄主的肠壁上。由于直接从寄主体内吸收营养，绦虫的消化系统完全消失。感觉器官和运动器官也因环境简单稳定而完全退化。生殖系统特别发达，繁殖力极强，这是为了在寄主转换过程中应对大量死亡而保证种群的生存。

另外，不管是绦虫还是吸虫，它们在生活史中均出现了更换寄主的现象。实际上，寄生虫更换寄主的生物学意义与其和寄主的共同进化有关。最初的寄主应该是在系统发育中出现较早的类群，后来这些寄生虫的生活史扩展到了较后出现的脊椎动物体内。这种更换寄主的过程是寄生虫对寄生生活方式的一种适应，旨在减轻对寄主的危害，增加自身的生存机会。

寄生生活的环境条件导致了动物体形态结构和生理机能的一系列适应性变化。例如，由于取食方便而直接，消化和运动器官退化；对外界刺激的感应减弱导致神经和感觉器官退化；为了抵御寄主体内酶的侵蚀，表皮特化成皮膜；为了固着在寄主体内的特定部位，产生了固着器官如吸盘、钩和爪等；由于寄主转换过程中的大量死亡，生殖系统特别发达。随着寄生程度的发展，身体的结构部分愈趋退化，如绦虫的肠道消失，而部分结构则愈强化，如绦虫孕节内全为生殖器官，体壁皮膜形成微毛。这些适应性变化反映了绦虫与其寄生环境之间的密切关联。

思考题

（1）两侧对称性如何促进扁形动物的行为多样性和身体功能分化？

（2）中胚层的出现如何推动扁形动物结构的复杂化？

（3）结合吸虫类代表物种（如华支睾吸虫、肝片吸虫等），讨论宿主管理和防治策略。

生物学名词

两侧对称（bilateral symmetry）；中胚层（mesoderm）；皮肌囊（dermomuscular sac）；不完全消化系统（incomplete digestive system）；原肾（protonephridia）；梯形神经系统（ladder-like nervous system）；雌雄同体（hermaphroditism）；涡虫纲（Turbellaria）；吸虫纲（Trematoda）；绦虫纲（Cestoidea）；生活史（life cycle）；宿主（host）；囊尾蚴（cysticercus）；再生能力（regenerative ability）；寄生虫病（parasitic disease）

第十四章　假体腔动物

学习目标

1. 掌握假体腔的定义、结构特点和生理功能。

2. 了解线虫和轮虫的形态结构、生理特性、生态分布及其在医学和水产养殖中的应用。

假体腔动物

假体腔动物（pseudocoelomate），亦称为原体腔动物，是一类包括线虫、轮虫等多个动物类群的生物群体。这些动物的形态结构具有显著的多样性，其栖息环境也各不相同，既有自由生活的种类，也有寄生于其他生物的种类。假体腔动物的身体通常呈蠕虫状，两侧对称，由三个胚层构成，并且拥有一种被称为假体腔的结构，因此得名假体腔动物。

第一节　假体腔动物的主要特征

形态特征：通常为长圆形的身体结构，缺乏明显的头部，身体各部分未分化为明显的节段，体表则被一层非细胞形态的角质膜所覆盖。

假体腔：亦称为原体腔，是一种位于体壁与内脏器官之间的空腔。它的形成可以追溯到胚胎发育阶段的囊胚腔，仅由体壁中胚层构成，不包含肠壁中胚层和体腔膜，且不与外界环境相通（图 14-1）。假体腔的出现对动物的生理功能具有显著影响：它不仅为体内器官系统的发展提供了空间，而且通过体腔液的流体压力增强了动物的运动能力，同时促进了物质通过

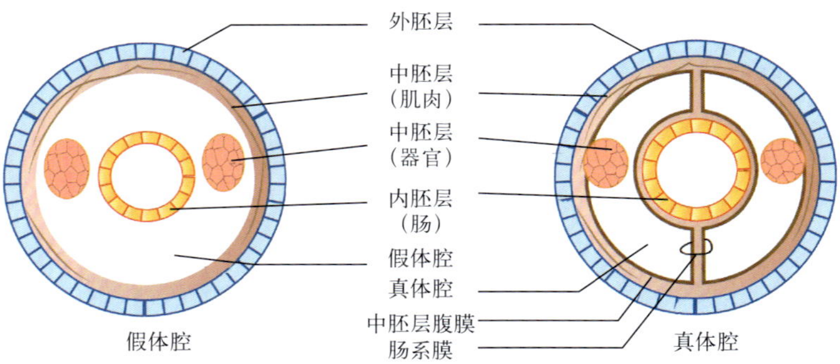

图 14-1　假体腔和真体腔结构示意图

据 Hickman C P et al，2008 改绘

体腔液的流体循环进行运输。

完全消化系统：大多数假体腔动物拥有包括口和肛门的完全消化系统。这种消化系统的进一步分化，使得消化后的食物残渣能够通过肛门直接排出体外，从而消除了通过口腔排出的需求，显著提高了消化效率。这种消化系统的分化对于动物的营养吸收和能量利用具有深远的影响，标志着动物在进化过程中对高效能量转化机制的重要适应。

第二节　假体腔动物的分类及代表类群

假体腔动物是一类形态结构变异丰富的生物群体，主要分为以下几个门类：线虫动物门（Nematoda）、轮虫动物门（Rotifera）、腹毛动物门（Gastrotricha）、动吻动物门（Kinorhyncha）、曳鳃动物门（Priapulida）、线形动物门（Nematomorpha）、兜甲动物门（Loricifera）、棘头动物门（Acanthocephala）和内肛动物门（Entoprocta）。这些门类之间的动物，在起源和亲缘关系上存在一定的模糊性，尚存争议。

在各类假体腔动物中，无论是在种类数量还是在对人类的影响方面，线虫动物门都占据着举足轻重的地位。

一、线虫动物门概述

线虫，亦称作圆虫，是假体腔动物中物种数量最为丰富的一类，目前已描述的种类大约有15000种，而据估计，其总数可能高达50万种。线虫广泛分布于全球各地，包括海洋、淡水以及土壤等多种环境中，其中大部分种类生活在自由环境中，但也有一部分是寄生性生物，它们寄生于人类、其他动物或植物体内。某些线虫寄生虫对人类健康构成严重威胁，例如钩虫和丝虫。同时，还有一些线虫对家畜和农作物造成严重损害。值得一提的是，一种名为秀丽线虫（*Caenorhabditis elegans*）的小型线虫对科学领域做出了显著贡献，它已成为模型动物之一。

（一）代表动物——人蛔虫（*Ascaris lumbricoides*）

人蛔虫是一种体型较大的线虫，是人体内最常见的肠道寄生虫之一，尤其在儿童中流行，主要寄生于人体的小肠内，引发蛔虫病。

蛔虫（图14-2）的身体呈长圆柱形，向两端逐渐变细，呈淡红色，雌虫较长（20～35cm），雄虫较短（15～30cm），侧线明显。

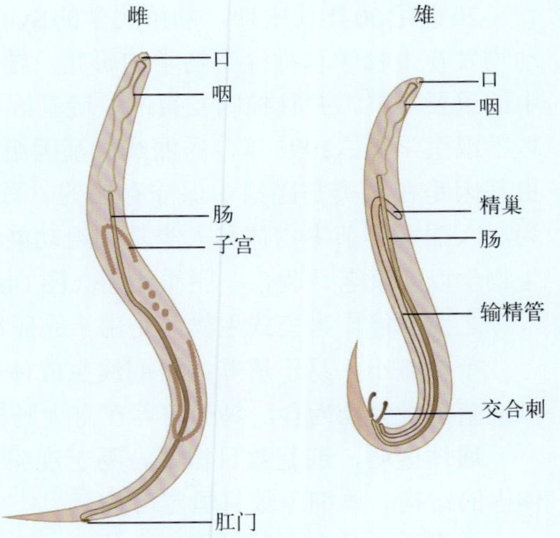

图14-2　蛔虫解剖图

体壁由角质膜、表皮和肌肉组成的皮肌囊构成。角质膜是最外层，厚而光滑，分为皮层、基质层和纤维层，主要功能是保护身体，抵御寄主体内消化液的腐蚀。表皮层是由8行上皮细胞组成的合胞体，在身体两侧和背、腹中央，上皮细胞层加厚形成侧线和背、腹线。背、腹线中有背、腹神经索，侧线中有排泄管。表皮层细胞能向外分泌物质形成角质膜。肌肉层在最里层，由单层纵肌构成。肌细胞分为原生质部和收缩部，只有纵肌，没有环肌，因此身体只能弯曲，不能伸缩。肌细胞的原生质部伸向背、腹神经索，接受神经支配。假体腔充满体腔液，用于输送营养，在体壁与内脏之间形成膨压，使身体保持一定体形。

消化系统相对简单，由口、咽、肠和肛门组成。口具唇片和乳突，具有感觉功能。它们以宿主体内的半消化物质为食，这些物质不需进行消化就可直接被蛔虫吸收利用，因此，蛔虫无特殊的消化腺。肠腔内有微绒毛，可增加吸收面积。

没有专门的呼吸器官，适应寄主体内的低氧环境，进行厌氧呼吸。排泄系统是由一个原肾细胞衍生而成的H形排泄系统，排泄物汇集到体腔液内，再随体腔液通过侧线的上皮细胞渗透入排泄管内，从排泄孔排出体外。

咽部有一围咽神经环，上面连有腹、侧、背神经节。感觉器官不发达，唇瓣和泄殖孔周围有感觉乳突，具有感觉功能。生殖系统发达，生殖能力强。

蛔虫的发育为直接发育，不需要中间宿主，感染性虫卵在人体外成熟。人误食感染性虫卵后，它们寄生于小肠。蛔虫感染会对人体健康造成多种危害，比如，蛔虫摄取宿主的营养，导致宿主营养不良，这对儿童的生长和智力发展尤为不利。蛔虫的代谢产物、分泌物和分解产物产生的毒素会刺激神经系统，引起失眠、磨牙、抽筋、头痛和神经痛等症状；同时刺激肠道，影响肠道正常蠕动，导致肠痉挛、肠套叠、腹痛、恶心和呕吐等。蛔虫可阻塞肠道，引发机械性肠梗阻，导致剧烈腹痛。幼虫在体内移行时可能引起炎症和全身性过敏反应，表现为咳嗽、发热、荨麻疹等症状。严重情况下，可能导致暴发性哮喘和肺炎。此外，当蛔虫受到药物刺激时，它们可能侵入肝脏、胆囊和脑等器官，引发急性炎症和剧烈疼痛。

预防蛔虫感染，关键是改善环境卫生。如果不小心感染可食用阿苯达唑进行治疗。阿苯达唑是一种治疗肠道线虫的药物，它选择性地且不可逆地抑制寄生虫肠壁细胞胞质微管系统的聚合，从而阻断其对多种营养和葡萄糖的摄取与吸收，有效治疗蛔虫感染。

（二）代表动物——秀丽线虫（*Caenorhabditis elegans*）

20世纪60年代中期，剑桥大学的Sydney Brenner率先选择秀丽线虫作为实验材料，开展动物发育生物学和神经生物学的研究，结果发现在基因作用下的程序性死亡是生物发育过程中的重要环节，并且控制发育的关键基因在人体中也存在，这一成果获得了2002年诺贝尔生理学或医学奖。1998年，秀丽线虫基因组的测序工作完成，研究表明，大约有40%的秀丽线虫基因是在人类基因组中保守存在的。该研究首次完成了对多细胞动物基因组的测序工作，为深入探索复杂生物体和人类基因组功能提供了宝贵的数据。此外，秀丽线虫还是研究细胞生物学以及衰老、凋亡、脂质代谢（图14-3）等多个生命科学领域的重要模式生物。

之所以能作为模式生物，是由于秀丽线虫具有以下优点：

个体微小，易于培养：秀丽线虫成体长度约1mm，自由生活在土壤（或尘土）中，主要以细菌等微生物为食，易于培养在有大肠杆菌的琼脂板上。

通体透明，细胞数目恒定，易于观察：其最大的特点是角质膜透明，从体表可以看到其体内的结构。体细胞数目恒定可数。

秀丽线虫具有两种性别的个体——雌雄同体和雄性体。雌雄同体的成虫体细胞为959个，生殖细胞约2000个；雄性体为1031个体细胞，生殖细胞约1000个。

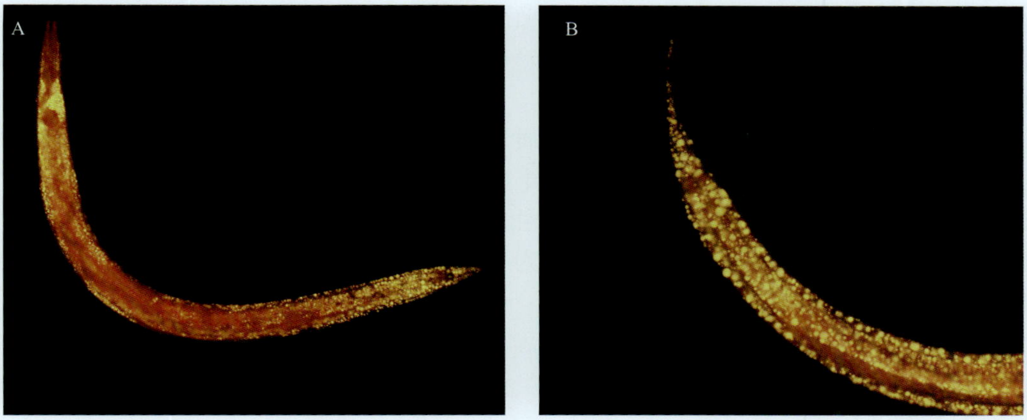

图14-3　秀丽线虫尼罗红（Nile red）染色图片

线虫体内的脂滴被尼罗红染成金黄色。A图示全虫咽部和尾部脂滴，B图示尾部脂滴

自体受精，生活周期短：雌雄同体进行自体受精，每个母体可产300多颗卵。同时，作为低等动物模型，短短3天就能从卵发育到性成熟。所以，如果进行研究，极易获取实验材料。

二、轮虫动物门概述

轮虫动物门（Rotifera）动物是一类生活在水中的微小多细胞生物，其身体一般在0.1～0.4mm之间。大多栖息于淡水环境，尤其是浅水池塘。除了具备原体腔动物的基本特征外，轮虫在某些器官系统的结构和生理功能上展现出独特的特性。

轮虫的体形各异，但多数呈现圆筒状，身体由头部、躯干和尾部三部分组成。头部前端装备有头冠，其上装饰有一至两圈纤毛。在显微镜下观察，这些纤毛的旋转动作宛如车轮，因此得名轮虫。头冠不仅用于游泳和摄食，还起到滤食的作用。尾部，又称足，通常分叉，且其上带有足腺，能够使轮虫暂时附着在水底植物或其他物体上。足的末端通常有一对趾，用于固定。

轮虫以原生动物或藻类为食，其消化道由口、咽、胃、肠和肛门等部分组成。胃部特别膨胀，肌肉发达，被称为咀嚼囊，内部有各式各样的咀嚼器，用于磨碎食物（图14-4）。

轮虫为雌雄异体且形态各异，雄性个体较少，其头冠结构相对简单，排泄器官退化，缺乏肠道，体内仅包含精巢、输精管、交配器和生殖孔。而雌性轮虫的生殖系统通常是单一的。

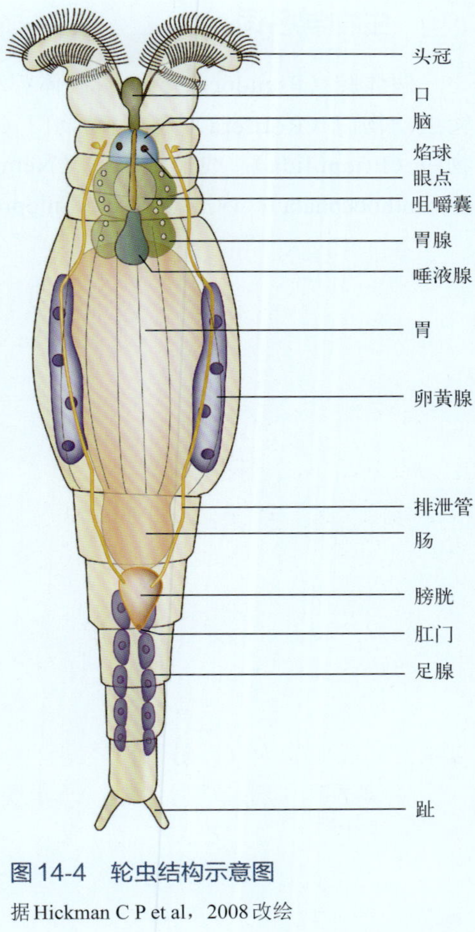

图14-4　轮虫结构示意图

据Hickman C P et al，2008改绘

轮虫直接发育，包含孤雌生殖和两性生殖两种不同的生殖方式。在环境条件适宜时，优先采取孤雌生殖。经过多代孤雌生殖后，当气候变冷或环境恶化时，轮虫会转而进行两性生殖。

轮虫作为许多经济鱼类和珍贵动物的高质量食物来源，对于水产养殖具有重要意义。例如，中国的青鱼、草鱼、鲢鱼、鳙鱼，以及半咸水的梭鲻，海水的牙鲆、黑鲷、对虾等，在幼苗培育阶段都以轮虫为主要食物来源。轮虫的供应量直接影响鱼苗的生长速度和存活率。由于能够进行孤雌生殖，轮虫的种群增长极为迅速，使其成为理想的人工养殖对象。目前已有在人工控制下产生休眠卵的方法。

思考题

（1）假体腔在假体腔动物中起到什么样的生理作用？它是如何影响这些动物的运动能力和物质运输的？

（2）为什么秀丽线虫成为生物学研究中的重要模式生物？它在基因学、发育生物学和神经生物学中的贡献是什么？

生物学名词

假体腔（Pseudocoelom）；假体腔动物（pseudocoelomate）；线虫动物门（Nematoda）；轮虫动物门（Rotifera）；腹毛动物门（Gastrotricha）；动吻动物门（Kinorhyncha）；曳鳃动物门（Priapulida）；线形动物门（Nematomorpha）、兜甲动物门（Loricifera）；棘头动物门（Acanthocephala）；内肛动物门（Entoprocta）

第十五章　环节动物门

学习目标

1. 掌握环节动物的基本特征：包括同律分节、真体腔、疣足与刚毛、循环系统、排泄系统等的特点，掌握这些特征对环节动物进化及生理功能的意义。

2. 了解环节动物的三大纲（多毛纲、寡毛纲、蛭纲）以及各纲的主要特征、代表物种及其生态适应。

环节动物门

环节动物是一类身体分节的真体腔原口动物，它们是高等无脊椎动物的开端。在形态学和生理学层面，环节动物表现出明显的进化和进步性特征，标志着无脊椎动物向更为复杂和功能性的生物体结构的转变。

第一节　环节动物门的主要特征

身体同律分节：环节动物的体躯沿纵向轴线被分割成多个相似的单元，这些单元被称为体节。体节之间通过隔膜分隔，并在体表形成节间沟。这种分节结构使得环节动物的身体由一系列形态相似的体节组成，除了前后几节之外，其余的体节在形态上大体一致。这种结构不仅为动物提供了功能上的分工，也为体节的进一步分化奠定了基础，从同律分节发展至异律分节，最终使得动物体能够演化出头、胸、腹等不同区域，并实现更高层次的分化。

分节具有重要的意义，首先分节有助于提高新陈代谢效率，增强了动物对环境的适应能力；同时，它也有利于提升运动能力，使得动物整体运动更加灵活，并且每个体节或局部都能独立地进行运动。此外，分节标志着生理分工的开始，促进了动物体向更高级别的结构发展。

分节现象是动物进化过程中的一个基础性特征，对于理解动物体的结构与功能具有重要意义。

真体腔：环节动物的特征之一，是体壁和消化管之间存在的一个较大的空腔，这一空腔被称为次生体腔或真体腔。从胚胎发育的角度来看，该腔最初是由两团中胚层细胞团形成的，随后这些细胞团裂开并逐渐发展成腔。在这个过程中，内侧的中胚层细胞附着在内胚层的外侧，与肠上皮共同构成了肠壁，分化成肠壁的肌肉层和体腔膜；而外侧的中胚层细胞则贴附在外胚层的内侧，和体腔上皮形成体壁，并分化为肌肉层和体腔膜。因此，这个腔是由中胚层裂开形成的，并且由于其形成时间晚于原体腔，因此被称为次生体腔。此外，由于真体腔在结构和功能上与假体腔不同，具有体壁和肠壁的肌肉层和体腔膜，因此也被称为真体腔。

真体腔的形成对动物体的结构发展产生了积极影响。消化管壁增厚，形成了肌肉层，增强了蠕动能力，从而提高了消化功能。此外，真体腔内部容纳了神经、循环、排泄和生殖等器官系统，这些系统的复杂化促进了各种生理功能的完善。循环系统的完善有助于物质的运输，进一步提高了环节动物的生理机能。

运动器官——疣足与刚毛：疣足是一种由体壁凸起形成的扁平叶状结构，体腔也延伸至其中，是动物原始的附肢形态。在一般的海产种类中，疣足通常在每个体节成对出现。疣足不仅具备运动功能，还因其内部具有密集的微血管网络，能够进行气体交换。

刚毛则是由表皮细胞内陷形成的刚毛囊内的成刚毛细胞（Chaetoblast cell）分泌的几丁质构成。在肌肉的牵引下，刚毛会发生伸缩，从而实现动物的爬行运动。

为了适应不同的生活方式，多数环节动物的疣足已经退化，仅剩下刚毛（如寡毛类）。有些动物的刚毛甚至已经消失（如蛭类），它们依靠吸盘和体壁肌肉的收缩来进行运动。

循环系统：在进化过程中，形成了纵向血管、横向血管以及毛细血管的区分，血液始终在封闭的血管网络内循环，不会渗透至组织间隙，这一系统被称为闭管式循环系统（closed vascular system）。然而，在蛭类动物中，真体腔被间质组织填充而缩减，血管结构完全退化，取而代之的是组织间的空腔，即血窦，它承担了血液循环的功能。由于血液并非一直在血管中流动，这种系统被称为开管式循环。

在大多数环节动物中，其血浆内含有血红蛋白、蚯蚓血红蛋白和血绿蛋白这三种呼吸色素，某些物种可能同时具有一种或两种呼吸色素，从而显著增强了循环系统的效能。

后肾管排泄：一些较为原始的物种仍然保持原肾管的排泄结构，大多数环节动物的排泄系统由后肾管组成。这是一种具有两端开口的管状器官，一端连接到前一体节的体腔，并具有带鞭毛的喇叭形开口，即肾口；另一端则开口于当前体节的表面，形成肾孔，负责调节水分和离子的平衡，并排出代谢产生的废物。

链状神经系统：在身体前端的咽部背侧，一对咽上神经节融合形成了脑部结构，又称脑神经节（cerebral ganglion），常分化为前脑（forebrain）、中脑（midbrain）和后脑3个区域。脑神经节左右两侧各有一对围咽神经和一对融合的咽下神经节相连接。从这些神经节向后延伸的腹神经索贯穿整个身体。由于这种结构整体上呈现索链状，因此被称作链状神经系统，又称索氏神经系统。

生殖与发育：生殖细胞源自中胚层形成的体腔膜，生殖管则起源于体腔膜向外突出的体腔管。某些海产种类在生殖季节由体腔膜形成临时的精巢和卵巢，以此来产生精卵生殖细胞。

在陆地和淡水环境中生活的环节动物，如寡毛类和蛭类，通常是雌雄同体，它们通过异体受精进行繁殖，并且经历直接发育的过程，不经历明显的幼虫阶段。

相比之下，海洋生活的环节动物种类在生命周期中会经历担轮幼虫阶段。

皮肤呼吸：绝大多数环节动物并未进化出专门的呼吸器官，但它们的皮肤内分布着密集的毛细血管网络，这使得它们能够通过皮肤表面进行气体交换。在海产的多毛纲环节动物中，有些种类已经发展出了专门的呼吸结构——鳃。

第二节　环节动物门的分类及代表类群

根据疣足、刚毛和生殖环带等特征，环节动物一般可分为多毛纲（Polychaeta）、寡毛纲（Oligochaeta）和蛭纲（Hirudinea）3个纲。

一、多毛纲

多毛纲是环节动物门中一个相对原始且种类繁多的类群，绝大多数种类生活在海洋环境中，仅有极少数种类在淡水中生活或寄生于其他生物（图15-1）。这些生物大多数以自由游动的方式生活，或者营穴居生活，而寄生的种类则罕见。多毛纲动物通常具有明显的头部和发达的感觉器官，体节明显，表现出同律分节的特征，尽管在一些原始种类中体节可能不太明显。每个体节的两侧通常生长着一对疣足（图15-2）。

图15-1　光缨虫（*Sabellastarte* sp.）

多毛纲，管触目，缨鳃虫科，也称软管虫。大型触手羽冠约8cm，呈马蹄形，上面常有红色、咖啡色，或有灰白及蓝紫色斑纹。虫管革质，灰褐色。鳃冠对水压、光线非常敏锐，稍一靠近，立刻缩入管中，只露出虫管

多毛纲的循环系统大多为闭管式，例如沙蚕就具有这种循环系统。然而，由于种类的差异，循环系统也可能发生变化，如最原始的种类没有循环系统，依靠体腔液进行物质运输；它们也没有专门的呼吸器官，而是通过体表进行气体交换。大部分多毛纲动物通过疣足或其背须、背叶特化的鳃进行呼吸。此外，多毛纲动物的排泄系统大多数为后肾管型，它们的发育过程中通常存在担轮幼虫阶段。

沙蚕（*Nereis*）是多毛纲中一个常见的代表物种。

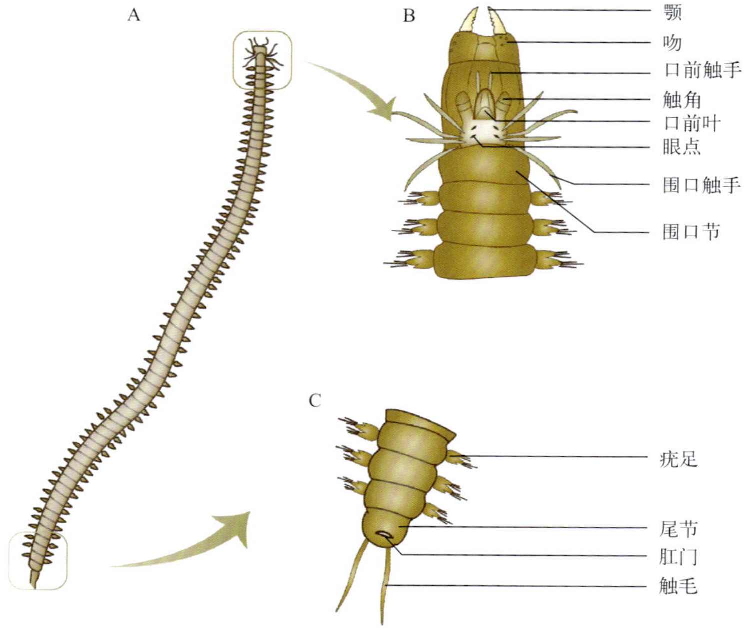

图15-2 多毛纲代表动物——沙蚕外形示意图

A.整体；B.头部背面观；C.尾部结构

据Hickman C P et al，2008改绘

二、寡毛纲

寡毛纲动物主要分布在陆地上，约占该纲种类的五分之四，其余少数栖息于淡水环境中，而海水和微咸水中的种类则极为罕见，还有一些为寄生生活。

寡毛纲成员的头部特征不明显，身体多为明显的同律分节，但在水生低等种类中，体节不太明显。不具备疣足，而是拥有刚毛。刚毛的着生位置、形态和数量是分类的重要依据之一。

在特定的体节上，成熟的个体会形成环带（生殖带），其分泌的物质能够形成卵茧，受精卵在其中发育。

寡毛纲的消化系统较为复杂，包括口、口腔、咽、食道、嗉囊、砂囊、胃、肠、直肠和肛门等部位，以及咽腺和盲囊腺，这些器官在摄食和消化过程中各自承担不同的功能。以腐食为生的蚯蚓不能消化的食物和大量泥土通过肛门排出，形成蚓粪。水生低等种类的消化道变化较小，或者具有扩大的胃，或者胃和肠不分开。

它们的循环系统是典型的闭管式，体壁上分布着密集的微血管网，主要通过体表进行气体交换。

排泄系统由后肾管组成，每个体节通常有一对大肾管。某些种类缺乏大肾管，而是拥有许多小肾管。神经系统为索式神经系统。

寡毛纲动物多为雌雄同体，其生殖系统较为复杂，通常位于身体前部，且生殖器官的不同部分位于特定的体节内。

包括常见的蚯蚓、颤蚓等动物，普遍认为寡毛纲是由原始的海生穴居环节动物进化而来，逐渐适应了淡水和陆地环境。

我国最常见的蚯蚓是环毛蚓（*Pheretima*）（图15-3），它是该纲的代表动物。

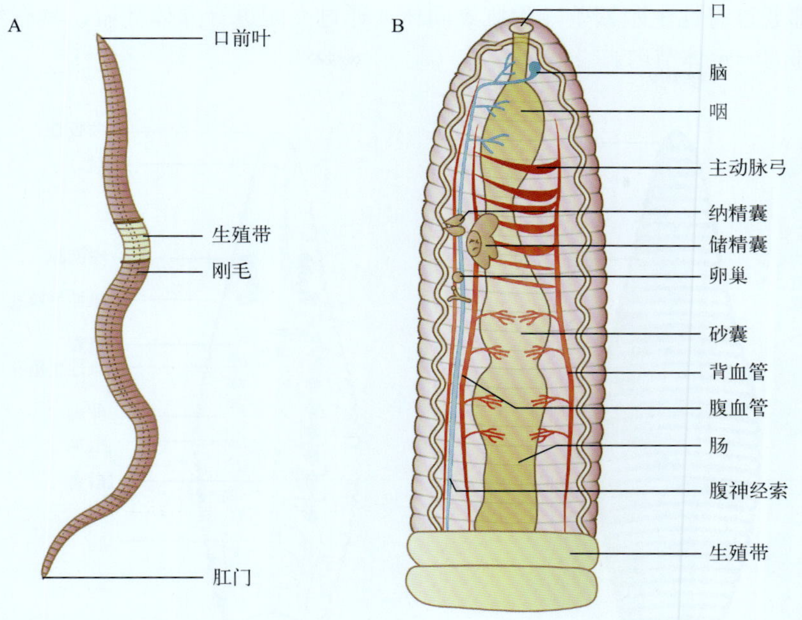

图15-3 寡毛纲代表——环毛蚓结构示意图

A.外部形态；B.前部解剖结构

据Hickman C P et al，2008改绘

三、蛭纲

蚂蟥，学名蛭，主要栖息于淡水环境中，少数种类生活在海水中，还有一些特殊种类生活在热带温暖潮湿的森林中。

蛭的体长通常在2～6cm之间，体型扁平，体节数目固定。头部不明显，背侧常有几对眼点。除棘蛭外，蛭的体表无刚毛。身体前后端各有一吸盘，分别称为前吸盘（口吸盘）和后吸盘，具有吸附功能，帮助蛭进行环状运动。

蛭的体壁结构较其他环节动物复杂，上皮层下有较厚的真皮，含有色素细胞，使体表呈现颜色。环肌与纵肌之间有一层斜肌和背腹肌。

它们大多过着暂时性的外寄生生活，以吸食脊椎动物（包括人类）和无脊椎动物的血液或体液为食。部分种类为永久性寄生，而少数种类为肉食性，捕食小型无脊椎动物。吸血蛭类通常以某一类动物为寄主，例如盾蛭（*Placobdella*）（图15-4）主要以海龟或鳄鱼为寄主，很少吸食两栖或哺乳动物的血液。哺乳动物是医蛭（*Hirudo medicinalis*）的寄主。医蛭亦称为水蛭，是该纲主要代表动物，因其医药价值而备受关注。在我国北方和东北亚地区，日本医蛭（*Hirudo nipponia*）是主要种类。已知医蛭消化一顿饱餐需要200天，它能忍受饥饿数月，甚至长达一年半。

吸血蛭类遇到寄主的机会较少，一旦遇到就会饱餐一顿，例如山蛭（*Haemodipsa*）一顿血餐后体重可增加10倍，医蛭体重可增加2～3倍。

蛭类的神经系统与其他环节动物基本相似，但前后端神经节集中愈合，神经元数量相对较少，细胞体较大，可用电极探测并制图，因此成为研究神经结构与功能的理想材料，受到神经解剖学和神经生理学家的广泛关注。

蛭类全部通过有性生殖繁殖，为雌雄同体，通过交配进行异体受精，具有生殖带，生殖腺位于体前部的一定体节内。

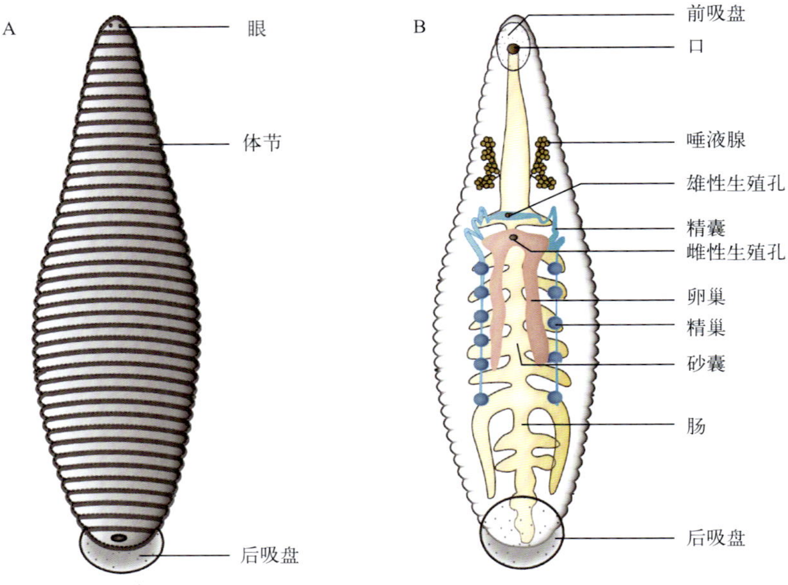

图15-4 水蛭结构

A. 外部形态，背面视图；B. 内部结构，腹侧视图

据 Hickman C P et al，2008 改绘

思考题

（1）环节动物的同律分节结构如何促进其生理分工和进化？请结合不同纲的环节动物举例说明。

（2）真体腔的形成对环节动物的消化、运动等生理功能有何影响？请说明其在不同生物中的差异。

（3）环节动物的皮肤呼吸和专门呼吸结构的演化意义是什么？请举例说明不同环境中环节动物的呼吸方式。

生物学名词

同律分节（metamerism）；体节（segment）；真体腔（coelom）；疣足（parapodia）；刚毛（setae）；闭管式循环系统（closed vascular system）；开管式循环系统（open vascular system）；后肾管（nephridia）；索式神经系统（nerve cord system）；担轮幼虫（trochophore larva）；生殖环带（clitellum）；皮肤呼吸（cutaneous respiration）；多毛纲（Polychaeta）；寡毛纲（Oligochaeta）；蛭纲（Hirudinea）；血窦

第十六章 软体动物门

学习目标

1. 掌握软体动物门的基本特征，理解软体动物如何通过形态和生理特征适应不同的环境。

2. 了解软体动物门的分类及代表物种。

3. 了解软体动物在生态系统中的角色以及它们对人类经济的影响。

软体动物门

软体动物门（Mollusca）动物是动物界中种类繁多的类群之一，种类仅次于节肢动物门，位居第二。许多软体动物拥有贝壳，因此也被称为贝类，而研究软体动物的学科则被称为贝类学。

普遍认为，软体动物与环节动物在系统发育上有着共同的起源，并在漫长的进化过程中，逐渐适应特定的环境，演化出特定的形态结构和生活方式。蜗牛、章鱼和河蚌都是软体动物门的代表性成员。

第一节 软体动物门的主要特征

身体分区：软体动物身体柔软、不分节，主要包括头、足、内脏团和外套膜四个部分（图16-1）。

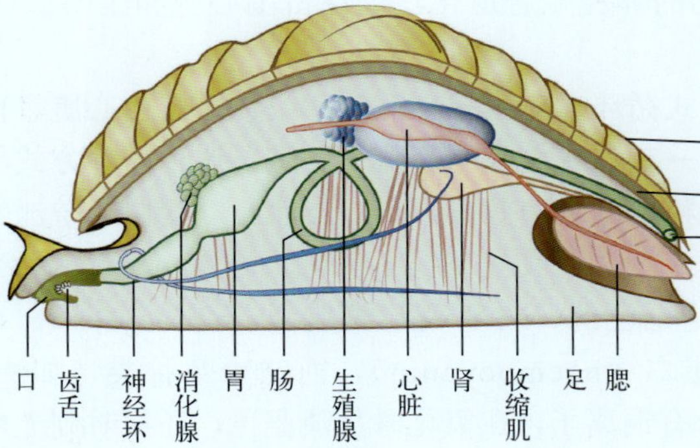

图16-1 广义的软体动物外部形态及解剖结构示意图

据Hickman C P et al，2008改绘

头部位于身体前端，拥有口、触角和眼睛等感觉器官。不同类别的软体动物，其头部的结构差异较大，例如乌贼和蜗牛等运动较快的种类，头部较为发达，拥有眼睛和触角等器官；而像蚌类和牡蛎等生活在水体底部的种类，其头部的感觉器官已经退化。

足部是软体动物腹部发达的肌肉质器官，其形态因生活方式的不同而有所差异，主要通过肌肉的伸缩和内部血窦压力的变化来完成运动。例如蜗牛的足部扁平且宽大，有利于爬行；河蚌的足部侧扁，呈斧状，可以挖掘泥沙；牡蛎的足部因为其固着的生活方式而退化；乌贼的足部部分特化为腕，用于捕食，另一部分特化为漏斗，用于快速运动时喷水加速。

内脏团通常位于足部的背侧，内脏器官集中分布于此。大多数软体动物的内脏团呈左右对称，为两侧对称，但是螺类的内脏器官扭曲成螺旋状。

外套膜（mantle）是由内脏团背侧的皮肤褶向下延伸形成的，像外衣一样包裹在内脏团外面。外套膜的内外表面由单层上皮组成，上皮下方是结缔组织和肌肉。

贝壳是软体动物的一种保护结构，大多数软体动物具有一个或多个贝壳，贝壳是由外套膜外侧和边缘的上皮层中的腺细胞分泌的贝壳素和碳酸钙等物质形成的。贝壳的形态和大小各异。

如果微小生物、砂粒等异物进入外套膜和贝壳之间，异物会刺激外套膜细胞分裂、内陷，形成珍珠囊，珍珠囊不断分泌霰石将异物包住，最终形成珍珠。食物、温度等因素都会影响外套膜的分泌功能，贝壳的生长速度不是恒定的，因此贝壳表面会形成类似植物“年轮”一样的生长线。

消化系统：软体动物拥有较为完善的消化系统和消化腺。其消化道由三个部分构成：前肠（包括口、口腔、咽和食道）、中肠（包括胃、盲囊和肠）以及后肠（包含直肠和肛门）。消化腺主要包括唾液腺和消化盲囊（也称为肝或胰）等，它们分泌消化液以促进细胞外的物质分解，并在消化盲囊中实现细胞内消化、营养物质的吸收和储存。

在许多软体动物的口腔中，存在颚片和齿舌（radula）。颚片可能单个或成对出现，有助于捕食。齿舌是软体动物独有的器官，由众多角质齿规律地排列而成，形似锉刀。

呼吸系统：自软体动物出现以来，动物界开始发展出专门的呼吸系统。水生软体动物通过鳃进行气体交换，鳃由外套腔内表皮延伸形成；陆生软体动物则利用肺进行呼吸，肺是由外套腔内一定区域的微血管密集成网形成，可直接摄取空气中的氧。

体腔与循环：软体动物的体腔显著退化，仅保留围心腔和生殖腺以及排泄器官的内腔部分。

软体动物普遍采用开管式循环（open circulation），该系统由心脏、血管、血窦和血液构成。血液循环路径为：心脏→动脉→血窦→静脉→心脏。这种循环方式的特点是血压低、血流速度慢，导致氧气和营养物质的运输效率不高。然而，一些快速游泳的软体动物种类则趋向于发展闭合式循环系统。

软体动物的血液通常是无色的，含有变形细胞（amebocytes）。在多数软体动物中，血浆中的呼吸色素是血蓝蛋白（haemocyanin），而在少数种类（如蚶）中则是血红蛋白（haemoglobin）。血蓝蛋白含有铜离子，在氧化时呈淡蓝色，还原时则无色，因此大多数软体动物的血液呈现淡蓝色或无色。血红蛋白的携氧能力是血蓝蛋白的5～10倍。

排泄器官：软体动物的排泄系统主要由后肾管构成，又称为肾，而在少数种类的幼体中，排泄器官则为原肾管，无板类则没有肾脏。后肾管由两部分组成：腺体部分和膀胱部分。腺体部分含有丰富的血管，并通过一个带有密集纤毛的漏斗形肾口与围心腔相连；膀胱部分则是一个薄壁的管道，内壁带有纤毛，并通过肾孔与外套腔相通。此外，围心腔的内壁上有围心腔腺，这些腺体具有丰富的微血管，能够将代谢废物排入围心腔中，随后通过后肾管排出体外。

神经系统： 低等的软体动物并没有明显分化的神经节，而较高等的软体动物则具有复杂中枢神经系统，该系统包括脑神经节、足神经节、侧神经节和脏神经节这四对神经节以及神经连索。神经节负责向身体的各个部分发送神经冲动，实现感觉和运动等多种功能。在某些种类中，主要的神经节会集中在一起形成脑部，并由软骨组织保护，例如乌贼。

此外，软体动物还演化出了多种感觉器官，包括触角、眼、嗅检器、平衡囊和磁受体等。

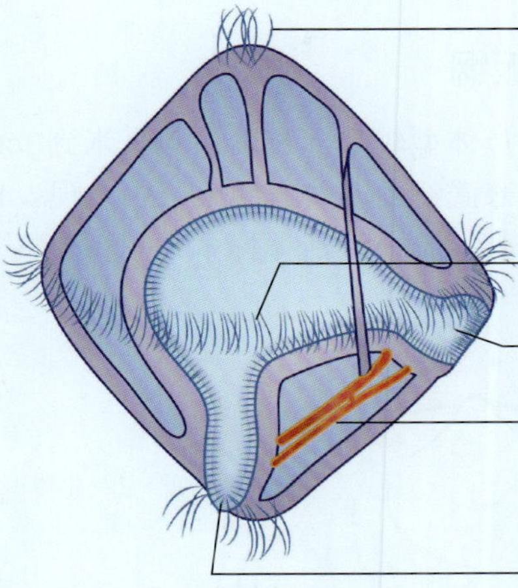

图 16-2　担轮幼虫示意图

据 Hickman C P et al，2008 改绘

生殖与发育： 大多数软体动物是雌雄异体，受精过程发生在体外，例如在海水或外套腔中。在个体发育过程中，软体动物会经历担轮幼虫阶段和面盘幼虫阶段。担轮幼虫（图 16-2）的形态与环节动物的多毛类幼虫相似，而面盘幼虫在早期发育时，背部会形成外套的原始结构并分泌外壳，腹部则会出现足的原始结构，口前的纤毛环会发育成缘膜（或称为面盘）。淡水蚌类的发育过程中会经历钩介幼虫阶段，而头足类和淡水螺类等则进行直接发育。

第二节　软体动物门的分类及代表类群

依据身体结构的对称性、贝壳的存在与否、鳃的构造、外套膜的特征以及足的形态等关键特征，软体动物可被划分为七个纲：无板纲（Aplacophora）、单板纲（Monoplacophora）、多板纲（Polyplacophora）、腹足纲（Gastropoda）、掘足纲（Scaphopoda）、瓣鳃纲（Bivalvia）以及头足纲（Cephalopoda）。

一、无板纲

无板纲是较为原始的一类软体动物，身体呈蠕虫状，没有贝壳。其外套膜十分发达，表面覆盖着角质层和各种石灰质的骨针。在其腹侧中央，有一条腹沟，沟内藏有一个小型且带有纤毛的足，用于运动。外套腔位于身体后方，内部有一对鳃，而肛门和生殖孔则开口于生殖腔。

无板纲有口，但无眼睛和触角，其齿舌要么很小，要么已经退化。胃内含有晶杆囊，而缺乏消化盲囊，肠道为直管状。其心脏结构由一个心室和一个心耳组成，血管系统较为退化。神经系统呈现梯状排列，神经节并不发达。在身体前端，存在一个围绕食道的神经环，其后依次是一对足神经链和一对侧神经链，这两对神经链之间通过横向神经相连。身体后端配备有化学感受器。多数无板纲动物为雌雄同体，但也有少数种类为雌雄异体，受精可以在体内或体外进行，个体发育过程中存在担轮幼虫期。

常见的无板纲种类包括龙女簪（*Proneomenia*）、毛皮贝（*Chaetoderma*）和新月贝（*Neomenia*）等。

二、单板纲

单板纲成员体型较小，长度从数毫米到3cm不等，具有一个扁平圆形的贝壳，大部分是化石种类，在寒武纪到泥盆纪的地层中发现。1952年，人们在哥斯达黎加西海岸附近3570m深的海底采集到了第一批活体标本——新碟贝（*Neopilina galathea*）（图16-3），新碟贝被誉为“活化石”。

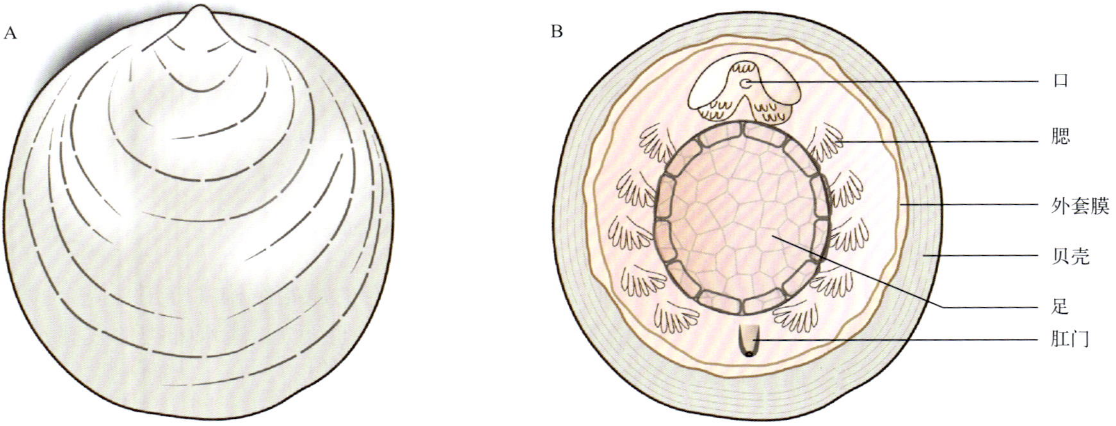

图16-3　新碟贝贝壳（A）及腹面观（B）

据Hickman C P et al，2008改绘

单板纲动物身体两侧对称，腹足扁平，没有吸附能力，仅适合在海底滑行。足的周围是外套沟，沟内排列着鳃。足的前端是口，后端是肛门。以硅藻、有孔虫和海绵动物等为食。雌雄异体，有生殖导管，开口于肾脏，生殖细胞通过肾脏排出体外。神经系统由围食道神经环以及向后延伸的侧神经和足神经组成，没有眼睛和嗅检器等感觉器官。

三、多板纲

多板纲动物，例如石鳖（*Chitons*）（图16-4），拥有椭圆形的身体，呈现两侧对称，背部略微隆起，而腹部扁平。它们的石灰质贝壳由8块组成，呈覆瓦状排列在背部的外套膜上，壳面有各式纹理和图案。除了覆瓦状排列的后缘，贝壳的边缘均与外套膜相连。围绕8块贝壳的一圈裸露的外套膜称为环带，其上带有鳞片、短棘和刚毛等结构。这些贝壳之间可以相对移动，使得动物能够脱离岩石后身体卷曲。

位于腹侧的足部宽扁且具有强吸附力，足部的缩肌连接到足和贝壳的内表面，使动物能够在岩石表面缓慢爬行或牢固吸附在岩石上。头部不显著发达，位于身体前端的腹侧。口位

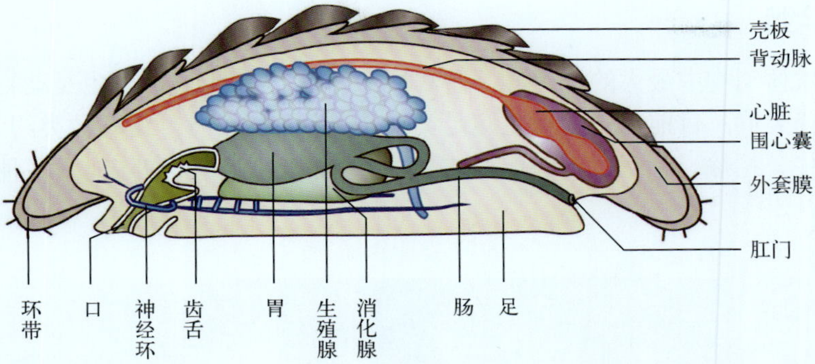

图16-4 石鳖解剖结构示意图

据Hickman C P et al，2008改绘

于头部腹面中央，口腔底部携带着一个长的齿舌囊，内含发达的齿舌。这些动物拥有唾液腺、食道腺、肝脏和肠道等构成的消化系统。它们的排泄系统由后肾管组成，多数种类为雌雄异体，个体发育过程中经历担轮幼虫期。

毛肤石鳖（*Acanthochiton*）、鳞带石鳖（*Lepidozona*）和锉石鳖（*Ischnochiton*）是我国沿海常见的种类。

四、掘足纲

两侧对称的掘足类动物拥有一个两端开口的长圆锥形管状贝壳，形状略微弯曲，类似象牙。贝壳从前至后逐渐变细，前端的开口称为前壳口或头足孔，足由此伸出；后端的开口为后壳口或肛门孔，是海水进出外套腔的通道。贝壳轻微拱起，凹面朝向背方，凸面朝向腹方。管状的外套膜衬在贝壳内表面，末端从贝壳背方伸出，作为重要的感觉器官。头部不明显，足部具有高度的伸缩性，擅长挖掘泥沙。掘足类动物以肉食为主，捕食原生动物和双壳类的幼虫等小型生物。它们没有血管系统，只有血窦，心脏结构简单，仅由一个心室和一个血窦构成。肾脏一对，位于身体中部，排泄孔位于外套腔中部，靠近肛门。这类动物为雌雄异体，拥有一个生殖腺，位于身体后部，无生殖导管，生殖细胞通过肾脏排出，个体发育过程中存在担轮幼虫和面盘幼虫阶段。

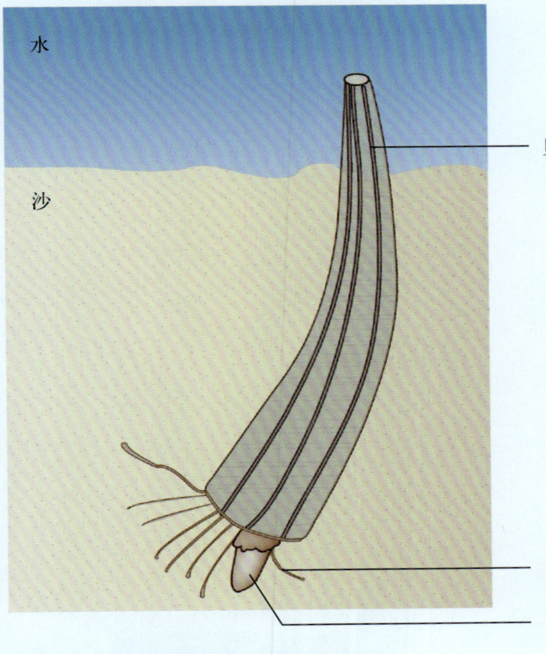

图16-5 角贝（*Dentalium*）外形

据Hickman C P et al，2008改绘

在中国沿海，大角贝（*Dentalium vernedei*）（图16-5）和胶州湾角贝（*Episiphon kiaochowwanensis*）均有分布。

五、腹足纲

腹足纲是软体动物中最大的分类群，通常被称为螺类（图16-6），也是动物界中仅次于昆虫纲的第二大分类群。目前已知的现生腹足类动物大约有6万种，化石种类约1.5万种，包括各种螺类、蜗牛、蛞蝓、帽贝和海兔等。它们生活在海洋、淡水和陆地等多种环境中，分布在全球各地。

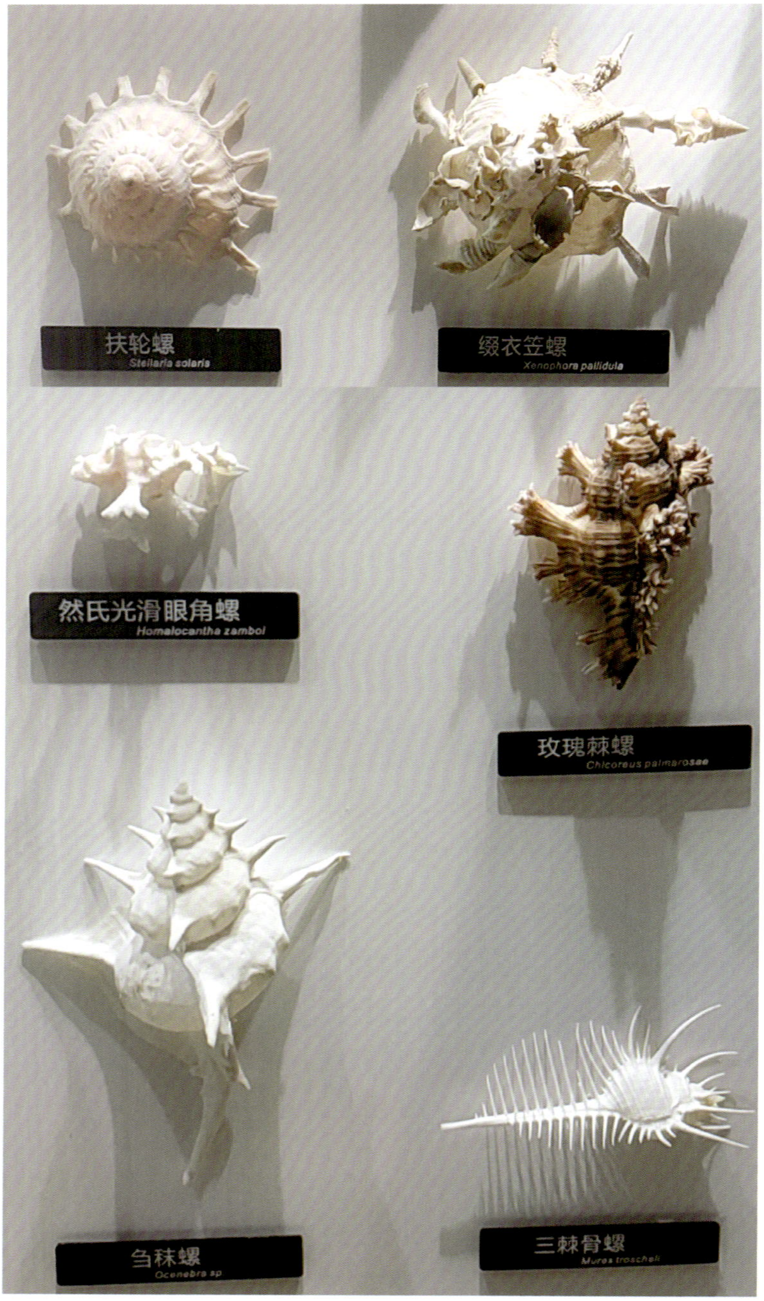

图16-6 螺类贝壳

腹足类动物能够适应各种栖息地。它们的体外通常有一个螺旋形的贝壳，尽管有些种类的贝壳是内部的或者是没有贝壳的。贝壳的形态是分类的重要依据，由螺旋部和体螺层组成，其中螺旋部容纳内脏器官，而有些种类的螺旋部已经退化（例如鲍鱼）。当螺类遇到危险时，它们会先将头部缩回壳内，然后足的前部和后部对折缩回，最后用厣封闭壳口。它们的头部较为发达，拥有一对眼睛和一到两对触角。腹侧有发达的肌肉质足，足上有许多单细胞黏液腺，可以分泌黏液，有助于身体向前滑动。口腔内通常具有齿舌和颚片，口前可能有吻，消化腺包括唾液腺和肝。鳃一般为单栉状，但原始腹足类具有一对鳃；有些种类的本鳃消失，生长着次生鳃，如蓑海牛；陆生种类没有鳃，而是通过外套膜内壁形成肺，如蜗牛。心脏位于围心腔内，具有一个心室和一个或两个心耳；一般有一个肾脏，而原始腹足类具有两个肾脏。神经系统主要由脑、足、侧、脏四对神经节以及神经连索组成，感觉器官包括触角、眼睛、嗅检器、平衡囊和外套膜边缘的感觉乳突。腹足类动物是雌雄异体（如圆田螺）或雌雄同体（如蜗牛），雌雄同体的个体具有两性腺，两性腺后接一条两性管，是精子和卵的输出通道。由于精子和卵成熟的时间不同，它们不会同时出现在生殖导管中。异体受精，受精过程通常在体内完成，多为卵生，圆田螺为卵胎生。受精卵经历完全均等卵裂，形成囊胚，通过外包或内陷法形成原肠胚，海产种类经过担轮幼虫和面盘幼虫期。

六、瓣鳃纲

也称为双壳纲或斧足纲，约有2万种，包括各种蛤蜊、牡蛎、贻贝、蚶和船蛆等。双壳类动物多生活在泥沙中，也有部分种类固着生活或挖掘木头和石头以居住。它们全部生活在水中，大多数是海产，少数生活在淡水中，极少数为寄生［例如内寄蛤（*Entovala*）、恋蛤（*Peregrinamor*）］，分布遍及全球。许多种类有重要经济价值，但也有部分种类对渔业生产构成威胁。

双壳纲动物身体两侧对称，侧扁，通常有两枚发达的贝壳。身体腹面有一侧扁形如斧状的足（图16-7）。贝壳通常左右对称，但也有不对称的［例如不等蛤（Anomia）、牡蛎（Ostrea）］。壳的形态是分类的重要依据。头部退化，感官不发达，口腔内无齿舌；瓣鳃用于呼吸，外套膜也可以呼吸；开管式循环；雌雄同体或异体，间接发育。

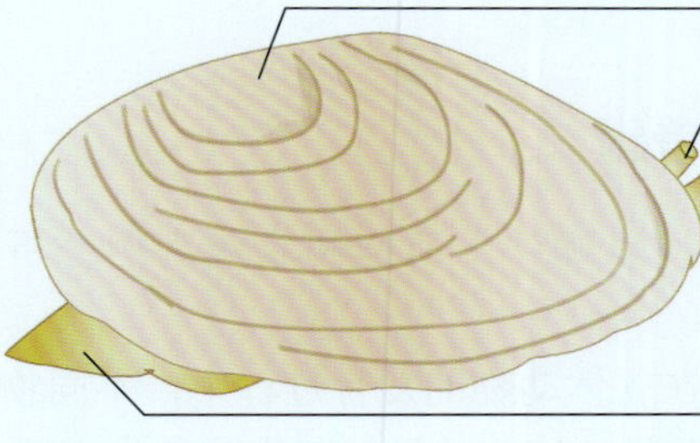

图16-7　无齿蚌外形

据刘凌云等，2009改绘

七、头足纲

头足纲（Cephalopoda）动物是软体动物中高度特化的一个类群，涵盖鹦鹉螺、乌贼（图16-8）、鱿鱼和章鱼等，目前约有700多种现生种类，其化石种类超过10000种。这些动物全部生活在海洋中，以肉食性为主，其生活方式包括游泳或次生性底栖生活。

头足纲动物与它们的快速捕食生活方式相适应，身体结构和功能展现出多种“高级”特征：身体两侧对称，贝壳退化形成内壳，包裹在外套膜内；头部发达，拥有高度完善的视觉系统；足部特化为腕状，基部形成漏斗；头部神经节集中形成脑，由软骨保护；口腔内有辅助摄食的结构；闭管式循环系统；雌雄异体，体内受精，直接发育。

头足纲动物分为两个亚纲：有壳亚纲（四鳃亚纲）包括鹦鹉螺；无壳亚纲（二鳃亚纲）包括乌贼、鱿鱼和章鱼。

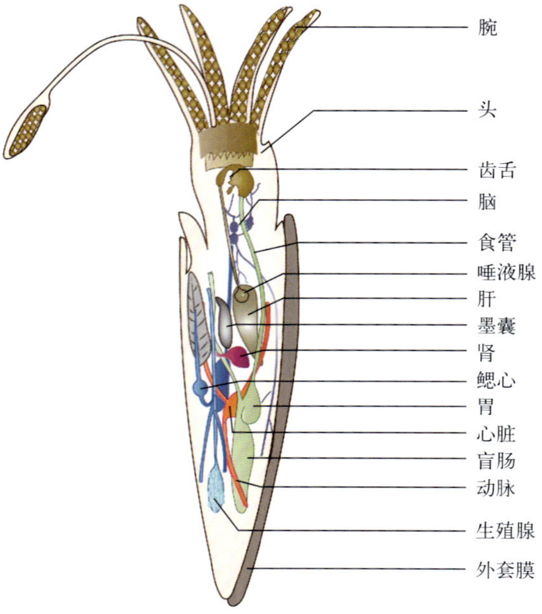

图 16-8 乌贼解剖示意图

乌贼足特化为腕和漏斗，外围有5对腕，外被肌肉非常发达的套膜，口腔内有唾液腺，肝一对，心脏由一心室二心耳组成，鳃基部具有鳃心。据 Hickman C P et al，2008 改绘

思考题

（1）请以蜗牛、河蚌和章鱼为例分析软体动物的外部形态特征如何与其生活方式相适应。

（2）在软体动物的发育过程中，不同物种的幼虫阶段（如担轮幼虫、面盘幼虫、钩介幼虫）有何差异？这些差异如何影响其生态适应性？

生物学名词

软体动物门（Mollusca）；贝壳（shell）；外套膜（mantle）；齿舌（radula）；担轮幼虫（trochophore larva）；面盘幼虫（veliger larva）；开管式循环（open circulation）；血蓝蛋白（haemocyanin）；血红蛋白（haemoglobin）；腹足（foot）；脑神经节（cerebral ganglion）；足神经节（pedal ganglion）；侧神经节（lateral ganglion）；脏神经节（visceral ganglion）；无板纲（Aplacophora）；单板纲（Monoplacophora）；多板纲（Polyplacophora）；腹足纲（Gastropoda）；掘足纲（Scaphopoda）；瓣鳃纲（Bivalvia）；头足纲（Cephalopoda）

第十七章　节肢动物门

学习目标

1. 掌握节肢动物的基本特征及其分类，包括身体异律分节、附肢分节、外骨骼结构、肌肉系统等。

2. 了解节肢动物的生殖方式和变态发育过程。

3. 了解节肢动物在自然界中的适应性特点和与人类生活的密切关系，尤其是与经济相关的甲壳类等物种。

节肢动物门（Arthropoda）是动物界中最大的门类，占据了已知动物数量的90%以上。这些动物不仅数量庞大，而且分布广泛，生存于海洋、湖泊、土壤、地面、空中以及动植物体内等多种环境，适应了各种生活和气候条件。节肢动物的大小差异极大，从几微米到几米不等。大多数节肢动物是自由生活的，与人类关系密切。节肢动物种类繁多、数量巨大的原因与它们的形态结构特征密切相关。

节肢动物门（上）

第一节　节肢动物门的主要特征

身体异律分节，附肢也分节：节肢动物的主要外形特征是它们的身体表现出显著的异律分节（heteronomous segmentation），有些体节融合，分节现象不再明显。这些动物的身体通常分为几个部分，例如，昆虫的身体分为头、胸和腹三个部分，而甲壳动物则分为头胸部和腹部，还有些节肢动物的身体分为头部和躯干部。

异律分节导致了身体明显地划分为不同部分，器官系统趋向于集中，功能也随之专门化，使得身体的各个部分承担更具体的任务。头部主要作为感觉和摄食的中心，胸部主要参与运动，而腹部则与生殖功能紧密相关。这种身体功能的分工促进了器官系统结构的复杂化，增强了节肢动物对环境的适应能力。

节肢动物的异律分节是在同律分节的基础上演化而来的，是一种进化的特征。

与之类似，节肢动物的附肢也分节。附肢的各节通过关节相连，并且附肢与体壁之间也有关节连接，这极大地提高了附肢的灵活性，从而扩展了节肢动物的活动范围和能力。附肢的早期形式是双肢型，在进化过程中，又发展出了单肢型的附肢。为了适应不同的生活方式，附肢也经历了多种特化。

具外骨骼： 环节动物的特征是它们具有一层薄而柔软的角质膜，而软体动物的贝壳主要由钙质构成，主要起到保护作用，与运动功能关系不大。相比之下，节肢动物的外骨骼结构更为复杂，从内到外依次为基膜、上皮细胞层和含有几丁质的表皮。其中，表皮由上皮细胞分泌，形成外骨骼，提供强大的保护和支持。外骨骼由上表皮和原表皮组成，上表皮很薄，主要含有脂蛋白，而原表皮分为外表皮和内表皮，主要由几丁质和蛋白质的复合物构成。外表皮的蛋白质通过化学变化变得坚硬，而内表皮则较柔软，含有更多的几丁质和较少的蛋白质。一些甲壳类动物的外壳坚硬，是因为原表皮中沉积了大量的钙盐。

由于外骨骼形成后无法继续增长，这限制了节肢动物的生长。为了克服这一限制，节肢动物进化出了蜕皮现象。蜕皮是指节肢动物在生长到一定阶段后，脱去原有的外骨骼，形成新的外骨骼。在新外骨骼硬化之前，节肢动物会吸收大量水分和空气，迅速膨胀身体。蜕皮过程受激素控制，两次蜕皮之间的间隔称为龄期。新孵化的幼虫为一龄，蜕皮一次后变为二龄幼虫。蜕皮时，上皮细胞分泌酶溶解内表皮，使上皮层与外骨骼分离，并分泌新的表皮。虫体在蜕皮过程中体腔压力升高，有助于新外骨骼的生长，并维持体形。蜕皮在幼虫期较为频繁，成虫后大多不再蜕皮，尽管如此，组织和细胞的代谢仍在继续，只是体积不再增加。

几丁质外骨骼的存在是节肢动物具有广泛适应性的关键因素之一，尤其是对陆地生活的适应能力，这是其他无脊椎动物所不具备的。

肌肉系统： 在扁形动物、线形动物和环节动物中，主要的肌肉类型是斜纹肌，它们与体壁结合形成皮肌囊。相比之下，节肢动物的肌肉主要是横纹肌，由肌纤维聚集形成肌肉束，这使得肌肉的伸缩更为迅速和有力。这些肌肉束通常以成对的方式排列，起到相互拮抗的作用。此外，节肢动物的肌肉附着在外骨骼上，这种结构使得肌肉收缩更加有力且迅速。

混合体腔（mixocoel）和开管式循环系统： 节肢动物的体腔形成过程在早期发育阶段与环节动物相似。随后，节肢动物的中胚层带发育成成对的细胞团，这些细胞团内部裂解，形成次生体腔。体腔囊的囊壁大多解体并相互连接，与原始体腔融合，形成所谓的混合体腔。中胚层带中的一些细胞分化为游离的血细胞，而其他细胞则发育成结缔组织和肌肉。中胚层带两侧的细胞在身体的背中线相遇，形成心脏。次生体腔的残余部分仅见于生殖腺和排泄器官的内腔。混合体腔内充满血液，因此也被称为血腔。

节肢动物的循环系统是开管式的，血液从心脏经动脉流入血腔或血窦，渗透到各个器官组织，然后通过心孔返回心脏。这个系统的主要功能是传输营养、代谢物质和激素。开管式循环的特点是血压较低，这样在节肢动物折断附肢时不会导致大量失血，这是节肢动物对抗天敌的一种本能防御机制。这种特性也是节肢动物对环境的一种有效适应。

呼吸系统： 生活在水中的节肢动物通常通过鳃或书鳃进行气体交换。而陆生的节肢动物则依赖于书肺或气管来满足其呼吸需求。循环系统的复杂性直接关系到呼吸系统的构造，例如，依靠鳃进行呼吸的节肢动物拥有较为发达的血管系统，而依赖气管进行呼吸的节肢动物血管系统则较为简单。在鳃呼吸的节肢动物中，血液中通常含有呼吸色素，而在气管呼吸的节肢动物中，血液中通常不含有呼吸色素。

排泄系统： 水生节肢动物的排泄主要通过基节腺（coxal gland）、触角腺（antennal gland）或下颚腺（maxillary gland）完成。而在陆生的节肢动物中，马氏管（Malpighian tubule）是主要的排泄器官，通过结构多样性和主动运输机制，在排泄废物、调节渗透压及适应陆生环境中发挥关键作用。

神经系统： 节肢动物的神经系统在基本结构上与环节动物相似，但具有更发达的大脑和趋向于融合的神经节。此外，节肢动物的感觉器官也更为复杂。

变态发育：节肢动物多为雌雄异体，其生殖系统由成对的生殖腺和生殖导管组成，一些高等种类还具有由附肢变化而来的外生殖器。水生节肢动物多采用体外受精，而陆生种类则进行体内受精。节肢动物的生殖方式多种多样，包括卵生、卵胎生、孤雌生殖、幼体生殖和多胚生殖等。

节肢动物变态发育普遍。在发育过程中，它们通常会经历一种或多种形态不同的幼体阶段，这些幼体在栖息地、行为甚至食性上可能与成体有显著差异，这样在很大程度上减少了同一物种幼体与成体之间的竞争。例如，螃蟹的成体在海滩上爬行，以活的猎物或腐败的有机物为食，而其幼体则在海水中游动，以浮游植物为食。总的来说，节肢动物为了适应不同的生活环境，除了具有基本相同的结构外，在生活习性、形态机能、生活方式和发育类型等方面表现出极大的多样性。这种多样性不仅使节肢动物在自然界中广泛分布，而且在种类和数量上都占据了优势地位。

节肢动物门（下）

第二节　节肢动物门的分类及代表类群

关于节肢动物门的分类，学界尚存在不同观点。根据其外部形态、体节组合、附肢及呼吸器官等特征，可将其分为五个亚门。

三叶虫亚门（**Subphylum Trilobitomorpha**）：该亚门的所有种类已于2亿年前灭绝。其身体由两条纵沟分为三叶，体段分为头部、胸部或躯干、腹部或尾甲。附肢为双肢式。该亚门仅包含三叶虫纲（Trilobita）。

甲壳亚门（**Subphylum Crustacea**）：具有头胸部背甲，两对触角，一对上颚和两对下颚。腹部分节，附肢双肢式，形态多样，适应多种功能。包括海生的桨足纲（Remipedia）和头虾纲（Cephalocarida），以及水生的鳃足纲（Branchiopoda）、介形纲（Ostracoda）、颚足纲（Maxillopoda）和软甲纲（Malacostraca）。

螯肢亚门（**Subphylum Chelicerata**）：身体分为头胸部（前体部）和腹部（后体部），通常不分节。共有6对附肢：第一对为螯肢，第二对为须肢，其余为步足。无触角和大颚。包括肢口纲（Merostomata）、蛛形纲（Arachnida）和海蛛纲（Pycnogonida）。

多足亚门（**Subphylum Myriapoda**）：陆生。头部明显，有一对触角。口器2～3对。躯干部由若干同形的体节组成，每节通常有1对单肢式附肢。以气管呼吸。包括唇足纲（Chilopoda）、倍足纲（Diplopoda）、少足纲（Pauropoda）和综合纲（Symphyla）。

六足亚门（**Subphylum Hexapoda**）：陆生。身体分为头、胸、腹三部分。头部有一对触角，3对口器。胸部有3对足，通常有两对翅。腹部除生殖肢外，一般无足。以气管或通过体表呼吸。包括内颚纲（Entognatha）和昆虫纲（Insecta）。

鉴于节肢动物门种类繁多，本书将重点介绍在进化过程中发挥关键作用以及与人类生活密切相关的几个纲。

一、三叶虫纲

三叶虫曾生活在海洋中，它们在古生代的寒武纪和奥陶纪达到了繁盛的顶峰，但在二叠纪之后全部灭绝，仅留下化石作为其存在的证据。这些古生物的身体扁平，背部有两条纵向延伸的背沟，将身体分为三个部分，因而得名三叶虫。三叶虫的身体结构分为头部、胸部和腹部，其中胸部和腹部的体节数量不固定。头部外覆盖着一个半圆形的头甲，两侧各有一个复眼。除了第一对触角和腹部最后一节没有附肢外，每一节都配备有一对附肢，呈典型的双肢型。

三叶虫在节肢动物的系统演化中占有重要地位。其附肢的原始特征、体节数量的不固定以及随发育增加的特点，表明它们是节肢动物中较为原始的形式。此外，三叶虫的附肢内肢节分为七节，这一特征与某些甲壳动物相似，揭示了它们与甲壳动物之间存在一定的亲缘关系。肢口纲动物在发育过程中经历的三叶虫期，也显示了三叶虫与肢口纲的亲缘关系。

二、甲壳亚门

甲壳类动物和其他节肢动物最主要的区别是身体前部有两对触角。分体至少分为头和躯干两部分，大多数甲壳动物有16～20个体节。虾蟹是最常见的甲壳类节肢动物。

（一）代表动物——对虾（*Penaeus orientalis*）

对虾广泛分布在我国黄海、渤海以及长江口以北的海域。对虾以其较大的体型、美味的肉质和丰富的营养价值而闻名，成为了一种高价值的出口水产品。随着近年来人工养殖技术的迅速发展，对虾的产量有了显著的增长。

外形（图17-1）：甲壳类动物的体态修长且侧扁，雌雄异体，多数情况下雄性体型较小，而雌性体型较大。在生存状态下，它们的身体略显透明，体壁下有色素细胞分布，幼体通常全身带有褐色斑点，而成虾则呈现淡棕色斑点。这些色素细胞能够通过扩大或缩小来调节体色，细胞扩大时体色加深，细胞缩小时体色变浅。在加热的情况下，构成色素的蛋白质会分解并沉淀，而虾青素由于熔点较高，不易熔化，因此会析出形成红色。

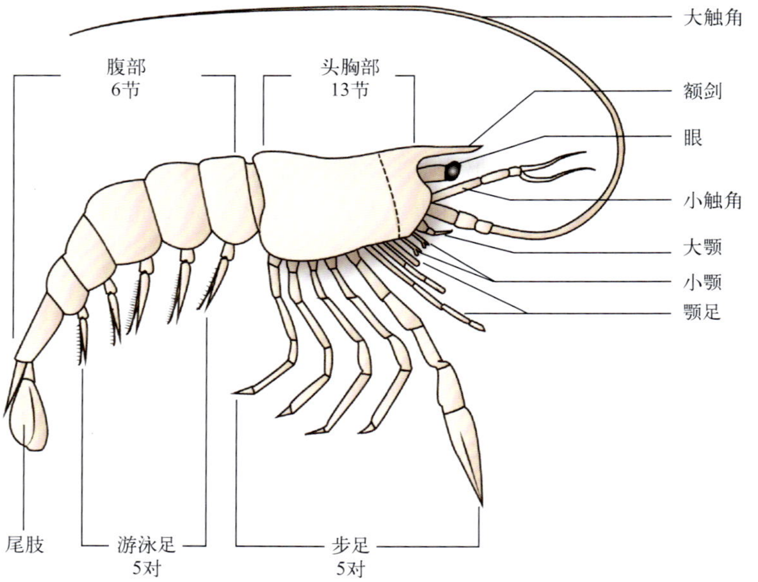

图17-1　对虾外形示意图

据Hickman C P et al，2008改绘

除了第一体节和尾节之外，甲壳类动物的身体各节都有一对附肢，总共19对。这些附肢的形态在各个体节中存在较大的变异，以适应不同的功能需求。**头部附肢共有5对**，分别为：第1触角（小触角，antennule）司触觉、嗅觉和平衡；第2触角（大触角，antenna）主要司触觉；大颚（mandible）由原肢特化而成，粗短而坚硬，作为咀嚼器；第1小颚（maxilla）原肢为两薄片，内缘密集硬毛，内肢也为片状，无外肢，用于抱握食物；第2小颚原肢为两薄片，内缘生硬毛，内肢细短，外肢宽大，称为颚舟片（scaphognathite），用于扇动水流，维持鳃室的通气。**胸部附肢共有8对**，包括3对颚足（maxilliped）和5对步足。步足具有捕食和爬行功能，原肢两节，外肢短小，内肢5节。前3对步足末端呈钳状，后两对步足末节类似爪子。**腹肢6对**，适合游泳，原肢一节，内、外肢不分节，边缘密集硬毛。第6对足的内肢和外肢宽大，称为尾足（uropod），与尾节共同构成尾扇。雄虾第1腹肢的内肢特化为交接器，而雌虾的内肢则非常小。

体壁与肌肉：甲壳类动物的外骨骼结构坚固，富含钙质沉积，为它们提供了强大的支撑和保护。肌肉组织主要分为伸肌和屈肌两大类，两者相互对立，共同协调运动。特别是在腹部，屈肌的发育尤为显著，而背部的伸肌则相对较弱。

消化系统（图17-2）：由口、食道、胃、肠、肝胰脏和肛门共同组成。口位于头的腹侧，两大颚之间，连同小颚和颚足构成对虾的口器。食道很短，通到胃。胃分为贲门胃和幽门胃，前者内部有肌肉附着的几丁质齿，起到磨碎食物的作用，而后者则通过刚毛进行过滤。肠分为前、中、后三部分，其中中肠细长，起源于胚胎的内胚层，位于腹部背中线并向后延伸，其前端扩展成盲囊状结构，这些盲囊由许多分支的盲管组成，也称为肝胰脏，负责分泌消化液进入贲门胃，进行食物的细胞外消化。肝胰脏内部还能进行细胞内消化，并储存或释放营养物质进入血液。中肠内壁具有大量皱褶，增加了吸收营养物质的表面积。后肠位于中肠之后，前部较为膨胀，向后逐渐变细，最终以肛门的形式开口于尾部腹面。

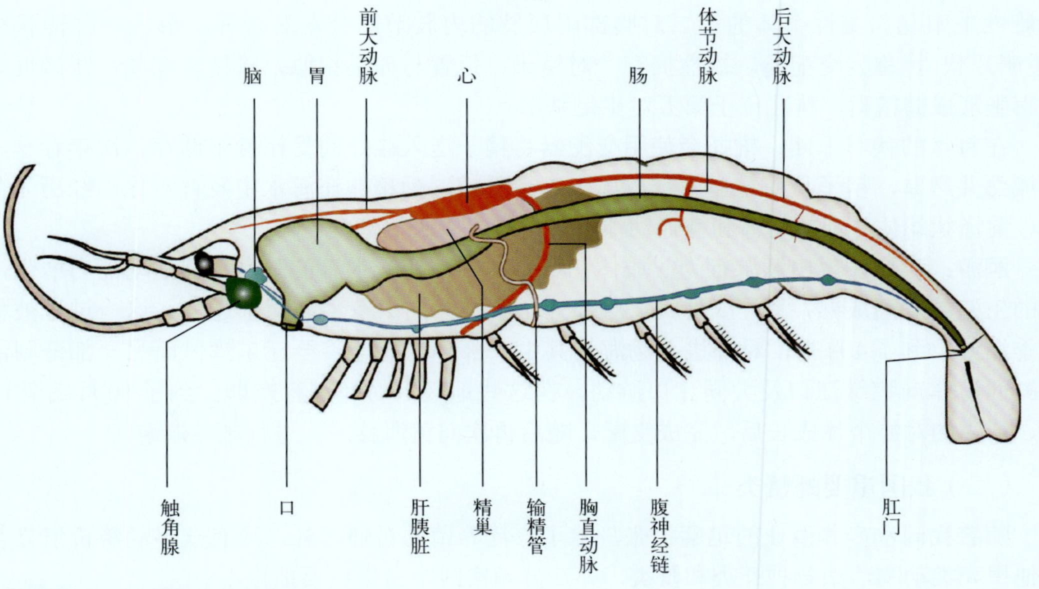

图17-2 对虾内部解剖结构示意图

据刘凌云等，2009改绘

循环系统（图17-2）：该循环系统属于开管式类型。心脏是一个扁平的多边形肌肉质囊，位于头胸部背侧的围心腔内，具有四对心孔，各心孔有瓣膜以调节血流方向。心脏向前方发出三条主要动脉，包括中央的前大动脉，对虾的前大动脉较短。一对前侧动脉（也称为触角动脉）负责向大脑、复眼和触角供血，腹面还有一对动脉通往肝。心脏向后延伸形成肠上动脉，其基部发出一条胸直动脉，该动脉穿过腹神经索并在腹面分为前、后两支。血液通过组织间隙流动，最终汇入胸部腹面的胸窦，然后流入鳃血管，经过鳃的气体交换后，通过出鳃血管流入围心窦，最后通过心孔返回心脏。对虾的血液中含有血蓝蛋白，这是一种含铜离子的呼吸色素。与脊椎动物含铁的血红蛋白（呈红色）不同，血蓝蛋白的颜色具有氧依赖性：脱氧状态下接近无色，氧合后呈现蓝色。因此，对虾血液的颜色呈无色或淡蓝色。

呼吸系统：鳃位于背甲的两侧，通常呈羽状，它们附着在胸部的侧面或者胸肢的基部。鳃的表皮非常薄，当血液流经鳃时，可以有效地进行气体交换。

排泄系统（图17-2）：在幼体和成体阶段，排泄系统存在差异。幼体通过位于第二小颚基部的颚腺排出代谢废物，而成体则使用触角腺作为排泄器官。触角腺位于大触角基部，由腺体部和膀胱部组成。由于腺体部通常含有绿色物质（鸟氨酸），因此也被称为绿腺。血液中的代谢废物进入腺体部后，储存于膀胱，由排泄孔排出。然而，蛋白质代谢的终末产物氨，却由鳃排出。

神经系统（图17-2）：链式神经系统。大脑位于食道上方，由三对神经节——前脑、中脑和后脑组成，这三对神经节分别向复眼、触角等部位发出神经。后脑通过围食道神经与位于腹面的食道下神经节相连。腹部的神经链包含五个胸神经节和六个腹神经节，它们负责向相应的肌肉和器官发送神经信号。

生殖和发育（图17-2）：雌雄异体。雌性个体在第四和第五对步足之间拥有一个椭圆形的受精囊，其中央有一纵向的开口。卵巢成对出现，位于身体的背部，围心腔的腹面，以及消化道的上方，延伸至身体全长并在侧面呈下垂状，最终通过输精管在第3对步足基部开口形成雌性生殖孔。雄性个体的第二对腹部附属肢的内肢节部分左右合并，形成一种槽状结构（透明片状），称为交配囊。雄性拥有一对精巢，位置与卵巢相似，输精管细长，在接近雄孔处膨胀形成储精囊，雄孔位于第五对步足基部。

在每年的秋季末期，雄虾会使用交配器将精子送入雌虾的受精囊中储存。次年春季，雌虾成熟并产卵，精子从受精囊中释放出来进行受精。受精卵在海水中发育孵化，经历无节幼体、前溞状幼体、溞状幼体和糠虾幼体阶段，最终成长为幼虾。

洄游：对虾表现出洄游行为，成体在黄海越冬，随着水温的升高，其活动能力增强，雌虾的生殖腺逐渐成熟，到了3月底，对虾开始集中并向山东半岛南部迁移，这一过程被称为春季洄游。到了4月初，对虾进入渤海，其中一部分向北迁移至辽东湾，而另一部分则沿着朝鲜西海岸向鸭绿江口及大同江口游动。在这些地区，对虾进行产卵。到了10月底至11月初，新生的对虾个体成长后，完成交配，随后再次向黄海移动，进行越冬洄游。

（二）我国重要虾蟹类

随着我国水产养殖业的迅猛扩张，除了广泛养殖的对虾之外，还有众多经济价值显著的其他甲壳类动物，如各种虾类和蟹类，亦在养殖实践中占据重要地位。

罗氏沼虾（***Macrobrachium rosenbergii***）：生活在热带至亚热带的淡水至微咸水中。最大体长可达15cm，重量可超100g，最重记录达600g，最长体长可达40cm。对水温有特定要求，适宜生长温度为25～30℃，低于14℃或高于38℃的水温条件均不适宜其生存。以小型甲壳类、水生昆虫和植物残屑为食。繁殖期通常在5月至8月之间，孵化期大约为20天，每次产卵量可达4万～8万粒。该虾生长速度快，养殖难度低，营养价值高，经济价值显著。近年来，我国在罗氏沼虾人工养殖方面取得了成功。

中华绒螯蟹（*Eriocheir sinensis*）：别名河蟹、清水蟹或毛蟹，是我国知名的淡水蟹种，以其肉质鲜美和营养价值高而著称。主要生活在江河、湖泊、水库、池塘和稻田等淡水中。河蟹在淡水中生长至二龄时达到性成熟，每年秋季至冬季，成熟个体会沿河流向下游迁移至河口和海岸区域进行交配、产卵和孵化，这一过程被称为生殖迁徙。受精卵附着于雌蟹的腹部附肢上，雌蟹随后在泥沙中抱卵，孵化期需3～4个月。幼体经历溞状幼体、大眼幼体和幼蟹三个阶段。在大眼幼体阶段，蟹苗会上溯至各种淡水环境中寻找食物并成长，这一过程称为索饵迁徙。我国在河蟹的人工养殖和人工海水培育蟹苗方面已开展多年工作，并取得了显著成就。

三疣梭子蟹（*Portunus trituberculatus*）：作为我国最大且最著名的梭子蟹种，广泛分布于南北沿海地区，尤其在黄海和渤海的产量最为丰富。其头胸甲侧缘具有两个较大的梭形突起，背面有三个瘤状突起，因此得名。第五对步足扁平如桨，用于游泳。该蟹在春夏季节繁殖，在河口和海岸附近产卵，每只雌蟹可产数十万粒卵。冬季，三疣梭子蟹迁移至深海区域。通常需3年达到成熟。

三、多足亚门

多足动物身体形态呈蠕虫状，具有明显的分节，可以分为头部和躯干两部分。头部有一对触角。它们通过气管进行呼吸，但不具备用于封闭气道的特殊结构，因此它们通常生活在湿润的环境中。排泄系统由马氏管构成。这一类群中常见的成员包括蜈蚣和马陆（图17-3）。

A

B

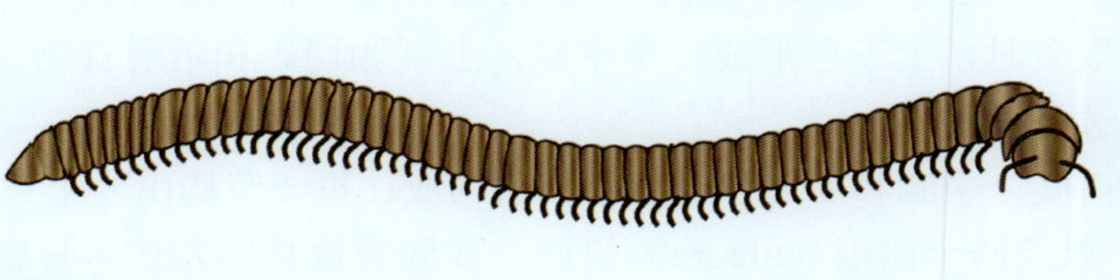

图17-3　多足纲代表动物

A.蜈蚣；B.马陆

据刘凌云等，2009改绘

蜈蚣身体扁平，头部触角较长。作为肉食性动物，蜈蚣拥有发达的颚部，包括一对大颚和两对小颚。躯干部第一对附肢即颚足非常发达，基节上带有齿，有助于咀嚼食物。蜈蚣足部的顶端开口连接着毒腺，用于击杀猎物。这些毒液在中医中常作为药材使用。蜈蚣性情凶猛，能够迅速杀死并吞食身体较长的蚯蚓。蜈蚣的咬伤会导致人类伤口肿胀和剧痛。蜈蚣的身体节数可以从十几节到一百多节不等，每节都有一对气孔和一对附肢（因此蜈蚣又被称为百足虫），躯干最后两节没有附肢。

马陆的身体呈圆柱形，头部触角较短，拥有一对大颚和一对小颚。马陆是植食性动物，其躯干分为胸部和腹部，前四个体节构成胸部，其中第一个体节没有附肢，其余三个体节各有一对附肢。腹部的每个体节都带有两对足，气孔也是成对的，生殖腺成对存在。马陆没有毒腺，但在体内具有臭腺，遭遇敌害时能够释放出刺激性气味，并且能够将身体卷曲成球状以自卫。

四、昆虫纲

昆虫纲是动物界中最大的纲，约占节肢动物总数的94%，目前已描述的种类数量超过100万种，而尚未被命名和描述的种类数量估计是已命名种类的三倍。昆虫在全球范围内广泛分布，大多数种类具备飞行能力，是唯一能够飞行的无脊椎动物类群。部分昆虫还能够进行长距离的迁徙飞行，这使得它们在生存竞争中占据了极大的优势。由于昆虫与人类的联系极为紧密（如传粉、疾病传播和蜂蜜生产等），它们成为了无脊椎动物中被研究得最为深入的类群。

昆虫纲的主要特征包括：身体明显分为头部、胸部和腹部三部分，胸部有三对附肢，因此昆虫纲也被称为六足动物。通常是雌雄异体且形态差异显著，体内受精。它们通常通过卵生方式进行繁殖，并且大部分种类的发育过程包括变态，从幼虫阶段转变为成虫阶段。

（一）代表动物——东亚飞蝗（*Locusta migratoria manilensis*）

东亚飞蝗是一种典型的食草性昆虫，主要危害禾本科植物，历史上曾多次引发严重的灾害。在新中国成立前，大约每3～5年就会爆发一次大规模的蝗灾。蝗虫在飞行时，其数量之众足以遮蔽阳光，所到之处，大片庄稼被破坏，只剩下一根光秃的杆子。蝗虫的主要栖息地是潮湿的沼泽地带。通过对这些飞蝗栖息地的深入研究，并进行合理的改造，可以破坏其产卵和繁殖的环境，从而有效控制蝗灾的发生。

外形：由头、胸、腹三部分组成（图17-4）。

头部由6个体节愈合而成，表面有一坚硬的卵圆形头壳，是蝗虫感觉和摄食的中心。头部的第一、三对附肢退化，第二对为触角，第四至六对附肢分别为口器的上颚、下颚和下唇。触角一对，呈丝状，具有感觉的功能。触角上有许多感受器，它可将兴奋经触角中的感觉神经元传到脑。单眼3个，复眼1对。口器为咀嚼式口器，由上唇、下唇、上颚、下颚和舌五部分组成。取食时，上下唇形成一个空腔，上下颚切碎和咀嚼食物，然后在舌的帮助下将咀嚼碎的食物送入肠内。

胸部构造由前胸、中胸和后胸三节紧密联合构成，每一节均由一个背板（tergum）、一个腹板（sternum）以及两个侧板（pleura）组成。前胸背板特别发达，形状像马鞍，覆盖了中胸和后胸的背板以及部分侧板。前胸的侧板相对较小，而腹板则细长。中胸和后胸各有一对翅膀，分别称为前翅和后翅；背板和腹板都由多个骨片构成，侧板则分为前侧片和后侧片。每个胸节都有一对足。

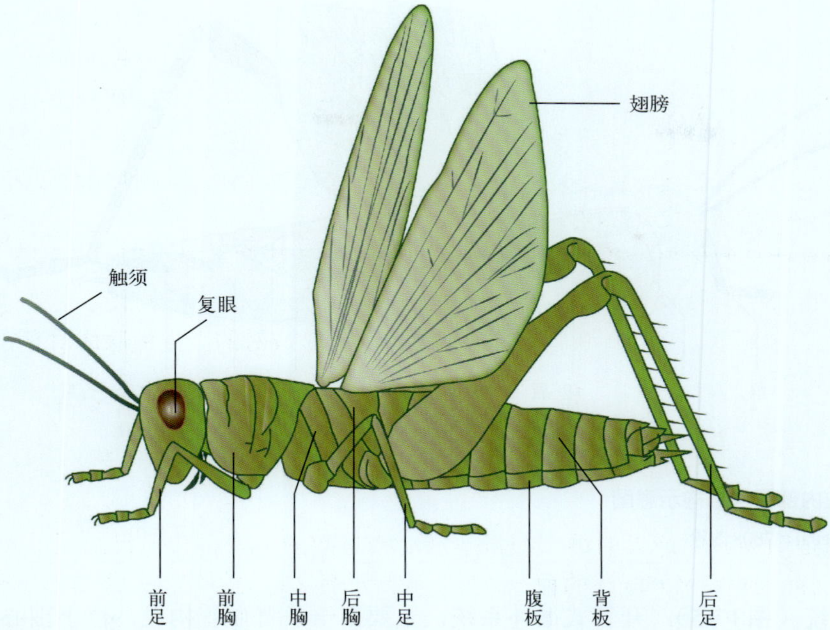

图17-4 蝗虫外形示意图

据Hickman C P et al，2008改绘

腹部由11节构成，每节仅包含背板和腹板，两侧为膜质，没有硬骨片。各节之间通过宽阔的节间膜相连，使得腹部能够充分伸展或扭动。第一节腹节的背板两侧配鼓膜器（tympanal organ），这是蝗虫的听觉器官。

腹部的末端形态多变，第9和第10节的背板较短，并且部分融合。第11节的背板呈三角形，被称为肛上板，其两侧为肛侧板，相当于该节的腹板，并生长着一对尾须。雄性蝗虫的腹板可以看到9个，第9腹板通过一条横缝分为前部和后部，形状像匙状上弯，内部有钩状的雄性外生殖器。雌性蝗虫的腹板可以看到8个，腹部末端有两对锥形的产卵瓣，分别称为背产卵瓣和腹产卵瓣，适合挖掘土壤产卵，还有一对非常小的内产卵瓣，隐藏在背瓣内。产卵瓣由第8和第9腹节的附肢演化而来。

消化系统（图17-5）：飞蝗是一种杂食性昆虫，其消化系统非常发达，具有强大的砂囊肌肉和几丁质齿，这些结构能有效磨碎食物，防止粗大食物进入胃部，同时防止中肠食物倒流。中肠是飞蝗消化和吸收食物的主要场所，拥有6对胃盲囊。

呼吸系统：飞蝗的呼吸系统由气门、气管和气囊组成。气门作为气体交换的通道，负责氧气和二氧化碳进出昆虫体内。飞蝗拥有10对气门，分别位于中胸、后胸和腹部，每一对都配备了控制开启和关闭的机制，这有助于减少水分蒸发和防止外界异物的侵入。气管是通过体壁内陷形成的，从气门延伸出一条短气管，连接到身体两侧的纵向主气管，同时背板和腹板也各有一对纵气管，横向气管则连接这些纵向气管。气管壁上的螺旋丝结构有助于维持气管的扩张状态，确保气流的顺畅。气管不断分叉，最终形成微气管，这些微气管的直径不超过0.2mm，内部含有液体，使得气体交换依赖于液体。在气管的某些部位，会膨胀形成薄壁的气囊，尤其是胸部的气囊非常发达，这些气囊壁上没有螺旋丝。气囊的膨胀和收缩能够增强气管内的通风效果，并在飞行时帮助减轻体重。

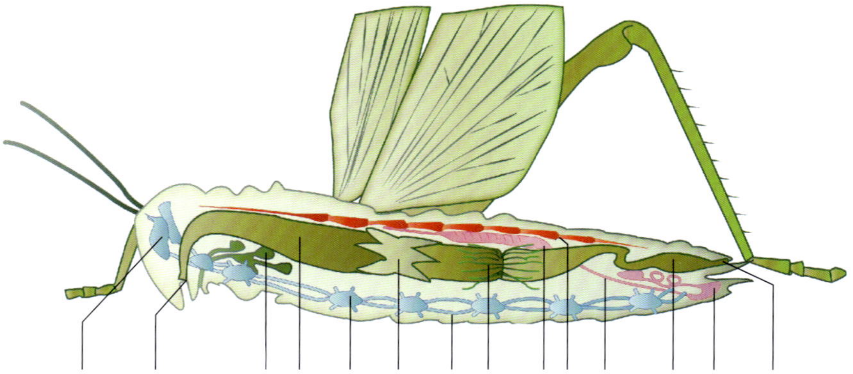

图 17-5 蝗虫内部解剖结构示意图

据 Hickman C P et al，2008 改绘

循环系统（图 17-5）：开管式循环系统，主要由一条背血管构成，位于围心窦内，并且分为心脏和大动脉两个部分。心脏由七个较大的心室组成，每个心室侧壁上有一对心孔，心孔边缘形成了心门瓣。当心脏收缩时，心门瓣会闭合，防止血液回流，确保血液只能向前流动。心脏的后端是封闭的，前端则延伸为背血管，一直延伸到头部。血液流向头部之后，通过胸部和足部，最终流入围脏窦，然后从身体后部回到围心窦。飞蝗的血液是无色的，负责输送养料、代谢废物和激素等物质。血细胞呈变形虫状，具有吞噬功能。

排泄系统（图 17-5）：排泄器官主要为马氏管。马氏管是细长的盲管，着生于中肠与后肠交界处，一般由外向内由围膜、管壁细胞和内膜组成。其中，围膜通透性强；而管壁细胞的基膜形成发达的内褶，顶膜形成微绒毛，内含丰富的线粒体。约有 12 束，每束 25 条，从周围血液中摄取离子、尿酸盐和毒素到管内，形成初始的尿液送入后肠。盐和其他可利用的代谢物由后肠上皮细胞有选择地重吸收回到血中。直肠腺进一步吸收水分、盐和氨基酸等，尿酸则成为结晶沉淀下来，随其他废物排出体外。

神经系统（图 17-5）：中央神经系统由脑、食道下神经节和腹神经索这三个主要部分构成。脑位于食道的背面前端，分为前脑、中脑和后脑。前脑最发达，负责向单眼和复眼发送神经信号；中脑是一对球形的结构，向触角传递神经冲动；后脑形状略呈锥形，发出神经与食道下的咽下神经节相连。咽下神经节控制口器的神经，并与胸部的神经节相连接。胸部有三个神经节，它们的神经支配胸部的肌肉和器官，而后胸神经节还延伸神经至腹部前三个节段的器官。腹部共有五个神经节。此外，交感神经系统包括与后脑相连的额神经节及其相关神经，它控制消化道前段的蠕动，例如第五腹神经节分出的神经就延伸到生殖器官和直肠等部位。

生殖系统：雌雄异体，两性生殖。雌蝗具有一对卵巢，卵巢由卵巢小管组成，内有若干卵粒。雄蝗含一对精巢，精巢由精巢小管组成，精细胞在其中发育。精子成熟后在输精管内接受附腺的分泌物，形成精荚，储存在精荚囊中。

受精时，雄蝗将精荚送至雌蝗受精囊中和卵结合。产卵时，雌蝗用产卵器掘土，腹部深入土中，每产数十粒。在适宜条件下，卵孵化为蝗蝻，蜕 5 次皮发育为成虫。

（二）昆虫的变态发育

昆虫的胚胎发育在卵壳内进行，始于受精卵的形成，直至孵化成幼虫，即胚胎发育的完成。胚后发育则涵盖了从幼虫阶段到成虫性成熟的整个生命历程。幼虫的生长过程中，会经历蜕皮现象，这是昆虫特有的一种生理现象，且每种昆虫的蜕皮次数都是固定不变的。

大多数昆虫在发育过程中呈变态发育，从幼虫阶段过渡到成虫阶段时，在形态结构和生活习性上会经历一系列显著变化。根据变化有不完全变态发育和完全变态发育两种。

不完全变态发育的昆虫经卵、幼虫和成虫三个阶段。幼虫与成虫在形态和生活习性上存在差异，有渐变态和半变态两种方式。其中，渐变态的幼虫与成虫在形态上较为相似，但性器官尚未成熟，翅部也未完全发育，且它们的生活环境和生活习性保持一致。例如，蝗虫就是一种典型的渐变态昆虫，其幼虫被称为若虫。半变态发育的昆虫幼虫与成虫在形态和生活习性上显著不同。这类昆虫的幼虫通常生活在水中，而成虫则生活在陆地上。例如，蜻蜓目昆虫的幼虫就被称为稚虫。

完全变态发育的昆虫则经历四个主要阶段：卵、幼虫、蛹和成虫。幼虫与成虫在形态和生活习性上存在显著的差异。幼虫需要经过一个被称为“蛹”的阶段，这个阶段内昆虫不食不动，但体内正在进行着复杂的结构改造，最终转变为成虫。例如，蝴蝶（图 17-6）、金龟子、蜜蜂和蚂蚁等都是完全变态发育的昆虫。

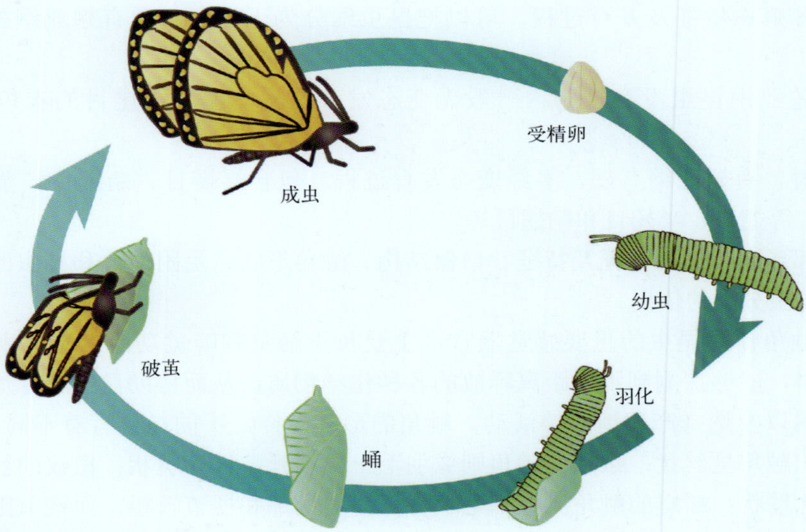

图 17-6　蝴蝶完全变态发育过程示意图

（三）体色及拟态

在长时间的进化过程中，昆虫形成了多种有利于其生存的特性。它们通过身体颜色和形态与周围环境高度相似，从而实现隐身，避免被天敌发现或方便捕食。例如，生活在绿草丛中的蝗虫通常呈绿色，而生活在枯草丛中的则呈黄色。竹节虫无论是外形还是颜色，都与竹子极为相似。此外，一些昆虫通过模仿其他生物来保护自己，这种行为被称为拟态。例如，食蚜蝇的形状和颜色与有螯针的蜜蜂或胡蜂非常相似。一些具有恶臭或毒刺的昆虫，它们通常具有鲜艳的颜色和斑纹，这样可以让敌人容易识别，避免被攻击。例如，毒蛾幼虫通常具有鲜艳的颜色和斑纹，如果被鸟类吞食，其毒毛会刺伤鸟类的口腔黏膜，因此这种幼虫的颜色成为了对鸟类的警告。

（四）昆虫的社群行为

昆虫展现了复杂多样的行为模式，这些行为主要可以分为两大类：先天本能行为和后天学习行为。先天本能行为是昆虫出生时就具备的，如搜寻食物、构建巢穴、寻找伴侣和避免敌害等。例如，某些甲虫在遭遇惊吓时会迅速从植物上坠落至地面，假装死亡以躲避危险；蜣螂会将卵产在粪便中，并合作将粪便滚成球状后埋藏起来，为后代提供一个安全的栖息地和丰富的食物来源。后天学习行为则是昆虫通过不断尝试和在错误中学习而获得的。例如，将蜚蠊放置在一个明亮和黑暗相连的笼子里，当它进入黑暗区域时给予电击，经历多次后，蜚蠊会学会避免进入黑暗区域而偏好明亮区域；蜜蜂通常不会访问苜蓿花来采蜜，但如果用含有苜蓿花香味的糖浆喂养蜜蜂，经过训练的蜜蜂就能学会采集苜蓿花的蜜。

社群行为：一些群居昆虫形成了紧密的社会结构，其群体成员之间有明确的角色分工。蜜蜂和蚂蚁就是具有显著社群行为的典型例子。

（五）昆虫纲分类

根据外部形态特征及发育过程，可以把昆虫纲分为无翅亚纲和有翅亚纲2个亚纲，34个目。

其中无翅亚纲昆虫没有翅膀，一般无变态发育过程。比如缨尾目的衣鱼和弹尾目的跳虫。

与之相对，有翅亚纲有翅，多经变态发育过程。包含蜉蝣目、蜻蜓目、蜚蠊目、螳螂目、直翅目、等翅目、半翅目和鞘翅目等。

昆虫外部形态如翅的有无及特征、口器结构、触角形状、足跗节等和昆虫的变态等生物学习性常是昆虫分类的依据。

触角：触角作为昆虫的重要感觉器官，主要负责触觉和嗅觉功能。它们表面分布着众多嗅觉感受器，能够探测到不同距离释放的各种化学物质，从而协助昆虫进行觅食、群体聚集、寻找配偶以及选择产卵地点等活动。触角的形态多样，不同昆虫有着不同类型的触角。例如，蝗虫的触角呈丝状；蛾类的触角则像羽毛一样展开，称为羽状；白蚁的触角类似一串念珠，称为念珠状；蜻蜓的触角具有刚毛状特征，其柄部和梗节较粗，而鞭节则细长；叩头虫的触角呈锯齿状，鞭节的每个亚节都向一侧突出，形成三角形的锯齿状结构；蝴蝶的触角似球杆，鞭节的末端几节膨胀；蝇类的触角具有特殊的具芒状结构，仅由三节组成，其中柄节一端膨胀，带有刚毛状构造；金龟子的触角在端部3～7节向一侧延伸成片状，称为鳃片状；而雄蚊子的触角则在每个鞭节上都有一圈刚毛，形成环毛状。这些不同的触角形态适应了昆虫各自的生活习性和环境需求。

口器：昆虫的口器类型多种多样，这些差异主要由于它们不同的食性和取食方式。根据食性，食用固体食物的昆虫拥有咀嚼式口器，而食用液体的则具有吸食式口器。吸食式口器进一步细分为刺吸式（如蝉），它们将口器刺入动植物体内吸取汁液；舐吸式（如苍蝇），它们舔食物体表面的液体；虹吸式（如蝴蝶），它们通过长长的喙吸取食物；以及嚼吸式（如蜜蜂），它们既能食用固体也能食用液体（图17-7）。所有这些口器类型都是从咀嚼式口器进化而来的。

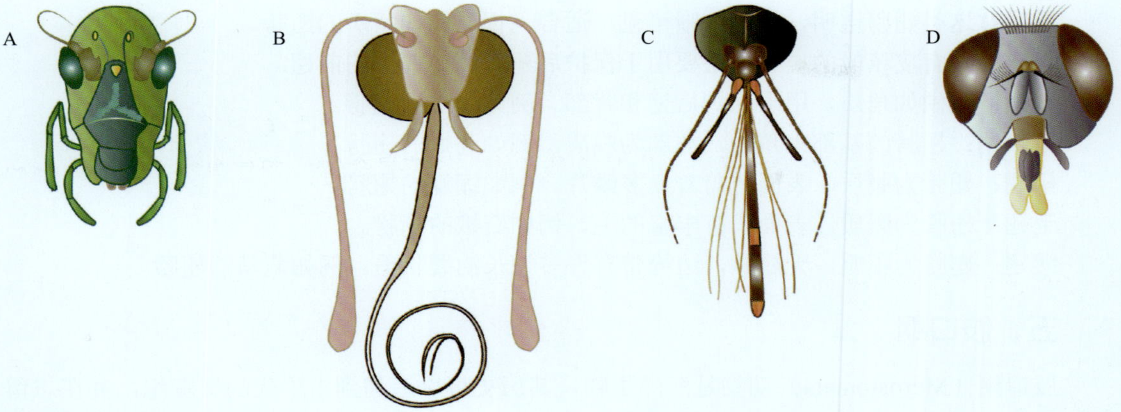

图17-7 昆虫口器示意图

A.咀嚼式口器，B.虹吸式口器，C.刺吸式口器，D.舐吸式口器

咀嚼式口器由上唇、上颚、下颚、下唇和舌五部分组成。

刺吸式口器中，上、下颚特化成针状口针，下唇延长形成喙。例如，蚊子的下唇延长成喙，喙背面有一条凹槽，里面藏有六根口针，由上唇、上颚（两根）、下颚（两根）和舌特化而成。上唇内凹形成食物道。进食时，它们用针刺穿皮肤，用舌将唾液注入体内以防止血液凝固，然后通过上唇形成的食物道将血液吸入肠道。

虹吸式口器大部分结构退化，只剩下发达的下颚外颚叶。外颚叶极度延长并内凹，左右合抱形成食物道，整体结构称为喙。平时，它们像发条一样卷曲在头部下方，进食时通过血液的压力伸直，吸取花蜜或暴露的果汁。

舐吸式口器中，上下颚退化，下唇特化成一个短小的喙，可以伸缩。下唇前端有两个由唇须演变而来的唇瓣，表面为膜质，上面有许多环沟，称为拟气管。进食时，唇瓣平展成盘状紧贴食物，通过抽吸作用使液体食物经环沟缝隙进入食物道。固体食物则通过唾液溶解后再吸入。

嚼吸式口器中，上唇和上颚保持咀嚼式口器的形态，可以咀嚼花粉、筑巢等。其他部分（舌、部分下颚、部分下唇）合并形成复杂的食物管，用于吸取花蜜。

足的类型：昆虫的足部类型多种多样，每种类型都适应了它们独特的生存方式和环境需求。

步行足：各节均细长，适合于行走。例如蚂蚁。

开掘足：胫节扁宽，外缘具钉耙状齿，适合挖掘土壤。例如蝼蛄。

跳跃足：腿节特别膨大，胫节细长，适合跳跃。例如蝗虫。

捕捉足：基节延长，腿节腹面有槽，胫节可嵌入其中，适合捕捉猎物。例如螳螂。

携粉足：胫节宽扁，两侧有长毛形成花粉篮，第一跗节特别宽，上面有硬毛，用于收集并储存花粉，称为花粉刷。蜜蜂的前足还具有净角器，胫节末端有距，跗节上有凹陷。

游泳足：后足各节延长并变扁平，边缘有长毛，适合游泳。例如仰蝽。

攀援足：跗节一节，前跗节为一大的钩状爪，胫节外缘有一指状突起，当爪向内弯曲时可形成钳状结构，适合攀爬。例如虱子。

翅的类型：翅膀的类型包括多种，每种类型都适应了昆虫不同的生活方式和功能需求。

膜翅：这类翅膀透明，翅脉清晰可见，适合飞行。例如蜻蜓的翅膀。

覆翅：具有皮革般的质感，主要用于保护后翅。例如蝗虫的前翅。

鞘翅：坚硬如角质，用于保护后翅和背部。例如甲虫的翅膀。

半鞘翅：翅膀的基部为角质，端部为膜质。例如苍蝇的翅膀。

鳞翅：翅膀为膜质，表面覆盖着众多鳞片。例如蝴蝶的翅膀。

毛翅：翅膀为膜质，表面长有丰富的毛。例如石蛾的翅膀。

缨翅：翅膀为膜质，无翅脉，边缘带有许多细长的缨状毛。例如蓟马的翅膀。

五、肢口纲

肢口纲（Merostomata）动物是海洋生物，其历史可以追溯到古生代的奥陶纪，并在志留纪和泥盆纪达到鼎盛，但是目前大多数物种已经灭绝。中国已知的有3种，都分布在南部海域：东方鲎（*Tachypleus tridentatus*）、南方鲎（*Tachypleus gigas*）、圆尾鲎（*Carcinoscorpius rotundicauda*）。东方鲎的体长可达50～60cm，头胸部覆盖着宽阔的背甲，形似马蹄。它们头部有一对单眼和一对复眼，腹面有6对附肢：螯肢短小，分为3节。第2～5对附肢各有6节，适合行走，末端呈钳状；第6对附肢有7节，末端特化，适合挖掘和爬行。雄性个体的第2对附肢无钳，呈钩状。第2～6对附肢的基部位于口侧，用于咀嚼食物。在最后一对步足之后，有一唇状瓣片，可能是与头胸部愈合的第1腹节附肢。腹部背面坚硬，呈六角形，两侧有缺刻和短刺。尾部末端有一根长且可活动的尾剑（telson），用于在身体偶尔翻转时扶正。腹部不分节，第1对附肢愈合形成生殖厣（genital operculum），覆盖生殖孔，其余5对附肢为双肢式，每对附肢内缘相互愈合（图17-8）。外肢扁宽，其后壁呈叶片状，重叠似书页，称为书鳃（book gill），血液流经书鳃时与海水进行气体交换。

鲎生活在浅海区域，通过爬行或使用腹部附肢游动。它们以泥沙中的蠕虫和小型软体动物为食。在生殖期，它们会来到海岸的高潮线下，雌性会在沙中挖沟产卵，雄性则会用须肢抓住雌性的腹部背面，将精子排到卵上，产卵后用沙子覆盖。鲎的幼体与三叶虫的幼体相似。它们的血液中含有呼吸色素血蓝蛋白和鲎凝集素（limulin），后者具有抗菌和抗病毒的作用，目前正被用于抗肿瘤的研究。

图17-8 鲎外形

六、蛛形纲

蛛形纲（Arachnida）动物多生活在温暖干燥的地方，身体分为头胸部和腹部，通过书肺或气管进行呼吸；无触角；有六对附肢。出现了陆上的防卫及攻击器官毒腺或丝腺；马氏管或基节腺用于排泄；经历直接发育过程。包括常见的蜘蛛、蝎子和蜱螨等。

蝎目：身体分为头胸部、前腹部和后腹部三部分。头胸部较为紧凑，并拥有头胸甲。前腹部较宽，后腹部细长，末端带有一剑尾，其尖端是毒腺的出口（而蜈蚣的毒腺位于第一对颚足）。某些地区的蝎子品种的毒液足以致命。蝎子在夜间活跃，其第二对附肢——须肢非常发达，用于触觉和婚舞。交配后，雌蝎常常会吃掉雄蝎。它们采用卵胎生方式，直接发育，幼体在雌蝎背上生活一段时间后独立生活。

蜘蛛目：适应了穴居、织网和游猎等各种生活方式，有些甚至适应了水生生活（体表纤毛有助于携带空气）。大多数蜘蛛对人类有益（捕食害虫、药用价值），但某些蜘蛛可能对人体造成伤害。蜘蛛在繁殖期间可能表现出攻击性。有害的蜘蛛可以分泌神经毒素、溶血毒素和细胞毒素等，此外，蜘蛛身上携带的细菌也可能对人类构成威胁。

蜱螨目：是蛛形纲中最大的一个目。头胸部和腹部完全融合，不分节。身体前端的附肢形成了一个假头，仅用于摄食，没有脑、触角和眼等结构。通过气管或体表进行呼吸，发育过程经历变态，生活史包括卵、幼虫、若虫和成虫四个阶段。

蜱以脊椎动物的血液为食，可能导致大量失血、引发炎症和溃疡，并传播多种疾病。蜱分为软蜱和硬蜱，软蜱仅在吸血时附着在宿主身上，吸血完毕后离开；硬蜱则通常不会离开宿主。它们对人类、家畜和家禽构成较大威胁。

螨对人类和作物造成严重危害，是多种疾病的传播媒介和作物害虫。例如，棉红蜘蛛在生活史的各个阶段都对棉花造成危害，吸取棉叶汁液，严重时可能导致棉花仅剩枯杆。一年内可繁殖10～20代。人疥螨能在人体内挖掘隧道（有时深度可达1cm），引起疥疮、瘙痒，可能导致脓疮。尘螨在不常清洁的床垫、沙发等处繁殖，可能导致人类哮喘发作，儿童可能患上过敏性皮炎。

思考题

（1）节肢动物的身体异律分节对其生理功能有何重要意义？请以昆虫和甲壳动物为例进行说明。

（2）外骨骼对节肢动物适应环境有哪些优势？为什么节肢动物需要蜕皮？蜕皮过程与激素有何关系？

（3）节肢动物的循环系统为开管式循环，为什么这种循环方式能够有效适应其生理需求？与封闭式循环系统相比，有何优缺点？

（4）水生节肢动物与陆生节肢动物在呼吸系统方面有何差异？如何通过这些差异理解其在不同栖息地的适应性？

（5）请简述节肢动物的变态发育及其对物种生存的意义。为什么节肢动物的幼体与成体常常有显著的生活方式和食性差异？

生物学名词

节肢动物（Arthropoda）；异律分节（heteronomous segmentation）；附肢（appendages）；外骨骼（exoskeleton）；蜕皮（ecdysis）；横纹肌（striated muscle）；混合体腔（mixocoel）；书鳃（book gills）；气管（tracheae）；马氏管（Malpighian tubule）；神经系统（nervous system）；变态发育（metamorphosis）；三叶虫纲（Trilobita）；甲壳纲（Crustacea）；螯肢亚门（Subphylum Chelicerata）；多足亚门（Subphylum Myriapoda）；六足亚门（Subphylum Hexapoda）；复眼（compound eyes）；受精囊（seminal receptacle）；交配囊（copulatory sac）

第十八章　棘皮动物门

学习目标

1. 掌握棘皮动物的主要特征。
2. 了解棘皮动物的分类与代表物种。
3. 了解棘皮动物在进化中的地位。

棘皮动物门

大多数无脊椎动物是原口动物（protostome）。而作为无脊椎动物中最高等的类群，棘皮动物属于后口动物（deuterostome）。此外它们还具备了中胚层来源的骨骼，以体腔囊法形成中胚层和体腔等进步性的特征。

棘皮动物门（Echinodermata）动物全部生活于海洋中，包括海星、海蛇尾、海百合、海胆和海参等类别，由于它们体表粗糙，带有许多突出的棘或刺，因此得名。这些生物栖息于潮间带到深海，营底栖生活。体形变化很大，有枝状（海百合）、星形（海星）、球形（海胆）和圆柱形（海参），大小从不足1cm到数米不等。

第一节　棘皮动物门的主要特征

五辐射对称体制： 棘皮动物的幼虫阶段呈现出两侧对称的特征，而成年后则转变为独特的五辐射对称（图18-1）。简单来说，就是可以找到五个轴把身体分成对称的部分。

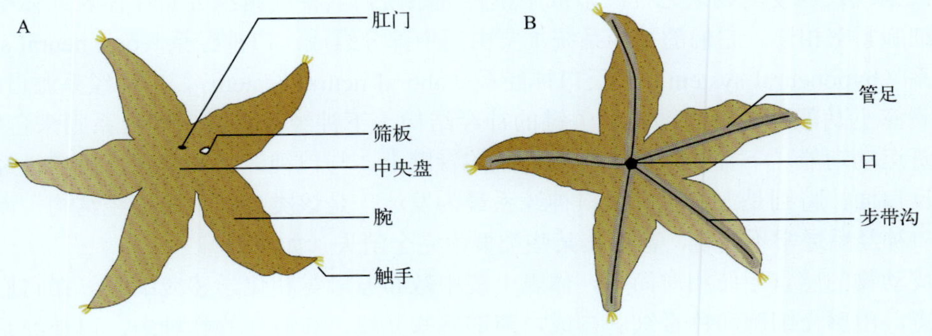

图18-1　海星外形示意图

A.反口面；B.口面

具中胚层形成的内骨骼：棘皮动物的骨骼结构位于外表皮的下方，并经常向外突出形成棘，因此得名棘皮动物。与其他无脊椎动物不同，棘皮动物的骨骼来源于中胚层，这一点与脊椎动物的骨骼起源相似。

形成特有的水管系统（water vascular system）：在胚胎发育过程中，一对体腔囊通过体腔囊法形成，随着胚胎的成长，这对体腔囊持续伸展，从前往后依次分裂为三对体腔囊：前体腔囊（又称轴体腔）、中体腔囊（又称水系腔）和后体腔囊（又称躯体腔）。在进一步的发育中，左侧的前体腔囊分化为轴窦，左侧的中体腔囊则发展成为水管系。左右两侧的后体腔囊最终融合，构成了次生体腔；左侧后体腔囊的一部分从融合的区域分离，形成了围血系统。此外，左侧的前体腔囊和中体腔囊的一部分保持连接，并通过一个共同的短管通向背侧，这个短管后来发育成为水管系的石管（stone canal）。石管在体表的开口最终发育成水管系的筛板（madreporite）（图 18-2）。

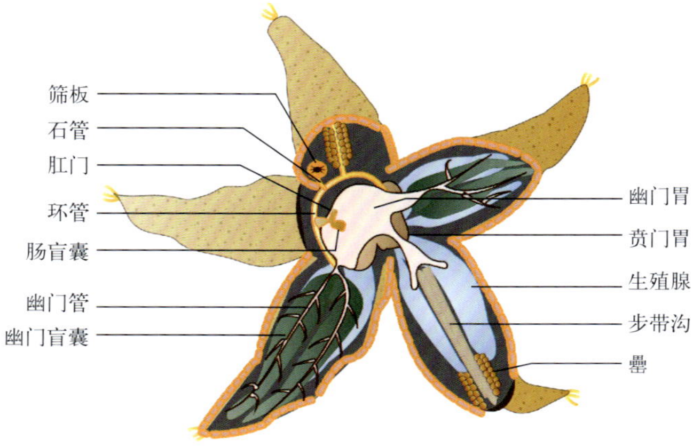

图 18-2 海星内部解剖结构

据 Hickman C P et al，2008 改绘

水管系由多个部分组成，包括筛板、石管、环管、辐管、侧管、管足和罍（ampulla）。其中，环管位于口周围。

血系统和围血系统：在棘皮动物中，血系统（hemal system）在很大程度上已经退化，只有海胆和海参具有明显的血系统。这个系统由一系列与水管系统对应的管道构成，包括环血管、辐血管（radial haemal canal）、轴腺（axial gland）和反口环血管（aboral haemal ring canal）等。该系统可能和物质的运输有关。

围血系统（perihemal system）源自体腔，它在血液循环系统外部形成并与之并行，例如在环血管、辐血管和轴腺等对应的血系统外部形成环窦（ring sinus）、辐窦（radial sinus）和轴窦（axial sinus）等结构。

神经系统：棘皮动物缺乏神经节或中枢神经系统，其神经组织分布在体表或体壁内，并与上皮细胞紧密相连。它们的神经系统主要由三个部分组成：口神经系（oral neural system）、下神经系（hyponeural system）和反口神经系（aboral neural system）。口神经系源自外胚层，主要负责感觉功能，是棘皮动物最关键的神经结构。下神经系和反口神经系则来自中胚层，主要负责运动功能。下神经系位于围血系统的管壁上，与口神经系相平行；反口神经系位于身体的反口面，特别是海百合的反口神经系最为发达，是该类群的主要神经结构，而其他类群的反口神经系通常不发达，甚至在某些类群中完全消失（如海参）。

棘皮动物的感官系统相对简单，体表上皮中散布着触觉和化学感应细胞。在它们的腕端存在眼点，由感光细胞和色素细胞构成，能够感知光线。在海参等物种中，口神经系的辐神经基部配备了多个平衡器。

生殖和发育：大多数棘皮动物雌雄异体，体外受精。它们的生殖系统相对简单，不同类群的生殖腺数量有所差异，每个生殖腺后方连接着一段短的生殖导管，生殖孔则位于体外。在个体发育过程中，不同类群的棘皮动物会经历各种不同的幼虫阶段，例如海星经历羽腕幼虫（bipinnaria）阶段，海蛇尾和海胆经历长腕幼虫（pluteus）阶段，海参经历耳状幼虫（auricularia）阶段，而海百合则有樽形幼虫（doliolaria）阶段。

第二节　棘皮动物门的分类和代表类群

棘皮动物是一种相对原始的海洋生物，其起源可追溯至5.7亿年前的早寒武纪，并在志留纪、泥盆纪和石炭纪时期经历了物种的繁盛与多样化。现存的棘皮动物根据其体型特征、是否拥有柄和腕、板的位置以及管足的结构等性状，被分类为两个亚门和五个纲。海百合纲属于有柄亚门（Pelmatozoa）；海星纲、海胆纲、蛇尾纲和海参纲则属于游移亚门（Eleutherzoa）。

一、海百合纲

海百合纲（Crinoidea）是现存棘皮动物中最古老的类群之一，主要生活在深海环境中，以底栖固着的生活方式为主。它们可以分为两大类：一类是终生具有柄的海百合类（stalked crinoids），这类生物营固着生活，某些种类的柄可长达1m；另一类是海羊齿类（comatulids），它们的幼体通过柄附着生活，而成体则无柄，采取爬行或游泳的生活方式。

海百合由细长的柄和放射状排列的冠组成。柄上通常带有轮生的卷枝，底部则有根状卷枝，这些结构和卷枝均由众多小骨片构成；而海羊齿的柄则退化消失，但冠的反口面保留有卷枝。水管系与其他棘皮动物类似，但不具备筛板，海水通过口面的众多小孔进入水管系。海百合主要以浮游动物为食，消化道完整。其神经系统也包含3个神经系，其中反口面神经系是最为重要的部分，它发出神经至柄、腕及其分支，完成各种运动功能。雌雄异体，没有固定的生殖腺，生殖腺位于生殖羽枝内。在个体发育过程中，存在桶形的樽形幼虫。海百合类具有极强的再生能力，无论是腕还是萼等部分断落，都能在数周内再生。

二、海星纲

海星纲（Asteroidea）动物身体扁平，大多呈现五辐射对称，体盘与腕之间的界限不明确。在生活状态下，它们口面朝下，反口面朝上。腕的口面中央具有步带沟，沟内分布着管足（图18-1）。内骨骼由骨板构成，骨板之间通过结缔组织相连，使得身体柔韧且能够弯曲。体表有棘和叉棘，这些都是骨骼的突起。它们还拥有皮鳃，并且水管系统发达。消化道短，自口面伸向反口面依次为口、食道胃、肠和肛门（图18-2）。胃分为靠近口面的贲门胃和靠近反口面的幽门胃两部分。幽门胃小，扁平，向各腕伸出一幽门管，幽门管进入腕后分为两支，直达腕的端部，形成幽门盲囊。胃后为很短的肠，肠上有2～3个肠盲囊，肠的末端开口为肛门。在个体发育过程中，它们经历了羽腕幼虫和短腕幼虫阶段。

砂海星（*Luidia quinaria*）、海燕（*Asterina pectinifera*）、陶氏太阳海星（*Solaster dawsoni*）、鸡爪海星（*Henricia leviuscula*）和罗氏海盘车（*Asterias rollestoni*）等为常见种类。

三、海胆纲

海胆纲（Echinoidea）动物体呈球形、盘形或心脏形。口面向下、平坦，口位于中央；反口面中央为肛门。口与反口面之间相间排列着5个具管足的步带区和5个无管足的间步带区，每个步带区和间步带区均由两列步骨板组成，各骨板上均有疣突和可动的长棘，有的棘很粗大。口周围为围口膜，其步带区上有5对发达的管足，称口管足（buccal podia）。围口膜的边缘有5对分支的鳃，为呼吸器官。反口面中央为围肛部（periproct），围肛部膜状，上有数目不等的骨板。围肛部周围由5个生殖板（genital plate）和5个眼板（ocular plate）组成。生殖板上各有一生殖孔，有一块生殖板多孔，形状特异，兼有筛板的作用。眼板上各有一眼孔，辐水管末端自孔伸出，为感觉器。

海胆以藻类、水螅和蠕虫等为食。口位于口面围中央，口腔内由骨板、齿及肌肉骨板组成结构复杂的咀嚼器，称亚里士多德提灯（Aristotle lantern）。口腔后为食道、肠、直肠和肛门，肠盘曲于体内。肠上有一并行的细管，称为虹吸管（siphon），细管的两端均开口于肠，可快速带走食物中的多余水分。多为雌雄异体，体外受精，个体发生中经海胆幼虫，后经变态发育为幼海胆，1～2年后性成熟。

海胆有900多种，常见种类有马粪海胆（*Hemicentrotus pulcherrimus*），壳半球形，褐色，棘短而多，状如马粪；细雕刻肋海胆（*Temnopleurus toreumaticus*），壳较低平，棘大而长；光棘球海胆（*Strongylocentrotus nudus*），又名大连紫海胆，是辽宁、山东两省海胆的主要经济种，最大的壳径可达10cm，大棘粗壮，生活于潮间带至水下180m、海藻繁茂的岩礁海底；石笔海胆（*Heterocentrotus mammillatus*），棘粗大如石笔状，我国西沙群岛有分布；心形海胆（*Echinocardium cordatum*），壳呈心形，薄而脆，口和肛门均位于口面。

四、蛇尾纲

蛇尾纲（Ophiuroidea）动物身体扁平，中央盘呈现扁圆形或五角形，而腕部则细长，两者之间的界限清晰。中央盘的口面中央设有开口，周围被多个骨板环绕，形成了五个咀嚼板，其中一个咀嚼板进化为筛板，反口面则布满鳞片状结构。腕部由四列纵行的骨板包裹。腕内还有一列腕骨，几乎占据了腕的全部空间。腕节的骨骼间存在可动的关节，使得腕部在肌肉的驱动下能够在水平方向灵活移动。侧腕板上生长着发达的腕棘，不同种类的腕棘在数量和形态上各不相同。管足退化成为触手状结构，失去了运动功能，但它们能够辅助摄食，并承担呼吸和感觉功能。管足从侧腕板与口面腕板之间的触手孔伸出，通常每对腕节对应一对管足。消化道简化，食道短，后端连接盲囊状的胃，没有肠道和肛门。以藻类、有孔虫和有机质碎屑为食，也捕食多毛类、甲壳类等小型动物。再生能力极强，某些种类能够像海盘车那样进行无性繁殖。大多数蛇尾为雌雄异体，进行体外受精，个体发育过程中经历蛇尾幼体阶段；少数种类为雌雄同体，能够胎生。

是棘皮动物中最大的一个类群。根据腕部是否分支，可以分为蔓蛇尾目和真蛇尾目。蔓蛇尾目的动物腕部分支，腕口面或反口面的骨板常缺失，例如海盘（*Astrodendrum*），其腕部分支，拥有多个板片，分布在海南东部的海域。真蛇尾目的动物腕部不分支，腕部上有四列骨板，例如滩栖阳遂足（*Amphiura vadicola*）、刺蛇尾（*Ophiothrix fragilis*）和真蛇尾（*Ophiura*）等。

五、海参纲

海参纲（Holothuroidea）动物身体呈圆柱状，两侧对称，且没有腕部结构。管足遍布体表，腹面的管足通常带有吸盘，而背部和体侧的管足则特化为疣足。口面与反口面之间的体轴延伸，口位于体前端，周围环绕着特化形成的管足触手，其形状和数量因种类而异；肛门位于体末端，周围常有小乳突或钙质骨板。内骨骼退化成为许多极微小的小骨片。这些骨片形状规则，是分类的重要依据。口后为肌肉质的咽部，咽的前部由10块小骨板围成一钙环，起支持作用，并为体壁纵肌提供附着点。肠呈长管状，在体内盘旋折叠，末端膨大成泄殖腔。许多海参的肠与泄殖腔交界处向体两侧发出一对细管，细管发出的分支再逐级分支后，形成树状结构，称为呼吸树（respiratory tree）或水肺，这是海参特有的呼吸器官。泄殖腔附近有许多细长的白色或淡红色的育管，开口于呼吸树的基部或直接开口于泄殖腔，称为居维叶器（Cuvierian organ），是海参的防御器官。受刺激时，居维叶器、呼吸树以及其他内脏器官可以从肛门射出，抵抗和缠绕敌害，排出的内脏器官可以再生。环水管围绕在咽的基部，通过很短的石管与筛板相连，筛板位于体腔中。与其他棘皮动物不同，海参的水管系中流动的液体并非海水，而是体腔液。环水管向前分出一些小管，进入口周围的触手，向后发出五条辐水管，水管位于体壁中。海参在海底的食物包括混在泥沙中的有机质碎片、藻类及原生动物等，摄食时，连同泥沙一同吞入，消化其中的有机颗粒，不能消化的东西由肛门排出。海参是狭盐性动物，在半咸水或低盐海水中很少见。对水质的污染也很敏感，在污染的海水里，海参难以生存。海参类具有很强的自切及再生能力，身体的一部分损伤，能迅速愈合。海参多雌雄异体，进行体外受精，发育几天后形成耳状幼虫（auricularia），经过一段时间的浮游生活后，耳状幼虫缩短变为樽形幼虫（doliolaria），变态成幼参。

全世界有海参1000多种，我国有140多种。我国华北沿海常见的种类有：刺参（*Sichopus japonicus*）、梅花参（*Thelenota ananas*）和海棒槌（*Paracaudina chilensis*）等。

思考题

棘皮动物的内骨骼来源于中胚层，这与其他无脊椎动物有什么不同？它们的内骨骼在生理功能上起到了哪些作用？

生物学名词

原口动物（protostome）；后口动物（deuterostome）；中胚层（mesoderm）；真体腔（coelom）；五辐射对称（pentamerous radial symmetry）；水管系统（water vascular system）；筛板（madreporite）；石管（stone canal）；环管（ring canal）；管足（tube feet）；围血液系统（perihemal system）；血液系统（hemal system）；口神经系（oral neural system）；反口神经系（aboral neural system）；羽腕幼虫（bipinnaria larva）；长腕幼虫（pluteus larva）；耳状幼虫（auricularia larva）；樽形幼虫（doliolaria larva）；海百合纲（Crinoidea）；海星纲（Asteroidea）；海胆纲（Echinoidea）；蛇尾纲（Ophiuroidea）；海参纲（Holothuroidea）；亚里士多德提灯（Aristotle lantern）；虹吸管（siphon）；居维叶器（Cuvierian organ）；再生能力（regeneration ability）；雌雄异体（dioecious）；体外受精（external fertilization）

第十九章 半索动物门

学习目标

1. 掌握半索动物的解剖特征、分类及其在动物界中的进化地位。
2. 了解半索动物的分类及重要物种。

半索动物门

半索动物门（Hemichordata）是一个种类较少的门，仅有90余种，全部为海产生物，具有口索、鳃裂和雏形的背神经管。包括肠鳃纲（Enteropneusta）和羽鳃纲（Pterobranchia）两种主要类群。肠鳃纲的动物体形呈蠕虫状，如柱头虫（*Balanoglossus*）；而羽鳃纲的动物则形似苔藓，如头盘虫（*Cephalodiscus dodecalophus*）（图19-1）和杆壁虫（*Rhabdopleura*）（图19-2）。

这些动物通过掘土或固着的方式生活，有的居住在底泥中，有的附着在岩石或藻类上。半索动物的存在为棘皮动物与脊索动物之间的联系提供了重要的证据。

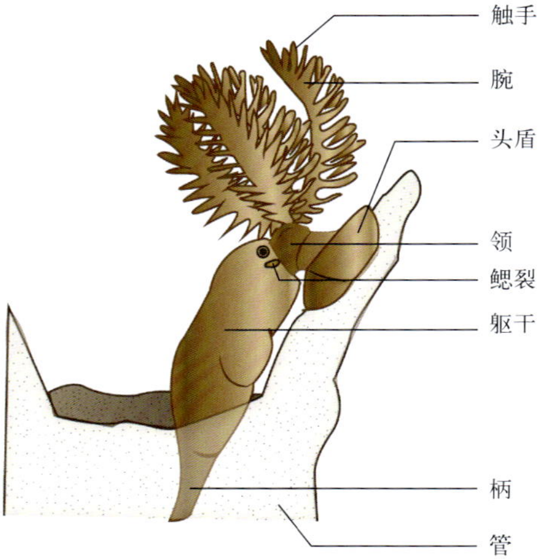

图19-1 头盘虫外形

据Hickman C P et al，2008改绘

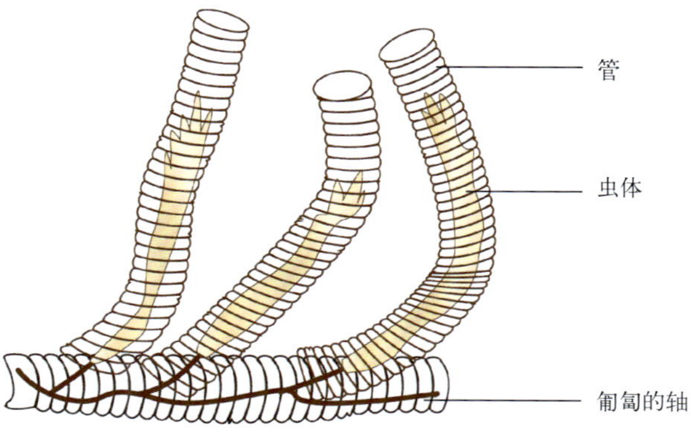

图19-2 杆壁虫外形

据Hickman C P et al，2008改绘

第一节　半索动物门的代表动物及其主要特征

半索动物门的代表动物为柱头虫，它们生活在浅海海底的沙土中。

身体呈蠕虫状，由吻、领和躯干三部分组成，其中躯干部分最长（图19-3）。躯干又可以分为鳃裂区、生殖区、肝囊区和肠区，末端是肛门。体内体腔分别分化为吻腔、领腔和躯干腔。

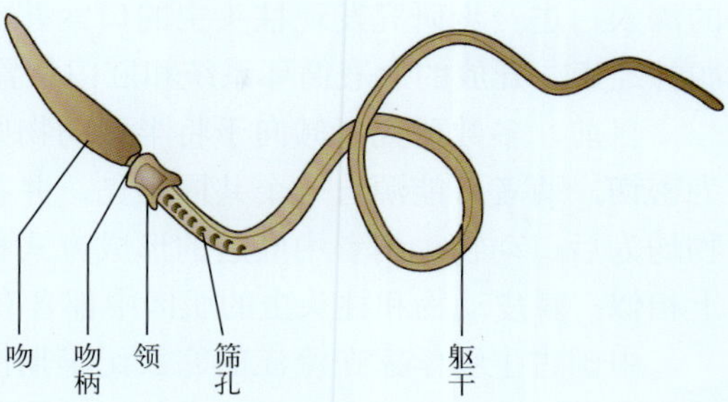

图19-3　柱头虫外形

据Hickman C P et al，2008改绘

在柱头虫体内，消化道是一条纵贯领和躯干的长直管，咽部位于口腔后方，长度与鳃裂区相当。咽部上方的裂缝通常称为咽鳃裂，用于呼吸。柱头虫的咽背侧排列着多对鳃裂，这些鳃裂通过外鳃孔与外界相通。相邻鳃裂间布满丰富的微血管，柱头虫在挖掘泥沙的过程中，泥沙中的水和有机物质进入口中，水经内鳃裂从外鳃裂排出，完成气体交换的呼吸作用。

口位于吻、领的腹面交界处，口腔背壁向前伸出一条短盲管，直至吻腔基部。这一结构被称为口索（stomochord），因为其构造与脊索相似，是脊索的雏形结构。由于口索比脊索短小，具有这一结构的动物被称为半索动物。

循环系统为开管式，主要由纵行的背血管和腹血管组成。神经系统主要由两条纵行的神经索组成，即沿着背中线的一条背神经索和沿着腹中线的一条腹神经索。背神经索伸入领中的部分出现空腔，形成雏形的背神经管（图19-4）。

雌雄异体，生殖腺为成对排列的小囊状物。它们进行体外受精，经过间接发育过程，经历柱头幼虫阶段后，才变态发育成柱头虫。

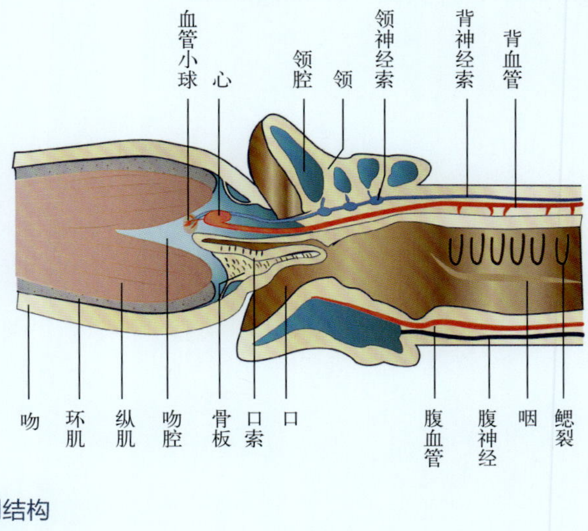

图19-4　柱头虫内部解剖结构

据Hickman C P et al，2008改绘

第二节　半索动物门的分类地位

19世纪下半叶，由于半索动物具有口索、鳃裂和背神经索这三个和脊索动物相似的主要特征，研究者将半索动物归类为脊索动物门下的一个亚门。然而，随着组织学和胚胎学研究的深入，进一步研究发现柱头虫的口索并不是脊索，而是一种内分泌器官。此外，半索动物腹神经索、开放的血液循环系统和肛门位置和无脊索动物更为相似。

目前，多数研究者倾向于将半索动物归入无脊椎动物门。它们与棘皮动物的亲缘关系较为密切，两者可能源自一个共同祖先，并各自演化发展。主要依据如下：半索动物和棘皮动物均为后口动物；两者中胚层的形成方式相似；柱头幼虫与棘皮动物的短腕幼虫在形态结构上相似；棘皮动物和柱头虫的肌肉中都含有脊索动物特有的肌酸和精氨酸。

中国古生物学家在澄江的寒武纪早期沉积岩中发现了海口虫化石，其特征与脊索动物有明显区别，同时具有背腹神经索的“过渡型”神经系统，与半索动物的特征相符。这种动物具有典型的吻-领-躯干三部分体型，没有脊索构造和肌节的痕迹，但有咽和鳃孔，可能是已知最古老的半索动物。这一发现进一步证实了半索动物在进化生物学中的重要地位，它们应该是连接棘皮动物和脊索动物的过渡类型。

思考题

半索动物在动物进化历史上处于什么样的地位？它们的哪些特征表明它们可能是棘皮动物和脊索动物的共同祖先？

生物学名词

半索动物（Hemichordata）；肠鳃纲（Enteropneusta）；羽鳃纲（Pterobranchia）；口索（stomochord）；鳃裂（gill slits）；柱头虫（*Balanoglossus*）

第二十章 脊索动物门

学习目标

1. 掌握脊索动物的基本特征，包括脊索、背神经管和鳃裂的结构与功能。

2. 掌握脊索动物的分类，尤其是脊索动物的三个亚门：尾索动物、头索动物和脊椎动物的特点及代表性动物。

3. 了解脊索动物和脊椎动物之间的进化关系，理解脊椎动物如何从脊索动物演化而来。

4. 掌握脊索动物在生态系统中的作用和重要性，了解其在维系生物多样性中的角色。

脊索动物门

在动物界的诸多门类中，脊索动物门（Chordata）居于最高等级。据统计，动物界中约有5%的成员属于脊索动物，这一类群以其结构和机能的复杂性而著称。脊索动物在生态系统中的作用举足轻重，对于维护生物多样性同样发挥着至关重要的作用。

第一节 脊索动物门的主要特征

脊索（notochord）：脊索动物身体背部的脊索呈棒状结构，位于消化道背面和背神经管腹面（图20-1）。该结构由胚胎的原肠背壁发展而来。脊索主要由含有大量液泡的脊索细胞构成，外部被脊索鞘包裹。

在低等脊索动物如文昌鱼中，脊索持续存在于整个生命周期中；而在尾索动物等其他类群中，脊索仅存在于幼体阶段；在脊椎动物中，圆口类保留终身脊索，而其他类群仅在胚胎阶段出现脊索，随后被脊柱取代，成年后脊索要么完全退化，要么仅留下残余。

脊索的形成标志着动物进化史上的一个关键转折点，它显著增强了躯体的支撑和保护机制，提升了动物的定向移动速度和对中枢神经系统的防护能力，也为躯体的增大提供了可能，为脊椎动物头部结构（包括脑和感觉器官）以及上下颌的形成提供了基础条件。

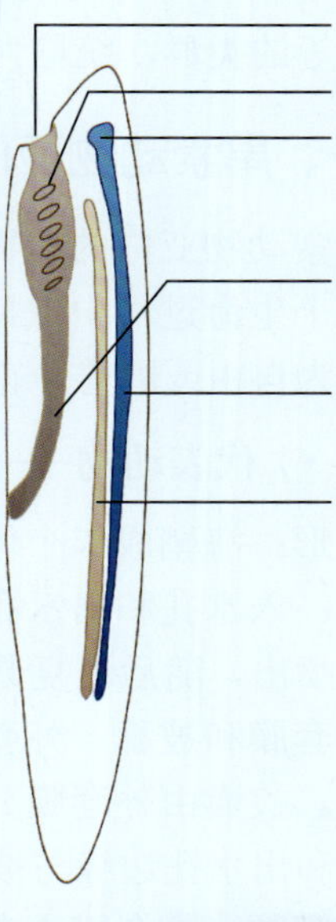

图20-1 脊索动物结构模式图

背神经管（dorsal tubular nerve cord）：背神经管位于脊索背

面，是脊索动物的神经中枢（图20-1）。背神经管是由胚胎中部的外胚层增厚并内陷卷曲形成的。在脊椎动物中，背神经管前端发育为脑，后端则演变为脊髓。神经管内部的空腔在脑部形成脑室，在脊髓中形成中央管。这些空腔内持续流动着脑脊液，为中枢神经系统的生长和功能扩展提供了必要的内环境。

鳃裂（gill slits）：在脊索动物消化道的起始部分，即咽部，存在着一系列的裂孔，这些裂孔成对出现且数量不一，它们要么直接通向体外，要么通过一个共同的孔与外界相连，这些结构被称作鳃裂（图20-1）。在低等水生脊索动物中，鳃裂是终身存在的，鳃裂之间的咽壁上生长着富含血管的鳃，用于呼吸。而对于陆生脊索动物来说，鳃裂仅存在于其胚胎阶段或幼体阶段（例如两栖动物的蝌蚪），成年后这些鳃裂会完全消失。

上述三个特性是区分无脊椎动物与脊索动物的关键所在。而当我们深入探讨脊索动物的特性时，还会发现一些次要的但同样重要的特点。例如，如果脊索动物拥有尾，它总固定于肛门的后方，即肛后尾。此外，脊索动物的心脏位于消化管的腹侧，并且它们的循环系统呈现出闭管式的特征（除了尾索动物外）。在大多数脊索动物的血液中，还可以发现红细胞的存在。

脊索动物还具备一些在其他高级无脊椎动物中也能观察到的特性，如三胚层结构、后口、次级体腔、两侧对称的体型以及躯体和某些器官的分节现象等。这些相似之处为我们揭示了脊索动物与无脊椎动物之间的紧密联系，也进一步印证了脊索动物是从无脊椎动物进化而来。

第二节　脊索动物门的分类

脊索动物可划分为三个亚门：尾索动物亚门（Urochordata）、头索动物亚门（Cephalochordata）和脊椎动物亚门（Vertebrata）。其中，尾索动物和头索动物这两个亚门是脊索动物中最为原始和低等的类群，统称为原索动物（Protochordate）。

一、尾索动物亚门

尾索动物亚门的动物，其脊索和背神经管只在幼体的尾部存在，成体则退化或消失。鳃裂在整个生命过程中保持存在。成体的表面有被囊覆盖。常见的种类包括海鞘和住囊虫，生活方式为自由或固着。有些种类具有世代交替现象。

（一）代表动物——柄海鞘（*Styela clava*）（图20-2）

外形：海鞘成年个体呈囊袋状，基部有长柄附着在海底或淹没在水中的物体上。顶部有两个孔：入水孔和出水孔，水流通过入水孔进入并从出水孔排出。受惊扰时体壁收缩，水从两个孔喷出，随后恢复原状。

外套膜和被囊：外套膜构成海鞘的体壁，由外胚层上皮细胞和中胚层肌肉纤维及结缔组织组成。被囊由外套膜分泌，整个动物界中仅尾索动物和少数原生动物具有被囊。外套膜在入水孔和出水孔边缘与被囊相连，有括约肌控制孔的开闭。

围鳃腔：外套膜内有围鳃腔围绕咽部，内壁为外胚层，随着扩大会逐渐挤小体腔，最终在咽部消失。

消化和呼吸系统：消化管包括口、咽、食道、胃、肠和肛门。水从口进入咽，通过鳃裂到围鳃腔，再经出水孔排出。咽壁有鳃裂，进行气体交换，完成呼吸。口四周有触手组成的缘膜，滤去粗大物体，仅允许水流和微小食物进入消化管。

循环系统：心脏位于腹面围心腔内，两端各有一条血管，前端为鳃血管，后端为肠血管。海鞘具有开管式血液循环和可逆式血液循环，即心脏收缩周期性变化，血液双向流动。

排泄和生殖系统：海鞘为雌雄同体，异体受精。精巢和卵巢位于外套膜内壁，分别将生殖细胞输入围鳃腔，经出水孔排出或在围鳃腔内受精。排泄物随水流排出体外。

神经系统和感官：成体神经系统和感觉器官退化，神经中枢为一个神经节，位于入水孔和出水孔之间的外套膜上。无集中的感觉器官，但在触手、缘膜和外套膜等处有散在的感觉细胞。

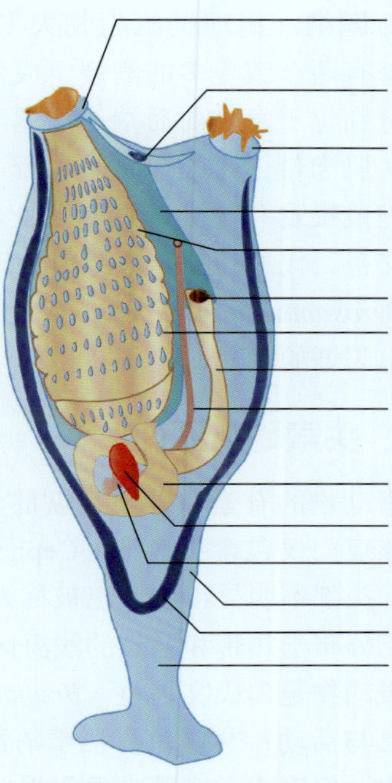

图20-2 柄海鞘内部解剖结构示意图
据刘凌云等，2009改绘

幼体及变态：幼体形似蝌蚪，自由游泳，尾内有脊索，脊索的背部有中空的背神经管，具有眼点和平衡器官。幼体附着在物体上后开始变态，尾部脊索和尾肌逐渐消失，神经管退化为神经节，感觉器官消失。咽部扩张，鳃裂增加，形成围鳃腔，附着突替代为海鞘柄。变态过程中，海鞘失去了一些重要构造，变得更为简单，这种变态称为逆行变态（retrogressive metamorphosis）。

（二）尾索动物的分类

本亚门的动物呈袋形或桶状，包括单体和群体两种类型。大多数无尾类仅在幼体时期自由生活，成体在浅海潮间带底栖固着生活，少数有尾类终生在海面漂浮自由游泳。该亚门主要包括尾海鞘纲（Appendiculariae）、海鞘纲（Ascidiacea）和樽海鞘纲（Thaliacea）。

尾海鞘纲：尾海鞘纲是尾索动物中最原始的类型。体长不超过5mm，体外无被囊，缺乏围鳃腔，仅有一对直接开口体外的鳃裂。终生保留带尾的幼体状态，自由游泳，无逆行变态。代表动物为住囊虫（*Oikopleura*）和尾海鞘（*Appendicularia*）。住囊虫包藏在透明胶质囊内，有入水孔和出水孔，通过尾巴摆动使水流经出水孔排出，推动身体前进，同时滤取微小浮游生物作为食物。每隔数小时，住囊的孔被堵塞，住囊虫便激烈摆动尾巴破囊而出，并迅速形成新囊。

海鞘纲：海鞘纲是尾索动物亚门中最主要的类群，占90%以上。单体或群体附着在水下物体上固着生活。单体种类最大体长可达200mm，群体全长可超过0.5m。群体种类除了有性生殖外，还进行无性的出芽生殖，出芽个体以柄与母体相连，形成群体，共用出水孔。代表种类有柄海鞘、菊花海鞘（*Botryllus*）和玻璃海鞘（*Ciona intestinalis*）（图20-3）等。柄海鞘常与盘管虫、藤壶及苔藓虫一起固着在码头、船坞、船体及海带筏和扇贝笼上，是沿海污染的重要生物指标种。

樽海鞘纲：樽海鞘纲生物大多自由漂浮，体呈桶形或樽形，咽壁有两个或更多的鳃裂。成体无尾、无脊索，入水孔和出水孔分别位于身体前后端，被囊薄而透明，外有环状排列的肌肉带。肌肉带依次收缩时，水流通过出水孔排出，推动身体前进，完成摄食和呼吸。生活史复杂，繁殖方式为有性与无性的世代交替。代表动物有樽海鞘（*Doliolum deuticulatum*）和磷海鞘（*Pyrosoma atlanticum*），后者因口孔内缘有磷光器，在漂浮时发出闪烁的磷光而得名。

图20-3 玻璃海鞘标本

二、头索动物亚门

头索动物的脊索和神经管纵贯全身，并且终生保留，鳃裂众多。该亚门仅包含头索纲（Cephalochorda）一个类群，体形呈鱼状，头部不明显，因此也被称为无头类（acrania）。身体分节，广泛分布于热带和温带的浅海区域。

代表动物是白氏文昌鱼（*Branchiostoma belcheri*）。

栖息与活动：文昌鱼喜栖于清澈浅海沙滩，通常将身体半埋于沙中，仅露出前端或左侧贴卧沙面，依靠水流携带硅藻等浮游生物进入口内。夜间较活跃，通过体侧肌节交错收缩左右摆动进行短暂游动。寿命约为2年8个月，5～7月为生殖季节，一生可繁殖3次。

外形和皮肤：文昌鱼（图20-4）体形类似小鱼，头部不明显，左右侧扁，半透明，可见皮下肌节和腹侧块状生殖腺。体长一般约50mm，加州文昌鱼（*B. californiense*）可达100mm，是已知个体最大的文昌鱼。无偶鳍，只有奇鳍，背中线有一条低矮的背鳍，向后与尾鳍相连，尾鳍延伸至肛门前为肛前鳍。身体前部腹面有由皮肤下垂形成的腹褶，腹褶与肛前鳍交界处有腹孔。前端腹面有漏斗状的口笠，边缘环生口笠触须，含感觉细胞，可阻止大型沙粒进入，仅允许小微生物进入。皮肤薄而半透明，有表皮和真皮，表皮由单层柱状上皮细胞构成，真皮为一薄层胶冻状结缔组织，表皮外覆有角皮层。

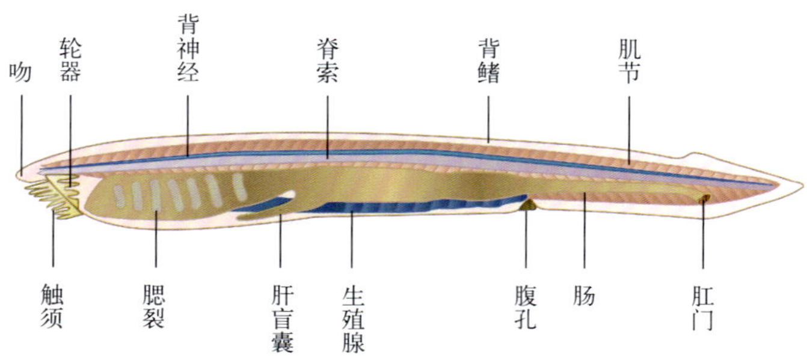

图20-4 文昌鱼内部解剖结构

据Hickman C P et al，2008改绘

骨骼和肌肉：文昌鱼以脊索作为主要支持结构，脊索外围有脊索鞘，脊索细胞呈扁盘状，类似双壳类软体动物的肌细胞，收缩时增加脊索硬度。口笠、缘膜触手和轮器内部有类似软骨的支持结构。背部肌肉厚实，腹部较薄，全身肌肉主要是60多对按体节排列的“<”形肌节，两侧肌节交错排列，利于躯体摆动。围鳃腔腹部有平滑肌的横肌，控制排水；口缘膜上有括约肌控制口的大小。

消化和呼吸器官：文昌鱼被动取食，口位于环形缘膜中央，缘膜周围环生缘膜触手，阻止沙粒进入。前庭内壁有纤毛构成的指状突起（轮器），搅动水流进入口内，保证足够的水流携带食物进入口内。水流经口进入咽，食物留在咽内，水则通过鳃裂至围鳃腔，经腹孔排出体外。咽部极度扩大，几乎占据身体全长的1/2，食物微粒被内柱细胞分泌物黏结成团，由纤毛运动转到咽上沟，后进入肠内。肠为一直管，起始处有中空肝盲囊，分泌消化液，可能与脊椎动物的肝同源。肝盲囊后部肠管进一步消化吸收，肠末端开口于肛门。内柱细胞富集碘，是甲状腺的前驱。

循环系统：文昌鱼血液无色，无血细胞，氧气通过渗透进入血液。循环系统为闭管式，血液在体内流动方向类似脊椎动物：腹面由后向前，背面由前向后。无心脏，消化管腹面的腹大动脉和每个鳃动脉基部具搏动能力（鳃心）。血液通过腹大动脉向两侧分出成对鳃动脉，进入鳃间隔完成气体交换后，汇入背动脉根，再汇合成背大动脉，动脉中的血液通过组织间隙进入静脉。

排泄和生殖系统：排泄器官由90～100对按体节排列的肾管组成，位于咽壁背部两侧，每个肾管有肾孔开口于围鳃腔，连接管细胞。代谢废物通过体腔液渗透进入管细胞，经肾孔送至围鳃腔，随水流排出体外。文昌鱼为雌雄异体，生殖腺26对，按体节排列于围鳃腔壁两侧体腔内。性成熟时，精巢白色，卵巢淡黄色，精子和卵通过生殖腺壁的破口释放，进入体腔，穿过围鳃腔，随水流由腹孔排出体外完成受精。

神经系统和感觉器官：文昌鱼的背神经管几乎无脑和脊髓分化，神经管前端内腔略膨大，称为脑泡，幼体脑泡顶部有神经孔与外界相通，成体封闭。神经管背面未完全愈合，有裂隙，称背裂。周围神经包括脑泡发出的2对“脑神经”和按体节分布的脊神经。文昌鱼少活动，感觉器官不发达，神经管两侧有黑色小点，称脑眼（ocelli），是光线感受器。神经管前端有色素点，称眼点（eye spot），功能不明。口笠内有哈氏窝（Hatschek’s pit），与脊椎动物脑下垂体同源，具有原始激素调节功能。全身皮肤散布感觉细胞，尤以口笠、触须和缘膜触手较多，感知水流化学性质。

胚胎发育：文昌鱼在6～7月的傍晚产卵受精，卵径0.1～0.2mm，为均黄卵，受精卵进行几乎均等的全分裂。发育过程包括受精卵、桑椹胚、囊胚、原肠胚和神经胚等阶段，然后孵化成幼体。

幼体期和围鳃腔的形成：约20h后，胚胎发育基本完成，全身有纤毛的幼体突破卵膜，进入海水中。白天游至海底，夜间升上海面，进行垂直游动。幼体期约3个月，之后沉至海底进行变态。随着生长发育，身体出现前庭，鳃裂数目因次生鳃棒增加，由直接开口体外变为通入围鳃腔。此时的文昌鱼体长约40mm，性腺发育成熟，可参与当年繁殖。

鳃裂发展的同时形成围鳃腔，开始时在身体腹面出现纵行腹，延伸至中间相连，形成管状腔，腔壁由外胚层细胞构成。围鳃腔逐渐向上扩大，包围咽部，将体腔推至背侧形成纵行体腔管。原来直接开口体外的鳃裂改为通入围鳃腔，围鳃腔前端开口关闭，后端开口成为腹孔。

三、脊椎动物亚门

脊椎动物亚门是脊索动物门中数量最多、结构最复杂、进化地位最高的类群。脊索只出现于胚胎发育阶段，随后被脊柱所取代。脑和感官集中在身体前端，形成明显的头部，因此被称为有头类（craniata）。本亚门包括6个纲。

圆口纲（Cyclostomata）：无颌，又称无颌类（agnatha）。缺乏成对的附肢，单鼻孔。脊索为主要支持结构，但具有雏形的椎骨（vertebra）。皮肤裸露。

鱼纲（Pisces）：具有上下颌，与四足类脊椎动物合称为有颌类（gnathostomes）。体表大多被鳞片覆盖，用鳃呼吸。具有适于水生生活的成对胸鳍和腹鳍。鱼类可分为软骨鱼类（chondrichthyans）和硬骨鱼类（osteichthyans）两大类群，前者骨骼为软骨，体被盾鳞，鳃裂直接开口于体表；而硬骨鱼类骨骼一般为硬骨，体被骨质鳞，鳃裂不直接开口于体表。

两栖纲（Amphibia）：皮肤裸露且湿润。幼体通过鳃呼吸，成体则以肺呼吸，皮肤为辅助呼吸器官。具有五趾型附肢，与高等脊椎动物合称为四足类（tetrapoda）。

爬行纲（Reptilia）：皮肤干燥，体表被角质鳞或角质盾片。胚体发育过程中出现羊膜（amnion），与鸟纲、哺乳纲合称为羊膜动物（amniota）。其他各纲的脊椎动物则被称为无羊膜动物（anamniota）。

鸟纲（Aves）：体表被羽毛，前肢特化为翼。恒温，与哺乳类合称为恒温动物。卵生。

哺乳纲（Mammalia）：体表被毛发，恒温。大部分为胎生（除了卵生的单孔类），具有哺乳行为。

这些分类反映了脊椎动物在形态、生理和生态适应方面的多样性和进化历程。

（一）主要特征（图20-5）

神经系统和头部的发展：神经系统发达，神经管前端分化为脑，进一步形成大脑、间脑、中脑、小脑和延脑。重要的感官如眼、耳、鼻集中在头部，由头骨保护，形成明显的头部。

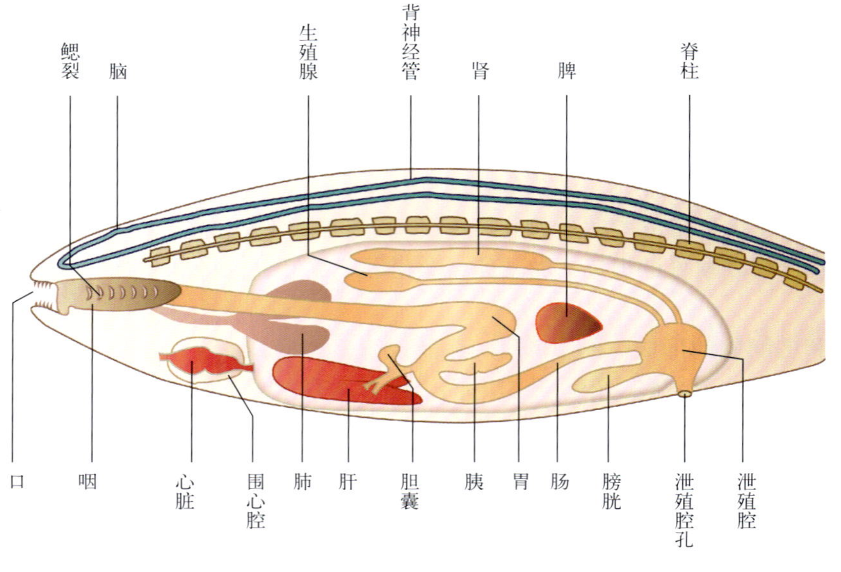

图20-5 脊椎动物的主要结构模式图

据刘凌云等，2009改绘

脊柱的出现：脊柱取代了脊索，成为身体的主要支柱，同时保护脊髓。脊柱由单个的脊椎骨连接组成，极大提高了运动的灵活性和支持、保护的强度。这种内骨骼系统是脊椎动物的特征，与无脊椎动物明显不同。低等脊椎动物中脊索仍然是主要支持结构，并保留终生；而在高等脊椎动物中，脊索仅在胚胎期间出现，成体则可能退化或留有残余。

呼吸系统的特点：水生脊椎动物通过鳃呼吸，鳃裂终生存在；陆生脊椎动物只在胚胎期出现鳃裂，成体则以肺呼吸。在胚胎早期，脊椎动物咽部的内胚层向两侧分别突出5～6个咽囊。水生脊椎动物的外胚层向内凹陷，最终与咽囊打通形成鳃裂；而陆生脊椎动物的咽囊形成鳃裂后很快关闭，其后发育为其他结构。

上下颌的出现：除了圆口类，脊椎动物出现了能活动的上、下颌，极大增强了动物的主动摄食和消化能力，是动物进化历史上的重要进展。

循环系统的完善：脊椎动物循环系统完善，具有位于身体腹面的能收缩的心脏，有效促进血液循环。血液中的红细胞含有血红蛋白，能高效携带氧气。

排泄系统的进化：脊椎动物排泄系统出现复杂的肾脏结构，取代了简单的分节排列的肾管，增强了排泄系统的功能，有效排出新陈代谢产生的废物。

附肢的进化：除了圆口类，脊椎动物出现了成对的附肢作为运动器官。水生种类具有成对的胸鳍和腹鳍（偶鳍），陆生种类具有前肢和后肢，极大增强了脊椎动物的运动、摄食、求偶和躲避敌害的能力。

（二）脊椎动物各胚层的分化

脊椎动物的发育经历受精卵、囊胚、原肠胚和神经胚等各个时期，然后孵化成幼体。原肠胚期是胚胎发生中一个重要的阶段，通过细胞的重新排列形成了外、中、内胚层，为未来复杂的组织和器官的形成奠定了基础。脊椎动物的早期胚胎经历了种系特征性发育阶段，包括背神经管、脊索和体节的优先发生，随后各纲和目的特征结构逐渐形成。在脊椎动物中，各胚层形成的主要器官如下。

1. 外胚层

体壁外胚层：形成皮肤的最外层，延伸进入消化管的两端；衍生出毛发、爪、羽毛和皮肤腺等；构成鼻腔和内耳的感觉上皮，以及眼的晶状体、垂体和牙齿的釉质等；除圆口类外的脊椎动物的鳃。

神经外胚层：包括神经管和神经嵴部分。其中，神经管形成脑和脊髓、运动神经、视网膜、视神经、松果体和鱼类的尾垂体等。神经嵴是神经管背部的细胞带，后来发展成脊神经节、感觉神经、自主神经系统、肾上腺髓质、鳃骨和色素细胞等。

2. 中胚层

脊索中胚层：脊椎动物中脊索被脊椎骨所取代；躯体中胚层分为上、中、下三部分。

上节：分化为真皮、骨骼肌和脊柱的生皮节、生肌节和生骨节。

中节：形成排泄系统（肾和输尿管）和大部分生殖系统。

下节：体壁中胚层形成腹膜、一部分骨骼肌；脏壁中胚层形成浆膜、肠系膜、循环系统、血液、生殖系统、平滑肌、一部分骨骼肌以及肾上腺皮质。

体腔为上述两胚层之间的空腔。

来自中胚层的间充质细胞具有很大的潜在分化能力，形成成体的结缔组织，包括软骨、硬骨、循环系统（血液和血管、淋巴管和淋巴腺）、平滑肌、心肌和附肢骨骼肌。

3. 内胚层

内胚层分化为原肠及其衍生物，包括消化管内层上皮和消化腺（肝、胆囊和胆管、胰）、气管和肺的内层、多个内分泌腺（如甲状腺和甲状旁腺、胸腺和后体）、扁桃体、咽囊以及圆口类的鳃等。身体后端的原口形成肛门。

第三节　圆口纲

圆口纲（Cyclostomata）是现存脊椎动物中最原始的一纲，与其他脊椎动物亲缘关系较远。目前仅有大约70种现存物种，广泛分布于淡水和海水中。由于它们适应了半寄生的生存方式，因此演化出许多独特的结构特征。

圆口纲

一、圆口纲的主要特征

圆口纲动物的显著特征体现在其原始构造以及对寄生或半寄生生活方式的适应上，具体包括以下方面。

缺乏上、下颌结构。其口部为吸附型，为一个无法闭合的吸盘状结构。

无成对的附肢。仅有奇鳍，缺少偶鳍。

脊索持续存在于整个生命周期。仅有少量软骨弓片，这些可以视为神经弓的初步形态。

单一鼻孔。头部背面中线位置仅有一个鼻孔。

内耳结构简单，仅包含一个或两个半规管。

拥有囊鳃。这是一种独特的呼吸器官，鳃位于鳃囊内，因此这类动物也被称为囊鳃类。

二、代表动物——七鳃鳗

1. 外形（图20-6 A）

七鳃鳗（*Lampetra morii*）体形似鳗鱼，分为头部、躯体和尾部三部分，尾部侧扁，体长约30cm。皮肤柔软光滑无鳞，富含黏液腺。头部两侧有眼睛，头顶两眼之间有一个短管状单鼻孔（nostril），因此称为单鼻类（monorhina）。鼻孔后方皮下是松果眼（pineal eye）的位置。每只眼睛后方有七个圆形鳃裂开口。头部腹面有圆形的口漏斗（buccal funnel），类似吸盘，周边有细小的乳头状突起，称为口触须（oral tentacles），具有吸附功能；内壁和舌端有角质齿，形成锉舌。背中线上有两个背鳍和一个尾鳍，尾鳍为原尾型。雌性另有一个鳍。尾的前腹面有肛门，其后为泄殖突（urogenital papilla）的末端，即泄殖孔。

2. 骨骼和肌肉系统（图20-6 B）

终生保留脊索，外围有厚脊索鞘，作为身体主要支撑中轴。脊索由充满液泡的脊索细胞组成，外包纤维质脊索鞘。脊索背侧按体节排列有两对软骨椎弓，虽然无支撑作用，但代表了脊椎骨的雏形。

没有完整的软骨脑颅，仅有脑底部的软骨板和稍向上延伸的侧壁；嗅囊软骨和听囊软骨独立，类似脊椎动物头骨胚胎发育早期阶段。

具软骨鳃篮，由9对横向弯曲和4对纵向软骨条联结而成，末端有保护心脏的杯状围心软骨。鳃篮紧贴皮下，包在鳃囊外，不分节，与鱼类咽弓不同。

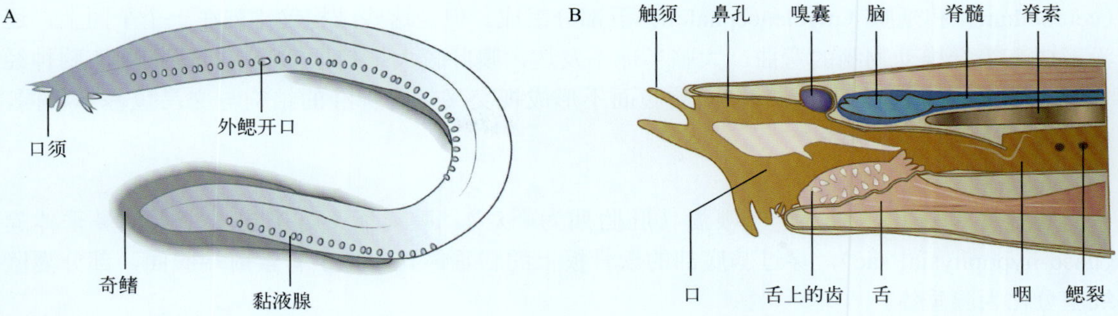

图20-6　七鳃鳗外形及头部解剖示意图

A.外形；B.头部矢状切面

据刘凌云、Hickman等改绘

无成对的偶鳍。支持奇鳍的是不分节的辐鳍软骨。尾鳍内外叶对称，称为原尾型，是最原始的尾型。

不具上、下颌，属于无颌类。

肌肉原始，由按体节排列的原始肌节及附着于肌节前后的肌隔组成。肌节呈“W”形，尖端朝前。

3. 消化系统

七鳃鳗的消化系统因适应半寄生生活而特化。口位于口漏斗深处，通过口漏斗吸附在鱼体上，用漏斗壁和舌上的角质齿锉破鱼体，吸食血肉。角质齿可再生。舌在口腔底部，由环肌和纵肌构成。口腔内有一对特殊腺体，通过细管通至舌下，其分泌物能防止寄主创口血液凝固。口腔后面是咽，分为背面食管和腹面呼吸管，呼吸管入口有缘膜，食物进入咽时可挡住呼吸管入口。无胃，食管接通肠，肠为直管，内有螺旋状黏膜褶增加吸收面积和延长食物通过时间。肠管末端为肛门。肝由两叶组成，位于围心囊后方，成体无胆囊。无独立的胰，胰细胞散在肠壁及食管与肠管交界处。

4. 呼吸系统

呼吸管（respiratory tube）是位于咽部腹面的盲管，最前端有5～7个触手，两侧各有7个内鳃孔。每个内鳃孔通入一个球形鳃囊（gill pouch），鳃囊的背、腹及侧壁长有内胚层来源的鳃丝，富含毛细血管，可以进行气体交换。每个鳃囊通过一个外鳃孔与外界相通。由于这种独特的鳃囊结构，圆口纲动物又称为囊鳃类（Marsipobranchii）。盲鳗的外鳃孔不直接开口于外界，而是通过总鳃管在头部后方以一个共同开口通向外界。

成体七鳃鳗在寄主体表吸附或钻入鱼体内时，水流通过外鳃孔进出，由强大的括约肌和缩肌控制鳃孔启闭。幼体七鳃鳗自由生活，通过口腔进水，经内鳃孔进行气体交换后，从外鳃孔流出。

5. 循环系统

循环系统及血液循环方式与文昌鱼相似。但是比文昌鱼进化的是，出现了心脏的结构。七鳃鳗的心脏位于鳃囊后方的围心囊内，包括静脉窦、一个心房（atrium）和一个心室（ventricle）。没有肾门静脉。

6. 神经系统

七鳃鳗的脑由大脑（cerebrum）、间脑（diencephalon）、中脑（mesencephalon）、小脑

（cerebellum）和延脑（myelencephalon）五部分组成。但是这些结构仅排列在一个平面上，还没形成高等脊椎动物脑的弯曲。大脑半球不发达，嗅叶较大；脑顶部没有神经细胞。脑神经10对，视神经（optic nerve）在间脑腹面不形成视交叉。脊神经的结构与文昌鱼基本相同，但背根上出现了神经节。

7. 感官

嗅觉：单鼻孔，通入一个嗅囊（胚胎期为一对）。嗅囊后下方突出一个大的鼻垂体囊（naso-hypophysial sac），穿过脑底部的软骨板上的脑垂体孔，止于脊索前端腹面，部分囊壁细胞分化为腺垂体。

听觉：只有内耳，具前后两个半规管（semicircular canal），无水平半规管；椭圆囊和球状囊未明显分化。盲鳗只有一个半规管，内耳负责平衡感觉。

视觉：七鳃鳗的眼具有脊椎动物眼的基本结构，但由于适应半寄生或寄生生活而退化。七鳃鳗眼角膜扁平，瞳孔大小不能调节；晶体圆形位置靠前，适于视近物，视觉调节依靠角膜肌（cornealis muscle）的收缩使角膜变平，把晶体压向后以视远物。间脑顶部有松果体，即松果眼（pineal eye），位于鼻孔后方的皮下，松果体中空，上壁似晶体（lens），下壁似视网膜（retina），含感光细胞及节细胞。节细胞通过松果体柄连到间脑右侧。松果体腹面为松果旁体（parapineal body），又称顶器或顶眼，结构和功能类似松果体，能感光但不能成像。头顶部中央的皮肤色素消失而透明。

侧线：在头部腹面和身体两侧有感觉细胞群，位于体表的纵行浅沟内，称为侧线，是感觉水流的机械感受器。

8. 泄殖系统

七鳃鳗有一对长条形肾，从体腔中部延伸到肛门附近。胚胎期为前肾，成体为后位肾或中肾，通过输尿管导入泄殖窦，经泄殖孔排出。

七鳃鳗为雌雄异体，生殖腺单个，无生殖导管。性成熟后，精子或卵子突破生殖壁进入体腔，再通过生殖孔进入泄殖腔，最后通过泄殖孔排出，进行体外受精。

三、圆口纲的分类

现存的圆口纲动物分为两个目。

（一）七鳃鳗目（Petromyzoniformes）

成体为半寄生生活，它们拥有用于吸附的口漏斗；鼻孔位于头部背面；眼睛较为发达；内耳包含两个半规管；背鳍显著；鳃篮结构发达，具有七对鳃孔；卵体积小，发育过程中经历变态；既存在于海洋也生活在淡水环境中。例如，海七鳃鳗（*Petromyrzon marinus*）分布在大西洋沿岸以及大型河流和湖泊中；东北七鳃鳗（*Lampetra morii*）和瑞氏七鳃鳗（*Lampetra reissneri*）则分布在中国东北的松花江和黑龙江流域。

（二）盲鳗目（Myxiniformes）

盲鳗目是原口纲中较为低等的一类，它们完全生活在海洋中，成年个体营寄生生活。它们没有口漏斗，而是具有四对口缘触须；鼻孔位于头部前端；眼睛退化并隐藏在皮肤下；内耳仅有一个半规管；背鳍不发达；鳃篮结构退化，鳃孔数量为1～16对；雌雄同体，卵体积大，直接发育；在盲鳗幼体期，生殖前部为卵巢，后部为精巢，发育中若前部发达则为雌性，反之为雄性。这种情况在脊椎动物中独特，显示了其原始状态。盲鳗（*Myxine glutinosa*）

常见于大西洋沿岸，而黏盲鳗（*Eptatretus burgeri*）则分布在日本海域，中国的福建和浙江沿海也有其踪迹。这些生物通常会钻入其他鱼类的鳃中，以肌肉和内脏为食，仅留下皮肤和骨骼。

第四节 鱼纲

和圆口纲一样，鱼纲（Pisces）也是终生水生的脊椎动物，但其在器官系统的发展上比圆口纲高级。此外，由于鱼纲通常采取活跃的生活方式，它们展现了对水生环境的高度适应性。

鱼纲

一、鱼纲的主要特征

1. 外形

大多数鱼类身体结构由头部、躯干和尾部三部分构成，体侧具有一条侧线，用于感知水流与测定方向。鱼类具有胸鳍、腹鳍、背鳍以及尾鳍等运动器官，其中胸鳍和腹鳍成对存在，以保持身体平衡。

鱼类根据其生活习性及所处环境，进化出多样化的体型。例如，以白斑角鲨（*Squalus acanthias*）为代表的软骨鱼类为了适应海洋生境，身体呈纺锤形。头部前伸形成吻突，便于捕食，头后配备鳃裂，用于呼吸。尾部扁平，一对尾鳍上下不对称，上尾鳍较大，下尾鳍较小，形成所谓的歪尾型结构（图20-7）。相对地，硬骨鱼类如鲤鱼（图20-8），适应淡水环境，身体形态呈梭形，口部位于头部前侧，配备一对触须以辅助感知，头后侧有骨质鳃盖保护鳃部。尾鳍上下对称，形成正尾型结构。

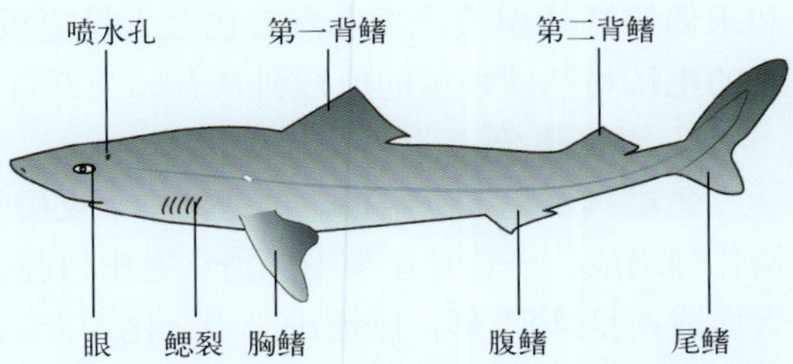

图20-7 白斑角鲨（*Squualus acanthias*）外形

2. 皮肤及其衍生物

鱼类的皮肤与肌肉紧密结合，由表皮和真皮构成，并附着有黏液腺、毒腺、鳞片和色素细胞等衍生结构。例如，软骨鱼的表皮内黏液腺分泌的黏液可以减少游泳时的摩擦阻力，并具有免疫功能，保护鱼体不受细菌、病毒和寄生虫的侵害。鲨鱼体表还覆盖有由棘突构成的盾鳞，增强防御能力。与此不同，硬骨鱼的鳞片源自真皮，形成骨鳞，提供保护作用。

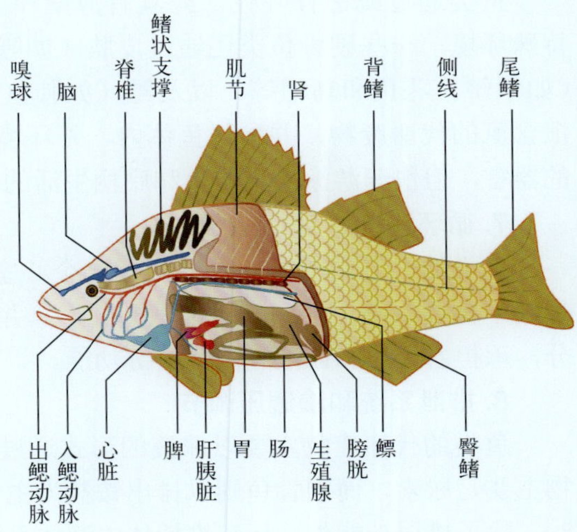

图20-8 鲤鱼外形及内部解剖结构

据Hickman C P et al，2008改绘

3. 骨骼系统

骨骼系统分为中轴骨骼（axial skeleton）

和附肢骨骼（appendicular skeleton）两部分。中轴骨骼由头骨（skull）、脊柱（vertebral column）和肋骨（rib）构成，主要承担保护中枢神经系统和支持身体结构的功能。附肢骨骼则包括鳍骨（fin bone）及悬挂鳍骨的带骨，进一步细分为奇鳍骨和偶鳍骨，主要负责运动和平衡。

在软骨鱼类中，其骨骼系统几乎完全由软骨构成，这一特征与其海洋生活习性紧密相关。相对而言，大多数硬骨鱼类的骨骼则经历了完全的硬骨化过程。在硬骨鱼类中，偶鳍骨的基鳍骨往往退化或消失，辐鳍骨也可能退化或不发育，此时，真皮鳍条通常会直接附着在带骨上，形成一种更为直接和有效的运动结构。

4. 肌肉系统

软骨鱼和硬骨鱼的肌肉结构大致相同。

躯干肌肉沿身体两侧分布，起源于体节肌，保持基本的肌节形态（图20-8）。通过肌节的连续收缩和放松，产生向尾部的收缩波，推动水体产生相反方向的反作用力，是鱼类游动的主要动力来源。每个眼球上附着有六条眼肌。眼肌在脊椎动物中具有较高的稳定性。颌弓、舌弓和鳃弓上的横纹肌，称为鳃节肌，控制颌部和鳃部的运动，与摄食和呼吸行为密切相关，受三叉神经、面神经、舌咽神经和迷走神经的支配。

某些鱼类的轴下肌或鳃节肌演化成能储存和释放电能的发电器官，与防御、攻击、定位和求偶等活动相关。发电器官包含大量电板，每个电板都是特化的多核肌细胞。例如，软骨鱼的电鳐科和硬骨鱼的电鳗科具有此类器官。

5. 消化系统

鱼类具备上下颌结构，这些结构不仅用于摄食，还参与攻击和防御。消化系统由消化道和消化腺组成。在软骨鱼类中，消化道由口腔、咽、食管、胃、肠和泄殖腔构成。胃由消化管膨大而成，呈“J”形，肠道进一步分化为十二指肠、螺旋瓣肠和直肠。消化腺主要包括肝和胰。与之不同，硬骨鱼类的消化道由口腔、咽、食管、肠和肛门组成。在鲤科鱼类中，食管短小，直接与肠道相连，未形成胃部结构。肝和胰分散在肠系膜上，合称为肝胰脏（图20-8）。

6. 呼吸系统

鱼类通过鳃进行呼吸，鳃具有薄壁和丰富的毛细血管，这有利于气体交换。为了适应特殊环境，一些硬骨鱼类还通过皮肤（如鳗鲡、鲇鱼和弹涂鱼等）、肠管（如泥鳅）、鳃上器（如攀鲈、斗鱼和乌鳢等）以及鳔（如肺鱼）等多种器官进行辅助呼吸。此外，鳃还参与排泄含氮的代谢废物，并参与鱼体内、外环境的体液调节。鳔是大多数硬骨鱼类调节身体密度的器官，但快速游泳的金枪鱼和底栖生活的比目鱼等鱼类则没有鳔。

7. 循环系统

鱼类的心脏结构由一个心房和一个心室组成，其血液循环模式与原口纲动物大致相似，呈现单循环系统。红细胞通常呈椭圆形，并保留有细胞核。脾脏作为淋巴系统的重要组成部分，承担着造血和血液过滤的关键功能。

8. 排泄系统和渗透压调节

鱼类的代谢废物主要以尿液的形式通过肾脏过滤后经由输尿管排出体外。软骨鱼的排泄物主要是尿素，而硬骨鱼则以排出铵盐为主。鱼类的排泄系统包括肾、输尿管和膀胱（图20-8），除了排尿功能外，还在维持体内液体平衡和调节渗透压方面发挥重要作用。

9. 生殖系统

生殖系统包括性腺和生殖导管两部分。其中，性腺由精巢和卵巢组成。一般是体外受精；体内受精的鱼类，雄性有特殊的交配器。

软骨鱼有卵生、卵胎生和假胎生三种生殖方式。硬骨鱼的雄鱼在繁殖期常出现第二性征，这些特征在繁殖期结束后消失或恢复，如婚色和珠星。例如，棒花鱼在繁殖期全身变黑，背鳍变宽；泥鳅的背部加厚；鳑鲏的臀鳍下缘出现红、黄、黑三色镶边。这些婚色是性激素作用的结果。珠星是表皮细胞肥厚和角质化的产物，主要分布在吻、颊、鳃盖及胸鳍上，香鱼的珠星几乎遍及全身。鲱鱼、鳕鱼和黄鲷等有雌雄同体现象，鮨鱼甚至能自体受精。此外，黄鳝、剑尾鱼等少数种类有性逆转现象，即性腺从胚胎期到性成熟期都是卵巢，只产生卵子；第一次繁殖后，卵巢逐渐转变为精巢，表现出雄鱼特征。

10. 神经系统

神经系统可以分为中枢神经系统与周围神经系统两大类。中枢神经系统包括脑和脊髓，这两者都分别位于颅腔和脊椎的椎管中。而周围神经系统则由从大脑和脊髓延伸出的脑神经、脊神经以及自主神经组成。

11. 感觉器官

嗅觉：鱼类的嗅觉系统非常灵敏，由鼻孔、鼻腔和嗅囊构成。嗅囊内壁密布着嗅细胞群，而嗅神经的细胞体则位于这些黏膜上。外鼻孔成对存在，而鼻腔并不与口腔相连。

视觉：鱼类没有眼睑，因此无法闭合眼睛。晶状体呈球形，缺乏弹性，并且不能改变其曲率，仅能通过晶状体后方的镰状突起来调节与视网膜之间的距离，这导致鱼类通常是近视的。

听觉：鱼类仅拥有内耳，位于眼睛后方头骨内的听囊中，体表没有耳朵的外部迹象。内耳不仅负责感受声波，还参与平衡调节。特别是鲤科鱼类，它们拥有韦伯氏器，这是一种能够将体表和体内气体感受的声波传入内耳的结构，从而提高了听觉的灵敏度。

此外，侧线系统是鱼类适应水中生活的一项关键感官系统，它能够检测水流的变化、水压的不同以及周围生物的活动情况。

二、鱼纲的分类

鱼纲是现有的脊椎动物亚门中种类最多的一个纲，几乎分布于全球水域中。基于骨骼的性质，鱼类被划分为软骨鱼和硬骨鱼两大主要类群。

（一）软骨鱼类

软骨鱼的骨骼以软骨为主，体表覆盖有盾鳞。其口部位于头部下方，尾部呈不对称的歪尾形态。鳃隔发育良好，鳃裂4～7对，直接开口于体外。不具备鳔，肠内含有螺旋瓣结构。体内受精，雄性个体拥有鳍脚，繁殖方式包括卵生和卵胎生。绝大多数软骨鱼生活在海洋环境中，分为板鳃亚纲（Elasmobranchii）和全头亚纲（Holocephali）两大类。

板鳃亚纲进一步细分为体呈纺锤状的鲨总目（Selachomorpha）和体扁平的鳐总目（Batoidei）（图20-9）。例如，白斑星鲨（*Mustelus manazo*）和锤头双髻鲨（*Sphyrna zygaena*）属于鲨总目，而孔鳐（*Raja porosa*）和赤魟（*Dasyatis akajei*）则归类于鳐总目。

全头亚纲的显著特征是头部较大且侧扁，尾部细长，体表光滑，不具盾鳞。上颌与脑颅完全愈合，因此得名“全头”。该亚纲仅包含一个目，即银鲛目（Chimaeriformes）。在我国，银鲛科（Chimaeridae）中的黑线银鲛（*Chimaera phantasma*）是一种栖息于深海的代表性物种。

图20-9　软骨鱼示例——利氏江魟（*Potamotrygon leopoldi*）

软骨鱼纲江魟科，鳐目。鱼体呈扁圆形，体色为黑色的底盘及白色的斑点，尾柄处有一根毒刺

（二）硬骨鱼类

硬骨鱼的骨骼主要由硬骨构成；体表通常覆盖有骨鳞，部分种类为硬鳞或无鳞；口位于头部前方；尾部对称；鳃隔退化，具有鳃盖；通常具备鳔器官；肠道内一般不含有螺旋瓣；繁殖方式多为体外受精，为卵生。硬骨鱼广泛分布于淡水和海水环境中。根据形态特征，硬骨鱼常被划分为三个亚纲。

肺鱼亚纲（Dipnoi）的骨骼大部分为软骨，终生保留脊索，且脊椎骨缺乏椎体结构。除了通过鳃进行呼吸外，肺鱼还能利用鳔作为“肺”进行呼吸，并具有内鼻孔。肺鱼的鳔在发生、构造以及呼吸功能方面，与陆生脊椎动物的肺极为相似，因此对于研究生物的演化具有重要意义。肺鱼是古老的鱼类，包括生活在淡水中的澳洲肺鱼（*Neoceratodus forsteri*）、非洲肺鱼（*Protopterus annectens*）（图20-10）和美洲肺鱼（*Lepidosiren paradoxa*）。

图20-10　非洲肺鱼（*Protopterus annectens*）

硬骨鱼纲，非洲肺鱼科，生活在淡水中，除了以鳃呼吸外，还能以鳔代肺呼吸

腔棘鱼亚纲(Coelacanthimorpha)的特征是脊索发达、无椎体，偶鳍呈带鳞的肉质叶状，其内部骨骼排列与陆生脊椎动物的肢骨排列极为相似，也是古老的鱼类。例如，矛尾鱼(*Latimeria chalumnae*)，该鱼被誉为动物界的“活化石”。

辐鳍亚纲（Actinopterygii）是种类最为丰富的类群，占现代鱼类的90%以上。其骨骼几乎全部由硬骨构成，鳍条呈辐射状排列以支持鳍，不具有内鼻孔，体表覆盖有骨鳞。许多重要的经济鱼类，如鲤、草鱼、大口黑鲈、大黄鱼、尼罗罗非鱼和虹鳟等，均属于此亚纲。此外，还有玻璃猫、花园鳗、高额丽体鱼等观赏鱼类（图20-11）。

图20-11　观赏鱼示例

A. 玻璃猫鱼（*Kryptopterus bicirrhis*），鲇形目，鲇科，通体透明，脊骨、刺、鳍条和内脏等清晰可见。B. 哈氏异康吉鳗（*Heteroconger hassi*），鳗鲡目，康吉鳗科，康吉鳗亚科，异康吉鳗属。主要栖息在珊瑚礁沙质海底，是群栖的动物，体型细长，平常白天下半身埋在砂地，只露出上半身在水层中啄食浮游动物，随着海流晃动，摇曳身姿，远远望去好比花园里的草在随风摇摆，所以也称为“花园鳗”。C. 安芬兔脂鲤（*Leporinus affinis*），脂鲤目，上口脂鲤科，体形滚圆呈鱼雷状，头部中等大，呈锥形，眼中大。体色为华丽的明黄色，从嘴尖至尾柄基部有10条黑纹。D. 高额丽体鱼（*Cichlasoma* sp.），鲈形目，慈鲷科，丽体鱼属。头大，背鳍前端有一明显突出的肉瘤，似寿星头，又称寿星鱼

第五节　两栖纲

两栖纲（Amphibia）动物是脊椎动物从水生向陆生生活方式演化的关键阶段，这一演化跃迁在生物进化史上占据着重要的地位。陆地与水生环境之间显著的差异性，例如空气中更高的氧气含量、较大的温度波动、空气与水的密度的不同，为动物登陆带来了全新的适应挑战。

两栖纲

在陆地生活中，两栖类动物遭遇了众多适应性问题，包括在陆地上支撑身体、从空气中吸取氧气、保持体内水分平衡、防止水分过快蒸发、在陆地上繁殖、维持适宜的体

温以及调整感官和神经系统以适应陆地环境。这些挑战随着漫长的进化过程而逐渐得到解决，例如，通过演化出五趾型的附肢来增强身体支撑，以及肩带和腰带连接方式的适应性改变。

尽管两栖类在适应陆地生活方面取得了一定的成就，但它们仍面临着一些生理局限。例如，肺部的呼吸功能不足以满足其所有需求，因此它们仍需依赖皮肤和鳃进行辅助呼吸；同时，它们未能完全解决水分蒸发的问题，且其卵和幼体的发育必须在水中进行。这些限制导致了它们的生存范围和分布受到限制，只能在湿地和近水地区栖息，种类和数量较少。

一、两栖纲的主要特征

1. 外形

现存两栖类的体型可分为三类：穴居种类四肢退化，外观类似蠕虫，如版纳鱼螈；水栖种类外观似鱼，四肢退化，如大鲵；陆栖种类多似蛙，适应跳跃生活。这表明现存两栖类适应多种生活方式，相比其原始祖先发生了不同程度的特化。

2. 皮肤

现代两栖类的显著特征是皮肤裸露且腺体丰富。古两栖类皮肤有鳞片，有些种类（如迷齿螈）背部和头部有骨板。现代两栖类的鳞片已退化，仅少数无足目种类在皮下保留退化的鳞片痕迹。

皮肤由表皮和真皮组成，富含腺体和血管，具有呼吸功能。皮肤呼吸对两栖类非常重要，某些水生种类和冬眠期的两栖类几乎完全依靠皮肤呼吸。表皮由多层细胞构成，有轻微角质化现象，有些种类头顶和体背形成角质突起，胸喉部形成角质须。皮肤内的色素细胞（包括黄色素、虹色素和黑色素）分布在表皮和真皮层，能产生多种色泽，构成保护色。两栖类皮肤腺主要是黏液腺，遍布全身，有些种类的黏液腺可变形成毒腺。黏液腺是多细胞体，位于真皮层深处，减少水分蒸发，保持皮肤湿润，促进皮肤呼吸，通过蒸发冷却调节体温。

3. 骨骼系统（图20-12）

两栖类骨骼系统由头骨、脊柱和带骨及肢骨共同组成。

古两栖类（如坚头类）头骨膜性硬骨骨化良好，与古代总鳍鱼类类似，但缺少鳃盖骨。现代两栖类头骨扁宽，脑腔小，枕骨具有两个枕髁，由侧枕骨形成。眼眶周围的膜性硬骨大多消失，脑腔背部的膜骨只剩额骨、顶骨（青蛙为额顶骨）和鳞骨，鼻骨覆盖鼻囊，脑颅腹面的膜骨仅余副蝶骨。颌弓与脑颅自联，腭方软骨退化，功能由前颌骨、颌骨、腭骨和翼骨承担，部分带有牙齿。下颌主要由膜性硬骨（齿骨和隅骨）承担功能。鱼类的舌颌骨演化为两栖类的耳柱骨，鳃弓骨骼退化，部分演化为喉和气管软骨。

两栖类的脊柱比鱼类更为分化，由颈椎、躯干椎、荐椎和尾椎组成。颈椎与头骨的枕髁形成关节结构，使头部可以上下运动；荐椎与髂骨联结，稳固后肢支撑。两栖类的颈椎和荐椎各只有一枚，运动及支持功能不够强。椎体多为前凹型或后凹型，增加了接触面，提升支持体重的效能。椎弓的前、后关节突增强了脊柱的牢固性和灵活性。

两栖类肩带不连头骨，腰带借荐椎与脊柱联结。肩带借肌肉和韧带与头骨及脊柱相连，扩大前肢活动范围并缓冲震动。现代两栖类肩带由肩胛骨、乌喙骨、前乌喙骨和锁骨构成，并与胸骨相连。肋骨退化。腰带由髂骨、坐骨及耻骨构成骨盆，但耻骨多未骨化。蛙类腰带适应跳跃生活，髂骨前伸，左右耻骨和坐骨在体轴中部相互靠拢、贴合，形成一个相对紧凑的结构，骨盆消失。青蛙前肢骨包括肱骨、桡尺骨、腕骨、掌骨和指骨；后肢骨包括股骨、腓胫骨、腓跗骨、跗骨、跖骨和趾骨，趾内侧有一个距。肢骨的延长、愈合和变形与跳跃生活方式有关。

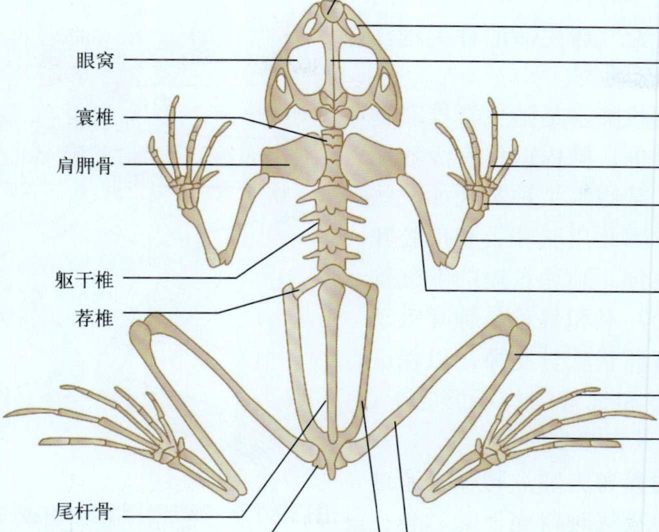

图20-12　青蛙骨骼系统示意图

4. 肌肉系统

有尾类主要保留了以躯干摆动为主的运动方式，四肢较弱。无尾类适应陆地跳跃生活，运动方式复杂，四肢肌肉发达。

水生种类的躯干肌肉特化不明显。陆生种类因运动方式复杂，导致原始的躯干肌分节现象被破坏，肌肉变为纵行或斜行的肌肉群，以控制头骨和脊柱运动。腹侧肌肉多连成片状并分层，各层肌纤维走向不同，增强了机动性和坚韧性。

四足动物的四肢肌肉环绕带骨和肢骨，增强了运动功能和平衡性。带骨的肌肉与头骨、脊柱（或肩带）或腰带相连，使四肢获得有力支持。

鳃肌退化，少部分改为控制咀嚼、舌和喉的运动。

5. 消化系统

两栖类的口咽腔结构复杂，反映了陆生动物与鱼类的显著区别。消化管和消化腺与鱼类无本质差别，且具有泄殖腔。

消化道包括口、口咽腔、食道、胃、小肠、大肠、泄殖腔、泄殖腔孔。消化腺包括肝脏和胰脏。肝一般2～3叶，胆囊位于肝叶之间或偏右部（图20-13）。胰脏位于胃和十二指肠之间。

青蛙舌的结构特殊，是一种捕食特化器官。两栖类的牙齿为多出性的同型齿，可终生更换受损牙齿，通常着生在颌骨、下颌骨和犁骨上，主要功能是咬住食物防止滑脱。现生种类的牙齿着生部位有多种形式，如颌齿、腭齿和翼齿等，是分类依据之一。口咽腔内有内鼻孔、耳咽管孔、喉门和食管开口。蛙类在口咽腔两侧或底部有时有一对或单个声囊开口，声囊为发声的共鸣器。

6. 呼吸系统

蝌蚪和水生两栖类（如有尾类）成体的主要呼吸器官是鳃和皮肤。蝌蚪有带分支的外鳃，在发育过程中被鳃盖覆盖，随后长出几排短的内鳃，至变态为成体时消失。有尾类鳃的数量和形态差异很大，营穴居生活的种类鳃孔数目趋于减少，甚至完全消失。

两栖类具有一对囊状肺，是陆生脊椎动物的重要特征，但结构简单，肺内壁仅有少数褶皱，呼吸表面积不大。某些水生种类（如一些蝾螈）的肺完全退化，因此皮肤呼吸和口腔呼吸在两栖类中占重要地位。肺通过短的喉气管开口于咽部（图20-13），喉和气管是肺呼吸动物的特有结构，内壁有环状软骨支撑，以保证气体畅通。两栖类的喉和气管结构不够完善，皮肤呼吸仍很重要，尤其在蛰眠阶段。

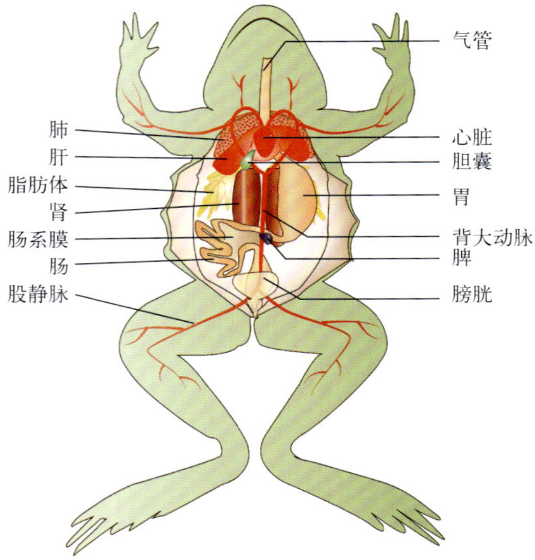

图20-13 青蛙内部解剖结构示意图

无尾两栖类没有肋骨和胸廓，肺呼吸通过特殊的咽式呼吸完成：吸气时口底下降、鼻孔张开，空气进入口咽腔，然后鼻孔关闭、口底上升，将空气压入肺内。口底下降时，废气通过肺的弹性回收再压回口腔。这个过程可以反复进行，以充分利用吸入的氧气并减少失水。呼气时鼻孔张开，废气排出。

7. 循环系统

两栖类的特征之一是不完善的双循环系统和体动脉内混合血液。肺呼吸导致双循环的出现，提高了血液循环的压力和流速。

心脏：心脏由两心房、一心室、静脉窦和动脉圆锥组成。左心房接收富氧的肺静脉血液，右心房接收富含二氧化碳的静脉窦血液。左右心房的血液汇入单一心室，心室内的肌柱可以减少动、静脉血液的混合。动脉圆锥从心室右侧发出，远端分为肺动脉、体动脉和颈动脉，分别将不同含氧量的血液输送到相应器官。动脉圆锥内的螺旋瓣在收缩时转动，辅助分配不同含氧量的血液。

动脉：肺循环出现和鳃循环废弃导致鳃动脉弓发生重大变化，相当于原始鱼类的第1、2、5对动脉弓消失。第3对动脉弓构成颈动脉，供应头部血液；第4对动脉弓构成体动脉，供应全身血液；第6对动脉弓构成肺皮动脉，供应肺及皮肤血液，形成了双循环系统。这种模式奠定了四足动物循环系统的基本原型，但两栖类尚不能完全避免心脏内动、静脉血液混合，因此代谢水平较低。

静脉：肺静脉血进入左心房，前腔静脉、后腔静脉和肝静脉分别将头部、躯体、皮肤、肾及肝的血液汇入静脉窦。肝门静脉和肾门静脉分别汇集消化管、尾及后肢的血液注入肝及肾。腹静脉收集后肢、腹壁和膀胱的血液注入肝门静脉，因此后肢血液需经过肾门静脉或肝门静脉才能返回心脏。

淋巴：两栖类淋巴系统在皮下扩展成淋巴腔隙，具有两对能搏动的淋巴心以推动淋巴液回流，但不具淋巴结。

8. 泌尿生殖系统（图20-14）

两栖类具有一对肾脏，尿液通过输尿管进入泄殖腔。泄殖腔的腹面有膀胱开口，膀胱可重吸收水分，帮助减少失水。栖息于干燥地区的种类膀胱较大，沙漠地区种类的膀胱中尿量可等于或超过体重，这是两栖类对陆地极端条件的特殊适应。

雄性两栖类有一对精巢，输精小管通过肾脏和输尿管到达泄殖腔，将精液排出体外，因此雄性的输尿管兼具输精功能，称为输精尿管。雌性两栖类的生殖系统与鲨鱼及高等脊椎动物基本相同。成对的卵巢在繁殖季节充满黑色卵，成熟卵突破卵巢壁进入体腔，再通过腹腔膜纤毛摆动和腹肌收缩进入输卵管喇叭口。在输卵管内下行时，卵被包裹以胶质膜，储存在“子宫”内，待交配时排入水中，与雄性排出的精子相遇，完成受精。

不管雌性还是雄性个体，生殖腺（精巢和卵巢）的前方均有脂肪体，脂肪体内蓄积了大量的脂类物质，可为两栖动物的繁殖提供足够的营养物质。

绝大多数两栖类为体外受精，受精卵在水中发育。但无足目和有尾目的蝾螈多数为体内受精，雄性通过泄殖腔突起将精液输送到雌性体内，或以精包将精子送入雌体泄殖腔内，受精卵在输卵管内发育。

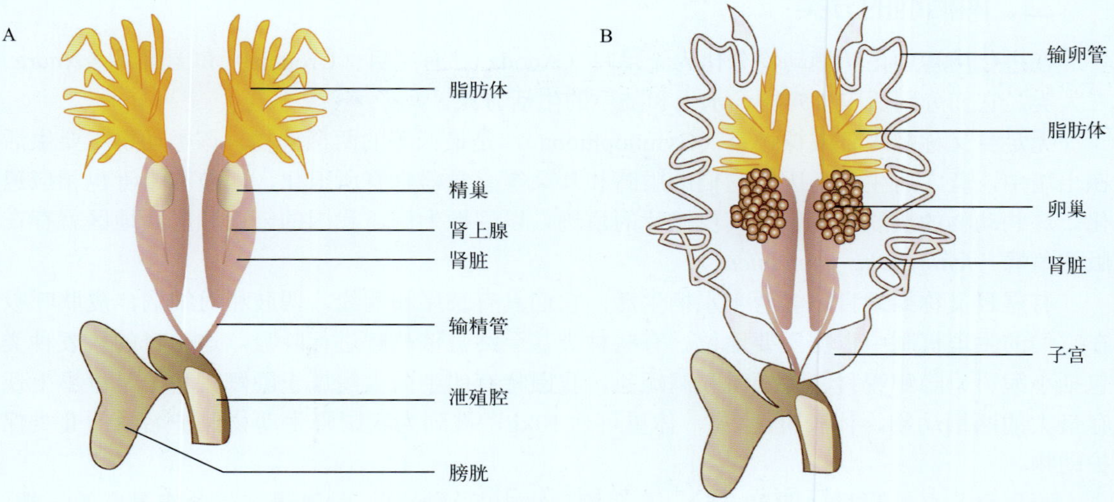

图20-14　青蛙泌尿生殖系统示意图

A.雄蛙的泄殖系统；B.雌蛙的泄殖系统

仿张训蒲等，2000

9. 神经系统

两栖类的脑部结构基本上与鱼类相似：中脑视叶发达，是高级中枢。两栖类的大脑半球比鱼类分化更明显，顶壁有一些零散的神经细胞，主要负责嗅觉。小脑不发达，与其简单的运动方式有关。

脊髓与鱼类没有显著区别，但有缩短的趋势。由于四肢的出现，肩部和腰部的脊神经聚集成神经丛。此外，交感神经和副交感神经比鱼类发达。

10. 感觉器官

视觉：为了适应陆生生活，两栖类动物眼球角膜呈凸形，晶状体在陆生类型中（如青蛙）略扁圆，帮助聚焦远处物体。虹膜具有环肌和辐射肌，用于调节瞳孔大小和控制进入眼球的光线。具有晶状体牵引肌，可以将晶状体前拉以实现聚焦。眼的脉络膜与晶状体之间有一些辐射排列的肌肉，可能相当于高等四足动物的睫状肌，辅助晶状体牵引肌调节视力。此外，陆生的青蛙已经具有可动的下眼睑和泪腺，以及半透明的瞬膜，用于保护眼球、防止干燥。而水生两栖类的眼球与鱼类相似，晶状体为圆形，不具备眼睑和泪腺。

听觉：为了有效适应感觉声波，两栖类产生了中耳。中耳腔通过咽鼓管与咽腔相连。中耳腔的外膜为鼓膜，耳柱骨连接鼓膜与内耳卵圆窗，声波引起的鼓膜振动通过耳柱骨传入内耳。咽鼓管通过咽腔平衡膜内外的气压。

嗅觉：两栖类的嗅觉尚不完善，鼻腔内的嗅黏膜平坦。一部分黏膜变形为犁鼻器，这是感受空气味觉的器官，是四足动物特有的感官。有尾目的犁鼻器仅为鼻囊外侧的一个沟，开口于内鼻孔与口腔的通连处。无尾目和无足目的犁鼻器趋于独立，与鼻囊分开。

侧线器官：为了适应水生生活，有尾类、无尾类蝌蚪以及少数无尾类成体具有类似鱼类的侧线器官，能感觉水压变化。该器官在头部及躯体两侧对称排列，帮助准确检测有关物体的方位和大小。

二、两栖纲的分类

在进化历程中，两栖动物分化为无足目（Apoda）、有尾目（Urodela）和无尾目（Anura）三大类，它们分别适应了穴居、水生和陆生的生活方式。

无足目又称蚓螈目或裸蛇目（Gymnophiona），是最低等的两栖动物。该类动物主要生活在土壤中，营穴居生活，因此它们的眼睛和耳朵等感觉器官有所退化，四肢和带骨也相应退化。这些动物的皮肤下保留了真皮鳞片的痕迹。以蚓螈为例，我国的云南和广西地区就存在版纳鱼螈（*Ichthyophis bannanicus*）。

有尾目又称蝾螈目，多营半水栖生活，它们具有长尾和侧线，四肢相对细弱，皮肤呼吸在它们的生理机制中占据重要地位。有些种类甚至终身依赖鳃进行呼吸。这一目的代表种类包括小鲵科、隐鳃鲵科、蝾螈科和洞螈科。我国特有的中国大鲵属于隐鳃鲵科，是世界上现存最大的两栖动物，体长可达2m，体重可达10kg，被列为我国野生动物保护名录的Ⅱ类保护动物。

无尾目又名蛙形目（图20-15），是两栖动物中等级最高、种类最多且分布最广的一类。成体无尾（只有尾杆骨），四肢发达，后肢较长，与前肢相连的韧性肩带可以缓冲着陆时的冲击力，使它们更好地适应陆地生活。常见的无尾目动物包括青蛙和蟾蜍。

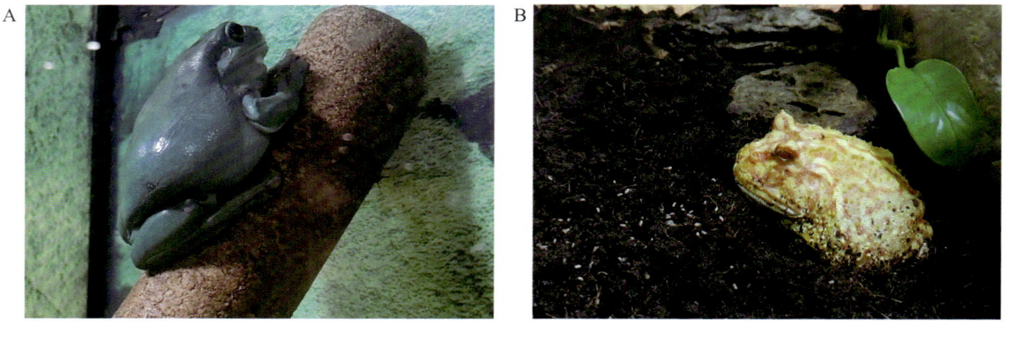

图20-15 蛙形目动物示例

A.绿雨滨蛙（*Litoria caerulea*），雨蛙科，又称老爷树蛙、白氏树蛙。体色一般为浅翡翠色，身上有时具有小的乳白色斑点，依不同的环境可变为蓝绿色至红褐色。B.南美角花蟾（*Ceratophrys cranwelli*），角蟾科，成蟾身体颜色多为橄榄褐色或者棕黄色，两眼之间有镶浅色边的褐色三角形斑，嘴巴上下唇有深色斑，四肢分布有横纹

第六节　爬行纲

爬行纲（Reptilia）动物是一类体表覆盖着角质的鳞片、在陆地上繁衍的变温动物。它们的出现标志着脊椎动物从水生向陆生的过渡，在生存竞争中，它们必须应对在陆地上生存和繁衍后代这两个根本挑战。爬行动物中演化出了羊膜的结构，从而使它们具备了在陆地上繁衍的能力。此外，爬行动物在防止体内水分蒸发和陆地运动等方面，都超越了传统的两栖类，成为了真正意义上的陆生脊椎动物。

爬行纲

一、爬行纲的主要特征

1. 繁殖——出现了羊膜卵（图20-16）

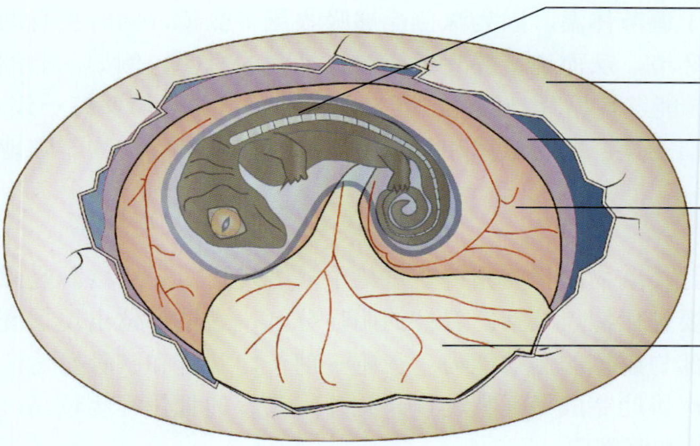

图20-16　羊膜卵结构示意图

据Hickman C P et al，2008改绘

爬行动物最显著的特征是出现了羊膜卵的繁殖器官，确保了其在干燥的陆地上繁殖成为可能。

羊膜卵外围的卵膜包括蛋白膜、壳膜以及坚硬的卵壳等结构，卵壳是由石灰质构成的坚硬外壳或由韧性纤维组成的厚膜层，这些结构可以防止卵的形变、损害以及水分的流失。卵壳同时具备透气性，确保胚胎在发育过程中能够进行气体交换。

在卵生的动物中，卵内含有丰富的卵黄，这为胚胎的发育提供了持续的营养供应。在羊膜卵的早期胚胎发育阶段，胚胎周围的胚膜会产生环状的皱褶，这些皱褶最终会围绕胚胎并融合，形成两个空腔：羊膜腔和胚外体腔。羊膜腔由羊膜（amnion）构成，充满了保护性的羊水，为胚胎提供了一个浮动的、防干燥和机械损伤的环境。胚外体腔则由绒毛膜（chorion）构成，紧贴卵壳内壁。

同时，胚胎的消化管后端会发育出一个突起，形成尿囊（allantois），尿囊外壁与绒毛膜紧密相连，并且富含血管，起到呼吸和排泄的作用。羊膜卵的这些特征为动物在陆地上的生存和扩散提供了关键优势，这也是中生代爬行类在全球范围内取得主导地位的重要因素之一。

2. 皮肤

对于陆生动物而言，维持体内水分是其在陆地上生存的关键问题之一。为了适应干燥的环境并减少水分的流失，爬行动物已经形成了有效的保水机制，这些机制主要体现在它们的皮肤系统中，具体包括以下几个方面。

角质鳞片的存在：爬行动物的表皮角质层增厚形成了鳞片，这些鳞片通过薄的角质层相互连接，形成了一个连续的覆盖层。这种结构有助于保持水分。然而，这也限制了身体的生长，导致某些爬行动物（如蛇和蜥蜴）在体型增长时必须进行蜕皮。表皮的生发层能够持续产生新的表皮细胞，从而形成新的角质鳞片。

某些种类具有骨板：一些爬行动物（如龟和鳄鱼）具有由真皮产生的骨板。在龟类中，骨板外还覆盖着来自表皮的角质鳞，而鳖和鳄鱼的骨板外则没有角质鳞，而是覆盖着革质皮肤。

缺乏皮肤腺：爬行动物的皮肤通常干燥且缺乏腺体，这与其保水能力密切相关。

具有丰富的色素细胞：许多爬行动物能够在神经和内分泌系统的控制下迅速改变身体颜色。这种变色能力有助于调节体温，因为深色能够吸收更多热量，同时也有助于伪装，使动物能够更好地融入周围环境，从而逃避捕食者或增加捕食的机会。例如，非洲的变色龙以其出色的变色能力而闻名，能够根据背景颜色改变自己的体色，与环境保持一致。

这些皮肤特征，包括干燥、缺乏腺体和具有角质鳞片，是爬行动物与陆地干燥环境长期斗争的适应结果。

3. 骨骼

继两栖类之后，爬行类动物的骨骼系统在进化中显著优化，其结构既坚固又灵活，更好地适应了陆地生活。主要进化特点包括：脊柱的明显分区，颈椎部位出现了寰椎和枢椎的分化，从而显著提升了头部与躯体的运动能力。在躯干部位，肋骨和胸骨发达，不仅增强了对内脏器官的保护，同时也协助完成了呼吸动作。此外，头骨的骨化程度较高，许多爬行类物种的头骨上还出现了颞孔和眶间隔。

4. 肌肉系统

脊柱的灵活性、四肢的发达以及运动敏捷性的提升，导致爬行类动物的肌肉结构相较于两栖类更为复杂。这一复杂性体现在爬行类动物特有的肋间肌和皮肤肌的发育上。

肋间肌位于肋骨之间，由内外两层组成，其肌纤维的走向不同，这种结构设计允许肌肉通过交互作用调节肋骨的运动，从而与呼吸运动紧密相关。

皮肤肌则位于皮下，附着于皮肤上，主要负责皮肤的运动。在爬行动物中，尤其是蛇类，皮肤肌的作用尤为显著，这与蛇类独特的运动方式密切相关。在进化过程中，蛇类的四肢退化，随之而来的是代偿性变化，这样，蛇可以通过其他方式实现有效而灵活的行动。蛇的皮肤肌一端连接于肋骨，另一端附着在腹部鳞片下的皮肤上。当皮肤肌收缩时，能够使鳞片有规律地从前往后移动，这不仅为蛇在地面上提供持续的着力点（通过不断地抓扯地面以增强摩擦力），还支持蛇进行波浪式的摆体运动，从而推动身体前进。蛇腹部的鳞片宽大且呈一长串笔直的纵线排列，这种结构在形状和功能上类似于某些车辆的“履带”，使得蛇能够通过将体侧的力量施加于不规则的地表，沿着“S”形路线灵活移动。

5. 消化系统（图20-17）

爬行动物是最早的真正陆生脊椎动物，其身体结构和生活习性都与陆地环境紧密相关。口腔腺、牙、舌和肠等结构的特化，使爬行动物能够更好地适应陆地生活。

口腔腺的特化：爬行动物的口腔腺发达，以适应吞咽干燥食物的需要。特别是毒蛇和毒蜥，它们的口腔腺特化成毒腺，用于捕食和防御。

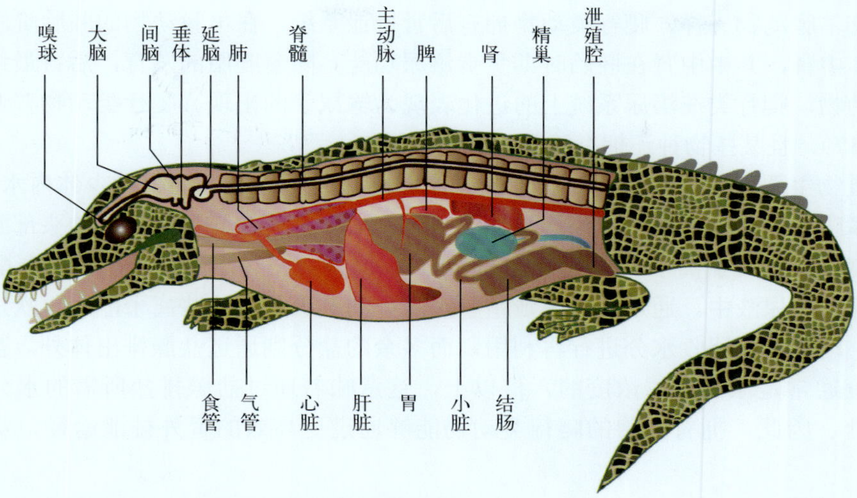

图20-17　爬行类代表动物——雄性鳄鱼内部解剖结构示意图

据Hickman C P et al，2008改绘

牙的结构与功能：爬行动物的牙向口缘集中发展，成为捕食的重要工具。根据着生位置，牙可分为端生齿、侧生齿和槽生齿。此外，一些爬行动物如龟鳖类无牙，具角质鞘。毒牙可分为管牙和沟牙，用于注入毒液。

舌的特化：爬行动物具有发达的肌肉质的舌，某些种类中舌的结构出现特化。如避役的舌在充血后可由口中射出来，舌端膨大，腺体丰富，能分泌黏液以粘捕昆虫。蛇的细长而端部分叉的舌具有特殊感觉器的作用。

肠的结构与功能：爬行动物的肠与其他四足动物无本质区别。大肠和泄殖腔具有重吸收的功能。小肠和大肠之间具有盲肠，有助于消化植物纤维。

6. 呼吸系统

与两栖类相比，爬行类的肺部结构更为先进，呈现出海绵状的外观，并且气管的分支更为复杂，从而增加了呼吸的表面积。这些动物拥有喉头和由软骨环支撑的气管，而气管的进化与颈部的发育密切相关。部分蜥蜴的肺部末端连接着一些膨胀的气囊，这种特征在鸟类中得到了显著的发展。除了像两栖类那样通过口底的运动进行空气的吞咽和排出，爬行类还演化出了陆生动物特有的胸腹式呼吸方式，通过肋间肌和腹部肌肉的运动来提升和降低肋骨，进而改变胸腔的体积，使空气得以进出肺部，完成呼吸过程。此外，水生爬行类动物的咽壁和泄殖腔壁含有丰富的毛细血管，这些结构有助于辅助呼吸。

7. 循环系统

爬行类动物的心脏结构由静脉窦、心房和心室三个主要部分构成。其中，静脉窦逐渐趋向退化。心室内部存在不完全的分隔，使得含氧血液与缺氧血液在一定程度上分离，尽管这种分隔并不完善，形成了不完全的双循环系统。在鳄类中，心室分隔较为完全，但在左体动脉和右体动脉的基部，有一潘氏孔。

腹大动脉与动脉圆锥协同作用，纵向分裂为三条主要动脉：肺动脉、左体动脉和右体动脉。静脉和两栖动物类似，但肺静脉和后腔静脉进一步发展，而肾门静脉趋于退化。

8. 排泄系统

与所有羊膜动物一样，爬行类动物拥有后肾排泄系统。在羊膜动物的胚胎阶段，曾先后形成前肾和中肾，其中中肾在胚胎时期负责泌尿功能。随着胚胎的发育，后肾最终形成。相较于两栖动物，爬行类在泌尿系统上的进化表现为输尿管的出现。爬行类动物普遍具备泄殖腔（图20-17），且某些物种还拥有膀胱。

氮质废物主要以尿酸和尿酸盐的形式排出体外，这一机制有助于减少体内水分的流失。此外，许多爬行类动物展现了肾外排泄的能力。例如，某些蛇、龟和蜥蜴的头部配备了能够分泌高浓度钠、钾、氯离子的盐腺（salt gland）。这些盐腺排出的离子不会与尿酸盐一同沉淀，而是保留在尿液中。通过膀胱或泄殖腔对水分的重吸收，这些离子能够再次进入血液循环。这样，动物就能回收水分进行再利用，而多余的盐分则通过盐腺排出体外。盐腺分泌物的渗透浓度通常是尿液渗透浓度的六倍以上，这意味着通过盐腺排盐所需的水分远少于通过尿液排盐。因此，拥有盐腺的爬行类动物能够通过更高效的肾外排泄途径，实现水分的保留。

9. 生殖系统

在雄性爬行动物中，生殖系统由一对精巢（图20-17）和负责将精液传输至泄殖腔的输精管组成。

绝大多数雄性爬行动物具备外生殖器，这一特征是羊膜动物的关键标志，对于陆地动物的体内受精过程至关重要。外生殖器起源于泄殖腔壁的突起。比如，龟鳖和鳄鱼的外生殖器表现为泄殖腔腹面的一个单突起，其中心带有沟槽，用于精液的输送。在交配期间，生殖器能够充血并伸出泄殖腔外，与哺乳类的外生殖器具有同源性。蛇和蜥蜴的外生殖器则为一对囊状结构，亦称为半阴茎，位于泄殖腔内两侧。在交配时，这些生殖器同样能够伸出泄殖腔外，协助将精液输送到雌性体内。

雌性爬行动物则具有卵巢和输卵管，通常进行体内受精并产卵。部分爬行动物展现出孵卵行为，而某些毒蛇和蜥蜴则采用卵胎生的繁殖方式。

10. 神经系统

相较于两栖类，爬行动物的大脑（图20-17）更为发达，并出现了新的脑皮层结构。这一新的脑皮层能够接收来自外部环境和体内的各种刺激，并具备初步的分析与综合能力。哺乳类高度发达的大脑皮层正是基于这一新脑皮层进一步演化而来。在爬行动物中，高级神经中枢的功能仍由中脑承担。此外，爬行动物拥有12对脑神经，而鱼类和两栖类的脑神经则分别为10对或11对。

11. 感觉器官

视觉：爬行动物和其他羊膜动物一样，通过改变晶状体的位置和形状来调节视力。这一过程由横纹肌类型的睫状肌调节。

听觉：内耳中的听觉感受器瓶状囊显著增长，增强了听觉功能。蜥蜴的听觉非常发达，其鼓膜内陷，形成初步的外耳道，有助于保护鼓膜。而蛇类由于穴居生活，鼓膜、鼓室和耳咽管都已退化。但是，蛇并不是没有听觉，地面的震动可以通过下颌骨传递到内耳。

嗅觉：犁鼻器发达，完全脱离了鼻囊，发展为口腔顶部的一对陷窝，内衬有嗅黏膜。犁鼻器是蛇类重要的化学感受器。蛇的舌头很长，舌尖深深分叉，可以快速伸缩，这是蛇的显著特征之一。颤动的舌尖能收集空气中的化学分子微粒，这些微粒或黏附或溶解在舌尖上的薄层水气中。然后，舌头缩入口中，舌尖进入犁鼻器内，收集到的物质可刺激嗅神经分布的感觉上皮。因此，蛇的舌头可视为辅助嗅觉器官。

颊窝（facial pit）等感受器：颊窝是现存许多蛇类都具有的一种热能感受器，位于鼻孔与眼睛之间，具有向外的开口，可以感知0.003～0.001℃的温差。毫无疑问，这种结构对于准确定位附近恒温动物的位置非常有效，特别是在夜间凉爽时，因为此时恒温动物与周围环境的温差更大。蛇对地热变化极为敏感，这在地震预报中也有应用，其热感受器是仿生学研究的重要内容之一。

二、爬行纲分类

爬行纲包括四个目，分别是喙头目（Rhynchocephalia）、有鳞目（Squamata）、龟鳖目（Chelonia）和鳄目（Crocodylia）。

喙头目：喙头目是现存爬行动物中最原始的类群，其原始性体现在多个方面。首先，头骨具备原始形态的双颞孔，这种结构在现代爬行动物中已经较为罕见。其次，其牙齿呈端生齿，即牙齿直接生长在颌骨的顶端。此外，喙头目的椎体为双凹型，这种结构在其他爬行动物中已不多见。雄性喙头目不具交配器，这是其另一个显著的原始特征。喙头目还具有发达的顶眼，这是一种间脑顶部伸出的突起，虽然不能成像，但具备角膜、视网膜和晶状体，具有感光作用，可以监测光照的长短和强度，从而调节体内的生物节律。现存的喙头目仅存一种，即楔齿蜥，分布于新西兰的部分岛屿上。由于其拥有一系列类似于古爬行动物的结构特征，被称为“活化石”。

有鳞目：有鳞目（图20-18）是爬行动物中种类最多、分布最广的类群。其体表覆盖有角质鳞片，具有很好的保护作用。与其他爬行动物相比，有鳞目动物头骨具有特化的双颞孔。其泄殖腔孔呈横裂状，雄性具有成对的交配器。根据形态特征和生活习性，有鳞目可以分为蜥蜴亚目和蛇亚目。蜥蜴亚目种类繁多，具有不同的生态适应能力，而蛇亚目则以其特有的身体形态和生活方式在爬行动物中独树一帜。

图20-18　鬃狮蜥（*Pogona vitticeps*）

有鳞目，鬣蜥科，身体粗而扁平，在背部及颈背上覆盖满了棘状鳞片，体侧的刺有规律地排列至前肢的前方

龟鳖目：龟鳖目（图20-19）具有一些独特的结构特征。其头骨不具颞孔，牙齿已经退化，取而代之的是角质鞘，用于咬合和切割食物。龟鳖目的躯干部脊柱、肋骨和胸骨常与甲

板愈合，形成坚固的外壳，提供有效的防御功能。其泄殖腔孔呈纵裂状，雄性具有单个交配器官。常见的龟和鳖均是龟鳖目的代表种类。

图20-19　巴西龟

鳄目：鳄目是现存爬行动物中最高等的一类，其身体被覆大型甲板，提供了坚固的防护。头骨具有完整的双颞孔和下颌孔，其牙齿为槽生齿，牢固地嵌在颌骨中。鳄类的四肢健壮，趾间具蹼，适于水中生活，尾侧扁，便于在水中游动。鳄目种类众多，其中扬子鳄是中国特有的代表种类。这类爬行动物在生态系统中占据重要位置，既是顶级捕食者，又是生态环境的重要组成部分。

第七节　鸟纲

鸟类（Aves）是体表被覆羽毛、具翅膀、恒温且产卵的高级脊椎动物。它们由爬行动物演化而来，适应了飞行的生活方式，因而保留了一些爬行动物的特征，同时具备了许多适应飞行的特点和进步性特征。

鸟纲

一、鸟纲的主要特征

（一）鸟纲动物的特征

1. 新陈代谢旺盛

鸟类具有高而恒定的体温，约为37.0～44.6℃，这使它们减少了对环境的依赖性。高而恒定的体温提高了体内各种酶的活性，促进了新陈代谢，从而保证消化、呼吸、循环和排泄等生理过程的高效运作。在高温下，神经和肌肉细胞对刺激的反应更加迅速和持久，显著提升了恒温动物的反应能力和快速运动能力，有助于捕食和躲避天敌。恒温使鸟类减少了对外界环境的依赖，扩大了它们的生活和分布范围。

2. 迅速飞翔的能力

鸟类具备迅速飞翔的能力，能够通过主动迁徙适应多变的环境条件。这种飞翔能力不仅有助于觅食和避敌，还使它们能在不同的季节和地域间迁徙，从而增加生存机会。

3. 发达的神经系统和感官

鸟类具有发达的神经系统和感官，使它们能够更好地协调各种复杂行为。这些视觉、听觉和触觉等高度敏感的感官系统，有助于它们在觅食、交配和躲避天敌时做出迅速且准确的反应。

4. 完善的繁殖方式和行为

鸟类拥有较完善的繁殖方式和行为，如筑巢、孵卵和育雏等，这些行为保证了后代有较高的成活率。鸟类通常会选择隐蔽、安全的地点筑巢，精心孵化卵并在孵化后细心照料幼鸟，直到幼鸟能够独立生活。

（二）鸟纲动物外部及内部器官

1. 皮肤

鸟类的皮肤薄而松，干燥且缺乏腺体，主要通过分泌油脂来润泽羽毛，尤其在水禽中这种能力尤为发达。

鸟类皮肤具有表皮衍生物，包括羽毛、角质喙、角质鳞和爪。羽毛与爬行动物的角质鳞同源，在进化过程中由鳞片增大、变轻演化而来。鸟类的体表可以分为裸区和羽区。

羽毛极轻，但具有优良的韧性和抗拉强度。其主要功能包括：形成体表隔热层，帮助调节体温；使鸟类外形呈流线型，可减少飞行时的阻力；形成飞行的器官——飞羽和尾羽，对飞翔起决定性作用；保护柔嫩的皮肤免受机械损伤；以及在繁殖期提供保护色。羽毛的种类如下：

正羽：正羽是体表的大型羽片，翼上的正羽称为飞羽，具有典型的羽毛结构。正羽由中央中空的羽轴和扁平的羽片组成，羽根下端的小孔为下脐，羽根上端的小孔为上脐。羽茎两侧斜生平行的羽枝，每一羽枝两侧又生出许多带钩的羽小枝，相邻的羽小枝互相钩连，形成坚实而具弹性的羽片。翅膀扇动时可增加对空气的阻力，从而获得最大的动量。

绒羽：绒羽的羽轴短而纤弱，羽小钩退化，羽枝松散而柔软，主要功能是保温。绒羽是三种羽毛中最原始的一种。

毛羽：毛羽又称纤羽，外形如毛发，在一根细羽干上有一束短羽枝，杂生于其他羽毛之间。胸部的毛羽有感知空中气流的作用，基本功能为触觉。

2. 骨骼（图20-20）

鸟类的骨骼轻而坚固，内部中空并充满空气，多为气质骨。鸟类骨骼有明显的愈合现象，肢骨和带骨变形显著，通过骨壁变薄来解决轻便问题，同时通过骨骼的退化、变形和某些骨骼的广泛愈合来解决脆弱与坚固之间的矛盾。

脊柱：除了颈椎外，鸟类的大部分脊椎愈合，尾骨退化，整个脊柱趋于缩短。颈椎椎体异凹型，椎间关节活动性极大，使颈部灵活，这对前肢特化为翼以及脊柱后部愈合导致的活动性不足是一种补偿。最后部分的胸椎、全部腰椎、荐椎以及部分尾椎愈合成一完整骨架——愈合荐骨，构成坚实有力的支架，适应后肢支撑体重和飞行时中轴的稳定。最后若干枚尾椎愈合成尾综骨，着生扇形尾羽，通过尾综骨的运动改变尾羽方向，在飞行及降落时起到舵的作用。

胸骨和肋骨：鸟类的肋骨全部为硬骨，这与其他陆生脊椎动物不同。具钩状突，压覆在相邻的肋骨上，增强了胸廓的牢固性，防止剧烈运动时胸廓被挤压变形。胸骨具发达的龙骨突，为发达的胸肌附着提供支撑。

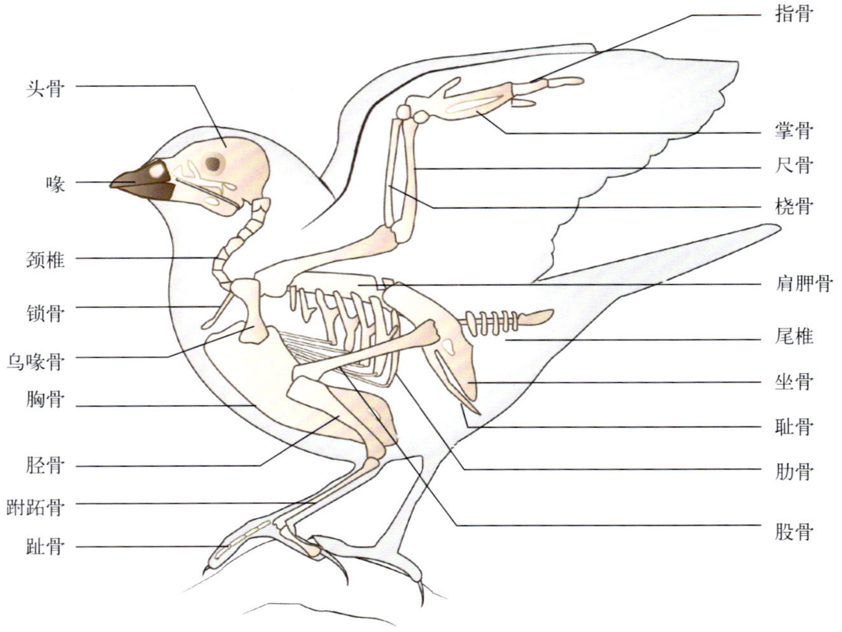

图20-20 鸽子骨骼系统示意图

据刘凌云等，2009改绘

头骨：具单个枕骨髁，耳柱骨一块，颅腔大，具有脑勺，枕骨大孔趋向于腹面，骨片薄而轻并愈合，眼窝大，上下颌延长成角质喙，完成多种功能。

带骨和肢骨：肩胛骨狭长，与脊柱平行。左右锁骨在腹中线愈合成“V”形，称为叉骨，具有弹性，在剧烈扇翅时可避免左右乌喙骨相碰撞。前肢特化为翼，重要变化表现在：手骨（腕、掌、指）减少和愈合，使其整体性加强。前肢关节面仅能在展收翅的方向运动（平面上运动），缺乏内、外转动能力，这对飞翔至关重要。

腰带及后肢：腰带宽大且显著变形，与后肢负重和产大型硬壳卵有关。髂骨前后伸展，并与愈合荐骨相愈合。左右坐骨和耻骨不在腹中线汇合，构成开放式骨盆。后肢骨趋于简化和加长，具有跗间关节，这与鸟类起飞弹跳和落地时增加缓冲有关。具四趾，一般为三前一后，成钳形，有利于握枝。趾型是鸟类分类的重要依据之一。

3. 肌肉

鸟类的背肌退化，而颈部肌肉分布复杂，以适应其独特的生活方式。胸肌非常发达，约占其体重的五分之一。胸肌分为胸大肌和胸小肌，两者是同一起点的一对拮抗肌，是飞翔生活的特化适应。胸大肌负责翅膀的下压，而胸小肌则负责翅膀的上举，这对肌肉系统确保了飞行时的强大动力。

鸟类支配前后肢的肌肉集中于身体的中心部位，通过较长的肌腱操纵远端骨骼的运动。这种肌肉集中和远端骨骼操纵的布局对于飞翔动物保持重心和平衡至关重要，有助于提高飞行的稳定性和效率。

鸟类的树栖握枝肌通过肌腱止于趾端的腿鞘内。当体重下压时，腿骨关节弯曲，屈趾肌腱拉紧，足趾自然弯曲而握紧树枝。在这种情况下，肌肉不需要额外的收缩力量。树栖握枝肌依靠肌腱、肌腱鞘和骨骼关节三者之间的巧妙配合，使得鸟类能够在栖息时稳固地抓住树枝，防止掉落。

这些特化的肌肉系统使鸟类能够高效飞行、保持平衡以及灵活地进行各种行为，如觅食和栖息。

4. 消化系统

鸟类具有强大的消化能力和快速的新陈代谢。一般食物在消化道中仅需不到四小时即可完全消化，而浆果的种子甚至可以在十分钟内出现在粪便中。它们食量大，进食频繁，几乎不耐饥。例如，雀形目小鸟每天的进食量可达到体重的10%～30%，而蜂鸟吸食的蜜浆甚至可以相当于自身体重的1～2倍。在"悬停"飞行时，它们的基础代谢率可比平时高出7～17倍。这些特征显然是为了适应鸟类维持高水平的代谢和在飞行中高能量消耗的需求。

鸟类的消化系统具有一些特化的结构：牙齿已经消失，而唾液腺的发达程度因食性而异。例如，食谷物的燕雀类拥有含有消化酶的唾液腺，而水鸟则往往唾液腺很少甚至缺乏，适应于干燥食物的摄取。根据食性的不同，鸟类的舌头形态也有所变化，如食蜜鸟的细长管状舌和啄木鸟的具有倒钩的长舌。

嗉囊是食道的膨大部分，具有储存和软化食物的功能。它们能使鸟类一次性地摄取更多的食物，从而减少因为进食被天敌发现和捕杀的风险。在繁殖期间，鸽类的嗉囊壁能够分泌一种液体，称为"鸽乳"，富含脂肪和蛋白质，用以哺育幼鸟。

胃分化为腺胃和肌胃两部分。腺胃富含腺体，能够分泌胃蛋白酶和盐酸（具有强酸性），适合于消化食物中的骨块，因此许多食肉和食鱼的鸟类能够在胃内完全消化食物中的骨头。肌胃又称砂囊，其肌肉壁厚实，内含有砂石，胃内壁覆有较厚的角质膜，具有强大的机械研磨力。这种结构使得鸟类能够有效地消化食物。在饲养家禽时，为了提高对谷物的消化能力，需要确保饲料中含有足够的砂石，这也是鸟类缺乏牙齿的一种适应性补偿。

鸟类的直肠短小，不能大量储存粪便，因此粪便随时产生随时排出，这有助于减轻飞行时的体重负担。

5. 呼吸系统

鸟类的呼吸系统是其高效气体交换的基础。

鸟类的肺呈海绵状，体积不大，但气体接触的表面极大，是高效的气体交换装置。此外，鸟类还发展了复杂的气囊系统，具有包括辅助呼吸、调节体温及减少内脏器官之间的摩擦等多种功能。它的存在使鸟类具有独特的双重呼吸方式（图20-21）。

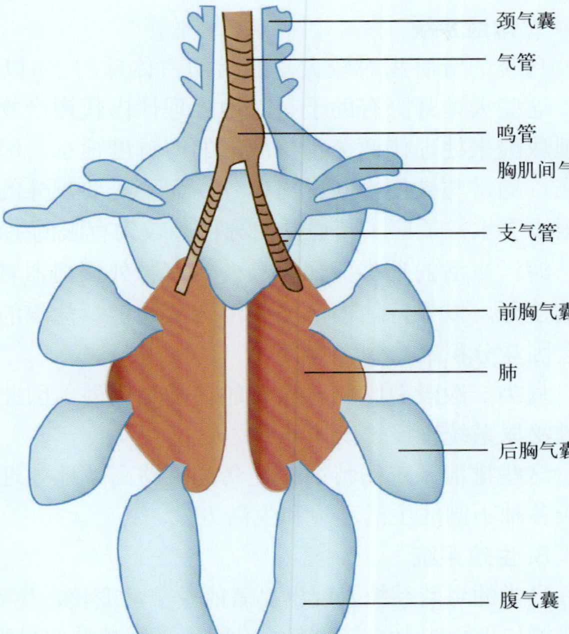

图20-21　鸟类呼吸系统示意图——示肺和气囊结构

据张训蒲等，2000改绘

肺部由一系列复杂的彼此通连的支气管网构成，不像一般脊椎动物肺的“盲端”结构。中支气管直接通向肺的后部，并连接至气囊。肺内分出腹支气管和背支气管，它们之间通过大量的三级支气管或平行支气管联结。这些平行支气管四周伸出的微气管放射状排列，彼此吻合，形成了没有盲端的管道系统，这些微气管是气体交换的主要场所。

鸟类的发声器官——鸣管位于气管和支气管之间，与其他动物不同。鸣管的管壁变薄形成鸣膜，通过气流的震动发声。鸣管上附有特殊的鸣肌，可以控制鸣管的管径、曲率和鸣膜的张力，使得鸟类能够发出复杂多变的鸣叫声音。与喉头处的声带发声不同，鸟类在吸气和呼气时都能在鸣管处形成较强的气流，这为鸟类间的通信提供了重要的方式。

这种复杂的呼吸系统和发声器官使得鸟类能够进行高效的气体交换和复杂的声音沟通。它们在自然生态中扮演重要角色，同时也为人类在农业和航空安全等领域提供了重要的应用价值。

6. 循环系统

鸟类拥有完全的双循环系统。其心脏包括两个心房和两个完全分隔的心室，确保多氧血和缺氧血不混合，从而提升了循环系统的效率。右房室瓣为肌肉结构，具有括约肌作用，这是鸟类独有的特征。鸟类的心脏相对较大，约占体重的0.9%～2.3%，是同等体重的哺乳类心脏的1.4～2倍。心脏的高频率搏动以及其大容量确保了高效的心输出血量。

在胚胎发育过程中，鸟类有六对动脉弓，但成体仅保留右体动脉弓，其余动脉弓逐渐退化。鸟类具有类似于爬行动物的静脉系统，但还具有一些独特的特征：肾门静脉退化更为显著，其主干穿过肾脏后与后大静脉相连。此外，鸟类还具有尾肠系膜静脉，用于接收后部内脏血液并将其输送至肝门静脉。

这些循环系统的特征使得鸟类能够满足高水平的代谢需求和能量消耗，以应对其活跃的生活方式和高能耗的飞行能力要求。

7. 排泄系统

鸟类的肾脏相对较大，通常约占体重的2%以上，这与它们高代谢率的生活方式密切相关。这些大型肾脏有助于有效地处理体内代谢产物和维持内部环境的稳定性。鸟类主要通过排泄尿酸来处理代谢废物。尿酸的溶解度很小，因此鸟类可以将代谢废物以白色结晶的形式排出，通常与粪便一同排出体外，而不需要额外的水分。这种特性使得鸟类在排泄代谢废物时很少失水，适应了其通常水分供应较为有限的生活环境。

海洋生活的鸟类，如海鸟，具有肾外排泄器官——盐腺。这些盐腺帮助它们排出体内过多的盐分，以保持体内环境的渗透压稳定。盐腺的存在使得这些鸟类能够在海水中生活，而不会因盐分积聚受到影响。

鸟类一般没有膀胱，只有鸵鸟是个例外。因此，它们体内不具备储存尿液的能力，尿液通过泌尿系统直接排出体外。

这些排泄系统的特征使得鸟类能够高效地处理代谢产物和维持内部环境的稳定性，从而适应各种不同的生活环境和生活方式。

8. 生殖系统

鸟类的生殖系统表现出显著的季节性变化，生殖期间生殖腺可增大几十倍甚至几百倍，这种现象与飞行能力的需要有关，因为飞行减重使得雌雄鸟在繁殖季节需要额外的能量储备。

大多数雌性鸟类的右侧生殖系统退化，这与它们产生大型硬壳卵的需要相关。由于右侧输卵管的退化，鸟类在同一时间只能排出一个卵子，这种情况下有时会出现“难产”的可能性。鸟类具有泄殖腔，卵由此器官排出。雄性鸟类拥有成对的睾丸和输精管。除了鸵鸟、鸭类和雁类等少数例外，大多数鸟类没有外生殖器。

在繁殖期间，鸟类表现出一系列的抚育和保护后代的本能活动，这些活动包括筑巢、孵卵和育雏。这些行为有助于提高幼鸟的成活率，并确保种群的延续。

以上特征使得鸟类在繁殖和生殖方面展现出高度的适应性，有助于它们在各种环境条件下成功繁衍后代。

9. 神经及感官

脑：鸟类的神经系统在脊椎动物中属于较为发达的类型，主要由大脑、小脑和中脑组成。大脑特别发达，是复杂的本能活动以及学习、认知和语言的中枢，主要由大脑皮层和纹状体组成，对于复杂的本能行为如求偶、营巢、孵卵、育雏以及学习行为具有重要作用。中脑的视叶也高度发达，与视觉系统的发达密切相关，飞行中的定位和对食物等目标的搜索主要依赖于视觉系统。小脑的发达程度特别突出，是运动协调和平衡的核心中枢。

嗅觉：大多数鸟类的嗅觉功能退化，这与飞行中空气流速快、嗅觉功能受限有关。

听觉：鸟类的听觉系统包括外耳、中耳和内耳。外耳负责收集声波，中耳传导和放大声波，而内耳则负责感知声音和平衡感觉。相较于爬行类，鸟类内耳中负责感知声波频率的瓶状囊更长，且呈现出轻微的弯曲形态。

视觉：鸟类的眼睛非常大，在脊椎动物中占据首位。眼球扁平，适合远距离视觉，有利于飞行中的定向。鸟眼的晶状体调节肌肉为横纹肌，这点与除爬行类以外的所有其他脊椎动物不同，对鸟类飞行中迅速聚焦是有利的。眼球的前巩膜角膜肌能改变角膜的屈度，后巩膜角膜肌能改变晶状体的屈度。因此，它不仅改变晶状体的形状，同时也改变了角膜的屈度，故被称为双重调节。瞬膜发达，覆盖在眼球表面，有保护角膜的作用，在飞行时充当“风镜”。眼的巩膜前部具有环状的巩膜骨，能减少强风对眼球的压力。大多数鸟类缺乏动眼肌，这有助于减轻头部负担，并为眼球提供更大的运动范围，因此鸟类在观察周围物体时需要通过移动头部来调整视角。

这些神经系统和感官特征使得鸟类能够在各种环境中高效地定位、觅食和适应复杂的生活方式。

二、鸟纲的分类

鸟纲是脊椎动物中一个庞大而多样化的类群，包括了地球上所有的鸟类。在鸟纲中，根据不同的特征，鸟类被分为多个总目，其中包括了平胸总目（Ratitae）、企鹅总目（Impennes）和突胸总目（Carinatae）等。

（一）平胸总目

平胸总目，亦称为走禽类，是一类适应陆地奔走生活的鸟类。这些鸟类的翼部退化，缺乏明显的龙骨突，导致它们无法进行飞行。其羽毛分布均匀，缺少羽小钩，因此不会形成羽片结构。在繁殖方面，雄性成员拥有用于交配的器官。此外，它们的脚趾数量趋于简化，通常为2或3趾，这一特征增强了它们在地面上快速移动的能力。平胸总目的鸟类主要分布于南半球，以非洲鸵鸟为代表。

（二）企鹅总目

企鹅总目包括了一群适应于南极洲及其邻近海域的大型水生鸟类。这些鸟类的前肢演变成鳍状，趾间发展出蹼，使它们能够在水中高效地潜水。它们的羽毛均匀生长，且羽片狭窄，有助于降低潜水时的水流阻力。企鹅的龙骨突显著发达，骨骼不充气，且具有丰富的皮下脂肪层，这些特征有助于它们在寒冷的水域中维持体温。王企鹅（*Aptenodytes patagonicus*）是该总目的典型代表。

（三）突胸总目

突胸总目构成了鸟类中最为庞大和多样化的类群。其主要特征包括：①突胸总目的鸟类具有卓越的飞行能力，其龙骨突显著发达，骨骼内部充气，从而有利于空中飞行；②它们的羽毛分布不均，形成了羽区和裸区，并具有尾综骨；③大多数雄性成员不具备交配器官。突胸总目的鸟类遍布全球，占据鸟类种类的绝大多数，包含35个目，并可进一步划分为六个生态类群：游禽、涉禽、猛禽、攀禽、陆禽和鸣禽。

第八节　哺乳纲

哺乳纲（Mammalia）动物是一类毛发覆盖体表、体温恒定、代谢活跃、胎生哺乳，以及神经系统高度发达的高等动物群体。哺乳动物是现存动物界进化水平最高、结构最复杂、和人类关系最密切的高等生物。

哺乳纲（上）

一、哺乳纲的主要特征

（一）哺乳动物的进步性特征

哺乳动物的进步性特征体现了这一类群在进化过程中对复杂多变环境的适应性。

1. 体表被毛

哺乳动物的体表被毛发覆盖，这种结构主要用于保温。毛发能够有效地保持体温，使得哺乳动物在各种环境条件下都能维持身体的热量平衡，从而适应寒冷的气候。

2. 出现口腔咀嚼和消化

哺乳动物的口腔结构复杂，具有用于咀嚼的牙齿和发达的下颌肌肉。这一特点使得它们能够更有效地处理食物，提高对能量的摄取和消化效率。这种能力不仅增强了对食物资源的利用，也为高代谢率提供了支持。

3. 具有高而恒定的体温

哺乳动物具有高而恒定的体温，通常通过内分泌系统和行为调节来维持。这种恒温性使得它们在不同的环境条件下都能保持稳定的生理状态，减少了对外界温度变化的依赖性，增强了生存能力。

4. 具有在陆上快速运动的能力

哺乳动物的骨骼和肌肉系统经过高度进化，适应于快速运动。这种运动能力使得它们能够主动适应环境，猎捕食物，逃避捕食者，并进行长距离迁徙。这种能力在适应陆地生活中起到了关键作用。

5. 胎生、哺乳

哺乳动物以胎生和哺乳方式繁殖后代。胎儿在母体子宫内发育，母体为胚胎提供保护、营养以及稳定的恒温环境，这种生殖方式极大提高了胚胎的成活率。出生后，幼仔通过母乳获取充分的营养，这不仅增强了幼仔的生存能力，还使其能更好地向成体过渡。在生存竞争中，哺乳动物的后代从一开始就占有较高的生存起点。

6. 高度发达的神经系统和感官

哺乳动物拥有动物界最发达的神经系统和感官。这使得它们在感知环境、社交行为、觅食、捕猎和逃避捕食者方面具有明显的优势。发达的神经系统支持复杂的行为和学习能力，使得哺乳动物能够快速适应环境变化并做出相应反应，从而提高了生存和繁殖成功率。

综上所述，哺乳动物通过一系列进步性特征在生存和繁殖方面占据了显著优势，使其能够适应多样化的生态环境，并在进化过程中展现出强大的竞争力。

（二）皮肤及衍生物

哺乳纲的皮肤及其衍生物具有多种复杂的功能，不仅包括保护、保水和感觉功能，还参与排泄和体温调节。

1. 表皮及真皮

哺乳动物的皮肤主要由表皮和真皮构成，两者厚而致密，具有良好的坚韧性及抗透水性，为身体提供有效的保护。

表皮：表皮的角质层发达，小型啮齿类的表皮只有几层细胞，人有几十层，象和犀牛等硬皮类动物的表皮由几百层细胞构成。生发层的细胞不断分裂增生，以替代皮肤表面不断脱落的角质细胞。

真皮：由致密的结缔组织构成，具有高度的坚韧性和弹性，是制革的优质原料。真皮内含有丰富的血管、神经及感觉小体，包括温度、触觉和压力感受器。

2. 皮下组织

皮下组织由疏松结缔组织构成，连接皮层和肌肉。在皮下组织发达的区域，皮肤松弛且容易移动，能够缓冲机械压力。此外，皮下组织中含有脂肪细胞，这些细胞不仅具有保温和隔热的作用，还是能量储存的一种形式。

3. 皮肤衍生物

哺乳动物的皮肤衍生物包括毛、皮肤腺、爪、指甲、蹄和角等结构。它们在机体保护、体温调节、感受刺激、分泌和排泄等方面起重要作用。

毛：由表皮角质化形成，分为毛根和毛干。毛根埋于毛囊中，末端膨大形成毛球，毛球部的细胞具有分裂增殖能力，构成毛发的生长点。毛球基部有真皮乳头供给营养。毛囊上附有竖毛肌，收缩时可使毛发直立，有助于调节体温并使身体形象变大，具有威慑作用。毛可分为针毛、绒毛和触毛。针毛长而粗硬，具有保护作用；绒毛柔软而无毛向，具有隔热作用。毛季节性地脱落更换，即换毛，可以适应不同季节的温度变化。

皮肤腺：包括皮脂腺、汗腺、气味腺和乳腺。皮脂腺分泌油质，润滑毛发和皮肤。汗腺是哺乳类特征性腺体，用于蒸发散热和排泄废物。气味腺分泌化学通信物质，具有标记领域、种间识别、吸引异性或防御作用。乳腺是复泡状腺，用于哺育后代。

爪、指甲、蹄和角：是哺乳动物皮肤的另一种衍生物。爪是食肉类的有效捕食工具。指甲是灵长类特有的变形爪，有利于抓握和剥食。蹄是有蹄类动物增厚了的爪，坚硬厚实而耐磨。角是有蹄类的防卫利器，包括洞角和实角。洞角内为真皮来源的骨质角，外为表皮来源的角鞘；实角为真皮形成的实心骨质角，附着于额骨部位，每年脱落一次。新长出的鹿角外部包裹着富含血管的皮肤，这个阶段的鹿角称为鹿茸，是一种名贵药材。

这些特征使得哺乳动物在多样的环境中具备显著的生存和适应能力。

（三）骨骼系统（图20-22）

哺乳动物的骨骼系统在支持、保护和运动方面达到了高度的完善。长骨的生长限于发育早期，骨干通过骨质沉积变粗，髓软骨通过软骨生长变长。成体时，髓软骨完全骨化，骨干和骨髓融为一体，不再生长。骨骼的高度简化和愈合，有利于减轻重量，解决了“轻便与坚固”的矛盾，使得哺乳动物能够进行更高速度和更大范围的运动。

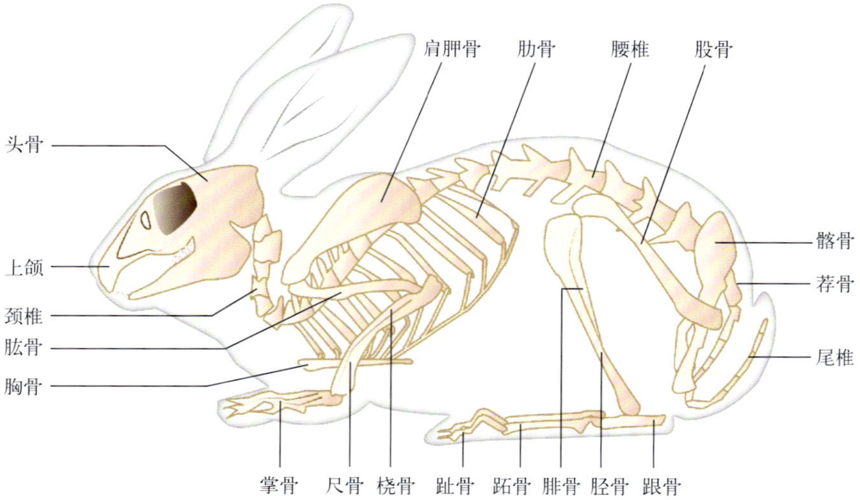

图20-22 哺乳动物骨骼系统示意图——以家兔为例

1. 头骨

哺乳动物头骨的骨块减少和愈合是其显著特征之一。脑颅腔扩大，为发达的大脑提供了更多空间。颧弓的出现供咀嚼肌附着，并保护眼球。嗅觉发达，鼻腔扩大，鼻腔内具有鼻甲骨。下颌骨仅由单一齿骨构成，并直接与脑颅相连，这是哺乳动物的标志性特征。

2. 脊柱

哺乳动物的脊柱呈“S”形，增强了韧性和弹性，有助于跳跃。双平型椎体加强了脊柱的负重能力，椎体间的软骨椎间盘吸收和缓冲运动时的震动，增加脊柱的活动度。颈椎通常为7枚，这是哺乳动物的特征之一。胸椎、肋骨及胸骨构成胸廓，是保护内脏、完成呼吸和间接支持前肢运动的重要支架。荐椎有3～5枚，愈合现象明显，构成对腰带及后肢的牢固支持。

3. 附肢骨

哺乳动物的四肢发生了显著的扭转，肘部关节向后，膝部关节向前，消除了匍匐而行的姿势。四肢从体侧靠近躯体下方支撑身体，极大地提高了支撑作用，使体重由肢骨承担，避免了爬行姿势时肌肉持续紧张的必要性。肢骨加长，增加了步幅和运动频率，使得哺乳动物能够奔跑。奔跑时，前后肢均在一个平面上运动，转肌退化，屈伸肌发达。

肩胛骨发达，乌喙骨退化。锁骨的发达程度因前肢的运动方式而异。奔跑类哺乳动物的锁骨退化，而飞翔和攀爬类锁骨发达，锁骨有助于使肩胛骨和胸骨靠拢，并抵抗牵拉。

腰带稳定而坚实，髂骨与荐骨牢固结合，是后肢承重的重要部位。

凭借这些特征，哺乳动物的骨骼系统实现了高度的进化和功能完善，使其在多样化的生态环境中具备优越的运动能力和生存优势。

（四）肌肉系统

哺乳动物的肌肉系统高度分化，展现了多种独特的特征，主要表现为以下几个方面。

1. 膈肌的出现

膈肌是躯体肌肉的一部分，固定在最后一个肋骨的下缘，起于胸后端的肋骨缘，止于中央腱，分隔胸腔和腹腔。在神经系统的调节下发生运动而改变胸、腹腔的容积以辅助呼吸。

2. 发达的皮肤肌

哺乳动物的皮肤肌发达且功能多样化。例如，竖毛肌可以使毛发竖立，起到保暖和威慑作用；而表情肌在人类中尤其发达，达到30块以上，帮助表达喜怒哀乐等复杂情感。由于群居社会生活和语言的发展，面部肌肉在沟通和情感表达中扮演重要角色。

3. 咀嚼肌发达

咀嚼肌主要包括颞肌和嚼肌。颞肌起于颅侧，嚼肌起于颧弓，止于下颌骨。这些肌肉协同工作，使下颌骨运动，有力地咀嚼食物，提高食物的消化效率。

4. 强大的四肢肌

哺乳动物的四肢肌肉尤其强大，特别是与屈伸有关的肌肉在奔跑种类中非常发达。这些肌肉的高度发达，使得哺乳动物能够进行高速奔跑和跳跃，增强了其捕食、逃避捕食者和迁徙等能力。

通过这些特征，哺乳动物的肌肉系统展现了高度的分化和专门化，支持了其在多样化环境中的生存和繁衍。

（五）消化系统

哺乳动物的消化系统高度分化，消化腺发达，出现了口腔消化，并且消化道结构复杂。

口腔：唇适应于吸吮乳汁和精确摄食。颊是口腔两侧的肌肉壁，口裂缩小，有利于咀嚼。舌发达，搅拌食物，协助吞咽，舌上具味蕾。唾液腺发达，唾液不仅湿润食物，还含有淀粉酶，将淀粉转化为麦芽糖。牙齿类型反映哺乳动物的食性、取食行为和代谢水平。异型齿（门齿、犬齿、臼齿）具有抓捕、切断、撕裂、咬、压和研磨功能。再出齿（乳齿、恒齿）与牙齿功能多样化有关。猛食性哺乳动物为了撕裂捕获物具有裂齿。裂齿由上颌最后一枚前臼齿与下颌第一枚臼齿组成，齿冠宽大，齿尖锋利。高冠齿适应于食草生活，齿冠高，耐磨性强。啮齿类的门齿终生生长，无犬齿。

咽部：咽部是消化和呼吸共同的通道。吞咽时，协调性活动包括喉头上升、舌骨后移、软腭上升和会厌软骨下盖，以确保食物顺利进入食道而不误入气管。

胃：大部分哺乳动物为单胃，其单胃结构简单。反刍胃是反刍动物（如牛、羊、鹿等）特有的消化器官，由瘤胃、网胃、瓣胃和皱胃共四个胃室组成。反刍胃通过多室分工与微生物共生，实现了对植物纤维的高效利用。这一独特的消化系统是反刍动物在进化中适应草食性生活方式的关键。

肠道（图20-23）**：**肠道分化复杂，包括小肠（十二指肠、空肠、回肠）、盲肠和大肠（结肠、直肠）。哺乳动物演化过程中，泄殖腔消失，仅在低等单孔类中尚存泄殖腔，作为原始性状的遗留。

这些特征显示出哺乳动物消化系统的高度分化和适应性，有助于其有效获取和处理各种食物，支持其复杂的代谢需求。

（六）呼吸系统

哺乳动物的呼吸特征展示了其发达的肺和完善的呼吸机制。

空气通过外鼻孔、鼻腔、喉和气管进入肺部。鼻腔及其鼻旁窦在发声时充当共鸣器，同时对空气进行湿润、加温和过滤。喉部包括甲状软骨、环状软骨和会厌软骨等复杂结构，这些结构协助空气顺利进入气管。

哺乳动物的肺由微细支气管和肺泡组成，肺泡与血液之间的距离极为接近，约为0.5mm，这有助于实现高效的气体交换。人类的两肺约有7亿个肺泡，总面积可达60～100m^{2}以上，相当于体表面积的40倍。

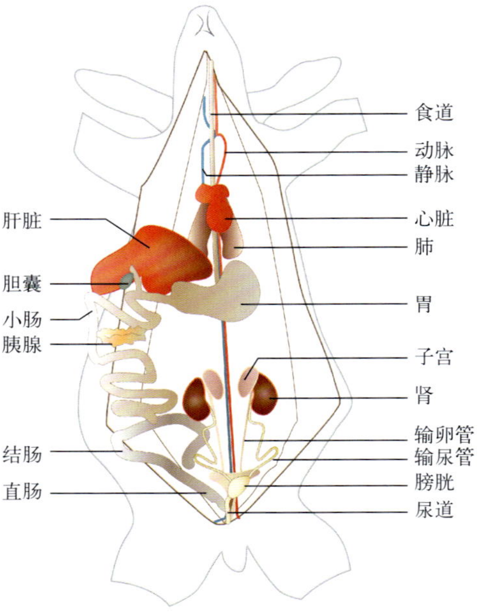

图20-23　哺乳动物内部解剖结构示意图——以家兔为例

哺乳动物的呼吸过程依赖于肺内外的压力差异。随着胸腔容积的变化，特别是膈肌和肋间肌的运动，胸腔内部压力产生变化。膈肌收缩时，横膈向下移动，扩大胸腔的垂直直径；肋间肌的收缩使得肋骨向上抬升，扩大胸腔的前后直径。这些运动导致胸腔内部压力降低，使空气能够从外部进入肺部完成吸气过程。

哺乳动物这些高效的呼吸特征和机制确保了有效的氧气吸入和二氧化碳排出，支持其在不同环境条件下的生存和运动需求。

（七）循环系统

哺乳动物的循环系统展示了其高度适应复杂生理需求的特征。它们拥有完善的双循环系统，包括肺循环和体循环，以确保高效的氧气输送和二氧化碳排出。心脏结构为四腔，分为左右心房和左右心室，这种结构能够有效分离氧合血和非氧合血，提高血液的氧合程度和氧气传递效率。

哺乳动物的红细胞呈现双凹型，体积小而数量多，血红蛋白占红细胞重量的2/3，这种结构有助于提高氧气的运载能力和效率。成熟的哺乳动物红细胞无细胞核结构，这降低了自身对氧的消耗，进一步提高了氧的传递效率和红细胞的寿命。

哺乳动物的动脉系统中，仅保留了左侧的体动脉弓，即主动脉弓，负责将氧合血从左心室输送到主动脉系统。

静脉系统在哺乳动物中相对简化，如肾门静脉已经完全退化，后肢的血液直接汇入后大静脉。有助于加快血流速度和提高血压。

哺乳动物的淋巴系统在四足动物中最为发达，是对抗细菌和其他病原体的重要防御系统。淋巴结是淋巴管道系统中的二级淋巴器官，具有过滤、吞噬和免疫功能，帮助维持体内的免疫平衡和清除废物。

这些特征共同确保了哺乳动物能够在不同环境条件下有效地运输氧气、维持体内稳态，并提供了高效的免疫防御机制。

（八）排泄系统

哺乳动物的排泄系统由肾、输尿管、膀胱和尿道共同组成（图20-23）。此外，皮肤也是哺乳类特有的排泄器官。

由于哺乳类的代谢水平高，生命活动旺盛，因此产生大量以尿素为主的含氮废物，在排泄过程中伴随大量水分的流失。

肾是排泄代谢废物的主要器官。哺乳类的肾脏能够根据环境需要调节尿液的浓缩程度，这与肾小管的长度密切相关。例如，生活在干旱环境中的哺乳类（如沙漠动物）具有较长的肾小管，而水生哺乳类（如海狸）则有较短的肾小管。这种能力使得哺乳类能够产生高度浓缩的尿液，是其重要的进化适应，对于这一类动物的生存和繁衍发展至关重要。

（九）生殖系统

哺乳动物的雄性具有一对睾丸，大多数种类都有阴囊。睾丸的位置因物种而异：有些物种如象和鲸类终生保留在腹腔中；食虫类、啮齿类和兔类在生殖期下降至阴囊内；而有蹄类、灵长类等则终生将睾丸降至阴囊内，该位置比腹腔中低3～4℃，有利于维持精子的活性。附属腺包括附睾、精囊腺、前列腺和尿道球腺，它们的分泌物构成精液的主要成分，提供营养物质以促进精子的活动力，并在交配时中和阴道的酸性环境，从而增加受精率。阴茎发达，内含阴茎海绵体和尿道海绵体，有助于有效地交配。

哺乳动物的雌性拥有一对卵巢（图20-23），除了产生卵细胞外，也分泌雌性激素。胎生特性使得输卵管下段在进化过程中分化出子宫和阴道。阴道在交配时充当容纳阴茎的结构，而子宫是胎儿发育的地方。受精卵在子宫内着床，形成胎盘，由尿囊、绒毛膜和子宫内膜组成，通过胎儿的脐血管进行物质交换。哺乳动物的胎盘可以分为无蜕膜胎盘和蜕膜胎盘两类，影响生产时子宫内膜的破损程度和出血情况，从而影响产仔的难易程度和后续繁殖成功率。

这些特征共同确保了哺乳动物能够高效地繁衍后代，并适应不同的生态环境。

（十）神经及感官

1. 神经系统

哺乳动物的大脑特别发达，新脑皮层高度发展，形成了复杂的沟回结构。大量神经元的存在以及两个大脑半球之间的胼胝体连接，支持了高级的认知和情感功能。间脑的侧壁，即丘脑，发展成为大脑与低级神经中枢之间重要的中继站，参与了信息传递和调节功能。中脑在哺乳动物中的重要性减弱，顶盖部特化为四叠体，成为视觉和听觉的主要反射中枢。哺乳动物的小脑相当发达，首次出现小脑半球，具有协调运动和姿势的重要功能。小脑下方的脑桥是大脑皮质与小脑之间的联系点。延脑在哺乳动物中仍然是维持生命活动的重要神经中枢，调节呼吸、心跳等基本功能。

哺乳动物自主神经系统发达，包括交感神经系统和副交感神经系统，主要调节内脏活动和机体不受意识控制的自主生理活动如心跳和呼吸等过程，维持内环境的平衡。

2. 感官系统

嗅觉：哺乳动物的嗅觉器官因嗅黏膜的扩展而变得敏锐，对环境中的化学信息有高度感知能力。

听觉：哺乳动物的听觉系统具有高灵敏度，内耳的感音部位发达，尤其是耳蜗的螺旋管（cochlear duct）呈螺旋状，增强了声音的捕捉和处理能力。某些物种如蝙蝠和鲸类具有回声定位系统，能在黑暗或水下环境中定位和捕捉食物。

视觉：大多数哺乳动物的视觉系统虽然在视觉锐度和色彩辨别能力上不如人类，但对运动和光线变化的感知能力很强。灵长类动物的色觉能力较为特殊，能够辨别更多的色彩。

这些神经和感官系统的特征，使得哺乳动物能够在不同的环境中高效地获取和处理信息，从而适应各种生存挑战和社会互动需求。

二、哺乳纲的分类

哺乳纲（下）

哺乳动物分为原兽亚纲（Prototheria）、后兽亚纲（Metatheria）和真兽亚纲（Eutheria）三类。这些分类特征凸显了哺乳动物在进化过程中的多样性和适应性，以及不同亚纲之间的生物学特征和生活方式的显著差异。

（一）原兽亚纲

原兽亚纲是现存哺乳动物中最低等的类群之一，具有一系列类似于爬行类动物的低等特征。例如，口缘无肉质唇，无齿；具有泄殖腔；大脑无胼胝体；卵生，产具壳的多黄卵，卵硬、壳大型；有乳腺，但无乳头，幼兽舔食母兽腹部乳腺区分泌的乳汁。体温在26～35℃间波动。这类动物现存于澳洲的一些岛屿上，代表物种为鸭嘴兽（*Ornithorhynchus anatinus*）。

（二）后兽亚纲

后兽亚纲包括较低等的哺乳动物，其特征包括齿数目多，无胼胝体。它们的体温在33～35℃之间。胎生，雌性无真正的胎盘，但具有育儿袋，孕期极短（一般为10～13天）。新生幼仔发育不全，身体裸露且柔弱，但前肢、爪和嗅觉器官优先发育。幼仔出生后自行爬行到育儿袋衔住乳头，靠在袋中继续发育，例如大袋鼠可以在袋中滞留到1岁。代表动物包括灰袋鼠（*Macropus giganteus*）、负鼠（*Didelphis* spp.）等。

（三）真兽亚纲

真兽亚纲（图20-24）是高等的哺乳动物类群，种类繁多，分布广泛。异齿形，门牙数目不多于五枚，无泄殖腔，大脑皮层发达且具有胼胝体，具有尿囊胎盘，乳腺发达且有乳头，体温恒定在37℃左右。真兽类动物遍布各大陆，物种多样性丰富，分为18个目，总数超过5000种，占哺乳动物物种总数的95%以上。

图20-24 海狮

哺乳纲，食肉目，海狮科

食虫目是较为原始的有胎盘类，个体一般较小，体被绒毛或硬刺，主要以昆虫及蠕虫为食物。代表动物包括刺猬、鼹鼠等。

树鼩目动物外形和松鼠相似，结构上和食虫目相似，但同时具有灵长目的特征。代表动物为树鼩。

翼手目（图20-25）是一类飞翔的哺乳动物，前肢特化为翼膜结构。代表动物如蝙蝠。

图20-25　蝙蝠（*Chiroptera* spp.）标本

蝙蝠属哺乳纲，翼手目

灵长目动物多营树栖生活，群栖，杂食性。包括猴科、人科、猩猩科等科。人类为最高级的灵长目生物。

贫齿目是牙齿退化的一类哺乳动物，没有门牙和犬牙的结构，以昆虫为食物。代表动物有大食蚁兽、树懒等。

鳞甲目动物体表具角质鳞甲，无牙齿，舌发达。前爪长，适于挖掘蚁类等昆虫。代表动物如穿山甲。

兔形目因上颌有两对前后着生的门齿，又称重齿目。常见代表动物如草兔。

啮齿目是哺乳动物中种类和数量最多的一个目。上下颌各有一对门齿，无犬齿，包括松鼠、花鼠等。

鲸目为水栖兽类。体毛退化，皮脂腺消失，后肢消失。包括须鲸类和齿鲸类。常见的海豚属于齿鲸类。

食肉目为猛食性兽类，毛厚密且多具色泽。包括犬科、熊科、大熊猫科、猫科和鼬科。

鳍脚目动物四肢特化成鳍状，代表动物为海豹。

长鼻目是现存最大的陆栖动物，具有长鼻，上门齿特别发达，突出唇外，俗称“象牙”。代表动物如亚洲象。

奇蹄目是草原奔跑型动物，主要以第三指（趾）负重，其余退化或消失。包括马科、犀牛科等。

偶蹄目第三、四指（趾）同等发育，其余退化。包括猪科、河马科、驼科、鹿科、长颈鹿科和牛科等。

思考题

（1）脊索动物与无脊椎动物相比，具有哪些显著的解剖学特征？这些特征如何影响它们的生活方式？

（2）请举例说明脊椎动物亚门中的不同纲（如鱼纲、两栖纲、爬行纲等）在结构和生理适应上的多样性。

（3）理解羊膜卵的构造，探索其在脊椎动物在陆地繁殖方面的关键作用。

（4）讨论恒温性如何帮助鸟类适应不同的环境，并促进其代谢和飞行能力的提高。

（5）简述哺乳动物先进性的生物学特征。

生物学名词

脊索（notochord）；背神经管（dorsal tubular nerve cord）；鳃裂（gill slits）；尾索动物亚门（Urochordata）；头索动物亚门（Cephalochordata）；脊椎动物亚门（Vertebrata）；逆行变态（retrogressive metamorphosis）；原肠（archenteron）；外胚层（ectoderm）；中胚层（mesoderm）；内胚层（endoderm）；心脏（heart）；环状肌肉带（muscular bands）；围鳃腔（peribranchial cavity）；肾管（nephridial tubule）；脑泡（brain vesicle）；腹大动脉（ventral aorta）；纤毛（cilia）；哈氏窝（Hatschek's pit）；鳞片（scales）；羊膜卵（amniotic egg）；羊膜（amnion）；尿囊（allantois）；角质鳞片（keratinized scales）；颞孔（temporal fenestra）；双颞窝（double temporal fenestra）；盲肠（cecum）；尿酸盐（urate）；膀胱（bladder）；恒温性（homeothermy）；飞羽（flight feathers）；绒羽（down feathers）；毛羽（filoplumes）；气质骨（pneumatic bones）；嗉囊（crop）；腺胃（proventriculus）；肌胃（gizzard）；双重呼吸方式（double respiration）；鸣管（syrinx）；体温调节（thermoregulation）；盐腺（salt gland）；哺乳纲（Mammalia）；毛发（hair）；体温恒定（homeothermy）；胎生（viviparity）；哺乳（lactation）；蹄（hoof）；角（horn）

第四篇
生命的起源和演化

篇前导图

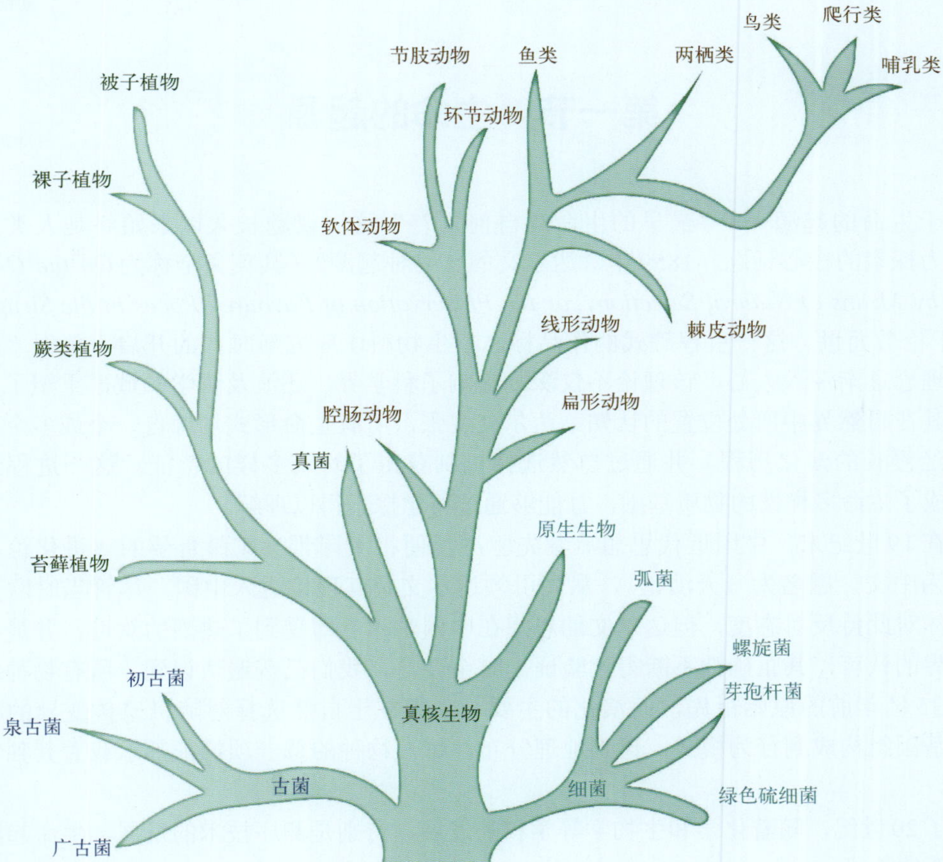

第二十一章　生命的起源和演化

学习目标

1. 理解生命起源的基本概念。
2. 了解原核生物和真核生物的演化过程。

动物的演化

第一节　生命的起源

关于生命的起源——“最早的生命源自何方？”这一议题长久以来始终是人类争论不休并竭力探索的核心话题。1859年，达尔文的《物种起源》（其英文全称为*On the Origin of Species by Means of Natural Selection，or the Preservation of Favoured Races in the Struggle for Life*）于伦敦面世，这一里程碑式的作品标志着生物科学研究新时代的开启，使得“生物进化”的理念逐渐深入人心。该理论不仅深刻影响了科学界，还波及哲学领域，重塑了人类对自身及其在自然界中所处位置的认知。达尔文主张，所有生命形式均源自一个或多个原始祖先，历经漫长的演化历程，并通过自然选择机制获得了纷繁多样的特征。这一进程纯粹自然，构成了生命多样性的物质基础，且能够通过科学探索得以理解。

早在19世纪末，中国近代思想启蒙先驱严复便将英国哲学家赫胥黎的《进化论与伦理学》译为中文，题名为《天演论》，从而引领达尔文及其理论进入中国。尽管当时欧美众多宗教团体对此持反对态度，但达尔文的思想在中国学术界却受到了热烈的欢迎，并最终获得了科学界的认可，其正确性不断得到验证。时至今日，我们已普遍认识到，所有物种均可追溯至约35亿年前的原始祖先，而演化的主要驱动力在于自然选择对随机遗传变异的筛选作用。从基因组构成到行为模式，再到地理分布，每一物种的每一项特征都承载着其独特的进化历程。

到了20世纪，随着化学和生物学等学科的发展，特别是测序技术的发展，生命起源的研究进入新的阶段。

一、早期地球环境：生命起源的“摇篮”

绝大多数物理学家倾向于支持一个假说，即当今的宇宙大约起源于140亿年前的一场大爆炸（“the Big Bang”）。大爆炸后不久，基本粒子凝聚形成了氢，而氢又成为触发其他化学元素诞生的关键。距今不到100亿年前，一个由“尘埃”与气体构成的庞大云团瓦解，进而孕育出了我们所在的银河系。在宇宙漫长的历史演变中，特别是在恒星爆炸（即超新星）的高发时期，原材料被抛洒至宇宙空间，随后被吸入第二代及第三代恒星之中，太阳便是这些恒星中的一员。根据对陨石及月球岩石进行放射性定年的研究成果，太阳系的形成时间可追溯到大约46亿年前。地球与太阳系内的其他行星同龄，然而，由于诸如板块俯冲等复杂的地质活动，地球上已知最古老的岩石的年龄相对年轻，约为40亿6000万年前。地球的诞生可能源自众多小型天体的相互碰撞与融合，这些剧烈的撞击释放出了庞大的热能。随着早期地球的逐渐冷却，其表面形成了固态地壳，并释放出富含水蒸气而几乎不含其他成分的大气。

大约45亿年前（图21-1），大气中缺乏氧气，主要由还原性气体组成，如一氧化碳（CO）、二氧化碳（CO_2）、氨气（NH_3）、一氧化氮（NO）和水蒸气等。随着地球温度的进一步降低，液态水开始汇聚，形成了原始海洋，这可能是生命最初的诞生地。

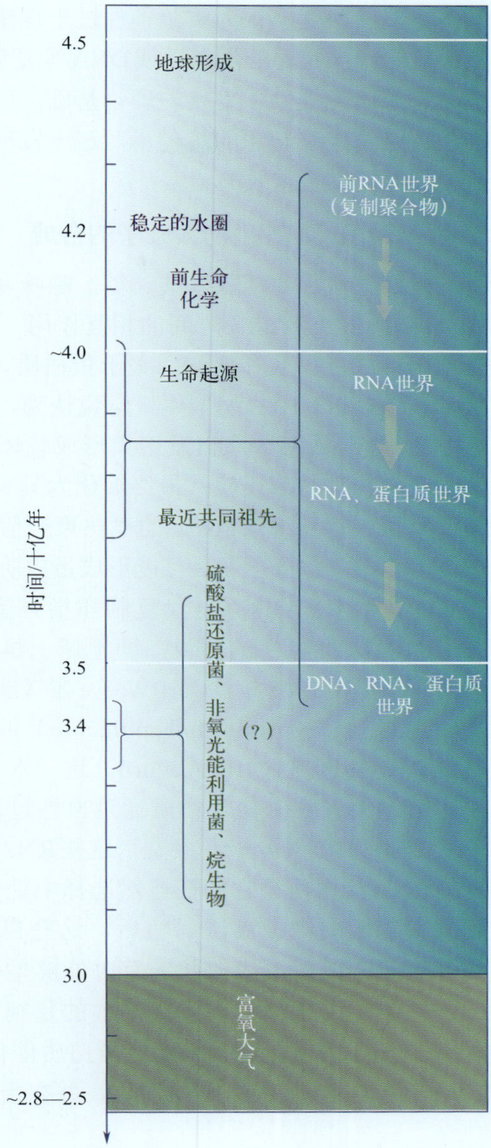

图21-1 地球和早期生命出现的大致时间

据Futuyma D J et al，2016，改绘

二、生命的化学进化

关于生命起源的具体过程，目前尚无法确切考证。然而，通过数学、化学和实验研究，我们可以从已知的最简单的生命形式出发，反推生命形成的模型。尽管生命体的起源可能在不同地点、不同时间通过多种途径实现，但鉴于生物普遍存在的遗传物质、代谢反应等基本特征，学术界普遍认为所有的生命都源自一个共同的祖先，或称为“最近共同祖先”（last common ancestor，LCA）。整个生命的起源可能历经了以下几个过程。

（一）氨基酸等有机小分子的合成

在探讨有机小分子的形成时，米勒实验是一个绕不开的话题。1953年，当时还是研究生的米勒（Stanley Miller）在导师哈罗德·尤里（Harold Urey）的指导下尝试模拟原始地球还原性大气环境中有机物生成的过程。

在实验中，米勒将甲烷、氨、氢气和水蒸气等气体混合物放入一个封闭的玻璃装置中，并使用电火花模拟闪电。经过一周的实验，他发现生成了甘氨酸、丙氨酸等氨基酸。此外，实验还产生了氰化氢（HCN）和甲醛等化合物。进一步反应后还能生成糖、嘌呤和嘧啶。

尽管米勒实验在科学界引起了广泛关注，并被视为支持生命起源化学进化的经典实验，但也存在一些争议和局限性。例如，实验所用的气体成分与现代对原始大气成分的理解有所不同，一些科学家认为实验条件过于理想化，无法完全代表早期地球的真实环境。此外，实验未能合成出完整的蛋白质或DNA等复杂生物大分子。但是，不可否认的是，米勒实验仍为生命起源研究提供了重要的理论基础，证明了在特定条件下，无机物可以转化为有机小分子物质，这是生命起源的第一步。这一发现不仅推动了后续相关研究的发展，也为理解生命的化学起源提供了重要的线索。

（二）RNA等生物大分子的合成

原始大气中生成氨基酸、糖、嘌呤和嘧啶等生物小分子后，可能会在原始海洋中聚集形成“原始汤”。经过长时间的相互作用，在适当的条件下，这些小分子可通过缩合作用或聚合作用形成蛋白质和核酸。关于蛋白质、DNA和RNA的形成，科学界众说纷纭。例如，奥巴林（Oparin）的“团聚体”学说认为，生物大分子（如蛋白质、核酸和多糖）在原始水环境中通过液-液相分离自发聚集形成胶体滴状结构，这些结构通过选择性吸附和富集环境物质实现生长与内部反应，最终演化为具有代谢、合成及类膜边界等特性的多分子体系，即前细胞模型。福克斯（Fox）的“热聚合假说”则认为，在高温条件下，氨基酸等小分子聚集在小水洼中，水分蒸发后可能形成蛋白质类的聚合物。

考虑到RNA具有自我复制和指导蛋白质合成等功能，目前，科学家们普遍支持生命源于“RNA世界”的假说，即地球上早期的生命分子以RNA为先导，随后才出现DNA和蛋白质。早在1968年，Carl Woese在《遗传密码》（*The Genetic Code*）一书中就提出RNA是“原始的分子”（primordial molecule）的概念。1986年，沃特·吉尔伯特（Walter Gilbert）提出“RNA世界”（RNA word）这一术语。根据RNA世界理论，生命的起源过程如下：首先，原始大气中的化学物质通过自然过程形成了一种含有核苷酸的原始汤，其中随机产生了一些短链RNA分子。接着，这些RNA分子中的一部分偶然获得了自我复制的能力，即自复制RNA，这使得它们在自然选择中处于优势地位，复制效率最高的RNA分子得以繁衍，而效率较低的则被淘汰。随后，这些自复制RNA的变异体进一步获得了催化氨基酸形成肽链的能力，而形成的肽链有时能够增强RNA的自我复制能力，从而促进了RNA分子和肽链的共同进化，推动了更高效的复制系统的形成。随着时间的推移，原始的转录系统逐渐演化，RNA基因组和RNA-蛋白质催化功能也随之发展。最终，RNA基因组开始转移到DNA上，DNA基因组不断演化，并在蛋白质的催化下形成RNA-蛋白质复合体（图21-1）。

第二节　原核生物的演化

在澳大利亚西部，科学家们发现了距今35亿年的微化石，这些微化石被认为是地球上最古老的已确认微化石之一，也是目前地球上生命起源的直接证据。这些微化石与现今温水海洋边缘蓝细菌所形成的层叠石具有相似的结构。

太古时代，由于原始大气中缺乏氧气，因此最早的原核生物是厌氧的。此外，很多原核生物能够在高温、高盐度、高辐射等极端条件下生存，这些生物又被称为极端生物。此时期生物主要是细菌和蓝藻等原核生物，故称**菌藻时代**。随着蓝细菌和其他古菌进行光合作用，大气中的氧气逐渐增加，许多生物逐渐进化出了有氧呼吸的能力（图21-2）。

	纪	距今时间/百万年	生物演化大事件
新生代	第四纪	2.58	大型的哺乳动物和鸟类灭绝； 由直立人到智人进化
	第三纪	66.5	哺乳动物、鸟类、蛇类、被子植物、 传粉昆虫和硬骨鱼类发生辐射演化
中生代	白垩纪	145	恐龙继续辐射进化； 被子植物、哺乳动物和鸟类的多样性持续增加； 末期菊石和恐龙等大灭绝
	侏罗纪	200	恐龙和其他爬行类多样化； 最早的鸟类出现； 裸子植物占据统治地位；被子植物进化
	三叠纪	251	海洋生物多样性增加；裸子植物占据主导地位； 爬行动物进一步发展，出现最早的恐龙和最早的哺乳动物
古生代	二叠纪	299	高等鱼类大发展；昆虫开始迅速发展，种类增多； 两栖类动物开始衰退；爬行动物有了新发展； 该时期结束时发生重大的生物灭绝事件，尤其是海洋生物大量灭绝
	石炭纪	359	早期维管植物，尤其是石松类、木贼纲和蕨类组成广阔森林； 有翅昆虫的早期进化；两栖动物多样化； 最早的爬行动物出现
	泥盆纪	416	硬骨鱼类辐射演化；三叶虫多样性增加； 菊石、四足动物、昆虫、蕨类植物和种子植物起源； 晚泥盆纪大灭绝
	志留纪	444	无颌类脊椎动物辐射演化； 有颌鱼类的起源(棘鱼、盾皮鱼类、硬骨鱼类)； 最早的陆地维管植物和节肢动物出现
	奥陶纪	485	棘皮动物、其他无脊椎动物门类 和无颌类脊椎动物辐射演化； 奥陶纪末大灭绝
	寒武纪	542	海洋后生动物辐射演化； 现生的大多数动物门类和许多动物纲级 代表在相对很短的时间内突然出现； 最早的无颌类脊椎动物出现； 多样化的藻类
元古代		2500	最早的真核生物起源(约1900~1700Mya)； 真核动物起源(约1000Mya)； 多细胞动物的出现(640Mya)， 可能包含腔肠动物、环节动物和节肢动物
太古代		下限不明	远古生命起源（距今约3500Mya)； 原核生物（细菌和古菌）多样性发展； 光合作用产生氧气，更换了贫氧的大气； 有呼吸的进化

图21-2　不同地质年代生物演化过程中的重要事件

Mya，million years ago，距今百万年

分子系统发生学研究显示，真核生物域与古菌域之间的亲缘关系相较于其与细菌域的关系更为紧密（图21-3）。然而，需要注意的是，基于部分DNA序列建立的系统进化树在各大域之间及其内部的关系上呈现出不一致性，这说明在生命进化早期，在界限清晰且完整的基因组形成之前，基因的水平转移现象已广泛存在于不同物种之间。因此，原核生物的早期演化历程或许更贴近一张错综复杂的网络，而非单一的系统发生树。

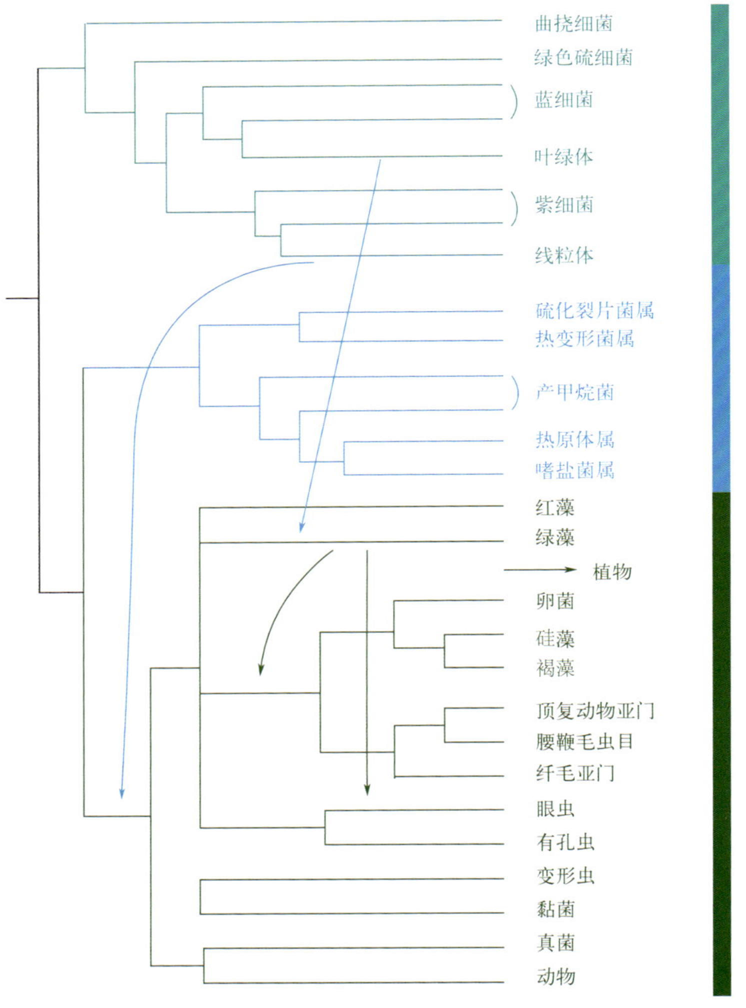

图21-3 细菌、古菌和真核生物系统演化图

蓝色箭头指示了线粒体和叶绿体在细菌分支中的起源，以及它们与早期真核生物之间的内共生关系。绿色箭头则表示一些绿藻在其他真核生物中作为内共生体，执行叶绿体的功能。（据Futuyma D J，2016，等改绘）

毋庸置疑，所有现代生物的最近的共同祖先乃是漫长进化历程的结晶。在这一期间，遗传信息的载体由RNA逐渐过渡到DNA，通过基因复制与突变，新的基因功能不断涌现，并形成了多样化的基因组合。源自这一共同祖先的原核生物，在代谢能力上实现了显著的多样化，演化出了光合作用、化学自养、硫酸盐还原、产甲烷等多种类型以及其他多种代谢途径。

第三节　真核细胞的起源

与细菌和古菌不同，真核细胞通常具有更大的体积，并且细胞内包含细胞核、线粒体、叶绿体等多种细胞器。真核细胞的起源是生命演化历程中的一个里程碑，为地球上复杂生命的进化奠定了基础。关于真核生物究竟由什么生物演化而来一直存在争议。近年来，随着宏基因组测序技术的发展，特别是阿斯加德古菌（Asgard archaea）基因组的鉴定，系统生物学领域的研究提出了一个新观点：大约在18亿到27亿年前，最早的真核细胞可能是由古菌和细菌祖先共同进化而来的（图21-4）。这意味着真核生物是从与古菌相关的宿主细胞和与细菌相关的内共生体共同进化而来的。阿斯加德古菌，又名仙宫古菌，是最近确立的第四个古菌超门。基于基因组数据的系统发育分析，有学者提出真核生物可能起源于阿斯加德古菌。例如，2019年，日本学者首次高度富集了一类阿斯加德古菌——洛基古菌，证实其携带编码类似真核细胞结构与代谢功能的一系列基因。

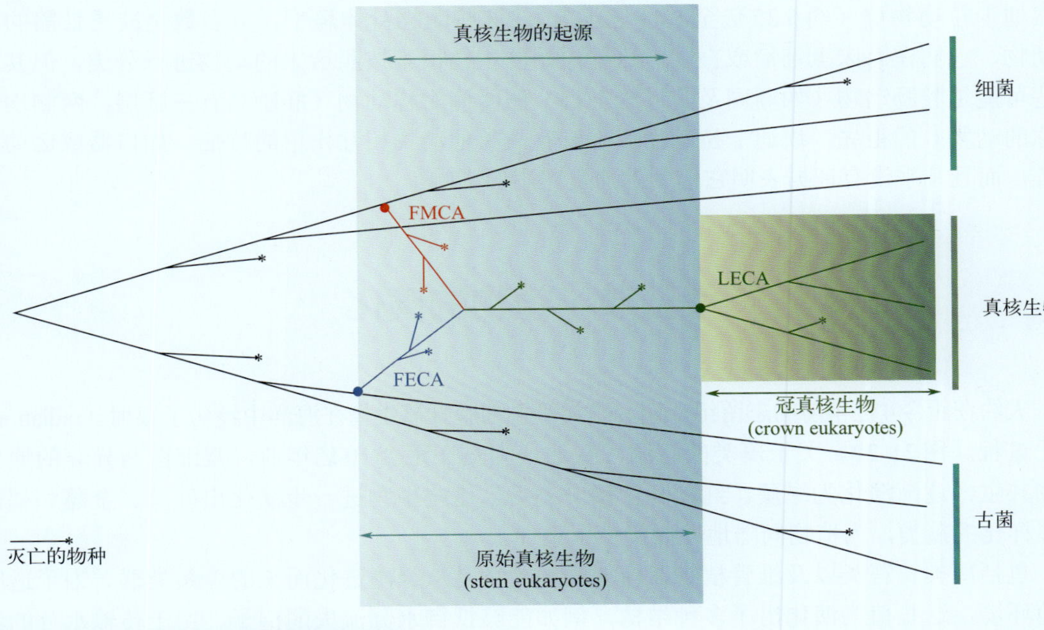

图21-4　生命之树——示真核生物的起源

由于从第一个真核生物共同祖先（FECA）到真核生物最近的共同祖先（LECA）存在很多未知灭绝的生物，明晰真核生物的起源问题一直是困扰进化生物学家的难题之一。FECA，first eukaryotic common ancestor，真核生物最初的共同祖先；FMCA，first mitochondrial common ancestor，第一个线粒体共同祖先；LECA，last eukaryotic common ancestor，真核生物最近的共同祖先。（据Vosseberg J，et al，2024改绘）

真核生物的起源还经历了内共生（endosymbiosis）的过程。内共生学说认为，大约在十几亿年前，有一种大型的有吞噬能力的原核生物，称为前真核细胞或始祖古核生物。前真核细胞先后吞噬了几种原核生物（如原始的好氧型细菌——变形细菌、蓝藻等），在进化的过程中，被吞噬的生物由寄生过渡到共生，最终成为宿主细胞的细胞器。例如，线粒体起源于被吞噬的好氧细菌，叶绿体起源于被吞噬的蓝藻。

此外，细胞核的起源是真核生物起源中的一个难点问题。真核细胞普遍存在有丝分裂和胞质分裂，这些现象绝非偶然。然而，关于它们的具体起源，目前仍缺乏确切的化石等证据。

第四节　多细胞的起源

与单细胞生物不同，多细胞生物出现了组织和器官的分化，不同类型的细胞特化出不同的功能，它们“分工协作”调控生命过程。关于多细胞真核生物的起源有很多不同的假说。例如，群体学说（colonial theory）认为多细胞生物起源于单细胞生物的群体，这些群体在繁殖后不分离，最终演化为多细胞生物。而共生学说（symbiosis theory）则认为不同种的原生生物共生在一起，发育成为多细胞动物。实际上，多细胞生物的起源是一个复杂且多样的过程，涉及多种机制和因素。

最早的多细胞动物化石出现在约5.75亿年前。最早的动物化石属于晚元古宙和早寒武纪的埃迪卡拉动物群（约6.35亿至5.41亿年前）。这些动物身体扁平，大多数是缺乏骨骼的软体动物，它们在海床上匍匐或直立。这些原始的生物很难按照后来的动物进行分类，但其中一些可能是腔肠动物（如珊瑚及其近缘类群）和两侧对称动物（胚胎具有三胚层，两侧均匀对称的动物）的祖先。埃迪卡拉动物似乎没有与其他动物相互作用的特征，如口器或运动能力等，而且几乎没有证据表明它们受到捕食作用的影响。

第五节　植物的演化

大约在距今4亿年前的志留纪末期，藻类等多细胞真核生物在海洋中经历了辐射（radiation）演化过程（图21-2）。关于藻类的起源，普遍认为是在距今10亿年前，蓝细菌与异养的原生生物共生，逐渐演化为绿藻、红藻和蓝藻。之后，这些生物进一步演化出硅藻、金藻和褐藻等多样化的藻类，为植物向陆地发展提供了条件。

包括藓类、苔类以及维管植物在内的陆地植物是从绿藻进化而来的单系类群。为了适应陆地环境，这些植物演化出了多种结构，例如能够抵御水分流失的孢子、用于传输水分的维管组织，以及生殖器官等，这些结构有助于保护植物免受脱水的威胁。

化石植物（微化石和大化石）的新发现改变了人们对陆生植物起源的认识，并且为陆生植物和维管植物早期演化提供了基部类群分化的时间框架。在澳大利亚发现的4.8亿年前的陆地植物孢子化石，为早期陆地植物的进化提供了重要证据。这些孢子化石来自西澳大利亚北部坎宁盆地的奥陶纪早期地层，其形态介于已确认的陆地植物孢子和早期关系不明确的孢子之间，通常由两个或四个细胞组成，这与现代苔藓植物的孢子相似。在志留纪晚期，出现了不到10cm的小型维管植物，如库克逊蕨（Cooksonia），这些植物虽然没有叶和真正的根，仅有附着于土壤的根茎，但植物的茎端有孢子囊，可产生孢子。到了泥盆纪末期，陆生植物的多样性显著增加，出现了蕨类植物、石松类植物以及木贼类植物，其中一些甚至发展成为大型木本植物（图21-5）。

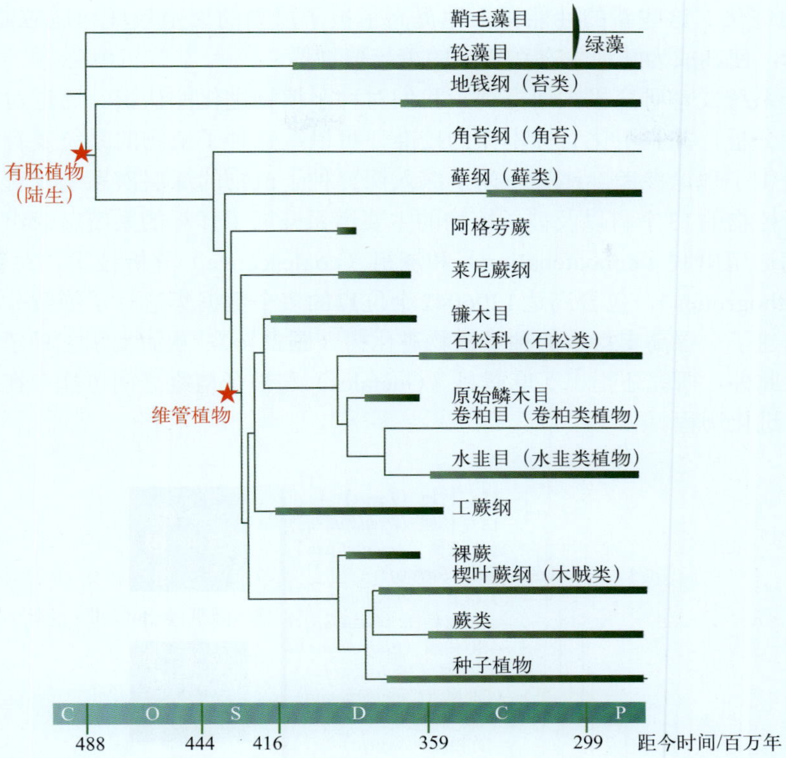

图21-5 基于化石记录的陆生植物系统演化树

绿色粗线条显示每个类群化石记录的已知时间跨度。C—石炭纪；O—奥陶纪；S—志留纪；D—泥盆纪；C—石炭纪；P—二叠纪。星号标识了有胚植物和维管植物出现的时间。（据Futuyma D J et al，2016改绘）

在早期维管植物的生活史中，单倍体阶段（配子体世代）和通过减数分裂产生单倍体孢子的二倍体阶段（孢子体世代）同样复杂。早期植物依靠精子在水面上游动以完成受精过程，这与现生蕨类和一些其他类群的情况相似。具孢子的植物在泥盆纪末期演化出了最早的种子植物。

最早的具有种子样结构的植物化石是发现于比利时泥盆纪的Runcaria（距今3.85亿年前），Runcaria的雌配子体被珠被包裹，而大孢子囊被一个开放的丝状珠被包裹着。这些结构并不是真正的种子，而代表了种子演化过程中的一个中间状态。

前裸子植物（Progymnosperms），如无脉蕨（Aneurophyton）和古蕨（Archaeopteris），可能是种子植物的直接祖先。这些植物的化石在泥盆纪地层中被发现，它们具有裸子植物的典型结构和类似蕨类的繁殖特征，因此被称为“前裸子植物”。

裸子植物是地球上最早出现的种子植物之一，其起源可以追溯到大约3.5亿年前古生代泥盆纪晚期。在二叠纪时期（约2.9亿至2.5亿年前），裸子植物开始蓬勃发展，这一时期，气候变得干燥，裸子植物以其更耐旱的特性适应了新的环境条件。裸子植物包括苏铁目、松柏目和银杏目等主要类群。这些植物通过雌雄同株和种子脱水生存的方式降低繁殖风险，使得它们能够在干旱条件下更好地生存和繁衍。

被子植物是最晚出现的种子植物，也是植物界中最高级的一类。大约在距今2.45亿至2.02亿年前，被子植物的祖先与裸子植物分离，并在早白垩纪时期（约1.00亿至1.45亿年前），进化出了一系列极其成功的生殖创新机制，包括花的出现、果实的形成以及内胚层和双受精机制的进化。这些新的性能极大地提高了被子植物的繁殖效率和适应能力，到1.2亿年前遍布全球，使其成为陆地生态系统中的主导植物群。

现代分子系统发育研究极大地推动了我们对种子植物进化的认识。通过对叶绿体基因组中的基因进行分析，并利用化石标本作为校准，可以重建种子植物的系统发育树，为植物的起源和演化提供了理论参考。比如，为了深入探究种子植物的深层次系统发育问题，我国研究人员对裸子植物的13个科以及被子植物的主要谱系开展了详尽的系统转录组学研究。在此基础上，他们运用串联（concatenation）和溯祖（coalescence）分析技术，对覆盖1308个直系同源群（orthogroups）、包含高达1296042个位点的多个数据集进行了细致分析。通过这些方法，成功构建了一棵高支持率的种子植物进化树（图21-6），从而揭示了种子植物深层的系统发育关系。此外，研究还指出买麻藤目（Gnetales）与被子植物之间可能存在一定程度的趋同或同源性的进化历程。

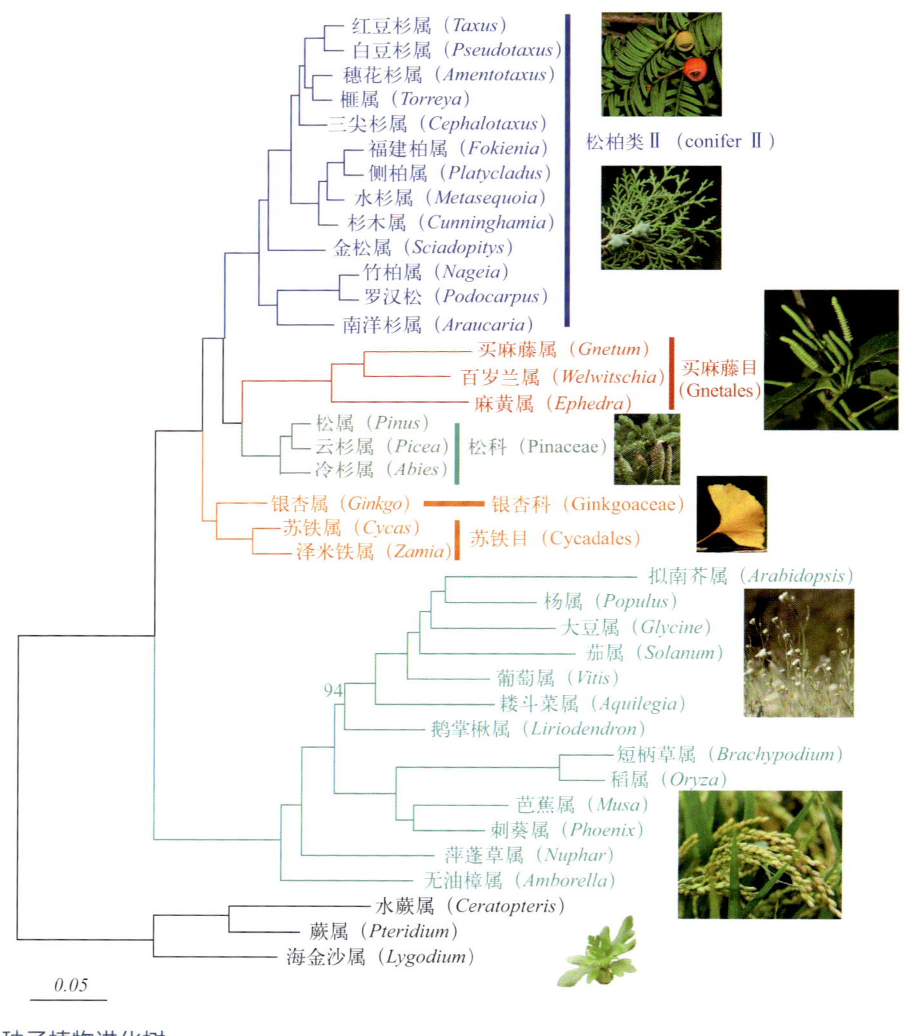

图21-6 种子植物进化树

94，标识了拟南芥等植物所在进化支的支持率为94，其它支支持率均为100。代表植物图片源于中国植物图像库（Plant Photo Bank of China，PPBC）。（据Ran J H，et al，2018改绘）

种子植物的出现改变了生态系统，因为它们有种子保护胚胎，不需要在适宜条件下立即发芽，从而扩大了种群数量。此外，种子植物还发展出了果实，使种群能够扩散，并与其他生物建立共生关系。

第六节　动物的演化

按照动物起源的“群体假说”，大部分科学家认为动物起源于群体的鞭毛虫，并称为囊胚虫（blastaea）。科学家推测动物最早的祖先可能出现在7.2亿至6.35亿年前的成冰纪，根据科学研究和化石证据，地球上最早的动物化石记录出现在距今6.35亿至5.41亿年前的埃迪卡拉纪。在最初的大约1000万年间，动物的多样化程度较低，但在接下来的约2000万年中，几乎所有具骨骼的现代海洋生物门和纲以及许多灭绝类群都出现在化石记录中。这一时期的标志性生物事件包括腕足类、三叶虫和其他节肢动物、软体动物、棘皮动物的首次出现，以及在不列颠哥伦比亚省布尔吉斯页岩中发现的一些难以归入后来分类群中的动物。

大约发生在5.4亿年至5.1亿年前的寒武纪生命大爆发（Cambrian explosion），是地球生命史上一个至关重要的生物多样性激增事件。在这一辉煌的地质时期，海洋中涌现了几乎所有现代动物门类的原始祖先，涵盖了节肢动物、软体动物、腕足动物、环节动物以及原始脊椎动物等多个大类。其中，三叶虫以其庞大的数量和较小的体型成为了寒武纪的标志性生物，这一时期也因此被世人称为“三叶虫的时代”。

寒武纪的生物多样性不仅体现在海洋生物种类的繁多上，更在于其形态各异、生态系统初具雏形的壮观景象。藻类、腔肠动物、棘皮动物、体型可达两米多的奇虾、笔石以及鹦鹉螺等生物纷纷在这一时期出现，共同绘制了一幅地球生态系统以海洋动物为主导的壮丽画卷。此外，寒武纪还见证了大量微小而原始的硬壳无脊椎动物的诞生，如软舌螺、单板类、腹足类、喙壳类以及腕足类等，它们在寒武纪早期便已崭露头角，并在后续的地质岁月中持续演化和发展。

寒武纪动物辐射性发展的奥秘，一直是科学界探讨和研究的热点话题。在这一进化过程中，动物需要经历一系列关键的体型及内部解剖结构的变化，具体包括：是否具备真正的组织结构；体型从原始的辐射对称向更为复杂的两侧对称的演化；体腔的形成与分化；身体分节现象的出现；以及原口动物与后口动物的明确区分（图21-7）。这些变化共同构成了寒武纪生物多样性的基石，也为后续生物进化的多样性和复杂性奠定了坚实的基础。

在多细胞生物的早期阶段，许多生物体是无对称或辐射对称的，如海绵动物和刺胞动物（水母和珊瑚）。随着生物进化的发展，两侧对称逐渐成为主流形态，比如，人类、鱼类、鸟类和哺乳动物等动物均为两侧对称。两侧对称的出现是动物从水生进化到陆生的重要适应条件之一，它使动物能够明确区分前后、左右和背腹，这种结构使得动物能够进行更有效的运动和定向行为，从而更好地适应环境变化。尽管分子系统学研究推测两侧对称动物的祖先可能出现在距今约6.35亿至5.41亿年前的埃迪卡拉纪，但在该时期的化石记录一直缺乏确切证据。直到2020年，科学家在南澳大利亚的Ediacaran时期沉积物中发现了名为Ikaria wariootia的蠕虫状生物化石，认为它可能是已知最古老的两侧对称动物。Ikaria wariootia小如米粒，长度在2～7mm之间，宽度约为1～2.5mm（图21-8）。其身体结构具有明显的前后端，并且具

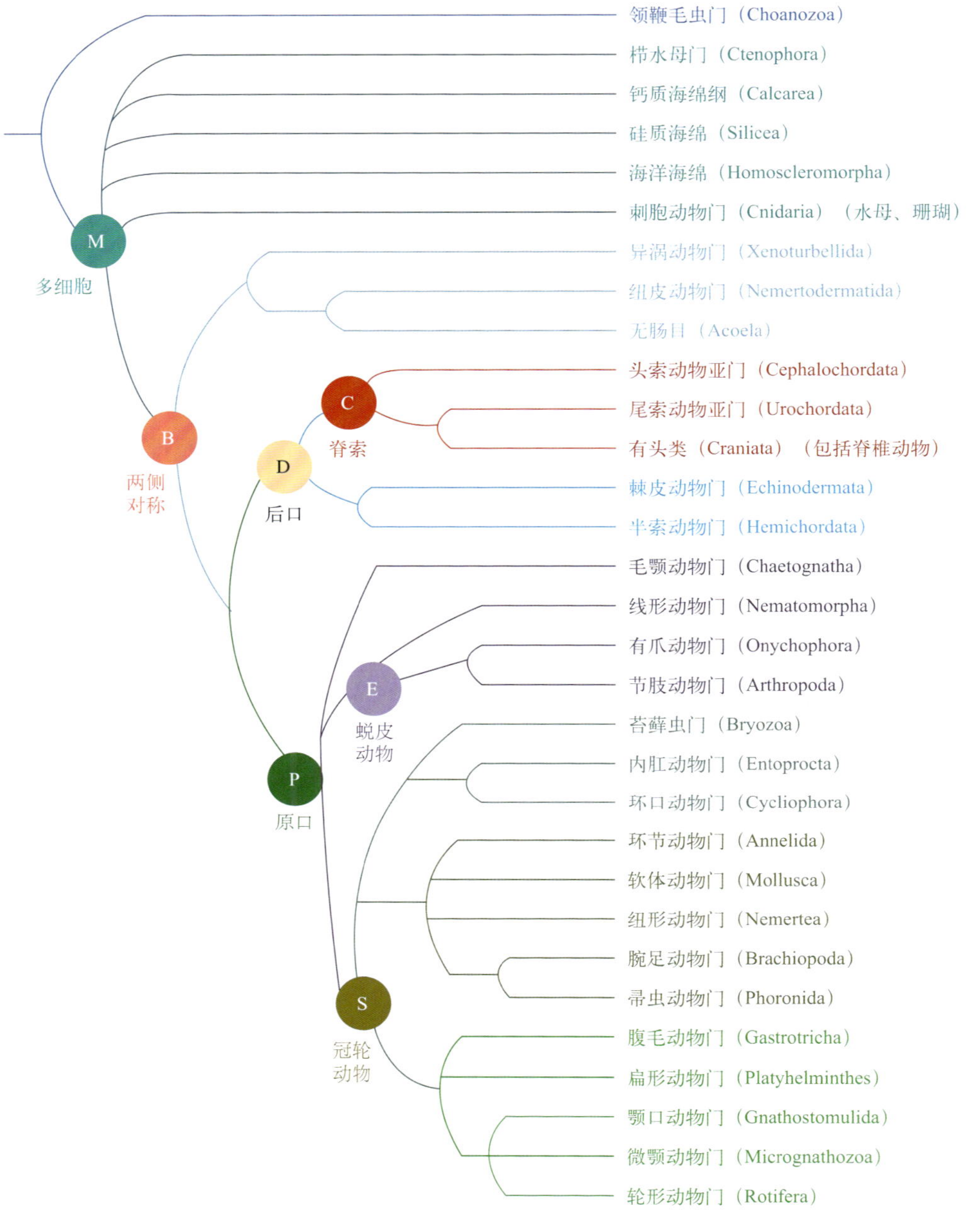

图21-7　基于多基因序列重建的动物进化树

单细胞形态的领鞭毛虫与动物细胞形态类似。M—Metazoa，后生动物；B—Bilateria，两侧对称；C—Chordata，脊索动物；D—Deuterostomia，后口动物；P—Protostomia，原口动物；E—Ecdysozoa，蜕皮动物；S—Spiralia，冠轮动物。（据Edgecombe G D et al，2011 改绘

备消化系统，包括口、肠道和肛门。这种生物通过蠕动的方式在海底的细沙中钻洞，寻找有机物进行摄食。Ikaria wariootia 的发现不仅为理解早期动物的进化提供了关键证据，还帮助科学家们更好地理解现代动物的起源和发展。这一发现填补了从简单微小形式向复杂动物生命过渡的记录，是连接埃迪卡拉纪和随后动物生命记录的重要桥梁。

图21-8　Ikaria wariootia化石图片及模拟重建图

A.Ikaria wariootia化石标本，B.3D扫描图，黑色方框内为Ikaria wariootia；C.人工重构的Ikaria wariootia模拟图片，显示了虫体蠕动的痕迹

图片引自Evans S D et al，2020

两侧对称动物是动物界中的一大类，根据胚胎发育过程中胚孔的形成和演化，两侧对称动物可以分为两个主要分支：原口动物和后口动物（图21-7）。

原口动物是在胚胎发育过程中，胚孔形成口，而肛门则是另外形成的。原口动物可以进一步分为蜕皮动物和冠轮动物两个主要分支。蜕皮动物包括节肢动物（如昆虫、蜘蛛）、线虫类以及其他一些较小的门类，它们通过蜕皮激素的作用进行生长。冠轮动物则包括软体动物（如蜗牛、贝类）、环节动物（如蚯蚓、水蛭）和腕足动物等（图21-7），这些动物通常具有复杂的体腔结构。

后口动物在胚胎发育过程中，其原肠胚期的胚孔最终形成肛门，而在相对的一端形成口。这一特征与原口动物形成口的方式相反。后口动物中最大的两个门是棘皮动物门（Echinodermata）和脊索动物门（Chordata）。棘皮动物门包括海胆、海星等，这些动物的成体通常表现为辐射对称，但其幼体却是两侧对称的，这表明其祖先可能是两侧对称的动物。脊索动物门则包括头索动物、尾索动物和脊椎动物，这些动物具有脊索、背神经管和鳃裂等结构。

脊索动物的进化历程是一个复杂而多分支的过程。最初，脊索动物可能源自棘皮动物和半索动物，这些动物具备后口、三胚层、两侧对称和分节等特征。在自然选择的驱动下，某些棘皮动物在胚胎期发生了变异，形成了脊索的雏形，这为这些动物在运动和生存能力上带来了显著优势，进而逐步演化为脊索动物。在进化的过程中，脊椎动物经历了多次重要的适应性辐射（adaptive radiation）事件。例如，在三叠纪时期，恐龙和其他古脊椎动物迅速繁衍，占据了地球上的主导地位。随着恐龙的灭绝，哺乳动物开始分化，填补了大型陆地动物的生态空缺，并最终演化出人类。

脊索动物在演化过程中逐渐发展出头、颌骨、四肢、肺和羊膜等复杂的结构，如图21-9，以适应多样化的环境。

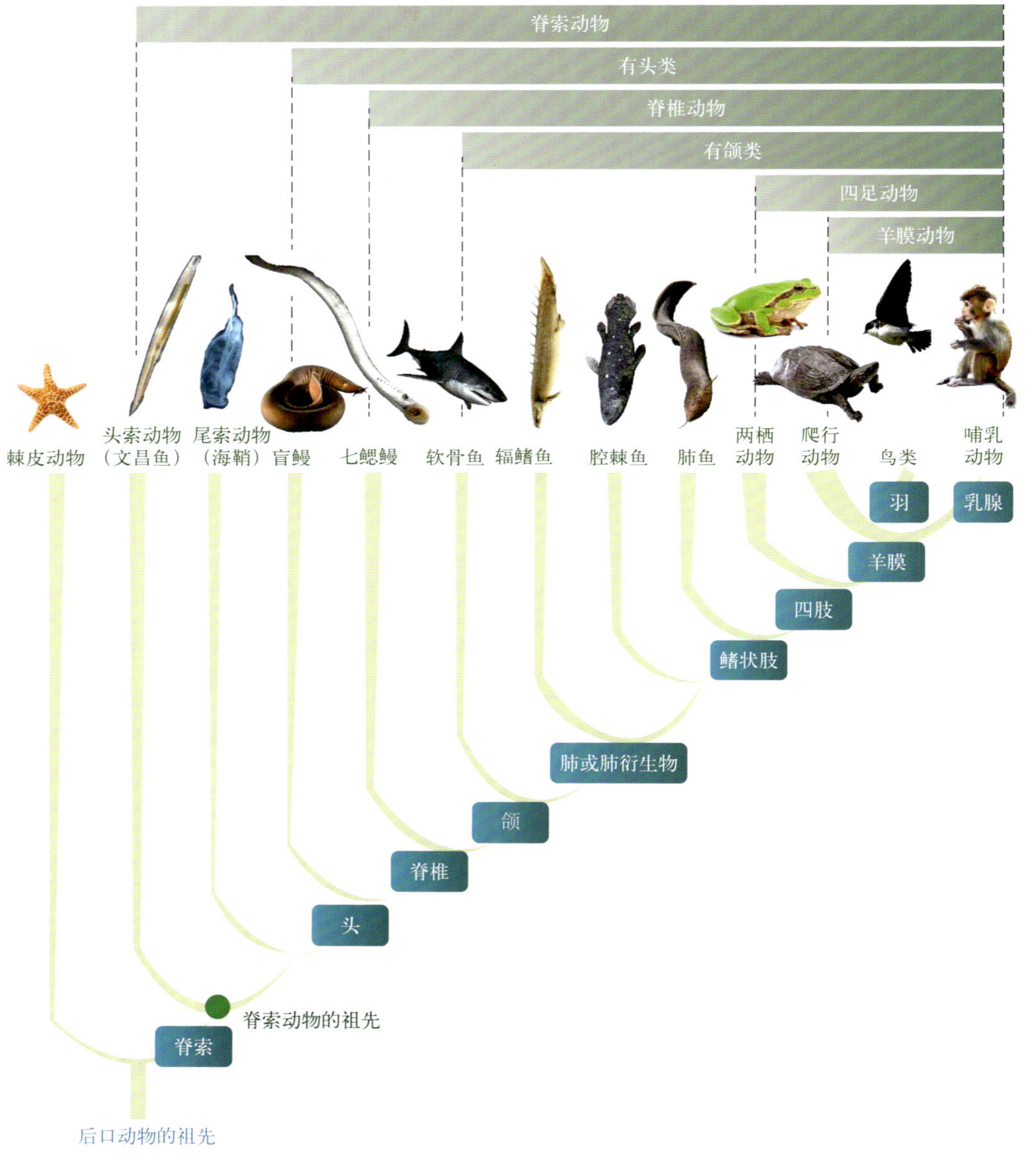

图21-9 脊索动物系统树

进化树中展示了动物界主要类群。（据 Urry L A et al，2021 改绘）

头部的出现：动物头部集中化是动物发展过程中的一种进化趋势，使感觉器官和大脑等集中在前端，而消化、排泄、生殖等结构趋于后端。头索动物和尾索动物没有真正的头和脑，又称为无头类。与之相对，有头类具有软骨质或骨质的头颅，涵盖了圆口纲（盲鳗和七鳃鳗）、鱼类、两栖纲、爬行纲和哺乳纲等类群。

上下颌的出现：自软骨鱼类起，动物界迎来了上下颌结构的诞生，这一创新性的构造让有颌类脱颖而出。研究表明，大约在4.5亿年前，原始的脊椎动物开始演化出上下颌，这一革命性的变化极大地提升了它们的捕食效率与环境适应能力。上下颌的起源可追溯到第一鳃弓，这一原本用于呼吸的结构，在无颌鱼类中主要作为支撑鳃膜的框架。然而，随着时间的推移，这些鳃弓的骨骼逐渐硬化，最终演化成了颌骨，使鱼类能够更有效地捕获猎物。这一转变标志着脊椎动物从滤食性生活向主动捕食性生活的重大跨越，不仅显著提升了鱼类的生存竞争力，还使它们在古生代的海洋生态系统中占据了主导地位。此后，有颌脊椎动物开始向更广阔的生态位扩张，这一漫长的演化之路最终孕育出了包括人类在内的绝大多数脊椎动物。

肺的出现：肺的出现与演化，是脊椎动物适应陆地生活的关键一步。其起源可追溯到所有硬骨鱼类的共同祖先，那时的“原肺”在多鳍鱼和肉鳍鱼类中继续演化，最终形成了更为成熟的肺结构；而在大部分现代硬骨鱼类中，这一结构则特化为鱼鳔。研究表明，肺与鱼鳔是同源器官，且肺的出现早于鳔。在古硬骨鱼类中，肺逐渐演化为鳔，以满足浮力调节的需求。

两栖类是最早适应陆地环境的水陆两栖动物，它们的肺在空气呼吸中发挥着至关重要的作用。尽管两栖动物的肺结构相对简单，气体交换面积有限，但它们在很大程度上还能依靠皮肤进行呼吸。随着演化的推进，肺的结构逐渐复杂化，以适应陆地生活的需求。例如，爬行类的肺内具有复杂的隔膜，将肺分隔成无数小室，从而更有效地扩大了与空气接触及气体交换的表面积。

四肢的出现：四肢的出现，是脊椎动物从水生向陆生生活过渡的另一重要里程碑。从两栖纲开始，动物界出现了五趾型附肢，两栖动物也被称为四足类动物。这一转变可追溯到中泥盆纪时期，当时脊椎动物的祖先可能已经发展出了胸鳍和腹鳍。这些鳍在演化过程中逐渐变成了四肢，使动物能够在陆地上行走。四肢的出现还与基因的时空差异表达及调控密切相关，这是生物形态适应性进化的主要驱动力。在形态学上，四肢的演化经历了从鱼鳍到四肢的显著变化，骨骼结构、关节设计以及肌肉构造都发生了深刻变革。例如，早期四足动物的肘关节和腕关节的关节面发生了旋转，使身体能够稳定地支撑在地面上。这些变化不仅体现在骨骼结构上，还体现在肌肉构造上，如肱骨和股骨的肌肉构造差异显著。

提克塔利克化石（Tiktaalik）的发现，为我们揭示了四肢演化的新细节。这一物种保留了鱼类的特征，如鳍、鳃和肺，其身体也被鳞片所覆盖。然而，与鱼类不同的是，提克塔利克拥有一整套肋骨，这不仅有助于其呼吸空气，还能支撑其身体结构。此外，它还具备鱼类所缺乏的颈部和肩部结构，使其能够灵活地移动头部。尤为引人注目的是，提克塔利克的前鳍骨骼展现出与所有有肢动物一致的基本构造：一根肱骨，随后是两根骨骼——桡骨和尺骨，再往下则是一组构成手腕的小骨头。尽管提克塔利克不太可能在地面上行走，但其前鳍骨骼表明它能够利用鳍在水中支撑自身。提克塔利克及其他化石的发现，为古生物学家提供了重建鳍如何随时间逐渐演化为四肢的宝贵线索。研究表明，四足动物大约在3.65亿年前出现。在此后的6000万年间，四足动物的种类迅速增多。

羊膜卵的诞生：羊膜动物包括爬行纲、鸟纲和哺乳纲等脊椎动物亚门的成员。羊膜卵的出现，是脊椎动物进化史上的又一次重大飞跃。这一革命性的构造使动物能够在陆地上繁殖和发育，彻底摆脱了两栖类在生殖时必须回归水中的束缚，从而催生了真正的陆生动物。这一变化彻底解除了脊椎动物在个体发育中对水环境的依赖，使动物能够在陆地上孵化。关于羊膜卵的演化起源，存在两种假说。传统的陆地起源假说认为，羊膜动物的祖先可能像一些不经历变态发育的现生两栖类一样，开始在陆地上产卵，并逐渐演化出具有复杂结构的羊膜卵。而延长胚胎体内发育（EER）假说则认为，羊膜动物祖先登陆以后，可能像很多现生蜥蜴和蛇一样保留胚胎在体内发育到一定阶段才产出卵或直接生出胎儿（胎生）。

思考题

（1）基于分子系统发生学研究，真核生物和原核生物的关系如何？为什么真核生物被认为是由古菌和细菌共同演化而来的？

（2）简述内共生学说，解释线粒体和叶绿体的起源，并讨论这一过程对真核细胞演化的影响。

（3）藻类如何演化为陆生植物？简述这一过程中的重要生物学创新。

生物学名词

化学进化（chemical evolution）；RNA 世界假说（RNA world hypothesis）；米勒实验（Miller experiment）；原始汤（primordial soup）；内共生（endosymbiosis）；最近共同祖先（last common ancestor，LCA）；阿斯加德古菌（Asgard archaea）；真核生物最近的共同祖先（last eukaryotic common ancestor，LECA）；群体学说（colonial theory）；共生学说（symbiosis theory）

主要参考文献

绪论

吴相钰，陈守良，葛明德. 陈阅增普通生物学[M]. 第4版. 北京：高等教育出版社，2014.

朱玉贤，李毅，郑晓峰，等. 现代分子生物学[M]. 第5版. 北京：高等教育出版社，2019.

Mora C，Tittensor D P，Adl S，et al. How many species are there on Earth and in the ocean?[J]. PLoS Biol，2011，9（8）：e1001127.

Nakajima T，Hudson M J，Uchiyama J，et al. Common carp aquaculture in Neolithic China dates back 8,000 years[J]. Nature Ecology & Evolution，2019，3（10）：1415-1418.

第一篇

Nelson D L，Cox M M. Lehninger principles of biochemistry. 5th，ed.[M]. New York：W.H. Freeman，2008.

梁卫红，杨宝胜，彭仁海，等. 细胞生物学[M]. 北京：科学出版社，2012.

第二篇

马炜梁，王幼芳，李宏庆，等. 植物学[M]. 第3版. 北京：高等教育出版社，2022.

陆时万，徐祥生，沈敏健. 植物学[M]. 第2版. 北京：高等教育出版社，1991.

Bidlack J E，Jansky S H. Stern’s Introductory Plant Biology，12th ed.[M]. New York：McGraw-Hill，2011.

Rytioja J，Hildén K，Yuzon J，et al. Plant-polysaccharide-degrading enzymes from Basidiomycetes[J]. Microbiol Mol Biol Rev，2014，78（4）：614-649.

Santos T J A，Ten T K H. The systems biology of lateral root formation：connecting the dots[J]. Molecular Plant，2019，12（6）：784-803.

陈德懋，曾令波. 中国植物学发展史略——植物分类学发展简史[J]. 华中师范大学学报（自然科学版），1987，（01）：117-127.

Group T P P，Schuettpelz E，Schneider H，et al. A community-derived classification for extant lycophytes and ferns[J]. Journal of Systematics and Evolution，2016，54（6）：563-603.

Shen H，Jin D，Shu J P，et al. Large-scale phylogenomic analysis resolves a backbone phylogeny in ferns[J]. GigaScience，2017，7（2）：1-11.

Yang Y，Ferguson D K，Liu B，et al. Recent advances on phylogenomics of gymnosperms and a new classification[J]. 植物多样性，2022，44（04）：340-350.

杨永. 裸子植物的系统分类：历史，现状和展望[J]. 南京林业大学学报（自然科学版），2024，48（3）：14-26.

Guo C，Luo Y，Gao L M，et al. Phylogenomics and the flowering plant tree of life[J]. Journal of Integrative Plant Biology，2023，65（2）：299-323.

第三篇

Hickman C P，Roberts L S，Keen S L，et al. Integrated Principles of Zoology，14th ed[M]. New York：McGraw-Hill，2008.

张训蒲，朱伟义. 普通动物学[M]. 北京：中国农业出版社,2000.

刘凌云，郑光美. 普通动物学[M]. 第4版. 北京：高等教育出版社，2009.

第四篇

Futuyma D J. 生物进化（Evolution，3rd ed.）[M]. 葛颂，顾红雅，饶广远，等译. 北京：高等教育出版社，2016.

Urry L A，Cain M L，Steven A. Wasserman S A et al. Campbell Biology，12th edition[M]. New York：Pearson，2021.

Cech T R. The RNA worlds in context[J]. Cold Spring Harb Perspect Biol，2012，4（7）：a006742.

Vosseberg J，Van Hooff J J E，Köstlbacher S，et al. The emerging view on the origin and early evolution of eukaryotic cells[J]. Nature，2024，633（8029）：295-305.

刘羽，姚玉鹏. 早期陆生维管植物起源和演化研究取得重要突破[J]. 科学通报，2010，55（03）：305.

Ran J H，Shen T T，Wang M M，et al. Phylogenomics resolves the deep phylogeny of seed plants and indicates partial convergent or homoplastic evolution between Gnetales and angiosperms[J]. Proc Biol Sci，2018，285（1881）：20181012.

Edgecombe G D，Giribet G，Dunn C W，et al. Higher-level metazoan relationships：recent progress and remaining questions[J]. Organisms Diversity & Evolution，2011，11（2）：151-172.

Evans S D，Hughes I V，Gehling J G. Discovery of the oldest bilaterian from the Ediacaran of South Australia[J]. Proc Natl Acad Sci U S A，2020，117（14）：7845-7850.